Wolfgang Gentner

Dr. Wolfgang Gentner

Dieter Hoffmann
Ulrich Schmidt-Rohr
(Herausgeber)

# Wolfgang Gentner

Festschrift zum 100. Geburtstag

Professor Dr. Dieter Hoffmann
Max-Planck-Institut für Wissenschaftsgeschichte
Boltzmannstr. 22
14195 Berlin

Professor Dr. Ulrich Schmidt-Rohr (1926–2006)
Max-Planck-Institut für Kernphysik
Saupfercheckweg
69029 Heidelberg

ISBN-10 3-540-33699-0 Springer Berlin Heidelberg New York
ISBN-13 978-3-540-33699-0 Springer Berlin Heidelberg New York

Bibliografische Information der Deutschen Bibliothek
Die Deutsche Bibliothek verzeichnet diese Publikation in der Deutschen Nationalbibliografie; detaillierte bibliografische Daten sind im Internet über http://dnb.d-nb.de abrufbar.



Springer ist ein Unternehmen von Springer Science+Business Media

springer.de



Herstellung und Satz: LE-TEX Jelonek, Schmidt & Vöckler GbR, Leipzig
Einbandgestaltung: Erich Kirchner, Heidelberg

SPIN 11543626 56/3100YL - 5 4 3 2 1 0 Gedruckt auf säurefreiem Papier

# Vorwort

Am 23. Juli 2006 jährte sich der hundertste Geburtstag des Physikers Wolfgang Gentner – ein besonderer Anlass für einen Rückblick auf sein Leben und Werk. Das Max-Planck-Institut für Kernphysik, dessen Gründungsdirektor Gentner war, veranstaltete deshalb am 21. Juli ein Festkolloquium, zu dem sich mehr als hundert Mitarbeiter sowie ehemalige Freunde und Kollegen aus ganz Deutschland in Heidelberg zusammenfanden. Volker Soergel, emeritierter Professor der Physik der Universität Heidelberg, übernahm dort die Aufgabe, die Faszination von Wolfgang Gentner als Persönlichkeit und Forscher sowie nicht zuletzt seine Bedeutung für die Entwicklung der Kernphysik wieder lebendig werden zu lassen; in zwei weiteren Vorträgen würdigten Till Kirsten und Günther A. Wagner die Verdienste dieses herausragenden Gelehrten für die Entwicklung der modernen Kosmochemie bzw. Archäometrie.

Mit der vorliegenden Festschrift soll ein noch weiterer Bogen geschlagen werden, denn Gentner gehörte nicht nur zu den Pionieren von Kernphysik, Kosmochemie, Geochronologie und Archäometrie, sondern hat darüber hinaus prägende und bis heute nachwirkende Spuren in der Forschungs- und Wissenschaftspolitik der Bundesrepublik hinterlassen – im Besonderen als Gründer und Direktor des MPI für Kernphysik sowie in weiteren wissenschaftsleitenden Funktionen der Max-Planck-Gesellschaft und des europäischen Kernforschungszentrums CERN; auch half er bei der Wiederaufnahme internationaler Wissenschaftskontakte, insbesondere zu Israel.

Um diese beeindruckende Vielfalt des Gentnerschen Schaffens einzufangen, versucht eine interdisziplinär zusammengesetzte Autorengruppe mit der vorliegenden Publikation das Forscherleben Gentners anläßlich seines 100. Geburtstages in seinen vielschichtigen und fächerübergreifenden Dimensionen zu würdigen. Das Buch ist in vier Teile gegliedert. Die Einleitung der Herausgeber gibt ein einführendes Gesamtbild des Gelehrten, das in den anderen Beiträgen dieses Sammelbandes vertieft wird. Dies sowohl hinsichtlich der wichtigsten Forschungsfelder Gentners, als auch durch die Thematisierung von Querschnittsthemen, die unter fachübergreifenden Gesichtspunkten Leben und Werk Gentners in die wissenschafts- und gesellschaftshistorischen Kontexte seiner Zeit einordnen. Behandelt wird in diesem Zusammenhang das gleichermaßen produktive wie spannungsgeladene Verhältnis zwischen Gentner und Werner Heisenberg, die beide maßgeblich den Wiederaufbau der Physik und insbesondere der Kernphysik in der Bundesrepublik beeinflusst haben. Ein anderer Aufsatz beschäftigt sich mit Gentners Rolle bei der Etablierung der modernen physikalischen Großforschung in der frühen Bundesrepublik. Gentners Bedeutung als Institutsgründer thematisiert auch der

Beitrag von J. Adams über Gentners Verdienste beim Aufbau des CERN; dieser Aufsatz ist im Übrigen der einzige des vorliegenden Sammelbandes, der als unveränderter Nachdruck aus einer früheren Publikation entnommen wurde. Dem Wegbereiter der deutsch-israelischen Wissenschaftsbeziehungen sind zwei Aufsätze gewidmet, die das Thema nicht nur in seiner historischen Dimension, sondern ebenfalls in seinen aktuellen Nachwirkungen analysieren. Ein weiterer Beitrag setzt sich am Beispiels Gentners mit der generellen Rolle des Physikers im öffentlichen Raum der frühen Bundesrepublik auseinander. Gentners Leistungen in den Gebieten Geochronologie, Kosmochemie und Archäometrie werden dann in drei detailreichen Aufsätzen von ehemaligen Schülern Wolfgang Gentners vertiefend behandelt. Leider gelang es nicht, in adäquater Weise die Verdienste Gentners um die Entwicklung der Kernphysik zu würdigen, hat er doch die Entwicklung dieses Fachs von den Apparaturen im Labortischformat bis zu den großindustriellen Dimensionen der internationalen Beschleunigerlaboratorien an zentraler Stelle begleitet und die Profilierung des Heidelberger Instituts zu einem international anerkannten kernphysikalischen Forschungszentrum geprägt. Hier muss sich der Leser mit den etwas ausführlicher gehaltenen Ausführungen der Einleitung und den Verweisen auf die bereits existierende Sekundärliteratur begnügen.

Welche Faszination von der Persönlichkeit Gentners auf seine Zeitgenossen ausging, machen die im zweiten Teil gesammelten Stimmen ehemaliger Kollegen und Schüler deutlich. Im dritten Teil des Buches kommt schließlich Gentner selbst zu Wort. Die Auswahl der Aufsätze will seine wichtigsten Forschungsfelder dokumentieren und zudem zeigen, dass Gentner alles andere als ein im Spezialistentum befangener Gelehrter war. Vielmehr hat er sich schon früh reflektierend und perspektivisch Gedanken über die Wissenschaft und den Wissenschaftsbetrieb gemacht. Dies gilt sowohl für seinen historischen Rückblick auf die spannende Anfangszeit kernphysikalischer Forschung, die er teilweise selbst mitgestaltet hat, als auch für die Aufsätze *Individuelle und kollektive Erkenntnissuche in der modernen Naturwissenschaft* und *Forschung einst und jetzt*, in denen er sich kritisch mit den gesellschaftlichen Rahmenbedingungen wissenschaftlichen Forschens in der modernen Gesellschaft auseinander setzt und dabei zu Schlussfolgerungen gelangt, die noch Jahrzehnte später keineswegs an Aktualität eingebüßt haben. Gentners Beiträge zu physikspezifischen Themen zeigen ihn zudem als kompetenten und sensiblen Popularisator eigener Forschungen. Vervollständigt wird die Festschrift durch ein Schriftenverzeichnis, das nicht nur die beeindruckende Produktivität und Fülle des Schaffens von Wolfgang Gentner dokumentiert, sondern den interessierten Leser hoffentlich auch zum Weiterlesen animieren wird.

Die Herausgabe des Buches ist vom plötzlichen Tod des Mitherausgebers Ulrich Schmidt-Rohr am 21. April 2006 überschattet. Die Editionsarbeiten standen damals unmittelbar vor ihrem Abschluss, und vor allem das letzte Drittel des Einleitungsessays sollte in der Nach-Osterwoche in seine endgültige Form gebracht werden. Dazu ist es nicht mehr gekommen, so dass der unterzeichnende Herausgeber dies selbst besorgen musste – gestützt auf die umfangreichen Vorarbeiten des Ko-Autors sowie Konsultationen, zu denen sich P. v. Brentano (Köln), A. Citron (Karlsruhe), V. Soergel (Heidelberg) und H. Weidenmüller (Heidelberg) freundlichst bereit erklärten. Dennoch konnte das Buch nicht termingerecht zum

100. Geburtstag erscheinen und der Einleitung des Buches ist anzumerken, dass es nicht wie geplant gemeinsam zu Ende geschrieben wurde. Dieser Bruch macht deutlich, wie wichtig die Kompetenz Ulrich Schmidt-Rohrs für die Entstehung und Herausgabe des vorliegenden Buches war. Wie kaum ein zweiter war er mit der Geschichte des Instituts und dem Leben von Wolfgang Gentner vertraut, kam er doch bereits als junger Student in Heidelberg mit seinem späteren akademischen Lehrer Walther Bothe und damit auch mit Wolfgang Gentner in Kontakt; seit 1961 als wissenschaftliches Mitglied und ab 1966 als Kollegiumsmitglied des MPI für Kernphysik stand er dann Wolfgang Gentner über viele Jahre bei der Führung des Instituts zur Seite, zeitweise sogar als geschäftsführender Institutsdirektor. Die Lücke, die Ulrich Schmidt-Rohr mit seinem Tod hinterlässt, macht sicherlich nicht nur die vorliegende Publikation deutlich.

Abschließend sei all jenen gedankt, die zum Entstehen des Buches maßgeblich beitrugen. Zu danken ist insbesondere dem Max-Planck-Institut für Kernphysik und namentlich seinem Direktor Joachim Ullrich, denen die Anregung zu diesem Buch zu verdanken ist; das Institut hat auch finanziell die Herausgabe dieses Sammelbandes gefördert. Wolfgang Krätschmer moderierte hilfreich und kompetent die Kooperation zwischen Institut und Autoren. Viele ehemalige Kollegen und Schüler Gentners haben bereitwillig Rede und Antwort gestanden und so geholfen, den Gelehrten und Menschen Wolfgang Gentner sowie die Faszination seiner Persönlichkeit besser verstehen zu lernen. Dafür sei allen an dieser Stelle noch einmal herzlich gedankt – ein Teil ihrer Meinungsäußerungen ist im Teil II des Buches dokumentiert. Großen Dank schulde ich weiterhin der Familie Gentner, insbesondere seinen Kindern Dora und Ralph, die mir ebenfalls nicht nur bereitwillig Auskunft gaben, sondern auch ihr Familienarchiv für unsere Recherchen öffneten.

Ralf Hahn (Berlin) hat mit Engagement und Umsicht die Redaktion der Beiträge und ihre druckfertige Form besorgt. Last but not least ist dem Springer Verlag, namentlich Thorsten Schneider und Birgit Münch, für die geduldige und aufgeschlossene Zusammenarbeit bei der Drucklegung zu danken.

Berlin, im August 2006 *Dieter Hoffmann*

# Inhaltsverzeichnis

Wolfgang Gentner: Ein Physiker als Naturalist 1
*Dieter Hoffmann und Ulrich Schmidt-Rohr*

**Teil I Studien zu Leben und Werk von Wolfgang Gentner 61**

Gentner und Heisenberg – Partner bei der Erneuerung der Kernphysik- und Elementarteilchenforschung im Nachkriegsdeutschland (1946–1958) 63
*Helmut Rechenberg*

Wolfgang Gentner und die Großforschung im bundesdeutschen und europäischen Raum 95
*Helmuth Trischler*

Wolfgang Gentner als Physiker im öffentlichen Raum 121
*Bernd-A. Rusinek*

Wolfgang Gentner and CERN 139
*John Adams*

Wolfgang Gentner und die Begründung der deutsch-israelischen Wissenschaftsbeziehungen 147
*Dietmar K. Nickel*

Die Wirkung des Minerva-Programms 171
*Uzy Smilansky, Hans A. Weidenmüller*

Gentner und die Kosmochemie: Hobby oder Symbiose? 177
*Till A. Kirsten*

Staub im Sonnensystem 209
*Hugo Fechtig und Eberhard Grün*

Wolfgang Gentner – Nestor der Archäometrie 225
*Günther A. Wagner*

**Teil II ERINNERUNGEN an Wolfgang Gentner** 239

*Dora Gentner-Dedroog (Freiburg), Peter von Brentano (Köln), Anselm Citron (Karlsruhe), Hugo Fechtig (Köln), Klaus Goebel (Genf), Gerhard Jacob (Porto Alegre/Brasilien), Till A. Kirsten (Heidelberg), Konrad Kleinknecht (Mainz), Wolfgang Krätschmer (Heidelberg), Reimar Lüst (Hamburg), Theo Mayer-Kuckuk (Berlin), Achim Richter (Darmstadt), Edith Siepmann (München), Gerd Stiller (Pirna), Hans Weidenmüller (Heidelberg)*

**Teil III Aufsätze von Wolfgang Gentner** 259

Einiges aus der frühen Geschichte der Gamma-Strahlen 261

Individuelle und kollektive Erkenntnissuche in der modernen Naturwissenschaft 279

Forschung einst und jetzt 295

Die Narben im Antlitz der Himmelskörper 313

Naturwissenschaftliche Untersuchungen an einem archaischen Silberschatz 319

**Teil IV Bibliographie der Schriften von Wolfgang Gentner** 337

Autorenverzeichnis 353

Abbildungsnachweis 355

Namensregister 357

# Lebensdaten

| | |
|---|---|
| 1906 | am 23. Juli in Frankfurt a.M. geboren |
| 1916 – 1925 | Besuch des Kaiser Wilhelms-Gymnasiums, Frankfurt a.M. |
| 1925 – 1930 | Physikstudium an den Universitäten Erlangen und Frankfurt a.M. |
| 1930 | Promotion bei Friedrich Dessauer in Frankfurt a.M. |
| 1931 – 1932 | Wissenschaftlicher Mitarbeiter am Institut für Physikalische Grundlagen der Medizin der Universität Frankfurt |
| 1933 – 1935 | Stipendiat am Radium Institut der Sorbonne, Paris |
| 1936 – 1946 | Wissenschaftlicher Mitarbeiter bei Walther Bothe am Institut für Physik des KWI für medizinische Forschung, Heidelberg |
| 1937 | Habilitation an der Universität Frankfurt a.M. |
| 1938 – 1939 | Amerikareise mit Forschungsaufenthalt am Radiation Laboratory in Berkeley |
| 1946 – 1958 | o. Professor der Physik an der Universität Freiburg |
| 1955 – 1959 | Direktor der Abteilung Synchrozyklotron und Direktor der Forschung des CERN, Genf |
| 1958 – 1973 | Direktor des MPI für Kernphysik, Heidelberg |
| 1964 – 1968 | Präsident der Heidelberger Akademie der Wissenschaften |
| 1965 | Officier de la Legion d'Honneur, Frankreich |
| 1965 | Honorary Fellow des Weizmann Institute of Science, Israel |
| 1972 – 1978 | Vizepräsident der Max-Planck-Gesellschaft |
| 1974 | Mitglied des Ordens Pour le Mérite für Wissenschaften und Künste, ab 1976 dessen Vize-Kanzler |
| 1980 | am 4. September in Heidelberg gestorben |

# Wolfgang Gentner: Ein Physiker als Naturalist

Dieter Hoffmann und Ulrich Schmidt-Rohr

Wolfgang Gentner hat sich selbst einmal etwas altväterlich als Naturalist bezeichnet[1] und in der Tat umspannt sein wissenschaftliches Schaffen ein Themenspektrum, das die disziplinären Grenzen der Physik gesprengt und etablierte Fachgrenzen wiederholt überschritten hat. Stand am Anfang seines wissenschaftlichen Lebens die Beschäftigung mit Fragen der Biophysik, so wechselte er Mitte der dreißiger Jahre zur Kernphysik, um sich schließlich nach dem Zweiten Weltkrieg mit Problemen der Geochronologie und Kosmochemie zu beschäftigen; gegen Ende seines Lebens standen schließlich Fragen der Archäometrie im Mittelpunkt seiner Forschungen. Diese beeindruckende und für einen Physiker unserer Zeit ungewöhnliche Breite machen Wolfgang Gentner in der Tat zu einem Wissenschaftler, der im 18. und 19. Jahrhundert den stolzen Titel eines Naturforschers getragen hätte. Das Signum des Naturforschers spiegelt sich aber noch in anderer Beziehung im Gentnerschen Wirken, blieb es doch nie auf den Elfenbeinturm reiner Wissenschaft beschränkt. So wurde Gentner als akademischer Lehrer zum Haupt einer der wichtigsten und einflussreichsten deutschen Physikerschulen der Nachkriegszeit, namentlich auf dem Gebiet der Kernphysik, und er hat zudem in wissenschaftsleitenden Funktionen die Entwicklung von Forschungseinrichtungen wie dem CERN oder der Max-Planck-Gesellschaft nachhaltig geprägt. Darüber hinaus förderte Gentner mehr als jeder andere deutsche Wissenschaftler und Wissenschaftspolitiker die Entwicklung der wissenschaftlichen Zusammenarbeit zwischen der Bundesrepublik und Israel und auch die deutsch-französischen Wissenschaftsbeziehungen sowie die mit der Volksrepublik China verdanken ihm viel. All dies gilt es zu beachten, wenn man sich dem Leben und Werk Wolfgang Gentners nähert.

Wolfgang Gentner entstammte einer Familie, deren Vorfahren überwiegend handwerkliche Berufe ausgeübt hatten. Der Großvater der väterlichen Linie war Drechslermeister, dessen Vater wiederum Schreiner und allesamt waren sie im Schwäbischen ansässig gewesen. Die mütterliche Linie stammte dagegen von den Hugenotten ab und verdiente im Textilgewerbe ihr Geld, zunächst im Bergischen Land um Wuppertal und später im Sudetenland, wo der Großvater in Reichenberg eine Spinnerei leitete. Gentners Vater Carl wurde so 1872 in Stuttgart, die Mutter, Louise Klomp, 1879 in Barmen geboren. Beide heirateten im Jahre 1901 im niederrheinischen Viersen, wo die Familie Klomp seit 1894 lebte. Kennen gelernt hatte man sich, als Carl Gentner als junger Ingenieur in die Firma Felten & Guillaume in Viersen als Volontär eintrat; dort bekleidete auch ein Onkel seiner späteren Frau eine leitende Stellung. Vor seiner Anstellung in Viersen hatte Carl Gentner einige Bildungsreisen unternommen, die ihn bis nach Odessa am Schwarzen

**Abb. 1.** Carl Gentner und Kollegen im Voltohm Seil- und Kabelwerk Frankfurt-Sachsenhausen, 1917.

Meer führten und die nicht zuletzt zur Vervollkommnung seiner Ingenieurausbildung beitrugen. Um 1895 fand er dann eine Anstellung als Betriebsleiter bei der Firma „Seil–Wolff AG“ in Mannheim und im Jahr seiner Heirat wechselte er als technischer Direktor zur „Voltohm Seil- und Kabelwerk AG“ nach Frankfurt. Die Firma gehörte zur damals aufstrebenden Elektroindustrie. Gentners leitende Position sicherte ein auskömmliches Familieneinkommen, so dass die Familie wohl zum gehobenen Bürgertum Frankfurts gehörte. Zwar verfügte man über keine besonderen Besitztümer, doch über ausreichende Finanzen, so dass man geräumige und großzügig ausgestattete Mietwohnungen beziehen konnte – zunächst in der Möhrfelder Landstraße und nach dem Ersten Weltkrieg dann im Hühnerweg in Frankfurt-Sachsenhausen. Zu diesem gut- bis großbürgerlichen Familienambiente gehörte auch Hauspersonal, das der Haufrau bei der Führung des Haushalts und der Erziehung der Kinder zur Hand ging. Der Vater wird als familiär und humorvoll geschildert, der fest in den demokratischen Traditionen Süddeutschlands wurzelte und zudem einer Freimaurerloge angehörte, was für Wolfgang Gentner im Dritten Reich noch eine Rolle spielen sollte. Die väterlichen Prägungen wurden durch die der Mutter ergänzt, die ihren österreichisch-ungarischen Charme nicht leugnen konnte und als lebensfroh und kontaktfreudig galt. Alles Prägungen, die sich bei Wolfgang Gentner wieder finden. Zur familiären Prägung gehörte auch eine christliche Erziehung, die sich zwar nicht im regelmäßigen Kirchgang manifestierte, aber doch dazu führte, dass der junge Wolfgang Gentner bis zu seinem 15. Lebensjahr eifriges Mitglied eines christlichen Jugendbundes war; später gründete er mit Freunden eine Jugendgruppe, die dem „Wandervogel" nahe stand und mit der man Wanderungen und Fahrradausflüge in die Umgebung Frankfurts unternahm. Solche

Abb. **2**. W. Gentner mit seiner Mutter, um 1915.

Abb. **3**. Carl Gentner mit Söhnen Wolfgang, Carlheinz und Helmut, August 1919.

Jugendgruppen vermittelten nicht nur ein starkes Natur- und Heimatbewusstsein, sondern förderten im jungen Gentner auch die Distanz zu bürgerlichem Spießertum und preußischem Militarismus.

Neben Mutter und Vater gehörten zur fünfköpfigen Gentner-Familie der ältere Bruder Helmut (1902-1986), der wie der Vater Ingenieur geworden und später als erfolgreicher Betriebsberater tätig war, sowie als Nachkömmling der 1918 geborene Carlheinz, der ebenfalls die Ingenieurlaufbahn einschlug. Wolfgang und seine Brüder haben sich stets als Frankfurter Buben verstanden und nicht nur lebenslang den „frankfurderischen" Dialekt gepflegt, sondern auch von der internationalen und weltoffenen Atmosphäre der freien Reichsstadt prägende Einflüsse empfangen. Prägend war natürlich auch das humanistische Kaiser Wilhelms-Gymnasium, das Wolfgang Gentner seit 1916 besuchte und Ostern 1925 mit dem Abitur abschloss; zu den Absolventen dieses Reformgymnasiums gehörte auch Theodor W. Adorno, der sein Abitur dort allerdings vier Jahre vorher abgelegt hatte. War Adorno ein glänzender Absolvent der Schule gewesen, so zählte Wolfgang Gentner eher zum Mittelmaß. Sein Abiturzeugnis weist überwiegend genügende Leistungen auf – lediglich in Betragen, Turnen, Singen und Physik vermerkt das Abiturzeugnis ein gut.

Die guten schulischen Leistungen in Physik weisen darauf hin, dass sich die naturwissenschaftlichen Neigungen bei Wolfgang Gentner schon früh ausprägten. Davon zeugt auch die Tatsache, dass er zusammen mit einem Schulfreund in der elterlichen Wohnung eine kleines Laboratorium unterhielt, in dem alle möglichen Experimente durchgeführt wurden – so führte man physikalische Versuche mit Influenzmaschinen oder Geisslerschen Röhren durch, doch „kam auch", wie sein Bruder später berichtet hat[2], „die Chemie nicht zu kurz: es wurden unter anderem eine kleine Menge Nitroglyzerin hergestellt und in einem kleinen Fläschchen aus dem Fenster hinausgeworfen." Die Konsequenz war nicht nur eine kräftige Detonation, sondern vor allem, dass die Mutter dem vermeintlich gefährlichen Treiben ihres Sohnes ein Ende bereitete und das Laboratorium kurzerhand ausräumte. Ersatz hat der junge Gentner vielleicht in den Schülervorlesungen des Physikalischen Vereins und der Senckenberg-Gesellschaft gefunden, denn diese sollen ihn endgültig für die Naturwissenschaften und Technik begeistert haben. Zum Sommersemester 1925 begann er – allerdings entgegen dem väterlichen Rat – an der Universität Erlangen Physik und Mathematik zu studieren – allerdings noch mit dem Ziel, einmal Diplom-Ingenieur zu werden. Während seines ersten Studiensemesters verstarb der Vater plötzlich an einer Lungenentzündung, so dass er nicht zuletzt aus finanziellen Gründen umgehend ins Elternhaus zurückkehrte, um in Frankfurt sein Studium fortzusetzen. Dort reifte schließlich der Entschluss, Physiker zu werden. Hierzu mag beigetragen haben, dass die Universität Frankfurt, unmittelbar vor Ausbruch des Ersten Weltkriegs mit privaten Stiftungsmittel als Reformuniversität gegründet, damals in der Physik einen ausgezeichneten Ruf besaß.[3] Zu ihren herausragenden Hochschullehrern gehörten Max von Laue und Max Born, die hier in den Jahren 1914/19 bzw. 1919/21 wirkten; Otto Stern und Walther Gerlach hatten 1921 am Physikalischen Institut die fundamentalen Versuche zur Richtungsquantelung der Elektronen durchgeführt. Zu Zeiten Gentners lehrten und forschten dort u. A. die Mathematiker Walter Fraenkel und Arthur Schoenflies, die theoretischen Physiker Erwin Madelung und Cornelius Lanczos sowie die Biophysiker Boris Rajewsky und Friedrich

Dessauer, die Gentner in seinem Lebenslauf auch zu seinen akademischen Lehrern zählte. Ab dem fünften Semester hatte sich ein immer enger werdender Kontakt zum Dessauerschen Institut für physikalische Grundlagen der Medizin entwickelt, an dem er schließlich auch seine Doktorarbeit anfertigte. Im Herbst 1930 promovierte Wolfgang Gentner bei Friedrich Dessauer mit einer experimentellen Arbeit „Untersuchungen an einer Lenard–Coolidge–Röhre". Dass Gentner auch als Physikstudent kein Überflieger war, machen die Noten der mündlichen Prüfung deutlich. Im Hauptfach „Physikalische Grundlagen der Medizin" wurde ihm von seinem Doktorvater eine „2–3" bescheinigt, in der angewandten Physik erhielt er vom Prüfer, Carl Déguisne, gar nur eine „4" wie auch im Nebenfach Psychologie, das Adhémar Gelb prüfte, so dass er die mündliche Prüfung nur mit „genügend" bestand. Dennoch war Gentner alles andere als ein durchschnittlicher Student, denn seine Dissertation wurde von Dessauer mit dem Prädikat „sehr lobenswert" bewertet. Dies zeigt, dass es damals noch keine Noteninflation gab und – wie man dem Gutachten entnehmen kann –, „dass Herr Gentner ein über dem Durchschnitt experimentell begabter junger Physiker ist, der mit beträchtlicher Selbständigkeit und experimenteller Originalität und Geschicklichkeit neue Aufgaben anzupacken und befriedigend zu lösen weiss. Seine Ausdrucksweise ist manchmal noch ein wenig unbeholfen, jedenfalls weniger geschickt als seine Experimente und gedanklichen Leistungen."[4]

Dass Gentner bei Dessauer promovierte und damit als Hauptfach die physikalischen Grundlagen der Medizin gewählt hatte, war sicherlich nicht nur seinen speziellen biophysikalischen Interessen geschuldet, sondern wohl auch der Tatsache, dass sich Gentners Vater und Friedrich Dessauer gekannt und es zwischen beiden auch geschäftliche Kontakte gegeben hatte. Zur Familie seiner späteren Frau Alice existierten sogar noch intensivere Beziehungen, denn Dessauer gehörte zum Freundeskreis der Familie und zu den Patienten des Vaters. Alice selbst arbeitete Ende der zwanziger Jahre als Sekretärin im Dessauerschen Institut, wo sich beide dann auch kennen lernten. Das Institut für die Physikalischen Grundlagen der Medizin war im Jahre 1921 von Dessauer gegründet worden – nicht zuletzt mit der finanziellen Unterstützung der Oswalt-Stiftung des Rechtsanwalts Henry Oswalt. Sehr schnell entwickelte es sich – nicht zuletzt dank großzügiger Forschungsressourcen – zu einem Zentrum der biophysikalischen Forschung in Deutschland mit erheblicher internationaler Ausstrahlung und machte Dessauer zu einem Pionier der Röntgenmedizin und Strahlenphysik. Neben seiner wissenschaftlichen Tätigkeit war Dessauer in der Weimarer Republik auch politisch aktiv. So half er die *Rhein-Main'sche Volkszeitung* als unabhängiges Organ mit christlichen Idealen zu gründen und 1924 wurde er als Abgeordneter des Zentrums in den Reichstag gewählt. 1933 gehörte er zu den wenigen Abgeordneten, die dem Hitlerschen Ermächtigungsgesetz die Zustimmung verweigerten, wodurch er in die Emigration gezwungen wurde.[5] Er ging zunächst nach Istanbul und dann in die Schweiz. Dessauer wurde so nicht nur in wissenschaftlicher Hinsicht für den jungen Gentner prägend, auch auf die Ausprägung von Gentners politischer Position hat er ohne Zweifel Einfluss genommen. Beide teilten zudem die Leidenschaft für's Automobil. So übernahm Gentner als Doktorand gern die Aufgabe, „Onkel Fritz", wie er Dessauer vertrauensvoll nannte, zu chauffieren. Einigen Kollegen, wie zum Beispiel Heinz Maier-Leibnitz, gab dies auch noch Jahre später Anlass zu manch spöttischer Bemerkung.

**Abb. 4.** Friedrich Dessauer und W. Gentner, um 1930.

Im Dessauerschen Institut arbeitete Gentner mit Boris Rajewsky und Kurt Schwerin zusammen, mit denen er auch seine erste wissenschaftliche Publikation verfasste. Sie befasste sich mit der Energieabhängigkeit der Wirkung kurzwelliger elektromagnetischer Strahlung auf Gewebe. Damals war schon bekannt, dass diese Wirkung durch die kinetische Energie der Photo- und Comptonelektronen bestimmt wird. Messungen der Erythemwirkung im Bereich zwischen 230 nm und 350 nm Wellenlänge hatten gezeigt, dass die Durchlässigkeit der Haut nur von untergeordneter Bedeutung ist, und man versuchte, die Ergebnisse im Rahmen der „Dessauerschen Punktwärmewirkung“ oder auch als photochemische Reaktion zu verstehen. Bei den in diesem Zusammenhang durchgeführten Experimenten nutzte man vornehmlich starke UV-Quecksilberdampf-Quarzlampen, Quarzprismenspektrographen und Röntgenröhren; als Versuchsobjekte dienten meist Eiweißlösungen.

Für seine Doktorarbeit verwendete Gentner eine Lenard–Coolidge–Röhre. William David Coolidge war es 1926 gelungen, eine etwa 1 m lange Kathodenstrahlröhre herzustellen, die Spannungen bis etwa 350 kV aushielt. Auf Grund eines elektronenoptisch günstig geformten Anodenzylinders änderte sich die Intensität des durch das Lenard–Fenster austretenden Elektronenstrahls nur relativ wenig mit der Energie. Mit Hilfe einer Konzentrationsspule von 6 A Erregerstrom gelang es Gentner, die Flächendichte des Elektronenstrahls im Bereich zwischen 200 kV und 220 kV zu verdreifachen. Als Detektor verwendete er eine 3-Gitter-Ionisationskammer. Die gemessenen praktischen Reichweiten füllten die Lücke zwischen den bekannten Reichweiten mittelschneller Kathodenstrahlen einerseits und der β-Strahlung andererseits. Zur Untersuchung der biologischen Wirkung dieser 200 keV – Elektronen diente die Haut von Kaninchen.

Unmittelbar nach Abschluss der Dissertation, im Sommer 1931, wurde auch geheiratet. Seine Frau Alice Pfaehler, 1902 in Soloturn geboren, stammte aus einer angesehenen Schweizer Medizinerfamilie. Der Vater betrieb in Olten eine florierende Praxis und wie Gentner in einer Lebensbeschreibung aus der Nachkriegszeit bekannte, wurde ihm „das Arzthaus des Schwiegervaters in der Schweiz, nach dem verlorenen Elternhaus, zur zweiten Heimat. Dort verbrachten wir in den späteren Jahren regelmässig einen Teil unserer Ferien. Die häufigen Fahrten in die Schweiz und die Gespräche mit meinem Schwiegervater, der ein grosser Menschenkenner mit einem offenen Herzen war, haben viel dazu beigetragen, meinen Blick für die schwierigen Probleme der Menschheit zu schulen.“[6] Im Übrigen hat dieser familiäre Rückhalt es wohl überhaupt erst ermöglicht, dass das junge Ehepaar trotz eines kümmerlichen Stipendiums einigermaßen problemlos über die Runden kam – zumal sich mit Sohn Ralph schon 1932 Nachwuchs eingestellt hatte; die Tochter Dora sollte dann 1940 folgen. Als junger Doktorand und ohne ein geregeltes Einkommen eine Familie zu gründen, war für damalige Verhältnisse sehr ungewöhnlich. Bei entsprechenden Gelegenheiten hat Gentner später immer wieder betont, dass ja schließlich auch er einmal „ganz klein angefangen“ habe.

Nach der Promotion blieb Gentner noch zwei weitere Jahre am Dessauerschen Institut und beschäftigte sich dort mit biophysikalischen Problemen. Sein Weltoffenheit und sein Interesse für fremde Völker und Länder ließen ihn nach Wegen suchen, seine physikalische Ausbildung im Ausland fortzusetzen. Damals war dies im Gegensatz zu heute keine Selbstverständlichkeit und schon gar nicht der übliche Karriereweg eines angehenden Physikers – zumal in jener Zeit deutsche Physikinstitute international führende Spitzenstellungen einnahmen, so dass eher ausländische Studenten und Postdocs nach Deutschland kamen, als dass man als Absolvent einer deutschen Hochschule ins Ausland ging. Als Gentner 1932 von der Oswalt-Stiftung ein Stipendium für wissenschaftliche Forschungsarbeit erhielt und sein Doktorvater zudem seine internationalen Verbindungen einsetzte, fand er zum 1. Januar 1933 Aufnahme im Radiuminstitut der Sorbonne in Paris, das damals noch von Madame Pierre Curie – so die damalige korrekte Anrede dieser legendären Pionierin der Radioaktivitätsforschung – geleitet wurde.

Das Pariser Institut arbeitete zu dieser Zeit noch weitgehend mit Ionisationskammern. Gentner hatte im Dessauerschen Institut aber gelernt, mit Zählrohren umzugehen und führte diese Nachweistechnik gegen den anfänglichen Widerstand der Pariser Kollegen dort ein, in dem er mittels Zählrohrtechnik die Absorption hochenergetischer $\gamma$-Strahlung untersuchte. Die hochenergetischen Gammastrahlen hatten seit 1930 besondere Aktualität erhalten, als Walther Bothe und Herbert Becker beobachteten, dass die Absorption der 4,4 MeV-$\gamma$-Strahlung der Reaktion $^{9}\mathrm{Be}(\alpha,n\gamma)^{12}\mathrm{C}$ dreimal größer als für den Compton-Effekt zu erwarten war. Hier gab es etwas zu entdecken, und Gruppen in England, in den USA sowie in Berlin und Heidelberg widmeten sich ebenfalls diesem Problem. Fast alle verwendeten die 2,6 MeV-$\gamma$-Strahlung von ThC′′. Gentner stand in Paris eine besonders starke Quelle zur Verfügung, so dass er mit seinem Geiger–Müller–Zählrohr von 2 cm Durchmesser und 4 cm Länge relativ schnell systematische Daten zusammentragen konnte. Er begann seine Messungen genau in dem Augenblick, in dem Patrick Blackett und Giuseppe Occhialini in England erkannt hatten, dass energiereiche $\gamma$-Strahlung über Paarbildung die ein Jahr zuvor von Carl Anderson entdeckten Positronen erzeugt und diese anschließend eine 0,5 MeV Vernichtungsstrahlung emittieren. Seine Ergebnisse nötigten ihn, die unvollkommenen Messungen und Interpretationen von Lise Meitner und Mitarbeitern in Berlin zurückzuweisen.

Nachdem James Chadwick und Maurice Goldhaber gezeigt hatten, dass mit der ThC′′ γ-Strahlung in Beryllium eine (γ,n)-Reaktion ausgelöst werden kann, montierte Gentner eine Paraffin-Platte vor das Fenster seines Zählrohrs und bestimmte die Größenordnung des Wirkungsquerschnitts für diese Reaktion. Schon zuvor hatte er beobachtet, dass seine Aluminiumzählrohre einen Nacheffekt in der Zählrate zeigten, wenn er sie mit den starken α-Präparaten des Instituts bestrahlt hatte, und dass dieser mit 2 bis 3 Minuten Halbwertszeit abnahm. Er führte diesen ganz auffälligen Effekt Frédéric Joliot und Irène Curie vor, die ebenfalls im Radium-Institut arbeiteten und die Bedeutung dieser Beobachtung sofort erkannten. Ihre weiterführenden Untersuchungen führten schließlich Anfang 1934 zur Entdeckung der künstlichen Radioaktivität, wofür sie im folgenden Jahr mit dem Nobelpreis für Chemie ausgezeichnet wurden. Die Tatsache, dass Gentner in der Joliot–Curieschen Originalpublikation keine Erwähnung fand, aber auch andere Indizien sprechen dafür, dass anfangs zwischen Gentner und seinen französischen Kollegen ein eher distanziertes Verhältnis bestand und erst später die enge persönliche Freundschaft entstand, die dann auch den Belastungen der Kriegszeit und der Jahre der deutschen Besatzung stand hielt.

Im Gegensatz dazu entwickelte Madame Curie von Anfang an ein freundschaftlich-fürsorgliches Verhältnis zu dem jungen Deutschen. In längeren Autofahrten, bei denen Gentner oft chauffierte, erzählte sie ihm viele interessante Begebenheiten aus der Pionierzeit der Erforschung der Radioaktivität. Strahlenmedizinisch von Bedeutung war dabei ihre Beobachtung, dass der zeitliche Ablauf der Symptome ihrer Leukämie eindeutig zeigte, dass ihre Krankheit nicht von den Arbeiten zur Abtrennung des Radiums, sondern von den unabgeschirmten Röntgengeräten in den Lazaretten des ersten Weltkriegs herrührte – eine Beobachtung, die beim Biophysiker Gentner auf großes Interesse gestoßen sein wird.

Noch kurz vor ihrem Tode im Sommer 1934 hatte sich Madame Curie dafür eingesetzt, dass Gentner ein Stipendium der Pariser Universität erhielt und so ein weiteres Jahr in Paris bleiben und seine Forschungen am Radiuminstitut fortsetzen konnte. Der fast dreijährige Forschungsaufenthalt in Paris wurde für Gentner sowohl „eine glückliche Zeit der reinen wissenschaftlichen Forschung“, als auch eine Zeit, in der er „Frankreich und seine Menschen kennen und achten lernte“ – Gefühle und Prägungen, die für sein gesamtes späteres Leben bestimmend wurden. Unter dem Eindruck der aktuellen politischen Verhältnisse in Deutschland – fast zeitgleich mit Gentners Übersiedlung nach Paris war Hitler zum Reichskanzler ernannt worden und hatte dieser in Deutschland eine Diktatur mit brutalen Übergriffen gegen politisch Andersdenkende und jüdische Mitbürger errichtet – begann Gentner darüber nachzudenken, in Frankreich zu bleiben. Allerdings gab es im damaligen Frankreich für einen deutschen Wissenschaftler keinerlei berufliche Aufstiegsmöglichkeiten und selbst eine Dauerstellung als schlichter Mitarbeiter einer Universität war praktisch ausgeschlossen. Nach Diskussionen mit Joliot, der ihm inzwischen zum vertrauten Kollegen und Freund geworden war, entschloss er sich so im Sommer 1935, ein Angebot Walther Bothes anzunehmen und eine Assistentenstelle an dessen Institut für Physik im Kaiser-Wilhelm-Institut für

**Abb. 5.** Walther Bothe (1891–1957).

medizinische Forschung in Heidelberg zu übernehmen. Allerdings „fiel (es) meiner Frau und mir sehr schwer in das völlig verwandelte Deutschland zurückzukehren, aber … die Möglichkeiten, in einem so ausgezeichneten Institut arbeiten zu können, überwand meine politischen Bedenken", bekannte Gentner nach dem Krieg.[7]

Schon im April 1934 hatte Gentner bei Bothe nachgefragt, „ob die Möglichkeit besteht in Ihrem Institut eine bezahlte Arbeitsstelle zu erhalten"[8], doch eine abschlägige Antwort erhalten, da – wie Bothe ihm mitteilte – „ich schon einige Schwierigkeiten habe, meine bisherigen engeren Mitarbeiter unterzubringen." Doch bereits im folgenden Jahr hatte sich die Personalsituation am KWI anscheinend so entspannt, dass Gentner im Mai/Juni 1935 nach Heidelberg reiste, um ein Angebot Bothes vor Ort zu prüfen. Nach seiner Rückkehr schrieb er Bothe aus Paris:

„Bei meiner Rückkehr nach Paris habe ich Herrn Joliot eingehend von meiner Reise berichtet und er hat sich sehr gefreut, dass es mir gelungen ist gerade bei Ihnen einen Arbeitsplatz zu erhalten … so hoffe ich bestimmt, dass ich in der ersten Juliwoche bei Ihnen antreten kann"[9]

Dass Walther Bothe den jungen Gentner zu seinem Assistenten und ihn damit auch endgültig zum Kernphysiker machte, war alles andere als zufällig, denn Bothe war in Heidelberg zusammen mit seinem Mitarbeiter Wilhelm Horn bei Untersuchungen zum Durchgang harter Gammastrahlung durch Materie zu ähnlichen Ergebnissen gekommen wie Gentner; weiterhin bestanden gemeinsame Forschungsinteressen hinsichtlich der bei Kernreaktionen entstehenden Neutronen. Gentner konnte so in Heidelberg an seine Pariser Arbeiten fast nahtlos anknüpfen, wobei er nicht nur mit Bothe selbst kooperierte, sondern auch erfolgreich mit Rudolf Fleischmann zusammenarbeitete – persönlich blieb er mit letzteren allerdings auf Distanz, was wohl nicht zuletzt an den unterschiedlichen politischen Einstellungen beider lag. Bei ihren gemeinsamen Untersuchungen brachte Fleischmann seinen Neutronendetektor und seine entsprechenden Erfahrungen ein. Sie wurden beim Nachweis der Wellenlängenabhängigkeit des Kernphotoeffekts am Beryllium (Be) genutzt. Als Quelle für die Neutronen aus der $^{9}$Be(γ,n)-Reaktion diente ein mit 2 kg Berylliumflitter gefüllter Kasten im Innern eines großen Bleipanzers, in den eine Ampulle mit 70 mC RaEm oder ein 22 mC RdTh-Präparat eingeschoben werden konnte. Das Ergebnis war, dass der Wirkungsquerschnitt der Reaktion mit zunehmender Quantenenergie abnimmt. Überlegungen zur Fortsetzung dieser Arbeiten führten zu dem Schluss, dass die Energie der ThC′′– und Radiumgammastrahlung relativ zur Bindungsenergie der Neutronen im Kern zu klein ist und dass Gammastrahlungsquellen mit deutlich höherer Energie und mit deutlich größerer Intensität benötigt werden.

Gentner und Bothe entwickelten daraufhin die Idee, im 8 m hohen Kasinoraum des Instituts, der sich in der Mittelachse des Institutsgebäudes über zwei Stockwerke erstreckte, einen Van de Graaff-Bandgenerator aufzubauen. Zwei große Porzellanröhren mit je 300 kg Gewicht wurden dafür genutzt und die Arbeiten in der Werkstatt waren Ende 1935 soweit fortgeschritten, dass Gentner Anfang 1936 mit dem Aufbau der Anlage beginnen konnte; auch Gentners Frau half beim Bau der Anlage, indem sie das Band für den Ladungstransport nähte. Der Beschleuniger bestand anfänglich aus einem Pertinaxkasten mit zwei Bändern für den Ladungstransport. In den Porzellanisolator konnten drei Beschleunigungszylinder eingesetzt werden. Von Anfang an waren Bothe und insbesondere auch die Techniker des Instituts von dem Tempo beeindruckt, mit dem Gentner das Projekt vorantrieb. Schon im November 1936 war der Beschleuniger soweit aufgebaut, dass Gentner die Anregungsfunktion der Reaktion $^{11}$B(p,γ)$^{12}$C bis 500 keV messen konnte. Sein Verhältnis zu Bothe entwickelte sich schnell zu einer kollegialen Zusammenarbeit, in der täglich offen und ungezwungen über alle anstehenden Probleme diskutiert wurde.

Im November 1936 legten Bothe und Gentner den Boden des Faradaykäfigs des Beschleunigers mit einer dicken Schicht von Lithium (Li) und Fluor aus. Die Anregungsfunktion für $^{7}$Li(p,γ) stieg oberhalb 450 keV steil an, so dass eine intensive γ-Strahlung von 17 MeV zur Verfügung stand. Bothe und Gentner konnten damit den bereits 1934 von James Chadwick und Maurice Goldhaber an Deuteronen entdeckten Kernphotoeffekt bei mittelschweren Elementen nachweisen. Beim Kernphotoeffekt handelt es sich um eine grundsätzlich neue Möglichkeit zur Erzeugung künstlicher radioaktiver Substanzen. Dies war Bothe und Gentner sofort bewusst, wie die entsprechenden Originalpublikationen von Bothe und Gentner[10], aber auch ein Brief Bothes vom 26.1.1937 an den Herausgeber der Zeitschrift

*Die Naturwissenschaften* zeigen; in letzterem bittet Bothe zudem wegen der grundsätzlichen Bedeutung der Entdeckung und der Konkurrenzsituation mit amerikanischen Kollegen um eine schnellstmögliche Publikation.[11] Noch 1936 konnten mit Hilfe des Kernphotoeffektes die radioaktiven Kerne $^{62}$Cu, $^{80}$Br und $^{30}$P hergestellt werden. Im April 1937 lagen schon Zerfallskurven von mehr als einem Dutzend Kerne vor, die durch (γ,n)-Reaktionen erzeugt worden waren. Dabei zeigte sich, dass der Wirkungsquerschnitt für den Kernphotoeffekt zwei Zehnerpotenzen größer ist, als von Hans Bethe und Georg Placzek berechnet worden war.

Gentners Berufsplanung war natürlich nicht darauf ausgerichtet, ewiger Assistent Bothes zu bleiben. Vielmehr strebte er eine unabhängige Stellung, d. h. eine Professur an, wozu die Habilitation unabdingbar war. Da die Universität Heidelberg ganz unter dem Einfluss Philipp Lenards und seiner sogenannten Deutschen Physik stand und Bothe wie auch seine Mitarbeiter wegen ihrer kritischen Haltung zu diesem obskuren Physikverständnis dort nicht gelitten waren, war ein Habilitationsverfahren für Gentner in Heidelberg unmöglich. Gentner besann sich so wieder seiner Frankfurter Wurzeln und stellte am 21. November 1936 an die Naturwissenschaftliche Fakultät der Universität Frankfurt den Antrag, sich für das Fach Experimentalphysik zu habilitieren.[12] Grundlage der Habilitation bildeten die in Paris durchgeführten Arbeiten zur Absorption von Gammastrahlen, wobei er diese noch um die Heidelberger Untersuchungen der Streu- und Sekundärstrahlung harter Gammastrahlung ergänzte. Hierfür hatte Gentner in Heidelberg eine zylindersymmetrische Anordnung mit lampenschirmförmigem Sekundärstrahler entworfen. In deren Mittelachse diente ein 22 mC Radiothorpräparat mit 3,5 cm Bleivorabsorber als Quelle für die 2,65 MeV-ThC′′- Strahlung. Zwischen Präparat und Zählrohr befand sich eine kegelstumpfförmige Bleiabschirmung von 25 cm Länge. Die Sekundärstrahler lagen auf einer Art Lampenschirm aus Nähgarn von 3700 cm$^2$ Oberfläche mit einer Dicke von etwa 0,1 mm. Das Zählrohr hatte eine Länge von 7 cm und einen Durchmesser von 3 cm. Die Zählrohrwand war 3 mm dick, besaß also die volle Sättigungsdichte für die ausgelösten Elektronen bis zur Primärhärte der γ-Strahlen. Es stellte sich bald heraus, dass die Vernichtungsstrahlung von vagabundierenden Positronen unterdrückt werden musste. Das gelang Gentner mit einer Paraffinschicht, die auf alle Bleiflächen aufgetragen wurde, die im primären Strahlungsfeld lagen. Seine Ergebnisse zeigten gute Übereinstimmung mit Berechnungen zum Comptoneffekt und zur Paarbildung.

Gutachter von Gentners Arbeit „Experimentelle Untersuchungen zur Absorption, Streuung und Sekundärstrahlung harter γ-Strahlen" waren die Frankfurter Professoren Karl Meissner, Boris Rajewsky und Erwin Madelung. Sie schätzten die Arbeit sämtlichst positiv ein und auch Bothe wurde in diesem Zusammenhang um eine Stellungnahme gebeten, die feststellt, dass sich Gentner „zu einer wissenschaftlichen Persönlichkeit von bemerkenswerter Selbständigkeit entwickelt (hat). Besonders hervorheben möchte ich seine Arbeiten über die Absorptionsvorgänge bei Gammastrahlen. Es ist ihm gelungen, auf diesem experimentell und theoretisch schwierigen und verwickelten Gebiet, in welchem lange Zeit erhebliche Verwirrung herrschte, eine, wie mir scheint, endgültige Klärung der wichtigsten Einzelfragen herbeizuführen."[13]

**Abb. 6.** Physiker-Tagung zur Weltausstellung Paris 1937. In der vorderen Reihe v.l.n.r. John Cockcroft, Maurice Goldhaber, Charles-Victor Mauguin, W. Gentner; in der zweiten Reihe über Gentner Walther Bothe, daneben Heinz Maier-Leibnitz. Im Auditorium befanden sich auch Niels Bohr, Hendrik Casimir, Peter Debye.

Im Dritten Reich war aber für eine Habilitation nicht allein die Prüfung der wissenschaftlichen Qualifikation des Kandidaten maßgebend – diese war für Gentner mit den positiven Gutachten zur Arbeit, der wissenschaftlichen Aussprache sowie der Lehrprobe zum Thema „Die künstliche Radioaktivität" im November 1937 erfolgreich abgeschlossen. Vielmehr bedurfte es zusätzlich eines positiven politischen Leumundes. Das politische Leumundszeugnis lieferte der örtliche Reichs-Dozentenführer Gerhart Jander. Dieser bescheinigte Gentner, „ein sehr kluger, sehr verträglicher und kameradschaftlicher Mensch von grundanständigem Charakter [zu sein]. Politisch ist er bisher noch nicht hervorgetreten. Nach seiner Rückkehr aus dem Ausland trat er in das NS-Fliegerkorps ein. Soweit man ihn beurteilen kann, dürfte er den nationalsozialistischen Staat wohl bejahen. Er ist eine völlig unpolitische Natur, die ganz in der Wissenschaft aufgeht. Zum Teil mag das vielleicht daher rühren, dass er gerade in der Zeit, in der die anderen seines Alters durch die Revolution innerlich begeistert wurden, in Paris weilte."[14]

Mit diesem Votum konnte dann Wolfgang Gentner durch die Fakultät der Titel Dr. phil. nat. habil. zuerkannt und vom Reichs-Erziehungsministerium schließlich auch im November 1939 zum Dozenten berufen werden. Vom Sommersemester 1938 bis zum Frühjahr 1940 hat Gentner an der Universität pro Semester eine einstündige Lehrveranstaltung zur Kernphysik abgehalten. Die hierfür nötige Bahnfahrt von Heidelberg nach Frankfurt wurde von ihm allerdings als eine unnötige Belastung empfunden. Nachdem zu Beginn der vierziger Jahre Macht und Einfluss der Deutschen Physik im Niedergang waren und dies auch an der Heidelberger Universität Wirkung zeigte, stellte Gentner 1941 den Antrag, sich von Frankfurt nach Heidelberg umhabilitieren zu lassen. Dies wurde durch das Reichs-Erziehungsministerium zum 1. März 1942 genehmigt.[15] Allerdings hat Gentner wegen der zunehmenden Einschränkungen des Lehrbetriebs in der Endphase des Krieges, aber auch durch seine starke Forschungsbelastung im Rahmen des deutschen Atomprojektes nur noch unregelmäßig Lehrveranstaltungen an der Heidelberger Universität angeboten.

Mit seiner Habilitation und dank seiner unumstrittenen wissenschaftlichen Qualifikation war Gentner seit Ende der dreißiger Jahre auch Kandidat für neu zu besetzende Professuren – so 1937 bzw. 1944 in Leipzig, als es um die Besetzung eines neuen Extraordinariats für Kernphysik bzw. die Nachfolge des Kernphysikers Gerhard Hoffmann ging[16] oder 1938, nach dem Anschluss Österreichs, als freie Extraordinariate an der Universität Wien zu besetzen waren[17]; auch in Strassburg[18] und bei der Neubesetzung des Hamburger Lehrstuhls wurde der Name Wolfgang Gentner diskutiert[19], so dass 1944 im Reichs-Erziehungsministerium Gentners „Ernennung zum Professor bereits positiv erledigt“ bzw. nur noch eine Frage der Zeit war.[20] Einer seiner einflussreichen Mentoren war damals Walther Gerlach, der seit 1943 die deutschen Uranforschung koordinierte und der sich dann auch in der Nachkriegszeit sehr für das berufliche Fortkommen Gentners eingesetzt hat.[21] Dass es dennoch zu keiner Berufung Gentners kam, hat nicht nur damit zu tun, dass sich manche Aktivitäten zerschlugen bzw. in den letzten Kriegsjahren kaum mehr neue Professoren berufen wurden, sondern dass auch Gentner selbst nicht jede Professur anzunehmen gedachte – ins besetzte Elsass, an die deutsche Reichsuniversität Strassburg wollte er selbst für den Preis eines Ordinariats nicht gehen und schob als Ablehnungsgrund vor, dass Bothe ihn gebeten hätte, in Heidelberg zu bleiben und ihm eine verbesserte Stellung am Institut angeboten hatte.[22]

Der schnelle Erfolg beim Bau des Bandgenerators hatte bei Bothe und Gentner seit 1937 den Plan reifen lassen, am Heidelberger Institut ein Zyklotron aufzubauen. Schon im November ging ein Bericht an den Präsidenten der Kaiser-Wilhelm-Gesellschaft und Bothe begann, bei der Helmholtz-Gesellschaft, dem Badischen Kultusministerium, den I.G. Farben, der Planck-Stiftung und verschiedenen Reichsstellen die erforderlichen Mittel zu beantragen. Gentner kommentierte das später mit dem Satz: „Bothe hat sich damals die Finger wundgeschrieben“. Erste Zusagen führten schon im September 1938 zur Bestellung des Magneten bei Siemens. Die weitere Finanzierung erwies sich dann aber als äußerst problematisch.

Gentner setzte in dieser Zeit seine Untersuchungen zum Kernphotoeffekt fort. Zur Klärung der Energieabhängigkeit des Wirkungsquerschnitts sollte neben der $^{7}$Li(p,γ)- auch die $^{11}$B(p,γ)-Reaktion eingesetzt werden, die erst bei höherer Protonenenergie genügend Intensität liefert. Dazu musste die Energie des Bandgenerators erhöht werden. Gentner verdoppelte den Durchmesser des Hochspannungspols auf 1,2 m und setzte auf das zylindrische Porzellanrohr ein zweites kegelstumpfförmiges auf. So ließen sich jetzt vier Beschleunigungsrohre einbauen. Außerdem ersetzte er die zwei Bänder durch ein einzelnes breiteres Band. Daraufhin konnte mehr als 1 MV Hochspannung und ein Teilchenstrom von etwa 50 μA erreicht werden. Die Messungen ergaben schon 1938 die später für die Riesenresonanzen der Kerne wichtige Tatsache, dass sich der Wirkungsquerschnitt für den Kernphotoeffekt im Gegensatz zur Erwartung mit zunehmender Energie zwischen 11 MeV und 17 MeV etwa verdoppelt.

Außerdem konnte die Niveaufolge der von Bothe und Gentner vorher entdeckten Kernisomerie im $^{80}$Br geklärt werden. Die Arbeiten zum Kernphotoeffekt waren der bedeutendste wissenschaftliche Erfolg des Botheschen Instituts in diesen Jahren. Das verschaffte Gentner am Institut und unter den Mitarbeitern Bothes eine Sonderstellung. Bothe pflegte nicht selten gegenüber seinen Mitarbeitern einen barschen Umgangston, der Doktoranden und jüngeren Assistenten gegenüber manchmal dem eines Rekrutenfeldwebels ähnelte. Auch über die fachliche Kompetenz von Kollegen sagte er unverblümt seine Meinung. Eine Wurzel für dieses Verhalten ist nicht nur in Bothes Charakter und seiner preußischen Erziehung, sondern vielleicht auch in der Atmosphäre zu suchen, die er als junger Wissenschaftler an der Berliner Physikalisch-Technischen Reichsanstalt erlebte; auch mögen Traditionen der Planckschen Schule hierbei nachgewirkt haben. Für Bothe mag so zugetroffen haben, was Lise Meitner einmal über Max Planck, ihren gemeinsamen Lehrer, festgestellt hat: Dieser „hat nie etwas getan oder nicht getan, weil es ihm nützlich oder schädlich hätte sein können. Was er für richtig erkannt hat, hat er durchgeführt ohne Rücksicht auf seine eigene Person“[23]. Diese Devise war für die Arbeit im Institut und die Position des Instituts unter den politischen Umständen der dreißiger und vierziger Jahre nicht unbedingt förderlich. Gentner hat hier mit seiner konzilianten Art ausgleichend gewirkt Er wurde von Bothe voll respektiert und seine Meinung hatte bei den Kollegen und Technikern des Instituts Gewicht. So konnte er zum Wohl des Instituts und insbesondere der jüngeren Mitarbeiter die liberale und weltoffene Atmosphäre der Frankfurter und Pariser Laboratorien, die er als junger Wissenschaftler kennengelernt hatte, einbringen. Beispielsweise erinnerte sich Kurt Schmeisser später, dass er als Doktorand, wenn Bothe ihn wieder einmal zusammengestaucht hatte, häufig bei Gentner Trost fand.

Seit Mitte 1938 befasste sich Gentner zunehmend mit der Planung des Heidelberger Zyklotrons. Kompetenz für solche Fragen hatte er bereits in seiner Pariser Zeit erworben, als er durch Joliot in die dortigen Diskussionen um den Bau eines Beschleunigers einbezogen worden war. Dieser sollte von den Pariser Physikern für Untersuchungen von Kernreaktionen und zur Erzeugung radiaktiver Isotope genutzt werden. Im Rahmen des Projektes hatte Gentner zusammen mit Joliot 1934/35 u. A. Paul Scherrer in Zürich und nicht zuletzt die dortigen Oerlikon Werke besucht, die auf die Herstellung leistungsfähiger Magnete spezialisiert waren.[24] Diese Erfahrungen konnte er nun in die Pläne Bothes einbringen, in Heidelberg das erste deutsche Zyklotron zu bauen. Wie schon beim Bau des Bandgenerators ging Bothe auch beim Zyklotron nach der Devise vor, dass man die eigenen Arbeiten nicht damit aufhalten dürfe, bereits von anderen entwickelte Komponenten neu zu erfinden, sondern sich vielmehr ganz auf die kritischen Parameter konzentrieren sollte. Bothes Ziel war „ein Zyklotron nach Lawrence“ – ein „Zyklotron nach Siemens“ konnte von ihm aus in Berlin oder anderswo entwickelt werden. Nur wenige Parameter, wie z. B. das für Bothes Magnetkonstruktionen charakteristische vorgezogene Joch waren anders als bei Lawrence konstruiert, weil Bothe bei seinen ionenoptischen Rechnungen die Bedeutung der azimutalen Symmetrie des Magnetfeldes erkannt hatte und die Zugänglichkeit der Kammer dadurch verbessert wurde. Um möglichst viele Unterlagen für den Bau der Anlage zu erhalten und vor Ort wichtige Erfahrungen zu sammeln, reiste Gentner im Dezember 1938 mit Mitteln der Helmholtz-Gesellschaft nach Amerika und insbesondere nach Berkeley. Amerika war damals das Mekka der Beschleunigertechnik, denn mehr als 10 Zyklotrone waren damals dort in Planung bzw. im Bau. Nicht zufällig machte Bothe all seinen Einfluss und seine wissenschaftliche Reputation geltend – dies nicht nur gegenüber der Helmholtz-Gesellschaft und den deutschen Behörden, sondern auch bei den amerikanischen Kollegen –, um mit Gentner einen Spezialisten dorthin schicken zu können und ihm ein möglichst umfassendes Besuchsprogramm zu ermöglichen. Dies schien der optimale Weg, um für den eigenen Zyklotronbau möglichst viel Erfahrung und Spezialkenntnisse zu sammeln. Der geplante Besuch des Radiation Laboratory an der University of California in Berkeley war dabei von besonderer Bedeutung, hatte es sich doch in jenen Jahren unter der Leitung von Ernest Lawrence, dem Erfinder des Zyklotrons, zu einem internationalen Zentrum kernphysikalischer Grundlagenforschung und des Beschleunigerbaus entwickelt.[25]

Nachdem die Genehmigung der nötigen Reisemittel und auch die Verschärfung der politischen Lage in Europa im Jahre 1938 die Reise zunächst um mehrere Monate verzögert hatte, gab das Wissenschafts-Ministerium schließlich im Oktober 1938 grünes Licht, so dass mit der konkreten Reiseplanung begonnen werden konnte. Ein großes Problem stellten damals die allgemeinen Devisenbeschränkungen dar und es mussten für die Finanzierung der Reise ungewöhnliche Wege gefunden werden. Die Helmholtz-Gesellschaft kam nur für die Reisekosten auf, und Gentner durfte lediglich 10 Reichsmark auf die Reise mitnehmen. Da die Helmholtz-Gesellschaft ganz wesentlich von der deutschen Schwerindustrie getragen wurde und diese durchaus Interesse an der Entwicklung deutscher Zyklotrone hatte, war Vorsorge getragen, dass Gentner bei seiner Ankunft in New York von einem dortigen Industrievertreter in Empfang genommen und mit entsprechenden Reisemitteln ausgestattet wurde; am Empfangskai in New York wartete ebenfalls der Physiker James Fisk auf ihn, der kurz zuvor in Heidelberg einen Gastaufenthalt absolviert hatte und der Gentner in den folgenden Wochen mit Physikern verschiedener Universitäten der Ostküste bekannt machte. Darüber hinaus half Fisk, Gentners englische Sprachkenntnisse zu verbessern.[26] Fisk war es auch, der Gentner mit Robert Van de Graaff und Kenneth Bainbridge in Cambridge bekannt machte, wodurch er sich aus erster Hand über die dortigen Bemühungen um die Entwicklung leistungsfähiger Beschleunigeranlagen informieren konnte. Von Bainbridge erhielt er sogar die Blaupausen der wesentlichen Konstruktionsteile des im Bau befindlichen Zyklotrons der Harvard University. Fisk scheint aber für Gentner nicht nur „wissenschaftlicher Türöffner“ gewesen zu sein, denn beide hatten sich anscheinend in Heidelberg so gut angefreundet, dass mit ihm auch Pläne diskutiert wurden, die Amerikareise zur Emigration zu nutzen. Familiär waren entsprechende Vorkehrungen getroffen, denn Gentners Frau lebte in diesen Monaten mit Sohn Ralph bei ihren Eltern in der Schweiz. Die Emigrationspläne zerschlugen sich aber schließlich an den sehr begrenzten Möglichkeiten, eine adäquate Anstellung an einer amerikanischen Universität oder außeruniversitären Forschungseinrichtung zu finden.[27]

**Abb. 7.** Das 60-Zoll-Synchroton in Berkeley, um 1940. Vorn links Donald Cooksey, rechts Karl G. Green.

Im Januar ging es schließlich an die amerikanische Westküste, nach Berkeley, wobei auf dem Weg dorthin noch Schenectady, Rochester, Ann Arbor, Chicago und Madison besucht wurden, konnte man doch dort überall den Bau bzw. Betrieb von Zyklotronen studieren. Im Radiation Laboratory in Berkeley empfing man ihn äußerst herzlich und es wurde ihm – wie Gentner in seinem Reisebericht schrieb –„jede erdenkliche Auskunft und Erleichterung gegeben, die Konstruktion des Cyclotrons mit dem dazugehörigen Kurzwellensender genau kennenzulernen. Von allen wesentlichen Teilen wie Magnet, Beschleunigerkammer und Senderöhren erhielt ich auf meinen Wunsch Blaupausen, die von beträchtlichem Wert für unsere Konstruktionsarbeiten sind. Ebenso wurde mir versprochen, uns in Zukunft über alle Neuerungen auf dem laufenden zu halten.“[28]

Als Geste guten Willens und natürlich auch wegen seines wissenschaftlichen Interesses an den in Berkeley betriebenen Forschungen beteiligte sich Gentner an den laufenden Untersuchungen, wobei er insbesondere mit Emilio Segrè zusammenarbeitete und half, Ionisationskammern für Gammastrahlen mit Hilfe von Positronenstrahlern, die im Zyklotron erzeugt worden waren, zu eichen.[29] Neben diesen Untersuchungen machte er sich vor allem mit den konstruktiven Details des Zyklotrons in Berkeley bekannt, wobei ihm die kalifornischen Kollegen mit großer Offenheit in die Geheimnisse und Probleme des Beschleunigerbaus einweihten. Sein Gesprächspartner war dabei vor allem Donald Cooksey, der die Vakuumkammer entwickelt und auch sonst ganz wesentlich auf die technischen Details des Zyklotrons Einfluss genommen hatte. Gemeinsam mit Cooksey besuchte er auch Firmen in der Bay Area, die mit dem Bau einzelner Komponenten des neuen Zyklotrons beauftragt waren, so dass Gentner eine Menge ganz praktischer Erfahrungen sammeln und zudem Land und Leute kennen lernen konnte.

In die ersten Tage seines Aufenthalts in Berkeley fiel auch die Nachricht von der Entdeckung der Uran-Kernspaltung, von der man durch ein Telegramm aus Washington erfuhr, wo Niels Bohr gerade über die Entdeckung berichtet hatte:

„I was standing on the desk of the cyclotron when Lawrence came … he got a telegram from Washington … and then Oppenheimer was reading with me the telegram. He said to me again, „Do you believe this story? I cannot believe it." And he went out … In the meantime, yes, in the afternoon I was sitting with Green … down together at the cyclotron to look with uranium oxide, and in the ionization chamber to get big kicks. And we saw the big kicks. And Lawrence came in and we told him, „You see the big kicks," … and then he said to me, „Yes, you see, Gentner, we can repeat all important experiments half an hour later here in Berkeley … And Oppenheimer – five hours after the telegram – he was in the meantime walking around in the campus, and gave a seminar, and he understood what was happening."[30]

Ende März verließ Gentner Berkeley – ausgestattet mit zahlreichen Blaupausen des Lawrenceschen Zyklotrons und um wichtige Erfahrungen reicher. Über Pasadena kehrte er an die Ostküste zurück, wo er noch kurz bei seinem Freund Fisk an der Duke University in Chapel Hill/North Carolina sowie in Washington Station machte. Am 8. April schiffte er sich dann in New York für Europa ein; zuvor hatte er noch der Columbia University einen Kurzbesuch abgestattet. Vor der endgültigen Rückkehr nach Deutschland wurde noch ein Abstecher ins englische Cambridge arrangiert, ging doch am dortigen Cavendish Laboratory gerade ein Zyklotron in Betrieb. In Cambridge traf er auch mit seiner Frau zusammen und es wurde wohl das letzte Mal Familienrat gehalten, ob man dem nationalsozialistischen Deutschland den Rücken kehren und emigrieren sollte. Angesichts der unsicheren beruflichen Zukunft als Emigrant entschied man sich für die Rückkehr in die Heimat, obwohl man sich sowohl über die politische Lage in Hitler-Deutschland, als auch über die von dort ausgehende Kriegsgefahr keinerlei Illusionen machte.[31]

Nach der Rückkehr verfasste Gentner nicht nur den obligaten Reisebericht für Ministerium und Helmholtz-Gesellschaft, sondern berichtete im Rahmen von Übersichtsartikeln auch in den *Naturwissenschaften*[32] sowie in den *Ergebnissen der exakten Naturwissenschaften*[33] über die Entwicklung von Beschleunigeranlagen.

Ein Aufsatz schloss mit dem Satz: „In Deutschland ist bisher noch kein Zyklotron in Betrieb genommen worden"[34]. An dieser Feststellung sollte sich zunächst nichts ändern, denn mit Kriegsausbruch und Gründung des Uranvereins im Spätsommer 1939 wurde das kernphysikalische Forschungspotential in Deutschland fast vollständig auf die Probleme der „Uranmaschine" fokussiert.[35] Auch das Bothesche Institut hatte hierfür seinen Beitrag zu leisten – so wurden Gentner und die meisten anderen Mitarbeiter des Instituts vom Heereswaffenamt für den sogenannten Uranverein rekrutiert und die Forschungen auf die Untersuchung der Folgeprobleme der Kernspaltung konzentriert. Hierdurch blieben Gentners in Amerika gewonnene Erfahrungen für den Zyklotronbau zunächst weitgehend ungenutzt. Die Heidelberger Hochspannungsanlage, die damals eine der intensitätsreichsten deutschen Neutronenquellen war, wurde nun zur Messung der Maximalenergie der Spaltungsneutronen und der Energie der Spaltprodukte eingesetzt. Die Messung der Energie der Spaltungsneutronen erforderte primäre

Neutronen, deren Energie kleiner war als die der Spaltungsneutronen. Bothe und Gentner verwendeten deshalb den Van de Graaff–Beschleuniger mit der Reaktion $^{12}C(d,n)^{13}N$. Er lieferte Neutronen von maximal 0,7 MeV. Die von 0,93 MeV Deuteronen mit 33 μA Stromstärke erzeugte Neutronenintensität entsprach der einer 1,3 Curie Ra-Be-Quelle. Die durch Paraffin thermalisierten Neutronen trafen auf eine Blechbüchse, die 2 kg Uranoxyd enthielt. Unter dem Uran lag durch Bleiblech abgeschirmt eine 2 mm starke $NaN_3$-Platte auf einer Agfa K-Photoplatte. Die Spaltungsneutronen lösten im Stickstoff die $^{14}N(n,\alpha)^{11}B$-Reaktion aus, deren Wirkungsquerschnitt in Abhängigkeit von der Energie durch die Arbeiten von Ernst Wilhelmy bekannt war. Aus der Reichweitenverteilung der α-Teilchen in der Photoplatte konnte das Spektrum der Spaltungsneutronen nur grob, die Maximalenergie aber recht genau erfasst werden.

Nach Abschluss dieser Arbeit im Mai 1940 ersetzte Gentner das Graphit–Target durch ein Be-Target und stellte zusammen mit Arnold Flammersfeld und Peter Jensen unter dem Paraffinmoderator eine Doppelionisationskammer auf, um die Energieverteilung der Spaltprodukte zu messen. In die Mittelelektrode der Kammer war auf 9 kV Hochspannung eine Uranfolie montiert. Ihr stand auf beiden Seiten in 3 cm Abstand eine Auffangelektrode gegenüber. Die Kammer war mit 1 Atm Stickstoff gefüllt und sammelte bei 3 msec Zeitkonstante auch die positiven Ionen. Die verstärkten Impulse der beiden Kammern wurden mit zwei Schleifenoszillographen auf dem gleichen Streifen aus Photopapier so registriert, dass die koinzidierenden Impulse leicht aussortiert und vermessen werden konnten. Für 1750 Paare ließ sich so die Häufigkeitsverteilung der beiden Einzelenergien bestimmen. Aus dieser Zeit ist eine Photoaufnahme überliefert, auf der Gentner, Flammersfeld und Jensen bei der Auswertung ihrer Photostreifen nebeneinander sitzen. Ihre Messungen ergaben sehr gute Werte für die Gesamtenergie,

**Abb. 8.** Arnold Flammersfeld, W. Gentner und Peter Jensen (v.l.n.r.) bei der Datenauswertung, Heidelberg um 1940.

die Asymmetrie der Spaltung und ihre Abhängigkeit von der Energie. Sie waren im September 1940 abgeschlossen.

Nach der Niederlage Frankreichs im Sommer 1940 und der deutschen Besetzung von Paris wurde das Institut von Joliot-Curie am Collège de France mit seinem unmittelbar vor der Inbetriebnahme stehenden Zyklotron dem Heereswaffenamt der deutschen Wehrmacht unterstellt. Für die Uranarbeiten in Deutschland war nicht nur die allgemeine kernphysikalische Kompetenz des Joliotschen Instituts von Bedeutung, sondern ganz speziell die Tatsache, dass mit dem Pariser Zyklotron in absehbarer Zeit eine starke Neutronenquelle für kernphysikalische Untersuchungen zur Verfügung stehen würde. So verwundert es nicht, dass unmittelbar nach der Besetzung von Paris Kurt Diebner und Erich Schumann, die Verantwortlichen des Uranvereins vom Heerswaffenamt, Gespräche bzw. Verhöre mit Joliot führten, um sich über das Forschungspotential des Instituts zu informieren. Wegen seiner Sprach- und Ortskenntnisse wurde Gentner als Dolmetscher für diese Gespräche nach Paris befohlen, was Gentner in eine peinliche Situation brachte; auch für Joliot war das Zusammentreffen irritierend, da sich zwischen beiden ja fünf Jahre zuvor nicht nur kollegiale, sondern durchaus auch freundschaftliche Beziehungen entwickelt hatten. Es zeugt von großem Mut und Zivilcourage Gentners, dass er in einem unbeobachteten Moment Joliot um ein geheimes Treffen bat. Dieses fand abends in einem Cafe am Boulevard St. Michel statt und Gentner konnte Joliot die Gründe für seine Pariser Mission plausibel machen. Zugleich informierte er Joliot über die ursprünglichen deutschen Pläne, das Pariser Zyklotron zu demontieren und in Deutschland wieder aufzubauen. Dies ließ sich jedoch aus bautechnischen Gründen nur schwer realisieren; zudem ging die politische Führung in Deutschland damals noch davon aus, dass der Krieg bald siegreich beendet sein würde. Das Pariser Zyklotron sollte so besser vor Ort genutzt werden, wobei Gentner bei den geplanten Forschungen eine zentrale Rolle spielen sollte. Allerdings wollte er diese Aufgabe – wie er Joliot bei ihrem Geheimtreffen versicherte – nur unter der Bedingung annehmen, dass Joliot dies grundsätzlich akzeptiere. Dessen spontane Antwort war: „... es sei ihm entschieden lieber, mich in seinem Institut zu haben als irgendeinen Fremden.“[36]

Nachdem Bothe durch das Heereswaffenamt die Aufsicht über das Joliotsche Institut übertragen bekam, wurde im September 1940 eine Gruppe deutscher Physiker und Techniker unter der Leitung von Gentner zusammengestellt und nach Paris entsandt, um das Pariser Zyklotron so schnell als möglich in Betrieb zu nehmen. Durch Joliot und seine Mitarbeiter waren zwar alle wesentlichen Teile des Zyklotrons bereits montiert worden, doch erwies sich der Sender für die Hochspannung an den Dee-Elektroden als nicht funktionsfähig. Mit aus Deutschland mitgebrachten Teilen musste ein neuer Sender gebaut werden. Als Spezialist für diese Aufgabe wurde Hermann Dänzer, ein Vertrauter Gentners aus Frankfurter Zeit, hinzugezogen und im Februar 1942 konnte man das Zyklotron in Betrieb nehmen. Es war damals die mit Abstand stärkste Neutronenquelle, die der deutschen Kernphysik zur Verfügung stand. Zwischen Gentner und Joliot gab es die stillschweigende Übereinkunft, dass mit dem Zyklotron keine kriegswichtigen Arbeiten betrieben wurden; auch wenn natürlich von französischer Seite offiziell nichts gegen mögliche Verstöße getan werden konnte, gab es das probate Mittel der Sabotage, die wegen der hohen Störanfälligkeit des Zyklotrons auch kaum nachweisbar war, so dass man sich auf deutscher Seite tunlichst an das Agreement hielt.

Wie wirksam der passive Widerstand sein konnte, hatte sich bereits im Herbst 1940 gezeigt, als Paul Langevin, einer der prominentesten französischen Physiker und enger persönlicher Freund der Familie Curie, von den deutschen Besatzungsbehörden verhaftet worden und daraufhin Joliot und alle Techniker dem Institut fern geblieben waren. Die Arbeit des Instituts war so lahm gelegt. Um diese schwierige Situation zu meistern, nahm Gentner Kontakt zu seinem langjährigen Mannheimer Freund William W. Boveri auf, der gerade in Paris weilte. Dieser stellte eine Verbindung zur deutschen Abwehr her, wahrscheinlich zu Admiral Canaris, so dass Gentner den Grund für die Verhaftung Langevins erfuhr. Mit diesem Wissen konnte er gegenüber den deutschen Dienststellen in Paris selbstbewusst auftreten, wodurch es ihm schließlich mit dem Hinweis auf die erhebliche Störung der vermeintlich kriegswichtigen Arbeiten des Instituts gelang, Langevin aus dem Gefängnis zu befreien. In dem für die Kriegszeit typischen Gewirr an Dienststellen der Wehrmacht, der Partei und der zivilen Verwaltung hat Gentner sehr souverän und mutig agiert, womit er nicht nur einmal ganz praktische Hilfe leisten konnte – so half 1941 seine mutige Intervention, Joliot vor dem Zugriff der SS zu bewahren. Gentner gewann damit aber nicht nur die Achtung seiner französischen Kollegen, sondern sein Verhalten erregte auch den Argwohn deutscher Behörden und wurde Anlass einer Denunziation durch einen deutschen Gastwissenschaftler. Dieser hatte nach seiner Rückkehr aus Paris Gentners entgegenkommendes und frankophiles Verhalten allzu lauthals und abfällig kommentiert, so dass man Untersuchungen gegen Gentner einleitete. Gentner wurde so im Frühjahr 1942, nachdem das Zyklotron in Betrieb gegangen war, aus Paris abkommandiert und musste sich in Berlin einem Verhör unterziehen, das jedoch glimpflich ablief.

**Abb. 9.** W. Gentner, Frédéric Joliot-Curie und Walther Bothe, College de France Paris 1941.

Er durfte zwar nicht mehr nach Paris zurück, doch konnte er zu seiner Familie nach Heidelberg und an das Bothesche Institut zurückkehren.

In Heidelberg hatte die Familie inzwischen eine schöne Wohnung in der Panoramastraße bezogen, die jedoch mit dem Fortgang des Krieges immer seltener Mittelpunkt der Familie war, da man es nicht nur vorzog, Sohn Ralph bei der mütterlichen Familie in der Schweiz aufwachsen zu lassen, sondern auch Gentners Frau Alice verbrachte zusammen mit der 1940 geborenen Tochter Dora immer längere Zeitabschnitte dort – und dies sicherlich nicht allein wegen der besseren Ernährungssituation und der zunehmenden Furcht vor Bombenangriffen. Gentner konnte seine Familie regelmäßig in der Schweiz besuchen und im Frühjahr 1944 leistete man sich sogar einen 14tägigen Skiurlaub in Davos. Seine Reisen in die Schweiz nutzte Gentner auch zur Pflege wissenschaftlicher Kontakte – so besuchte er u. a. Paul Scherrer an der ETH in Zürich, wo seit 1940 auch ein Zyklotron erfolgreich betrieben wurde. Bei der Freigabe der amerikanischen Geheimdienstakten Anfang der 90er Jahre stellte sich im Übrigen heraus, dass Scherrer alle Informationen über die Arbeit der deutschen Kernphysiker sofort an den amerikanischen Geheimdienst weitergegeben hatte. Gentner ahnte von allem wohl nichts und über ein Jahrzehnt später trug er maßgeblich dazu bei, dass Scherrer zur 500-Jahrfeier der Universität Freiburg im Jahre 1958 die Ehrendoktorwürde verliehen bekam.

Nach der Inbetriebnahme des Pariser Zyklotrons bestrahlte man als erstes Uran- und Thoriumpräparate für die Gruppe um Otto Hahn vom Berliner KWI für Chemie. Daneben begann man auch sofort (d,p)-Reaktionen zu untersuchen. So liefen Bestrahlungen von Folienstapeln aus Mg, Cu und anderen Metallen an, um aus der Abnahme der Aktivität mit der Deuteronenenergie Anregungsfunktionen zu messen. Die β- und γ-Strahlung der erzeugten instabilen Kerne spektroskopierten eine Reihe jüngerer Physiker, teilweise in Paris und teilweise in Heidelberg. So waren damals u. A. Heinz Maier-Leibnitz, Werner Maurer, Erwin Schopper, Erich Bagge und Wolfgang Riezler länger oder kürzer in Paris; letzterer übernahm dann auch Gentners Funktion in Paris und führte sie ganz in dessem Sinne weiter.

In Heidelberg war es Bothe im Laufe des Jahres 1941 gelungen, die erforderlichen Geldmittel und Bescheinigungen für die Weiterführung des Zyklotronbaus zusammenzubringen und alle wesentlichen Teile für die Fertigstellung des Zyklotrons zu bestellen. Gentner konnte sich so nach seiner Rückkehr ganz auf den Aufbau des Heidelberger Zyklotrons konzentrieren und seine Pariser Erfahrungen einbringen. Bereits 1942 begann man mit dem Aufbau der Stromversorgungen und der 80 t schwere Zyklotronmagnet wurde am 27. März 1943 angeliefert und auf einem Tieflader über eine Schräge in das 3 m tief in die Erde versenkte Gebäude transportiert. Am 3. Dezember 1943 beschleunigten Gentner und seine Mitarbeiter zum ersten Mal Deuteronen. Dieser ungewöhnlich knappe Terminplan zeigt, mit welch ungewöhnlichem Arbeitseinsatz und großem Geschick man damals arbeitete. Hermann Dänzer hatte nach dem Erfolg in Paris auch in Heidelberg die schwierige Aufgabe der Inbetriebnahme des Senders übernommen und hat sie überzeugend lösen können.

Anfang 1944 wurde eine Reihe von Bestrahlungsserien mit Sonden durchgeführt. Letztere ließen sich durch Simmerringe und ein großes Schieberventil einschleusen und in den umlaufenden Strahl schieben. Mit Al- und Mg-Folien konnten

**Abb. 10.** Einfahren des Zyklotronmagneten, Heidelberg März 1943.

$^{28}$Al, $^{24}$Na und $^{22}$Na hergestellt werden. Für Neutronenbestrahlungen gab es eine Hohlsonde mit einem Be-Ring als Target. Ihre Neutronenintensität entsprach gleich zu Anfang 40 g Ra-Be-Äquivalent, war also 80mal stärker als die stärkste Ra-Be-Quelle des Instituts. Gentner befasste sich schwerpunktmäßig mit der Strahloptik und untersuchte den Einfluss verschiedener Shimringe auf die Form des Strahlflecks und die Abnahme der Strahlintensität am Rande des Magneten. Die Maximalenergie der Deuteronen auf der äußersten Bahn betrug 10,5 MeV. Im Mai 1944 lief dann die erste Dauerbestrahlung von Eisenblech für die Krupp-Forschungsanstalt und im Juli 1944 gab es auch einen kurzen Ablenkversuch. Gentner erreichte eine Ablenkspannung von 70 kV. In der Retrospektive ist das ein guter Wert, war aber wesentlich weniger als von Bothe erhofft. Das Magnetfeld musste deshalb so weit abgesenkt werden, dass der durch eine Folie austretende Strahl nur 7 MeV Energie hatte. Der 32 cm lange und in der Luft hell leuchtende Strahl war aber, wie für alle Zyklotronbauer dieser Zeit, auch für Bothe und Gentner das Zeichen, dass man es geschafft hatte. Die Strahlenrisiken eines solchen Strahls beachtete man damals noch nicht.

Die Einweihungsfeier für das Zyklotron am Abend des 2. Juni 1944 war eine der typischen Institutsfeiern, wie sie in den 40er und 50er Jahren in den damals noch kleinen physikalischen Instituten üblich waren. Im familiären Stil gab es Wurf-, Vakuum- und Präparatwettbewerbe, an denen auch die Ehefrauen teilnahmen. Das sorgfältig geführte Protokoll nennt 26 Teilnehmer und gibt beim Vakuumwettbewerb Aufschluss über die Leistungsfähigkeit ihrer Lungen. An der Spitze stand natürlich der Glasbläser Benz, der eine Schlüsselfunktion am Zyklotron innehatte, weil es noch keine Vakuumteile aus Edelstahl oder Aluminium gab und die meisten Verbindungen und Hähne des Vakuumsystems aus Glas gefertigt werden mussten. Die zweite Stelle nahm Gentner ein, gefolgt von Alexander

Papkow und Arnold Gehlen. Bothes Name erscheint an drittletzter Stelle hinter den Technikern und Heinz Maier-Leibnitz. Für die Finanzierung der Feier und insbesondere der Speisen und Getränke des abendlichen Büffets war das Heereswaffenamt als Auftraggeber hilfreich. Gentner war nicht nur in diesem Fall ein Meister im Organisieren solcher Feiern.

Gentners Leistung beim Aufbau des Zyklotrons und seine allgemeine Fachkompetenz fanden mehr und mehr Anerkennung und Aufmerksamkeit bei den maßgeblichen Physikern in Deutschland, so dass sich Gentners Berufungschancen weiter erhöhten – insbesondere in Hamburg standen zum Kriegsende die Chancen gut. Gentner sprach später mit gutem Grund immer wieder davon, wie risikoreich die Berufsaussichten in den 1930er Jahren auf dem esoterischen Gebiet der Kernphysik gewesen seien und dass er und seine Kollegen sich damals immer sagen mussten: „Die Hochschullaufbahn endet auf einem Ordinariat oder im Straßengraben".[37] Sein Mut zum Risiko und seine ausgewiesene Fachkompetenz, die sich auf überdurchschnittliche Arbeitsleistungen gründeten, eröffneten ihm aber inzwischen solide berufliche Zukunftsperspektiven – auch wenn deren Realisierung in der Götterdämmerung des Dritten Reiches nicht auf der unmittelbaren Tagesordnung stand. Um so mehr war man damals in Heidelberg damit beschäftigt, den Betrieb des Zyklotrons zu stabilisieren. Insbesondere führten die berüchtigten feinen Vakuumlecks im Rotguss der Zyklotronkammer immer wieder zu Störungen, die in zermürbender Kleinarbeit aufgespürt und beseitigt werden mussten. In dieser Zeit fiel auch ein Schatten auf Gentners Beziehungen zu Bothe. Er hatte Bothe dadurch verärgert, dass er das Zyklotron einem prominenten Besucher vorführte, ohne Bothe zu informieren. Das Institut nahm mit Befriedigung zur Kenntnis, dass jetzt auch Gentner von Bothe lautstark zusammengestaucht wurde. Hinzu kam, dass Gentner sich weigerte, Bothes Anordnung zu befolgen, nach der alle Angehörigen des Instituts beim Einmarsch der Amerikaner im Institut zu sein hätten. Gentner zog es vor, in dieser Zeit seine Wohnung zu bewachen.

Nach dem Einmarsch der amerikanischen Truppen im März 1945 und den anschließenden Verhören der Alsos-Mission konnte das Institut fast übergangslos – zumindest formal – seine Arbeit fortsetzen; selbst die Gehälter wurden weitergezahlt. Eine Änderung trat erst mit der Beschlagnahmung des Instituts durch die amerikanischen Militärbehörden im Juli 1945 ein, als das Institut vom amerikanischen Militär requiriert und dort das 3rd Central Medical Establishment eingerichtet wurde. Obwohl viele Physiker des Instituts in die militärmedizinischen Forschungen der Amerikaner integriert wurden, waren Bothe und einige andere Physiker ihrer eigentlichen Aufgaben beraubt. Sie wechselten an die Heidelberger Universität, wo die Physik praktisch neu aufgebaut werden musste, da die Mehrzahl der dortigen Physiker wegen ihrer NS-Nähe und den Sympathien für die Deutsche Physik als hochgradig belastet galten und aus ihren Stellungen entlassen worden waren. Gentner, der seit 1942 im Nebenamt als Dozent mit der Universität verbunden war, galt in jener Zeit ohne Zweifel als Hoffnungsträger für die Universität und gehörte zu den Wenigen, die als Unbelastete im Lehrkörper der Universität verbleiben und als solcher mit den Amerikanern über die Wiederaufnahme des Universitätsbetriebs verhandeln konnten. Zeugnis für die Anerkennung Gentners ist nicht nur eine Anordnung der amerikanischen Militärregierung an den Rektor der Universität, die offiziell zum 1. August 1945 wiedereröffnet worden war, dass „Gentner … may continue all of their university duties“[38], sondern auch die Tatsache, dass man ihm im September 1945 den Titel eines nicht beamteten außerordentlichen Professors der Naturwissenschaftlich-Mathematischen Fakultät verlieh. Allerdings hat Gentner damals wohl keine Lehrveranstaltungen mehr angeboten, waren doch seine Tage in Heidelberg gezählt.

Insbesondere wurde Gentner von den Hamburger Kollegen gedrängt, das Physikalische Institut zu übernehmen. Im Oktober 1945 teilte ihm die Hamburger Hochschulabteilung mit, dass Rektor und Senat der Universität ihn für die ordentliche Professur für Physik und als Direktor des Physikalischen Instituts vorgeschlagen hätten. Man bat ihn, „baldmöglichst nach Hamburg zu kommen, damit ich die erforderlichen Berufungsverhandlungen mit Ihnen führen kann“[39]; im November ging ihm dann eine konkrete Berufungsvereinbarung zu.[40] Zur Reise nach Hamburg und entsprechenden Berufungsverhandlungen ist es aber nicht gekommen, denn zum einen waren die Verkehrsverbindungen in den ersten Nachkriegsmonaten alles andere als optimal und nicht zuletzt bedurften Reisen zwischen den Besatzungszonen einer Fülle bürokratischer Genehmigungen, die selbst für solche Anlässe schwer zu erhalten waren. Andererseits war Gentner selbst inzwischen nicht mehr übermäßig daran interessiert, die Berufungsverhandlungen in Hamburg zu einem schnellen Abschluss zu führen. Grund war, dass sich im Herbst 1945 die Anzeichen mehrten, dass es für ihn wahrscheinlich auch im Süden eine berufliche Zukunft geben würde. Zu diesen Hoffnungen hatte wohl nicht zuletzt eine Reise nach Paris Anlass gegeben. Diese hatte er, auf Einladung Joliots und mit einem französischen Pass ausgestattet, im Herbst 1945 unternommen.[41] Worüber beide gesprochen haben und ob es gar konkrete Absprachen gab, ist leider nicht dokumentiert bzw. überliefert. Wie die anderen alliierten Besatzungsmächte versuchten auch die Franzosen in ihrer Besatzungszone, Personen ihres Vertrauens in einflussreiche Positionen zu bringen und Joliot hatte als damaliger Hoher Kommissar für Atomenergie durchaus Macht, darauf direkten Einfluss zu nehmen. Es ist deshalb davon auszugehen, dass Gentner von Joliot ermuntert wurde, in die französische Zone zu kommen und dort beim Wiederaufbau zu helfen. Gentner wurde damals aber nicht nur von den Franzosen umworben. Wie aus einem Brief an Samuel Goudsmit hervorgeht, machte man sich auch in Amerika Gedanken um Gentners Zukunft[42] und im Sommer 1946 erhielt er sogar von der Tung-Chi Universität in Shanghai eine Einladung, nach China zu kommen.[43]

Gentner hatte sich damals aber schon definitiv für die französische Offerte entschieden, zumal an der damals einzigen Universität der französischen Besatzungszone, der Albert-Ludwigs Universität Freiburg, das Physikordinariat neu zu besetzen war. Den bisherigen Lehrstuhlinhaber Eduard Steinke hatte man wegen seiner NS-Vergangenheit vom Dienst suspendiert. Freiburg war für Gentner nicht nur eine interessante akademische Zukunftsoption, mit ihrer Nähe zur Schweiz war die Stadt auch für die Familie und in Hinblick auf die prekäre Ernährungssituation der Nachkriegszeit sehr viel attraktiver als das norddeutsche Hamburg.

Bereits am 29. November 1945 hatte eine Kommission der Naturwissenschaftlich-Mathematischen Fakultät der Freiburger Universität Gentner neben dem Jenaer

**Abb. 11.** Das nur teilweise zerstörte Pharmazeutische Institut wurde nach seiner Wiederherstellung das Domizil des Physikalischen Instituts der Universität Freiburg.

Physiker Georg Joos auf die Berufungsliste für das Ordinariat für Experimentalphysik gesetzt. Nachdem er sich zu Beginn des Jahres 1946 vor Ort mit den Berufungsbedingungen vertraut gemacht und man ihn zudem zugesagt hatte, die in Hechingen befindlichen einstigen Kaiser-Wilhelm-Institute unterstellt zu bekommen, nahm er im Februar 1946 den Freiburger Ruf an und wurde durch das Badische Kultusministerium offiziell zum 1. August 1946 zum ordentlichen Professor für Experimentalphysik und Direktor des Physikalischen Instituts ernannt. Gentner wusste, dass er mit seinem Lavieren und der Entscheidung für Freiburg viele prominente Kollegen verärgert hatte – insbesondere jene, die sich für seine Berufung nach Hamburg eingesetzt hatten. Noch Anfang der 50er Jahre erwähnte Hans Kopfermann in Kolloquiumsnachsitzungen – bei der Belehrung seiner Schüler, wie man sich bei einem Ruf auf ein Ordinariat zu verhalten habe – Gentner als negatives Beispiel. Er meinte, dass solch arrogantes Benehmen die Bereitschaft der Beamten in den Kultusministerien zu konstruktiven Verhandlungen gefährde.[44]

Indes war Gentners Entscheidung wohl weniger arrogantem Verhalten geschuldet, sondern in hohem Maße den damaligen politischen Gegebenheiten, und natürlich auch seinen persönlichen Affinitäten. Über beides gibt ein Brief an Samuel Goudsmit vom Sommer 1946 Auskunft, in dem er diesen seine Entscheidung für Freiburg erläutert:

„... in Hamburg (scheinen) die Arbeitsmöglichkeiten zunächst wesentlich besser zu sein als in Freiburg ... Sie wissen, dass ich von meiner früheren Arbeit im Radium-Institut in Paris sehr enge Beziehungen zu Herrn Joliot und den anderen französischen Physikern unterhalte. In Deutschland gibt es nur wenige Physiker, die mit den französischen Kreisen in freundschaftlichem Verhältnis stehen. Dagegen ist die Zahl derer, die nach England und Amerika Verbindung haben, wesentlich grösser. So hatte ich es als meine Aufgabe erachtet, in die französische Zone zu gehen und dafür zu sorgen, dass die wissenschaftliche Tätigkeit langsam zu neuem Leben erwacht."[45]

Auch wenn sich Gentner der Protektion Joliots und damit der französischen Besatzungsmacht sicher sein konnte, gestaltete sich der Neubeginn in Freiburg alles anderes als einfach. Da das einstige Physikinstitut total ausgebombt war, quartierte sich Gentner im nur teilweise zerstörten Pharmazeutischen Institut ein, das auch recht schnell in einen benutzbaren Zustand versetzt werden konnte. Dennoch waren auch hier die Möglichkeiten sehr begrenzt, musste er seine Tätigkeit, wie er Walther Bothe schrieb, „auf einen Unterricht in Kreidephysik und unendlich vielen nutzlosen Anstrengungen zum Wiederaufbau des Instituts" beschränken.[46] Aus dem Heidelberger Institut war Peter Jensen mit nach Freiburg gekommen, der bis kurz vor seinem tragischen Tod im Jahre 1955 dort Gentners engster Mitarbeiter wurde und mit Hilfe von Gastaufenthalten in ausländischen Laboratorien seine Arbeiten zum Kernphotoeffekt und dem Vergleich mit der (n,2n)-Reaktion fortsetzte. Als weitere Mitarbeiter konnte Gentner Alfred Faessler und Wilhelm Meier gewinnen. Beide hatten ihre wissenschaftliche Karriere in Freiburg begonnen und bis zum Kriegsende an der Universität Halle gewirkt; im Sommer 1945 waren sie von den Amerikanern nach Oberkochen verbracht worden, wo die beruflichen Perspektiven allerdings höchst problematisch waren. In Freiburg wurde ihnen nun eine solche geboten: Faessler konnte dort seine röntgenspektroskopischen Forschungen und Meier seine Untersuchungen von Molekülspektren fortsetzen. Den Mitarbeiterstab des Instituts komplettierte Albert Sittkus, der sich schon unter Gentners Amtsvorgänger Steinke mit Untersuchungen zur kosmischen Strahlung beschäftigt hatte und diese Arbeiten unter Gentner weiterführte. Darüber hinaus versuchte Gentner, Pascual Jordan für Freiburg zu gewinnen. Dieser lebte damals in Göttingen und seine berufliche Zukunft war wegen seiner NS-Vergangenheit höchst unklar.[47] Es verwundert, dass ein Mann wie Gentner, dessen Verhalten im Dritten Reich untadelig war, sich intensiv für einen Nazi-Aktivisten einsetzte und in seinem Engagement sogar soweit ging, sich bei Joliot für Jordan zu verwenden. Verantwortlich dafür war sicherlich die überragende fachliche Exzellenz Jordans und die Tatsache, dass man sich schon seit Mitte der dreißiger Jahre, als sich beider wissenschaftliche Interessen auf dem Gebiet der Biophysik überschnitten, gekannt und offenbar auch persönlich schätzen gelernt hatte. Persönliche Integrität wurde hier über die politische Belastung gestellt – ein damals (wie auch in jüngerer Zeit) sehr häufig anzutreffendes Verhaltensmuster.[48] Dass man Gentner aber keineswegs ein Beschweigen bzw. Verdrängen der nationalsozialistischen Vergangenheit unterstellen kann, dafür steht nicht nur seine Biographie, sondern dies macht auch eine Zuschrift an Ernst Brüche, den Herausgeber der Physikalischen Blätter, vom Sommer 1947 deutlich. Darin reagiert Gentner auf einen Beitrag in den Physikalischen Blättern,[49] dessen missverständlichen Ton er beklagt:

„Es wird dort gesagt, dass es den französischen Wissenschaftlern während der deutschen Besatzung besser gegangen sei als den deutschen in der jetzigen Zeit. Dagegen muss ich heftig protestieren und in Erinnerung bringen, dass eine ganze Reihe von Physikern während der Besatzungszeit umgebracht wurden neben vielen, die monatelang in Gefängnissen oder Lagern untergebracht waren." Sein eigenes Verhalten im besetzten Paris charakterisierte er in dieser Zuschrift im Übrigen als „eine Selbstverständlichkeit"[50], was es mitnichten war!

Solch eine Haltung qualifizierte ihn auch für eine Initiative der Physikalischen Gesellschaft, die 1952 versuchte, emigrierte und nun im Ausland lebende Physiker zum Wiedereintritt in die Gesellschaft zu bewegen. Gentner war im Frühjahr

1952 zum Vorsitzenden der Physikalischen Gesellschaft in Württemberg-Baden-Pfalz gewählt worden und gehörte damit dem Vorstand des Verbandes Deutscher Physikalischer Gesellschaft – in der Nachkriegszeit die Nachfolgeorganisation der Deutschen Physikalischen Gesellschaft – an. In der Vorstandssitzung vom September 1952 wurde Gentner gebeten, einen entsprechenden Brief in Abstimmung mit dem damaligen Vorsitzenden des Verbandes Karl Wolf und Max von Laue auszuarbeiten.[51] Dies geschah im Laufe des Herbstes, wobei auch hier und insbesondere in den Diskussionen mit Laue die große moralische Beharrlichkeit Gentners deutlich wird. Insbesondere zeigt sich Gentners kritische Haltung gegenüber den mehr oder weniger beschönigenden Darstellungen des Dritten Reiches in dieser Zeit und der damals weit verbreiteten „Schlussstrich-Mentalität“. Selbst vor Max von Laue, der auch nach Meinung Gentners zu den wenigen Aufrechten jener Jahre gehörte, machte seine Kritik in diesem Punkte nicht halt. So kritisierte er den Textvorschlag Laues – „wir dürfen aber betonen, dass beide Gesellschaften (Deutsche Physikalische Gesellschaft und Gesellschaft für technische Physik – d.A.) sie, solange als irgend möglich, gehalten haben“[52] – als den historischen Tatsachen nicht angemessen und als eine unzulässige Verallgemeinerung der höchst ehrenwerten persönlichen Bemühungen von wenigen Aufrechten. Stattdessen wollte Gentner das explizite Bekenntnis zur Mitschuld an den damaligen Ereignissen betonen:

„Es sind mir Fälle bekannt, wo sich niemand um die Ausgestossenen gekümmert hat. Ich würde deswegen vorschlagen, dass vor dem Satz „Wir dürfen betonen, usw.“ zu mindestens noch ein Bedauern ausgedrückt wird. Ich glaube wir sollten bedauern, dass wir nicht in der Lage waren, vielleicht weil uns der Mut gefehlt hat, diese Gesetze der Nazi-Regierung zu verhindern. Wenn wir auf diese Weise ein Mass von Schuld auf uns nehmen, wird es manchen ehemaligen Mitgliedern leichter fallen, die Ausstossung zu vergessen.“[53]

Darüber hinaus wollte sich Gentner auch nicht mit der Formulierung anfreunden, mit dem Wiedereintritt in die Gesellschaft die Erwartung zu verbinden, „so unter die unseligen Vorgänge der Hitlerzeit, soweit es an uns liegt, einen Schlusstrich zu setzen.“[54]

Nach zusätzlichen Korrekturen, in denen weitere Passagen, die Gentner „noch etwas hart erschienen“, abgeschwächt worden waren, lag schließlich im Dezember 1952 ein konsensfähiger Briefentwurf vor. Dieser wurde dann im folgenden Frühjahr an etwa 150 ehemalige DPG-Mitglieder im Ausland versandt,[55] wobei Gentner darauf bestand, dass das Rundschreiben nicht nur vom damaligen Verbandsvorsitzenden Karl Wolf, sondern zugleich auch von Max von Laue unterzeichnet wurde, da „von Ihnen überall bekannt (ist), wie Sie sich für diese ehemaligen Mitglieder eingesetzt haben, während der Name unseres jetzigen Vorsitzenden den meisten unbekannt sein dürfte. Ich glaube, dass Ihre Unterschrift deswegen ausserordentlich wichtig wäre.“[56]

Wie groß nicht nur bei deutschen Kollegen, sondern auch bei den damaligen französischen Besatzungsbehörden das Vertrauen und die Akzeptanz Gentners waren, macht nicht nur die Korrespondenz jener Jahre deutlich, sondern dokumentiert nicht zuletzt die Tatsache, dass ihm die Verwaltung der ausseruniversitären Forschungsinstitute in der französischen Besatzungszone übertragen wurde.

Zu ihnen gehörten auch die aus Berlin in die Umgebung von Hechingen verlagerten ehemaligen Kaiser-Wilhelm-Institute (KWI). Nach der Gründung der Max-Planck-Gesellschaft am 26. Februar 1948 in Göttingen hatten sich die in der britischen und amerikanischen Besatzungszone befindlichen KWIs dieser Nachfolgeorganisation der Kaiser-Wilhelm-Gesellschaft angeschlossen.[57] Die Tübinger Institute in der französischen Besatzungszone und besonders Adolf Butenandt weigerten sich indes, der neugegründeten Max-Planck-Gesellschaft (MPG) beizutreten. Gentner machte seinen Einfluss geltend, diesen Widerstand zu überwinden, so dass schließlich 1949 alle ehemaligen KWIs in den westlichen Besatzungszonen in der MPG vereinigt werden konnten. Zwischen Otto Hahn, dem ersten Präsidenten der MPG, und Gentner entwickelte sich in dieser Zeit ein enges Vertrauensverhältnis, das bis zu Tode Hahns andauerte und auf sein späteres Wirken in der MPG nicht ohne Einfluss blieb.

Gentners damalige Vertrauensstellung macht auch die Tatsache deutlich, dass er von den französischen Besatzungsbehörden mehrmals nachdrücklich aufgefordert wurde, mit dem Hechinger Physikinstitut nach Mainz überzusiedeln und so am Aufbau der neu gegründeten Universität Mainz in zentraler Stellung mitzuwirken.[58] Gentner entschied sich, in Freiburg zu bleiben und übernahm lediglich

**Abb. 12.** Otto Hahn und sein „teuerster Institutsdirektor“, Heidelberg 1964.

die Leitung der kernphysikalischen Abteilung des Hechinger Instituts[59], womit er seine Forschungsmöglichkeiten in den ersten Nachkriegsjahren ganz wesentlich erweitern konnte. Zum Sommersemester 1947 wählte man ihn auch zum Prorektor der Universität gewählt, ein Amt, das er bis 1949 bekleidete und ihn ebenfalls zu einem allseits akzeptierten Mittler zwischen der Universität und den französischen Besatzungsbehörden machte. Als Prorektor war ihm vor allem die Aufgabe übertragen, den Wiederaufbau der Universität voranzutreiben. Angesichts des Ausmaßes der Zerstörungen kein leichtes Amt, das er jedoch mit Bravour erfüllte und in dem er zeigen konnte, über welche organisatorischen Fähigkeiten er verfügte – Eigenschaften, die in seinem zukünftigen Schaffen eine immer zentralere Rolle spielen werden.

Das wichtigste Problem der Hochschullehrer in der Nachkriegszeit bestand darin, für möglichst viele Studenten angemessene Themen für Diplom- und Doktorarbeiten zu finden. Gentner verfolgte dabei zwei Richtungen. So ließ er Sittkus, Citron u. A. Arbeiten über die kosmische Strahlung und Elementarteilchenphysik beginnen, die später in das Programm bzw. die Arbeiten am CERN eingingen. Gentners eigene wissenschaftliche Interessen konzentrierten sich hingegen auf die Altersbestimmung von radioaktiven Gesteinsproben. Dieses Gebiet hatte der Physikochemiker George von Hevesy in Freiburg bis zu seiner Emigration über viele Jahre bearbeitet. Es konnte ohne starke Radiumquellen oder größere Teilchenbeschleuniger mittels einer hochentwickelten Zähltechnik und mit Massenspektrographen erfolgreich angegangen werden.

Dass sich Gentner in den Nachkriegsjahren wissenschaftlich neu zu orientieren und sich für die Altersbestimmung zu interessieren begann, hängt nicht nur mit Gentners breitem Interessenspektrum zusammen. Diese Neuorientierung ergab sich vor allem aus der Tatsache, dass die alliierten Kontrollratsbeschlüsse rigide Forschungsrestriktionen für deutsche Wissenschaftseinrichtungen vorsahen. Insbesondere waren nach dem Kontrollratsgesetz Nr. 25 „zur Regelung und Überwachung der naturwissenschaftlichen Forschungen" und seinen Folgebestimmungen militärtechnisch relevante Arbeiten im Bereich von Kernenergieforschung, Aerodynamik und Radartechnik verboten; der Genehmigung durch die alliierten Behörden bedurften aber auch viele andere Themen in der angewandten Physik und namentlich aus der angewandten Kern- und Atomphysik. Auch wenn die Durchsetzung dieser Bestimmungen in den Besatzungszonen, ja sogar von Ort zu Ort unterschiedlich gehandhabt wurden, bedeutete dies eine starke Einschränkung für die bisherigen Forschungsinteressen Wolfgang Gentners, wenn nicht gar deren Ende. Ihre Fortsetzung wäre nur unter wesentlichen Einschränkungen und unter Einbußen gegenüber den internationalen Standards möglich gewesen. Neben diesen externen, politischen Umständen gab es zudem noch wissenschaftsimmanente Faktoren, die Gentners Entschluss zur Neuorientierung sicherlich ebenfalls beeinflusst haben. Nach dem Zweiten Weltkrieg ging die Ära der „klassischen Kernphysik" ihrem Ende entgegen, befand sich die Kern- und Elementarteilchenphysik in einem tiefgreifenden Umbruchprozess, der nicht nur vom Erfolg der Atombombe und dem Aufbau großer Beschleunigeranlagen, sondern auch von der Tatsache geprägt war, dass die noch relativ einfachen Modelle und Methoden kernphysikalischer Forschung von sehr viel avancierteren und komplexeren sowie mathematisch anspruchvollen und weniger anschaulichen Entwicklungen abgelöst wurden. Dies war die Sache von Gentner nicht, so dass es ihm auch unter diesem Gesichtspunkt leichter gefallen mag, eine Neuorientierung vorzunehmen und seine kernphysikalische Kompetenz in das Gebiet der geologischen Altersbestimmung einzubringen – und natürlich auch in die Ausbildung einer neuen Generation von Kern- und Elementarteilchenphysikern, denn das intellektuelle Kapital der klassischen Kernphysik war natürlich auch in den fünfziger Jahren keineswegs aufgebraucht.

Bei seinen frühen Forschungen zur geologischen Alterbestimmung konnte Gentner auf Proben aus dem benachbarten Kalibergwerk Buggingen zurückgreifen. Das Ziel von Gentner und seinem Mitarbeiter Friedolf M. Smits war anfänglich, aus dem radioaktiven Zerfall des Kaliums in Argon auf das Alter der Gesteinsprobe zu schließen. Hierzu wurde aus dem $^{40}$Ar-Gehalt der Kalium-Minerale die Häufigkeit der K-Einfang-Prozesse im Kalium abgeschätzt. Nachdem diese Häufigkeit mit 3 K-Einfängen pro Gramm natürliches Kalium und Sekunde bekannt war, ließ sich aus dem $^{40}$Ar-Gehalt das Alter des Minerals bestimmen, solange seit der Kristallisation kein Argon entwichen war. Um diese Voraussetzung zu prüfen, machten Gentner und Mitarbeiter umfangreiche Messungen an Sylvin-Proben. Es stellte sich heraus, dass nur gut ausgebildete Kristalle einen hohen Gehalt an $^{40}$Ar radioaktiven Ursprungs hatten. Im Juli 1951, auf dem Heidelberger Symposium zum 60. Geburtstag von Bothe, konnte Gentner die Ergebnisse seines Instituts zu diesem Thema erstmals einer international zusammengesetzten Hörerschaft vorstellen.

Gentner gehörte aber nicht nur zu den Vortragenden dieser Tagung, denn gemeinsam mit Jensen und Maier-Leibnitz war er auch maßgeblich an den Vorbereitungen beteiligt. Die Tagung war nach dem Krieg die erste ihrer Art. An ihr nahmen etwa 40 ausländische Gäste und mehr als 50 deutsche Physiker teil, darunter mehrere Nobelpreisträger. Die starke internationale Beteiligung und ihr hohes wissenschaftliches Niveau trug dazu bei, die Isolation, in der sich die deutsche Kernphysik im ersten Nachkriegsjahrzehnt befand, zu überwinden und Anschluss an internationale Entwicklung zu finden. Dass man Anfang der fünfziger Jahre wieder zunehmend Aufnahme in der internationalen Physikergemeinschaft fand und die Isolierung langsam aufbrach, macht auch eine andere Episode aus Gentners Leben deutlich, konnte er doch nach Ende seines Freiburger Prorektorats das ihm zustehende „Sabbatical" für eine Weltreise nutzen. Diese führte ihn im Winter 1950/51 nach Australien, wo er auf Einladung von Mark Oliphant – man hatte sich schon in Vorkriegszeiten kennen und schätzen gelernt – an mehreren australischen Universitäten Vorträge hielt. Gereist wurde damals per Schiff und auf der Rückreise wurde Station in Indien und Ägypten gemacht.

Auf der Heidelberger Bothe-Tagung erhielt Gentner eine Einladung zum Argonne National Laboratory, das er bei seiner Amerikareise im September 1951 besuchte. Dort erfuhr er bei der Einweihungsfeier für das Institute for Nuclear Studies zum ersten Mal von den Plänen, ein europäisches Laboratorium mit großen Beschleunigern zu errichten.[60] Als er nach seiner Rückkehr Bothe darüber berichtete, war das für Bothe und seine Mitarbeiter eine interessante Neuigkeit. In Heidelberg waren sofort alle der Meinung, dass man ein solches Projekt so weit wie möglich unterstützen sollte. Gentner schlug damals den Initiatoren Pierre Auger und Edoardo Amaldi vor, Bothe als deutschen Vertreter in ihren Vorbereitungsausschuss aufzunehmen.

Inzwischen hatte aber schon die UNESCO zu einem Treffen über das European Laboratory for Nuclear Research vom 10. bis 12. Dezember nach Paris eingeladen und die DFG und das Außenministerium hatten Werner Heisenberg und Alexander Hocker als deutsche Delegierte nominiert. Viele deutsche Kernphysiker hielten aber Heisenberg für diese Aufgabe nur bedingt geeignet, weil seine Kompetenz für den Bau von Beschleunigern begrenzt war und auch seine Rolle im deutschen Uranprojekt im Zweiten Weltkrieg von manchen kritisch beurteilt wurde; nicht zuletzt gab es (nicht immer offen ausgesprochene) politische Vorbehalte, die sich auf Heisenbergs Rolle im Dritten Reich gründeten. Gentner wurde bald in die deutsche Delegation aufgenommen und war dann zusammen mit Heisenberg und Hocker bei allen wichtigen Treffen zur Planung des CERN beteiligt.

Dennoch gab es zwischen Gentner und Heisenberg Spannungen, die nicht zuletzt in persönlichen Meinungsdifferenzen wurzelten, vor allem aber die Reibereien in der Kriegszeit zwischen Bothe und Heisenberg im Uranverein spiegelten. Bothe hat selbst seinen jüngeren Mitarbeitern gegenüber nie ein Hehl daraus gemacht, dass er die Bemühungen der Gruppe um Heisenberg, in Berlin und Haigerloch einen Kernreaktor in Gang zu bringen, für naiv hielt. Zwischen 1939 und 1942 hatte Bothe mit Gentner, Peter Jensen und Flammersfeld eine Reihe der für den Bau einer Uranmaschine wichtigen Parameter gemessen und war in seinen Rechnungen zu dem Schluss gekommen, dass für einen Graphitreaktor nicht genügend

**Abb. 13.** Alexander Hocker, Werner Heisenberg und W. Gentner (v.l.n.r.) bei den Verhandlungen zur Gründung des CERN, 1953.

Uran und nicht genügend hochreiner Graphit vorhanden ist und dass für einen Schwerwasser-Reaktor zwar reichlich Uran, aber keine ausreichende Menge an schwerem Wasser zur Verfügung steht. Heisenberg kannte Bothes Meinung und war über sie verärgert. So schrieb er in seinem Buch *Der Teil und das Ganze*, dass das Projekt des Graphitreaktors fallen gelassen worden wäre, weil Bothe und P. Jensen den Absorptionsquerschnitt für Neutronen in Graphit falsch gemessen hätten. Auf vielfachen Protest, besonders auch von Gentner, verbesserte er diesen Passus in der zweiten Auflage seines Buches in: „... auf grund einer, wie sich später herausstellte, zu ungenauen Messung der Absorptionseigenschaften von Kohlenstoff, die in einem anderen sehr angesehenen Institut vorgenommen worden war...“.[61] Diese Feststellung ist zweifelsohne zutreffend, weil der Absorptionsquerschnitt von Graphit nur ungenau gemessen werden kann. Er ist um viele Zehnerpotenzen kleiner als der von Bor oder der von einigen seltenen Erden. Die extrem kleine Verunreinigung mit diesen Substanzen lässt sich nicht so ohne weiteres exakt bestimmen. So waren die Beziehungen zwischen Gentner und Heisenberg seit Anfang der 1950er Jahre belastet.[62]

Nach Gründung des CERN-Rates im Februar 1952 begann man umgehend mit den Planungen für das Synchrozyklotron und das Protonensynchrotron, bei denen Gentner zusammen mit Citron und Sittkus wichtige Teilaufgaben bearbeitete. Als Erster seiner Schüler übernahm Citron schon Ende 1953 eine Stelle beim CERN. Von großer Bedeutung für die Bauplanung waren neben Gentners wissenschaftlichem Weitblick und seiner Kompetenz in Sachen Beschleunigertechnik auch seine Erfahrungen beim Wiederaufbau der Universität Freiburg.

Im August 1955, bald nach der offiziellen Gründung des CERN-Laboratoriums, wurde Gentner Direktor der Abteilung Synchrozyklotron des CERN.[63] Er war in dieser Position Nachfolger von Charles J. Bakker, der Felix Bloch als Generaldirektor des CERN abgelöst hatte. Parallel zum Angebot des CERN hatte auch die Stuttgarter Landesregierung Gentner die Leitung des Kernforschungszentrums Karlsruhe angeboten, dessen Bau damals gerade beschlossen worden war. Er lehnte dieses Angebot mit der Begründung ab, dass er auch zukünftig lieber auf dem Gebiet reiner Grundlagenforschung arbeiten wolle.

Beim Genfer CERN herrschte damals Pionieratmosphäre. Von einem kleinen Raum in einer Baracke am Rande des Flughafens aus dirigierte Gentner zahlreiche junge Physiker und Ingenieure, die aus allen Teilen Europas nach Meyrin bei Genf gekommen waren, um mit großem Engagement und Enthusiasmus dieses zentrale europäische Forschungszentrum für Kernforschung aufzubauen. Das Problem der noch nicht überwundenen Ressentiments aus der Kriegszeit und der verschiedenen Nationalitäten, das sich vielfach besonders bei den Engländern und Holländern der Gruppe bemerkbar machte, meisterte er souverän. Neben den Freiburgern waren dabei Gerhart von Gierke und Karl Heinz Schmitter eine wesentliche Hilfe.

Gierke war schon 1953, bald nach seiner Promotion bei Bothe in Heidelberg, zum CERN gekommen und für die Arbeit am Synchrozyklotron vorgesehen. Im Januar 1954 ging er zunächst nach Liverpool, um dort an einem gleichartigen Beschleuniger Erfahrungen zu sammeln. Er konnte dort ein Vertrauensverhältnis zu den Engländern aufbauen. Schmitter hatte sich schon während des Krieges bei der Luftwaffe mit Hochfrequenztechnik befasst und in den Nachkriegsjahren als

Student der Elektrotechnik an der TH Braunschweig auf sich aufmerksam gemacht, so dass er in die CERN-Gruppe aufgenommen wurde. Beim Aufbau des Synchrozyklotrons des CERN stellte sich nach einiger Zeit heraus, dass die Schwierigkeiten mit der Frequenzmodulation der Hochfrequenz am Dee bedrohliche Formen annahmen. Man hatte einen Stimmgabel-Modulator gebaut, der Probleme bereitete, und die zweite Lösung, ein rotierender Kondensator, hatte mit dem großen Frequenzhub bei der hohen Energie dieses Synchrozyklotrons auch seine Tücken. Schmitter gelang es, mit diesen Problemen fertig zu werden, so dass am 1. August 1957 das Genfer Synchrozyklotron den ersten Strahl lieferte. In der Liste der Physiker, die im Protokollbuch den Vermerk zur erfolgreichen Inbetriebnahme unterschrieben haben, war Gentners Name der erste.

So wichtig für Gentner die Planung des CERN auch war, so lag doch der Schwerpunkt seiner Arbeit in der ersten Hälfte der 50er Jahre im Aufbau seines Freiburger Instituts. Neben den Arbeiten zur Kalium-Argon-Altersbestimmung liefen dort damals Experimente über die kosmische Strahlung auf dem Schauinsland und über Kernreaktionen von leichten Kernen mit einem kleinen Druck-Van de Graaff im Universitätsinstitut. So konnte Sittkus mit Druckionisationskammern in der Bergstation und in der Talstation der Schauinslandbahn den Absorptionskoeffizienten der zusätzlichen Ionisation bei Sonneneruptionen messen. Citron betrieb in der Hütte auf dem Berg eine Apparatur mit fünf Gruppen von Zählrohren und bestimmte den Barometereffekt. Gentner selbst hielt in diesen Jahren viele Vorträge über die kosmische Strahlung und die Ergebnisse der Schauinslandgruppe. Sein Vortrag im Heidelberger Universitätskolloquium im Jahre 1952 hatte aber ein ganz anderes Thema. Dort sprach er zum großen Erstaunen von Bothe und dessen Mitarbeitern ohne jeden Bezug zur Altersbestimmung über: „Die Einschlagkrater auf dem Mond". Er hat offensichtlich schon damals vorausgesehen, dass nach einer einmal möglichen Mondlandung die Kalium-Argon-Methode für die Altersbestimmung der Mondproben von zentraler Bedeutung sein würde.

Wichtigster Grund für seine häufigen Besuche in Heidelberg war in dieser Zeit aber die zusammen mit Maier-Leibnitz und Bothe geplante Neuauflage des Buches: „Atlas typischer Nebelkammerbilder", die 1954 erschien.[64] Während Maier-Leibnitz mit seiner langsamen Wilsonkammer spezielle Bilder dafür aufnahm und Bothe den Begleittext formulierte, hatte Gentner die mühsame Aufgabe übernommen, Kollegen, die Wilsonkammern betrieben, um die Zusendung von geeigneten Bildern zu bitten. Dabei kam sein dichtes Netzwerk internationaler Kontakte sowie seine – damals keineswegs allgemein üblichen – guten französischen und englischen Sprachkenntnisse zugute.

Das Jahr 1954 war ein Meilenstein in der Entwicklung des Freiburger Instituts. Peter Jensen, mit dem sich Gentner seit ihrer gemeinsamen Heidelberger Zeit freundschaftlich verbunden fühlte, erhielt 1954 einen Ruf als Nachfolger von Flammersfeld an das Max-Planck-Institut für Chemie in Mainz. Er hatte zusammen mit Adrian Schneller einen kleinen Druck-Van de Graaff-Generator für etwa 1 MeV aufgebaut und mit seinen Studenten Kernreaktionen am Li und die D(d,n)t-Reaktion untersucht. Kurz nachdem Jensen nach Mainz gegangen war, erschien Theodor Schmidt, dem in den 30er Jahren mit dem Nachweis der Schmidt-Linien im Diagramm für die magnetischen Kernmomente eine der wichtigsten kernphysikalischen Entdeckungen jener Zeit gelungen war, unerwartet in Heidelberg. Schmidt, der am Potsdamer Astrophysikalischen Observatorium gearbeitet hatte, war 1947 in die Sowjetunion zwangsverpflichtet worden und 1954 von dort nach Deutschland zurückgekehrt. Gentner bot ihm die Stelle eines wissenschaftlichen Rats an seinem Freiburger Institut; nach Gentners Weggang nach Heidelberg ernannte ihn 1959 die Freiburger Universität zum ordentlichen Professor für Physik. Schmidt renovierte zusammen mit Werner Eyrich, Günter Busch und Helmut Spehl den Druck-Van de Graaff. Dabei wurde das Beschleunigungsrohr, das man ursprünglich aus 16 kurzen Porzellanstücken mit dazwischen liegenden Beschleunigungselektroden zusammengekittet hatte und das häufig undicht war, durch drei Porzellanröhren mit Gummidichtungen und Beschleunigungselektroden aus Aluminum ersetzt. Die Firma Siemens half dabei. Außerdem musste eine neue HF-Ionenquelle und ein neues Wasserstoff-Einlassventil gebaut werden. Der Van de Graaff konnte zeitweise bis zu einer Spannung von 1,5 MeV verwendet werden, erhitzte sich dabei aber so stark, dass er nach drei Stunden abgeschaltet werden musste und erst nach dreistündiger Abkühlzeit wieder neu angeschaltet werden durfte.

Schon bald nach Gründung des Atomministeriums im Jahre 1955 gelang es Gentner und Schmidt, die Mittel für die Anschaffung eines 6 MeV Van de Graaff bewilligt zu bekommen, den die amerikanische Firma High Voltage Engineering (HVEC) lieferte. Es war einer der ersten Beschleuniger, der von der HVEC kommerziell vertrieben wurde. Diese 6 MeV-Anlagen zeichneten sich durch große Zuverlässigkeit aus; den Prototyp der Bauserie betrieb William Buechner seit 1953 am MIT in Cambridge im Dauerbetrieb. Im Jahre 1958 waren in Freiburg die baulichen Voraussetzungen für die Aufstellung des Beschleunigers geschaffen, der noch im selben Jahr auch in Betrieb ging.

In diesen Jahren gab es aber auch bei den Arbeiten zur Kalium-Argon-Methode wesentliche Fortschritte. Es gelang Gentner und Walter Kley in der sogenannten direkten Methode, die Bestimmung des Kaliumgehaltes und die $^{40}$Ar-Analyse an der gleichen Probe vorzunehmen. Für ihren Aufschluss stand ein 6 kW-HF-Generator zur Verfügung, der einen Graphit-Tiegel auf 1700°C aufheizte. Wenn auch unterschiedliche Argonverluste weiter ein Problem blieben, so konnte doch für das Verzweigungsverhältnis $\lambda_k/\lambda_\beta = 0{,}119 \pm 0{,}006$ ein genauerer Wert angegeben werden. Damit war der Weg für eine breite Anwendung der Kalium-Argon-Altersbestimmung endgültig frei. Josef Zähringer, der als Diplomand bei Smits gearbeitet hatte, lenkte dann das Interesse auf die Meteorite. Er verbesserte eine von Klaus Goebel aufgebaute Apparatur zum Nachweis kleinster Edelgasmengen und verwendete als Massenspektrometer ein einfaches 60°-Spektrometer mit einer Elektronenstoss-Ionenquelle und einem Auffänger mit Gegenfeldgitter nach Alfred Nier.

Das damalige Freiburger Institut war durch eine Atmosphäre freundschaftlicher Zusammenarbeit gekennzeichnet. Typisch dafür waren die Faschings- und Sommerfeste, an deren Gestaltung sich Gentner aktiv beteiligte. Den Höhepunkt bildete 1956 das Fest zu seinem 50. Geburtstag. Eines der Themen, das bei diesen Veranstaltungen eine immer größere Rolle spielte, war seine abnehmende Präsenz in

**Abb. 14.** Der neue Große Physikhörsaal der Universität Freiburg, dessen Gestaltung von W. Gentner maßgeblich beeinflusst worden war.

Freiburg. Seine Aufgaben beim CERN erforderten viele Reisen und unzählige Fahrten zwischen Freiburg und Genf. Gentner war ein routinierter und begeisterter Autofahrer. Regelmäßig am frühen Morgen loszufahren und Genf – noch ohne Autobahn – vor 9 Uhr zu erreichen, stellte aber selbst für ihn auf die Dauer eine zu große physische Belastung dar. Er bemerkte dazu einmal, dass er sich dabei gesundheitlich übernommen habe. Schließlich mietete er sich in Versoix ein Haus am Ufer des Genfer Sees. Dessen Veranda bildete in den Abendstunden oft den gesellschaftlichen Mittelpunkt für CERN und seine Besucher.

Eine zusätzliche Belastung waren die vielen Fahrten nach Bonn. Im 1955 gegründeten Atomministerium war Gentner Mitglied des Arbeitskreises II/3 „Kernphysik" der Deutschen Atomkommission und seiner Ausschüsse; so gehörte er dem Beschleunigerausschuss und dem ad hoc-Ausschuss für die Grundsatzentscheidungen zum Bau des DESY in Hamburg an. Darüber hinaus leitete er die Schutzkommission beim Bundesministerium des Innern.

Im Jahre 1954 erhielt Bothe den Nobelpreis für Physik. Zur Feier und dem Fackelzug aus diesem Anlass war Gentner aus Freiburg angereist. Bothe hatte damals schon große gesundheitliche Probleme – so war ihm einige Monate zuvor ein Bein amputiert worden. In den folgenden Jahren verschlechterte sich sein Gesundheitszustand weiter, so dass sein Tod im Februar 1957 für Gentner und die meisten seiner ehemaligen Mitarbeiter nicht überraschend kam. Zur Beisetzung am 13. Februar auf dem Handschuhsheimer Friedhof in Heidelberg hielt Gentner eine eindrucksvolle Trauerrede[65], die bei vielen Teilnehmern als Höhepunkt der Veranstaltung in Erinnerung geblieben ist.

Nach Bothes Tod stand die Zukunft seines Heidelberger Instituts zur Diskussion. Stimmen, insbesondere aus Göttingen, die für Schließung plädierten, wurden marginalisiert, weil insbesondere die Physiker der Heidelberger Universität auf das große wissenschaftliche Potential des Instituts und seine Bedeutung für den Wissenschaftsstandort Heidelberg hinwiesen. Das umgebaute Zyklotron war seit 1956 in Betrieb und es liefen weltweit anerkannte Arbeiten über die Nichterhaltung der Parität in der schwachen Wechselwirkung; auch waren damals schon

Rudolf Mößbauers Experimente im vollen Gange, die 1957 zur Entdeckung des nach ihm benannten Effektes führten.

Als Präsident der Max-Planck-Gesellschaft ließ Otto Hahn schon in der Verwaltungsratssitzung am 20. Februar 1957, also unmittelbar nach Bothes Tod, protokollieren, dass nach seiner Auffassung und dem Urteil anderer maßgeblicher Wissenschaftler Herr Prof. Gentner, Freiburg, der zur Zeit bei CERN tätig ist, als dessen Nachfolger in Frage käme. Schon am folgenden Tag erkundigte sich Hahn als „Privatmann" bei Gentner, ob er prinzipiell willens wäre, die Nachfolge Bothes anzutreten.[66] Die Auskunft fiel positiv aus und nach entsprechenden Beratungen der Chemisch-Physikalisch-Technischen Sektion der MPG beschloss der Senat auf der Hauptversammlung der MPG Ende Juni 1957 in Lübeck einstimmig, Gentner „als Nachfolger des verstorbenen Professors Dr. Walther Bothe zum Direktor des Instituts für Physik am Max-Planck-Institut für medizinische Forschung zu berufen", worüber ihn Otto Hahn umgehend informierte.[67] Der Kommission, die diese Empfehlung aussprach, gehörten Ludwig Biermann, Otto Hahn, Werner Heisenberg, Richard Kuhn, Max von Laue, Josef Mattauch, Boris Rajewsky, Carl Friedrich von Weizsäcker und Karl Ziegler an – unter ihnen fünf Nobelpreisträger. Da alle Kommissionsmitglieder Gentner gut kannten, konnte man sich (damals noch) die Begutachtung ersparen.

Generalsekretär Ernst Telschow und sein Stellvertreter Otto Benecke nahmen daraufhin die Verhandlungen auf, wobei Telschow an Gentner die Anregung herantrug, ob man das Institut nicht in Freiburg errichten und das Heidelberger Teilinstitut aufgeben sollte.[68] Diese Idee wurde zwar nicht weiter verfolgt, doch berichtete Telschow im November 1957 dem Verwaltungsrat der MPG, „dass im Falle einer Annahme des Rufes durch ihn [Gentner – d.A.] das bisherige Institut für Physik aus dem Rahmen des Gesamtinstituts für medizinische Forschung herauswachsen würde und eine Verselbständigung dieses Instituts vorgenommen werden müsste, eine Entwicklung, die sich zur Zeit von Herrn Professor Bothe bereits angebahnt hatte".[69] In der Tat hatte Bothe schon Ende 1937 begonnen, Pläne für ein größeres Institut zu entwickeln. Anfang des Krieges erweiterte Bothe sein Projekt beträchtlich und im Sommer 1942 hatte sogar der Generalsekretär der KWG, Telschow, einen Bauauftrag für das geplante „Institut für Kernphysik" erteilt. Die Dimensionen dieses Bauvorhabens entsprachen ziemlich genau dem späteren Walther-Bothe-Laboratorium und der ersten Baustufe des neuen Instituts.[70] Diese Vorarbeiten erleichterten Gentners Verhandlungen ganz wesentlich.

Als Ergebnis weiterer Verhandlungen konnte Telschow dem Verwaltungsrat am 17. Dezember 1957 in Frankfurt am Main berichten, dass Herr Gentner Heidelberg den Vorzug vor dem ihm angebotenen Ausbau des Instituts in Freiburg geben würde – nicht zuletzt wegen der möglichen Zusammenarbeit mit Hans Kopfermann, Otto Haxel und Hans Jensen, die in den Jahren zuvor an die Heidelberger Universität berufen worden waren. Gentner hatte wegen seiner Pläne auch mit Heisenberg Kontakt aufgenommen, wobei man im neuen Gentnerschen Institut keinerlei Konkurrenz zum Heisenbergschen Institut sah. Auch Richard Kuhn, Direktor des MPI für medizinische Forschung, sprach sich ausdrücklich für die Berufung von Herrn Gentner nach Heidelberg aus. Er ließ im Protokoll vermerken: „... das Bothe'sche Institut (Institut für Physik) wird aus dem Max-Planck-Institut für medizinische

Forschung ausgegliedert, wobei Etat, Räume, Zyklotron u.s.w. an Herrn Gentner übergehen. Herr Gentner wird zum Direktor des „Max-Planck-Institut für experimentelle Kernphysik" (oder anderen Namen) berufen. Das Institut erhält ein neues Institutsgebäude und den von Herrn Gentner benötigten Linearbeschleuniger."[71]

Unmittelbar nach der entsprechenden Sitzung des Senats der MPG erhob Heisenberg dann aber doch noch Einwände gegen die Gründung eines neuen Instituts. Das Senatsprotokoll vermerkt dazu:

„Herr Heisenberg gibt zu bedenken, ob es zweckmäßig sein würde, ein solches Institut in Heidelberg zu errichten und weist daraufhin, daß der Plan, den einzigen großen Beschleuniger zu bauen, in Hamburg verwirklicht werden soll. Herr Heisenberg spricht sich ausdrücklich dafür aus, Herrn Professor Gentner für die Max-Planck-Gesellschaft zu gewinnen. Er ist jedoch der Ansicht, daß die Standortfrage zunächst geprüft werden müsse und daß auch Herr Gentner gefragt werden solle, ob er nicht vorziehen würde, mit dem für Deutschland größten und modernsten geplanten Beschleuniger in Hamburg zu arbeiten als mit einem bedeutend kleineren in Heidelberg."[72]

Der Beschluss des Senats lautete schließlich: „Auf Wunsch von Herrn Heisenberg erklärt sich der Senat damit einverstanden, dass Herr Heisenberg im Hinblick auf eine rationelle Planung unter übergeordneten Gesichtspunkten die Frage des Standorts des geplanten Instituts für Herrn Prof. Gentner in dem Arbeitsausschuss für Kernphysik des Atomministeriums zur Sprache bringt, dem auch Herr Gentner angehört. Da der Plan für Herrn Gentner dem Senat noch nicht spruchreif erscheint, stellt der Senat die Beschlussfassung zurück und beauftragt die G.V. [Generalverwaltung – d.A.] die weiteren Verhandlungen zu führen". [73]

Die Sitzung des Arbeitsausschusses oder genauer, des Arbeitskreises II/3 „Kernphysik" der Deutschen Atomkommission fand am 13.1.1958 im Ministerium in Bad Godesberg statt. Unter dem Vorsitz von Heisenberg waren anwesend:

**Abb. 15.** Werner Heisenberg und W. Gentner am Rande einer Sitzung der MPG, Mitte der sechziger Jahre.

Kopfermann, Bopp, Haxel, Maier-Leibnitz, Mattauch, Riezler, Walcher, v. Weizsäcker, Gentner, Paul, Hahn, Gerlach und vom Ministerium Hocker, Pretsch, Trabandt und Lehr. Für jeden Insider war klar, dass Heisenberg in dieser Runde mit seiner Meinung keine Chance hatte. In dem für Hocker typischen kurzen Protokoll stand unter dem Punkt 3 der Tagesordnung, Schwerpunkte der kernphysikalischen Grundlagenforschung: „Der Arbeitskreis diskutiert die Gesamtsituation auf dem Gebiet der kernphysikalischen Grundlagenforschung im Bereich der Bundesrepublik, insbesondere die Bildung von Schwerpunkten (u. A. Errichtung eines Max-Planck-Instituts als Nachfolgeinstitut des Instituts für Physik im Max-Planck-Institut für medizinische Forschung in Heidelberg). In diesem Zusammenhang wird auch die Frage erörtert, ob genügend geeignete Forscherpersönlichkeiten zur Verfügung stehen ...“[74]

In seiner Sitzung am 27.3.1958 in Ludwigshafen fasste der Senat der MPG die Situation dann zusammen und stellte fest:

„Der Arbeitsausschuss [für Kernphysik des Atomministeriums – d.A.] hat sich für Heidelberg ausgesprochen und auch Herr Heisenberg hält nunmehr den Standort Heidelberg für zweckmäßig“. [75] Damit war die Berufung Wolfgang Gentners zum Direktor des neu zu gründenden MPI für Kernphysik endgültig beschlossen; Heisenberg hatte sich für diese Sitzung entschuldigen lassen.

Die Gründung des Max-Planck-Instituts für Kernphysik und die Berufung Gentners zu dessen Direktor fiel in eine Zeit, in der die kernphysikalische Forschung in der Bundesrepublik neu geordnet wurde. Gleichzeitig zum Heidelberger MPI wurden die Kernforschungszentren in Karlsruhe und Jülich aufgebaut und intensive Diskussionen über andere Großforschungseinrichtungen in den unterschiedlichsten forschungspolitischen Gremien geführt, an denen nicht zuletzt auch Gentner führend beteiligt war.[76] Die zweite Hälfte der fünfziger Jahre waren aber auch eine Zeit, in der es in der Bundesrepublik eine verstärkte öffentliche Diskussion über die gesellschaftliche Verantwortung der Naturwissenschaftler und speziell der Physiker im Atomzeitalter gab. Ihren Höhepunkt fanden diese Debatten im Manifest der Göttinger 18 gegen eine atomare Aufrüstung der Bundesrepublik.[77] Gentner hat sich weder in den damals geführten öffentlichen Diskussionen exponiert, noch gehörte er zu den Unterzeichnern des Göttinger Appells. Dies keineswegs aus einer Position heraus, die solche Diskussionen ablehnte; denn auch er war ein entschiedener Gegner der Entwicklung von Atomwaffen in der Bundesrepublik. Für ihn schienen vielmehr solche öffentlichen und medienwirksamen Erklärungen einem so komplexen Sachverhalt nicht angemessen und vor allem lehnte er die mit dieser Erklärung verbundene moralische Entrüstung über die Handlungsweise von amerikanischen Kollegen ab. Er meinte, dass man sich als Kernphysiker darüber im klaren und auch so ehrlich sein müsse, dass die großzügige finanzielle Förderung der Kernphysik, die in den 50er Jahren zu ihrer explosionsartigen Entwicklung mit den großen und teuren Beschleunigern, Forschungsreaktoren und Großforschungseinrichtungen geführt hatte, nicht das Ergebnis eines gestiegenen öffentlichen Interesses an der Grundlagenforschung, sondern der zentralen gesellschaftspolitischen Bedeutung von Kernwaffen und Kerntechnik geschuldet war; zudem spiegelt sich in dieser Meinung seine generelle Auffassung wieder, dass „man nicht die Hand beißen sollte, die einen füttert.“

Zum 1. Oktober 1958 nahm Gentner den Ruf als Direktor des neu gegründeten MPI für Kernphysik in Heidelberg an, ließ sich aber schon ab 1. April 1958 zum Kommissarischen Direktor des Instituts für Physik im MPI für medizinische Forschung ernennen. Diese Ernennung war mit einer deutlichen Erhöhung des Institutsetats verbunden. Dies erlaubte, sofort mit der Planung eines abgeschirmten Raumes für den abgelenkten Strahl des Zyklotrons zu beginnen, und diesen in den Sommerferien bauen zu lassen. Für alle Apparaturen im Institut konnte jetzt moderne Elektronik angeschafft werden, und die Reisekosten für Dienstreisen und Tagungsbesuche mussten nicht mehr aus der eigenen Tasche bezahlt werden. Gleichzeitig mit der Ernennung zum MPI-Direktor wurde Gentner auf ein persönliches Ordinariat der Heidelberger Universität berufen, das die geplante enge Kooperation mit der Universität institutionalisierte. Man konnte in dieser Zeit sogar von einer Symbiose zwischen Universität und MPI sprechen, die u. A. darin dokumentiert war, dass der erste Beschleuniger gemeinsam von beiden Institutionen beantragt wurde und ein ungeschriebenes Recht der gleichberechtigten Nutzung galt. Gentners Verhandlungen mit der Generalverwaltung und dem Präsidenten der MPG konnten schnell zu einem Ergebnis geführt werden. In der Pionierzeit des CERN waren die Gehälter dort etwa um einen Faktor 1,5 höher als in der Bundesrepublik. Vom CERN in die Bundesrepublik zurück berufene Professoren stuften die Wissenschaftsverwaltungen deshalb automatisch in die höchstmögliche Gehaltsstufe ein, was Gentner nur akzeptieren konnte. Er erklärte sich auch bereit, das Direktorenwohnhaus, in dem Bothe gewohnt hatte, zu übernehmen, verlangte aber einen Umbau. So konnte u. A. die Trennmauer zwischen den beiden Zimmern im Erdgeschoss herausgenommen werden. Damit entstand um den offenen Kamin ein großer Raum, der bei Einladungen vielen Gästen Platz bot.

Zu den Stärken Gentners gehörte seine Bereitschaft zu menschlichem Kontakt. Dabei spielten die häuslichen Einladungen eine wichtige Rolle. Sein Vorgänger Bothe hatte – wohl auch im Hinblick auf den schlechten Gesundheitszustand seiner Frau – nur einmal im Jahr zu sich eingeladen, und zwar jeweils zur Ernte des großen Kirschbaums in seinem Garten. Gentner lud sehr viel häufiger ein und Frau Gentner zeigte sich dabei als hervorragende Gastgeberin. Nicht nur Form und Qualität der Bewirtung waren exquisit. Ihre direkte Schweizer Art sorgte zudem dafür, dass die gespannte Atmosphäre einer Einladung beim Chef nie aufkommen konnte. Charakteristisch für solch ungezwungene Stimmung ist die Episode, dass sie auf dem Höhepunkt einer Veranstaltung die Ankunft von Wolfram von Oertzen laut mit dem Satz kommentierte: „Ach, da kommt ja Mucki – war der denn überhaupt eingeladen?" Auch mit auswärtigen Kollegen der Max-Planck-Gesellschaft und anderen Wissenschaftseinrichtungen wurde in der häuslichen Atmosphäre im Bäckerfeld manches Problem diskutiert und eine Lösung vorbereitet. Zu Gentners menschlich-gesellschaftlichem Beziehungsgeflecht gehörte auch, dass sich manch prominenter Name in der Liste der Doktoranden oder Assistenten des Instituts findet. Sie trugen auf ganz spezifische Weise dazu bei, dass das Institut mit seiner Aufbruchstimmung in und außerhalb der Max-Planck-Gesellschaft einen hohen Bekanntheitsgrad erreichte.

**Abb. 16.** Alice und W. Gentner nach dessen Wahl zum Präsidenten des CERN-Rates, Genf 1971.

Bis 1968 war es selbstverständlich, dass allen Direktoren von Max-Planck-Instituten Dienstwagen zur Verfügung gestellt wurden. Gentner wählte erwartungsgemäß ein französisches Fabrikat, den damals gerade neu entwickelten großen Citroen mit hydraulischer Federung und einstellbarer Bodenfreiheit. Helmut Weber, Leiter des Photolabors, übernahm die Aufgabe des Chauffeurs für diesen Wagen und kam viel zum Einsatz.

Schon vor dem Senatsbeschluss hatten Kuhn und Telschow mit dem Oberbürgermeister von Heidelberg verhandelt und erreichen können, dass die Stadt sich bereit erklärte, ein Gelände von etwa 4 ha für das Institut kostenlos zur Verfügung zu stellen und auch die Erschließungskosten zu übernehmen. Die Gesamtkosten für das Projekt wurden zunächst auf 10–12 Millionen DM veranschlagt. Davon sollten 5 Millionen vom Bundesatomministerium, 2,5 Millionen vom Land Baden-Württemberg und weitere 2,5 Millionen von der MPG aufgebracht werden. Das Atomministerium sagte zu, schon für 1958 1,5 Millionen DM zur Verfügung zu stellen.

Es war charakteristisch für Gentner und einer der Schlüssel seiner Erfolge, dass er mit wissenschaftlichen Projekten und Bauvorhaben vor deren endgültiger Genehmigung begann. So kam Josef Zähringer schon im Februar 1958 ins Institut und fing an, eine auf Massenspektroskopie basierende Kosmochemie aufzubauen. Er hatte als Doktorand von Gentner in Freiburg Argon in Meteoriten untersucht und mit der Altersbestimmung von Meteoriten mit Hilfe der Kalium-Argon-Methode begonnen. Hugo Fechtig und Hans-Joachim Lippolt kamen im September 1958 ebenfalls von Freiburg nach Heidelberg.

In dieser Zeit wurde auch die internationale Kooperation des Instituts intensiviert. So kam ab Ende 1958 Amos de-Shalit, mit dem Gentner beim CERN in Genf zusammenarbeitete, öfter ins Institut und beriet u. A. die Zyklotrongruppe bei ihrer Suche nach sehr kurzlebigen isomeren Kernen mit Hilfe eines Transportbandes. Bald stellte sich heraus, dass er, wie auch andere prominente amerikanische Wissenschaftler, so z. B. Victor Weisskopf, bei dem er gearbeitet hatte, oder Herman Mark, der Meinung war, dass man jetzt versuchen müsste, auch in der Wissenschaft die Nachwirkungen des Holocaust zu überwinden. In der Theoretikergruppe des Weizmanninstituts arbeiteten damals u. A. Harry Lipkin, Igal Talmi und Amos de-Shalit. Sie waren zwar erst in einem Alter von Anfang 30, aber schon viel in der Welt herumgekommen. So hatten Talmi und de-Shalit ihre Doktorarbeit an der ETH in Zürich angefertigt. Zusammen mit de-Shalit besuchte Josef Cohn von der Verbindungsstelle des Weizmann-Instituts in Zürich Gentner in Heidelberg. Im Dezember 1959 folgten dann Otto Hahn, Feodor Lynen und Gentner mit seiner Frau der Einladung des Weizmann-Instituts und reisten nach Israel. Ihre Reise wurde zu einem Meilenstein in der Begründung der deutsch-israelischen Wissenschaftsbeziehungen,[78] bei deren Etablierung und weiteren Entwicklung Gentner bemerkenswerte Weitsicht und Mut bewiesen hatte. In Anerkennung dieser Pionierrolle ernannte ihn das Weizmann-Institut im Jahre 1965 zum Ehrenmitglied und 1975 zum einzigen deutschen Mitglied des Board of Governors. Nach seinem Tod wurde ein Gentner-Lehrstuhl am Weizmann-Institut eingerichtet und die regelmäßigen MINERVA-Symposien erhielten den Namen Gentner-Symposien.

Zur Aufarbeitung des deutsch-jüdischen Verhältnisses der 30er und 40er Jahre gehörten für Gentner auch seine Beziehungen zu Lise Meitner. Er hatte in dieser Zeit wissenschaftlich in ihrer Nachbarschaft gearbeitet und man merkte ihm an, dass er das Gefühl hatte, auch ganz persönlich zur Wiedergutmachung beizutragen. So widmete er ihr zu ihrem 80. Geburtstag im Jahre 1958 eine ausführliche Arbeit mit dem Titel: „Einiges aus der frühen Geschichte der Gamma-Strahlen“.[79] Auch Gentner hatte die falschen Ergebnisse zum Meitner–Hupfeld-Effekt, zu den überhöhten Wirkungsquerschnitten und insbesondere der Rayleigh-Streuung der Gammastrahlung von Lise Meitner und Mitarbeitern in der ersten Hälfte der 30er Jahre kritisch kommentiert. Am Ende seines Artikels von 1958 stellte er jetzt den physikhistorischen Sachverhalt mit den wesentlichen Sätzen aus der Arbeit von Meitner und Heinrich Kösters im Jahre 1933 noch einmal im Zusammenhang mit den Ergebnissen von C.Y. Chao, L.H. Gray, G.P.T. Tarrant u. A. dar und gab der ganzen Geschichte eine versöhnliche Note, indem er einen Brief von Lise Meitner aus dem Jahre 1937 zitierte. Sie hatte Gentner auf Fragen zu seiner Habilitationsschrift geantwortet und dabei zu Recht betont, dass diese Problematik damals auch in ihrem Labor durch korrekte Messungen von Gottfried von Droste geklärt worden ist.

Auch wenn Gentners Lebensmittelpunkt noch bis Ende 1958 am CERN in Genf war, beschäftigte ihn in dieser Zeit mehr und mehr der Aufbau seines neuen

Heidelberger Instituts. Das Baugelände am Klausenpfad, das die Stadt Heidelberg zur Verfügung stellen wollte, erwies sich bei näherem Hinsehen als zu klein. Das Angebot des Oberbürgermeisters, für das Institut ein völlig verwildertes Gelände um den Schießstand aufzuschließen, auf dem das Heidelberger Infanterieregiment während des Ersten Weltkrieges geübt hatte, fand anfänglich nicht die Zustimmung aller Gemeinderäte. Sie befürchteten die Beeinträchtigung eines wertvollen Heidelberger Naherholungsgebietes. Gentner musste damit drohen, mit dem Institut nach Freiburg umzuziehen. Bei der entscheidenden Sitzung am 30. Juli 1959 stimmten alle Gemeinderäte aber schließlich doch für das Projekt, weil sie ja alle die Ansiedelung neuer wissenschaftlicher Institute in Heidelberg schon immer befürwortet hatten. Gleich anschließend schrieb die Max-Planck-Gesellschaft einen Architektenwettbewerb aus. An ihm beteiligten sich mehrere angesehene Büros. Die Jury, der seitens der Wissenschaftler Gentner und Richard Kuhn angehörten, tagte im November im Teeseminarraum des alten Instituts. Dort hatte man neben den Plänen und Zeichnungen auch die einzelnen Modelle ausgestellt. Den ersten Preis erkannte man Prof. Egon Eiermann zu, einem der damals renommiertesten Architekten der Bundesrepublik. Er hatte eine Pavillon-Lösung mit vielen kleinen Gebäuden vorgeschlagen, die sich ästhetisch schön in das Gelände einfügten. Der Bau des Instituts nach diesen Plänen wäre aber sehr teuer gewesen und hätte auch die wissenschaftliche Arbeit erschwert. Es war Gentners Geschick zu

**Abb. 17.** W. Gentner und Egon Eiermann vor dem Entwurf des MPI für Kernphysik.

verdanken, dass die verantwortlichen Gremien beschlossen, den Entwurf des Büros Boehm, Lange und Mitzlaff aus Mannheim auszuführen, der den zweiten Preis erhalten hatte.

Im Bauprogramm des Instituts hatte das Gebäude für den EN-Tandem-Van de Graaff-Beschleuniger bei Gentner erste Priorität. Er hatte schon am 18. Februar 1959 den Auftrag an die HVEC unterschrieben, einen EN-Tandem-Beschleuniger mit 6 MeV am Hochspannungsterminal zu liefern und aufzustellen. Der Kaufpreis betrug etwa 5 Millionen DM. Der Bau der 43 m × 35 m großen und 8 m hohen Halle begann im Mai 1960 und dauerte nur reichlich ein Jahr. So konnte dieser EN-Tandem-Beschleuniger schon am 20. November 1961 in Betrieb genommen werden.

Es war typisch für Gentner, dass er bei der Planung dieses Gebäudes auch bei Grundsatzfragen, wie der Ausrichtung des Beschleunigers, sofort bereit war, sein eigenes Konzept aufzugeben, wenn andere Mitarbeiter überzeugende Argumente für eine andere Lösung vortrugen. Ab 1960 liefen dann die Planungen für die Hauptgebäude an. Unter der Leitung von Gentner pflegte sich die Planungsgruppe mittwochs um 11 Uhr zu treffen.

Beim Wiederaufbau der Universität Freiburg und in den ersten Jahren des CERN in Genf hatte Gentner umfangreiche Erfahrungen in der Planung moderner physikalischer Institute gesammelt. Sein Sohn war Architekt und er selbst an Fragen moderner Architektur höchst interessiert. In der Planungsgruppe dominierten daher Gentners Argumente, Ideen und Vorschläge bis in die Fragen der Bautechnik. Für Gentner war damals schon selbstverständlich, dass die zukünftigen Aufgaben der Kernphysik nur von Arbeitsgruppen mit mehreren Physikern bewältigt werden können und dass die Experimentalphysik der kommenden Jahre durch Gruppen von Physikern und wenige große Apparaturen gekennzeichnet sein würde. Die Struktur des Walther-Bothe-Laboratoriums mit wenigen großen Laborräumen und vielen kleinen „Denkzellen“ war aber für die damalige Zeit so ungewöhnlich, dass z. B. der Präsident der MPG, Adolf Butenandt, spöttische Bemerkungen darüber machte.

Glanzvoller Höhepunkt des Institutslebens im Jahre 1962 war die Einweihungsfeier am 8. November. Die Tandemhalle war im Mai 1961 fertig gestellt, so dass die Montage des Beschleunigers zusammen mit Technikern der HVEC beginnen konnte. Butenandt und Gentner luden mit einer feierlichen gedruckten Karte zu dieser Einweihungsfeier ein. Die Einladungen fanden regen Zuspruch, denn viele wollten das Gelände von Gentners neuem Institut kennenlernen; nicht zuletzt kam man in der Erwartung, einen bedeutenden Neuanfang mitzuerleben. Zu den prominenten Gästen gehörten Bundesatomminister Siegfried Balke, die vier Nobelpreisträger Hahn, Butenandt, Kuhn und Heisenberg sowie seitens der lokalen Politik der Landtagspräsident und der Regierungspräsident. Die Tandemhalle war mit mehr als 300 Teilnehmern fast gefüllt. Nach den üblichen Grußworten der Honoratioren nahmen Butenandt, Gentner und Balke das Wort. Besonders eindrucksvoll war die freie und sehr lebendige Rede des Ministers, der schon damals über die Internationalisierung der Finanzierung der Grundlagenforschung sprach. Mit Bezug auf die Veranstaltung selbst konnte er sich aber eine Kritik an deren allzu großherzoglichen Stil nicht versagen und erinnerte daran, dass „alles, was hier geschieht, dem unbekannten Steuerzahler zu verdanken ist“.

Bei den Diskussionen zur anstehenden Satzungsreform der Max-Planck-Gesellschaft schälte sich seit Anfang 1963 immer deutlicher heraus, dass die großen Max-Planck-Institute in Zukunft kollegiale Leitungen haben sollten. Deshalb stellte Gentner am 10. Mai 1963 den Antrag, Anselm Citron, der am CERN wirkte, als Direktor zu berufen und ihm die Leitung eines Synchrozyklotronlaboratoriums zu übertragen. Schon im Vorfeld dieses Antrags hatte Heisenberg als Vorsitzender des Arbeitskreises Kernphysik nach Gesprächen mit Minister Balke vor den Konsequenzen einer solchen Berufung gewarnt. Schon im Sommer 1962 hatte er in diese Sinne an Gentner geschrieben: „Inzwischen aber wird, so wird uns vorgeworfen, an vielen Hochschulen oder Max-Planck-Instituten mit Billigung des Arbeitskreises ein finanzieller Aufwand für Kernphysik gefordert, der den Rahmen der Hochschule oder Max-Planck-Gesellschaft sprengt, auf die Dauer die finanziellen Möglichkeiten der Bundesrepublik übersteigt und jedenfalls nicht zu dem bisherigen Plan passt. Unter diesem Gesichtspunkt wird die Forderung von Heidelberg, schließlich zu einer Gesamtinvestitionshöhe von etwa 50 Millionen DM zu kommen, erheblich kritisiert“.[80]

Auf der Tagesordnung der Sitzung der Chemisch-Physikalisch-Technischen Sektion der MPG am 4.12.1963 in Frankfurt/Main stand dann: Berufung von Herrn Dr. A. Citron als gleichberechtigtem Direktor und als Wissenschaftliches Mitglied an das Max-Planck-Institut für Kernphysik in Heidelberg (Bericht der Kommission). Carl Wagner als Vorsitzender erläuterte in wenig freundlichem Ton, dass der „Antrag de jure eine Institutserweiterung ist, de facto jedoch die Neugründung eines Teilinstituts mit einer einmaligen Investition von etwa 30 Millionen für einen Protonenbeschleuniger und einen Jahresetat von etwa 4 Millionen DM bedeutet“. In der folgenden Diskussion äußerte sich Heisenberg erwartungsgemäß äußerst kritisch zum Antrag. Die abgemilderte Formulierung im Protokoll der Sitzung lautete: „Herr Heisenberg hat Bedenken, in Heidelberg einen Protonenbeschleuniger unter Führung von Herrn Citron mit einem einmaligen Kostenaufwand von etwa DM 30 Millionen mit der Möglichkeit einer Inbetriebnahme im Jahre 1970 zu bauen“.[81] Am Schluss der Debatte fragte Gentner, was er denn nun Herrn Citron sagen solle. Die Folge war ein längeres unheimliches Schweigen in der Runde. In der folgenden Kaffeepause zeigte es sich, dass die Sektion einem Argument des Präsidiums, das mittelbar angesprochen worden war, mehr oder weniger einhellig zustimmte. Es sei nicht Idee der neuen Satzung, dass die alten Direktoren sich in den geplanten Kollegien mit ihren Doktoranden umgeben. Gentner legte in diesen Jahren seinen Sommerurlaub in Sils Maria oder Zuoz oft auf die gleiche Zeit, in der Heisenberg dort weilte. Während gemeinsamer Wanderungen kam es dort dann in kollegialen Gesprächen zu einer gemeinsamen Sicht für die zukünftigen Entscheidungen in der MPG in diesem Bereich.

Obwohl Gentners Pläne für die Entwicklung des Instituts mit der Ablehnung des Antrags eine partielle Beeinträchtigung erfuhren, konnte sich das MPI in der Folgezeit zur damals größten kernphysikalischen Forschungseinrichtung in Deutschland entwickeln – nicht zuletzt weil man mit dem großen MP-Tandem-Beschleuniger eine gewisse Kompensation erhalten hatte.[82] Durch die Intensivierung der kernphysikalischen Forschungen mit Tandembeschleunigern gelang es dem Institut, in kurzer Zeit auf vielen Gebieten der Kernphysik – so bei den direkten Kernreaktionen, den Ericson-Fluktuationen oder den Spaltisomeren – zur Weltspitze aufzuschließen. Der zunehmende internationale Ruf des Instituts, der nicht zuletzt von Gentner getragen wurde, zeigte sich auch in der stetig ansteigenden Zahl ausländischer Gastwissenschaftler. Ansehnlich ist ebenfalls die Reihe deutscher Mitarbeiter und Studenten Gentners, die nach ihrer Tätigkeit am MPI einen Ruf an eine deutsche Universität erhielten. Gentner wurde so zum Haupt einer der wichtigsten und einflussreichsten deutschen Physikerschulen der Nachkriegszeit, namentlich in der Kernphysik.[83]

Parallel zu seinem Engagement für die weitere Profilierung der kernphysikalischen Forschung konzentrierte sich Gentner in den sechziger Jahren mehr und mehr auf die Erforschung kosmochemischer Probleme. Die in diesem Zusammenhang eingerichtete Abteilung Kosmochemie wurde zu seinem Lieblingskind. Untersuchungen zum Alter und zur Entstehungsgeschichte unseres Planetensystems und insbesondere die Herkunft der Meteorite und Tektite standen dabei im Mittelpunkt des Forschungsinteresse von Gentner und seiner Mitarbeiter.[84] Am Anfang hatte dabei die Frage gestanden, ob das Nördlinger Ries ein Vulkankrater oder ein Einschlagskrater ist. Mit der Kalium-Argon-Methode hatten Zähringer und Gentner zeigen können, dass sich die Fundstellen der Tektite in vier Gebiete einteilen lassen. Eng begrenzt war das Gebiet der Moldavite in Südböhmen und das Gebiet der Tektite der Elfenbeinküste. In seiner Doktorarbeit gelang es Hans Joachim Lippolt 1962 zu zeigen, dass die Gläser des Nördlinger Ries und die Moldavite mit $14{,}5 \cdot 10^6$ Jahren das gleiche Alter besitzen. Die Tektite der Elfenbeinküste findet man in ähnlicher Entfernung zum Bosumtwi-Kratersee wie die Moldavite vom Rieskrater. Der Bosumtwi-See liegt etwa 300 km landeinwärts von Accra.

Alle bewunderten die generalstabsmäßige Art, mit der Gentner eine Expedition zu diesem See vorbereitete, und dass er sich in seinem Alter die Strapazen eines solchen Unternehmens zutraute. Im Frühjahr 1963 startete die Expedition. Zusammen mit Lippolt und den französischen Professoren Th. Monod und A.F.J. Smit konnte man in den Bächen, die nach beiden Seiten vom Krater abfließen, Brekzien finden, die zur Altersbestimmung nach der K/Ar-Methode geeignet waren. Der Abstieg vom Kraterrand zum See in tropischer Hitze stellte eine bedrohliche körperliche Belastung für Gentner dar und man war im Institut erleichtert, dass die Anstrengungen in Afrika zu keinen gesundheitlichen Schäden geführt hatten. Nach sorgfältiger mikroskopischer Trennung des mitgebrachten Materials von Verunreinigungen ergab sich für die Kratergläser und die Tektite der gleiche Wert von $1{,}2 \cdot 10^6$ Jahren. Der Siegeszug von Gentners Einschlagskrater-Hypothese war danach nicht mehr aufzuhalten. Allerdings führte die Publikation der Untersuchungen von Zähringer und Lippolt an Tektiten und Gesteinsproben des Nördlinger Ries bei prominenten deutschen Geologen zunächst zu erheblicher Verärgerung. Sie sahen in Gentner und seinen Mitarbeitern Parvenus auf ihrem Fachgebiet, die die tradierte Forschung in einer Materialschlacht mit überlegenen finanziellen Hilfsmitteln zu marginalisieren versuchte. Gentner erhielt damals einige unfreundliche Briefe. Er meinte dazu, dass die Behauptung, ältere deutsche Ordinarien seien eine Kreuzung aus Mimose und Stachelschwein, hier offensichtlich ihre Richtigkeit habe. Eine ähnliche Erfahrung musste Gentner im Übrigen noch einmal machen, als er sich zehn Jahre später der Archäometrie zuwandte und

**Abb. 18.** W. Gentner und Josef Zähringer, Mitte der sechziger Jahre.

auch hier die Infragestellung tradierter Fachgrenzen und Denkverbote zu irritierten Reaktionen der etablierten Fachvertreter führte.

Trotz aller Anfeindungen wurde die Etablierung der Forschungsrichtung Kosmochemie am MPI zur Erfolgsgeschichte. Hierzu trugen nicht nur die Tektit-Untersuchungen bei, sondern auch die Kompetenz, die die Mitarbeiter um Josef Zähringer auf dem Gebiet des kosmischen Staubs und der Meteorite entwickelten.[85] Keineswegs zufällig gehörte so das Gentnersche Institut bzw. seine Abteilung Kosmochemie zu den ausgewählten Forschungseinrichtungen, denen Proben des Mondgesteins, die im Rahmen der amerikanischen Apollo-Mission gesammelt worden waren, zur Untersuchung anvertraut wurden. Der Tag der offenen Tür am 9. November 1969 mit der Ausstellung des Mondgesteins entwickelte sich für Gentner zu einem der Höhepunkte seiner Berufslaufbahn. Mehr als 10 000 Besucher kamen an diesem Tag ins Institut. Als ein halbes Jahr später Josef Zähringer auf einer Dienstfahrt tödlich verunglückte, war dies nicht nur für die Abteilung Kosmoschemie ein schwerer Verlust, sondern einer, der Gentner ganz persönlich tief berührt hat. Seine Gedenkworte für Josef Zähringer auf der akademischen Gedenkfeier des Instituts gehören zu seinen persönlichsten und eindrücklichsten Reden.[86]

Einen weiteren öffentlichkeitswirksamen Höhepunkt von Gentners kosmochemischen Wirkens, der zugleich seinen Rückzug aus diesem Forschungsgebiet markiert, bildete die feierliche Übergabe der Scheiben des Mundrabilla-Meteoriten am 11. Juli 1973. Man hatte diesen Meteoriten im März 1966 in der Nullarbor-Ebene in Südwestaustralien gefunden. Mit Hilfe des Bundesverkehrsministeriums gelang es dem Mineralogen Paul Ramdohr und Gentner im Oktober 1971, ein 6 Tonnen schweres Teilstück nach Heidelberg transportieren zu lassen. Die Besonderheit des Meteoriten bestand darin, dass in seinem Nickeleisen ungewöhnlich viel Eisensulfid eingelagert war. Man hatte hier ein Material vorliegen, wie man es ähnlich in der Mitte der Erde vermutet. Gentner hatte sich den Eigentümern gegenüber verpflichtet, den Meteoriten zersägen zu lassen und Scheiben von je 400 kg der Smithsonian Institution in Washington, der Akademie der Wissenschaften in Moskau, dem Britischen Museum in London und einem Museum in Australien zukommen zu lassen. Die Sägearbeiten stellten sich aber als viel schwieriger als erwartet heraus, so dass sie sich über Jahre hinzogen. Mit einer 30 m langen Seilsäge konnte schließlich eine Sägeleistung von 4 mm/h erreicht werden. Beim Festakt im Sommer 1973, an dem neben der Führungsriege der MPG auch Vertreter der Landespolitik und des Auswärtigen Amtes teilnahmen, wurden die zersägten Teilstücke des Meteoriten an die diplomatischen Repräsentanten der oben genannten Staaten übergeben; eine Scheibe blieb zur Untersuchung am MPI und schmückt heute den Eingangsbereich des Hörsaalgebäudes.

Das Hörsaalgebäude war im Sommer 1964 zusammen mit dem Walther-Bothe-Laboratorium eingeweiht worden, wobei die Einweihungsfeier mit Gentners 58. Geburtstag zusammenfiel. Sie fand bei strahlendem Sommerwetter statt, so dass die landschaftliche Schönheit des Geländes voll zur Geltung kam. Unter den Ehrengästen konnte Gentner wiederum Otto Hahn und Siegfried Balke begrüßen. Balke war inzwischen nicht mehr Bundesminister, sondern Präsident der deutschen Arbeitgeberverbände; später wurde er Vorsitzender des ersten Kuratoriums des Instituts. In seiner Begrüßungsansprache würdigte MPG-Präsident Butenandt die Verdienste Walther Bothes und übergab als Geschenk der Max-Planck-Gesellschaft eine vom Heidelberger Bildhauer Otto Schießler geschaffene Porträtbüste des Namenspatrons. Den Festvortrag hielt der fast 80jährige Robert W. Pohl aus Göttingen. Er sprach zu dem Thema „Zur Abgrenzung der Physik von ihren Anwendungen“. Gentner selbst erinnerte in seiner Rede an die Zeit, in der er Assistent Bothes war, und erläuterte dann den Zweck und die Besonderheiten der Neubauten. Als nächste Baustufe stellte er die Pläne für eine Kantine und ein Laboratorium für Kosmochemie vor, dessen konkrete Planung dann in den folgenden Monaten von Gentner, Zähringer, Lange und Weimer vorangetrieben wurden und für die Abteilung Kosmochemie zu den eben erwähnten Erfolgen führte.

Im Juli 1966 feierte Gentner seinen 60. Geburtstag. Zu dieser Zeit war die Halle für den Emperor-Tandem gerade fertiggestellt. Die Montage des Beschleunigers hatte zwar schon begonnen, die Targethalle war aber noch leer. So stand am 22. Juli 1966 für die Tische der mehr als 400 Geburtstagsgäste und für eine große Bühne praktisch unbegrenzt Raum zur Verfügung. Es wurde ein umfangreiches Programm dargeboten. Die Kosmochemiker starteten auf dem Vorplatz der Halle die Rakete „Gentaure 60“ und eine Gruppe von Kernphysikern führte eine dem Anlass angepasste Szene aus dem Faust II auf. Mit passender Gesichtsmaske und Perücke inszenierte Anselm Citron ein fiktives Interview mit Gentner. Den Höhepunkt der Veranstaltung bildete aber ohne Zweifel das Duett der „Moritat über Gentner“ von Valentin Telegdi und Victor Weisskopf nach der Melodie der „Dreigroschenoper“. Nach der Eingangspassage – Und der Haifisch, der hat Zähne / und die hat er im Gesicht / doch der Gentner hat Courage / davon handelt dies Gedicht – ließen sie in zehn Strophen Gentners Leistungen Revue passieren und endeten mit der Sentenz: Die Moral von der Geschichte / von dem Eiweiß bis zum MPI / es geht *nur* mit der Courage / du bist Pleite ohne sie.

Die Moritat über Gentner

1. Und der Haifisch, der hat Zähne
und die hat er im Gesicht
Doch der Gentner hat Courage,
davon handelt dies Gedicht.

2. Mitten in den Quantenjahren
Dirac, Heisenberg und Born
Bestrahlt er mit den Coolidge-Röhren
Eiweißstoffe hint und vorn.
Denn der Gentner hat Courage
ist auch damit nicht verlorn.

3. Als ein minderwertger Führer
dessen Namen jeder weiß
an die Macht kam und regierte
zog's den Gentner auf die Reis.
Sattelt' um auf γ-Strahlen
in Paris bei Frau Curie,
denn der Gentner hat Courage
an Absorbem fehlt's ihm nie.

4. Und in Heidelberg der Bothe
spielt sich mit der Kernphysik
Davon hörte auch der Gentner
und kam in das Reich zurück.
Denn der Gentner hat Courage
fürchtet selbst nicht Bothe's Blick.

5. Damals war's der Zweck der Übung
zu finden, was im Kerne steckt
und mit scharfen Gammastrahlen
hab'n so manches sie entdeckt.
Und der Gentner hat Courage
fand den Photo-Kerneffekt.

6. Als der große Krieg entbrannte
kam er wieder nach Paris,
die Franzosen zu bewachen –
war sein Amt und das war mieß.
Und der Joliot macht im Keller
seine Bomben für's Maquis
Doch der Gentner hat Courage
weiß von nichts und merkt es nie.

7. Als die Nazis erst verschwunden
und es nur noch Trümmer gab
greift der Gentner zur Courage
und baut in Freiburg ein neues Lab.

**Abb. 19.** Faksimile der „Moritat über Gentner", gesungen von Victor Weisskopf und Valentine Telegdi auf der Feier zum 60. Geburtstag von W. Gentner, Heidelberg 22.7.1966.

Gentner selbst hielt dann noch eine in ihrer Länge nicht eingeplante Rede und komplimentierte am Ende gar den greisen Otto Hahn zum Rednerpult. Die Feier war die größte, die das Institut je veranstaltet hat. Ihr Stil wurde von Kollegen und Ministerialbeamten – so von Wolfgang Paul und Alexander Hocker – als etwas zu gigantisch kritisiert; einige meinten sogar, dass sie die Förderung der kernphysikalischen Grundlagenforschung gefährden könnte, da sie ja schließlich von vielen kleinen Steuerzahlern finanziert würde.

**Abb. 20.** W. Gentner auf einem Institutsfest, Freiburg Mitte der fünfziger Jahre.

In den Tagen vor der Geburtstagsfeier hatte das Institut vom 18. bis 21. Juli im großen Hörsaal das erste wissenschaftliche Symposium auf dem neuen Gelände zum Thema „Recent Progress in Nuclear Physics with Tandems" veranstaltet. Das Organizing Committee mit Wolfgang Gentner als Chairman und Ulrich Schmidt-Rohr als Secretary hatte eine Reihe von prominenten Rednern gewinnen können. Dieses Symposium trug dazu bei, die wissenschaftlichen und persönlichen Beziehungen zu den auf diesem Gebiet führenden Instituten zu festigen. Damals war es noch üblich, im Frühjahr regelmäßig ein großes Faschingsfest im Institut zu veranstalten. Gentner gehörte zu den Förderern solcher Feste und nahm auch regelmäßig daran teil. Wie in vielen anderen Forschungsinstituten kamen aber diese Feste in den folgenden Jahren mehr und mehr außer Mode. Soziologen erklären dieses Phänomen wohl zu Recht damit, dass sich das Freizeitverhalten änderte, so dass der Betrieb als Sozialraum an Bedeutung verlor.

An Bedeutung verlor in dieser Zeit auch die unumschränkte Stellung eines MPI-Direktors. Anlässlich des Rückzugs aus der Geschäftsführung des Instituts im Jahre 1973 hat Gentner diesen Wandel einmal in die Worte gefasst: „Sieben Jahre habe ich als absoluter Monarch und sieben Jahre als aufgeklärter Monarch regiert und nun kommen die Jahre der Demokratie."[87] Mit dieser selbstironischen Bemerkung wies er daraufhin, dass seit 1966 die Leitung des Instituts von einem Kollegium wahrgenommen wurde, dem er zwar als primus inter pares bzw. geschäftsführender Direktor präsidierte, in dem er sich aber doch das Regiment über das Institut mit seinen Mit-Direktoren zu teilen hatte. Die Einführung solcher kollegialen Leitungsstrukturen war eine Konsequenz der Satzungsreform der MPG Mitte der 60iger Jahre, die u. A. auf die Tatsache reagierte, dass die Max-Planck-Institute immer größer und komplexer wurden und damit kaum mehr in der traditionellen Weise von einem einzigen Direktor zu leiten waren. Seit 1966 bestand so die Leitung des MPI für Kernphysik aus einem Trio, dem Gentner als Vorsitzender vorstand; assistiert von den beiden Co-Direktoren Ulrich Schmidt-Rohr und Josef Zähringer. 1973 schied dann Gentner auch aus dem Kollegium aus und als neuer Co-Direktor am Institut wurde Peter Brix aus Darmstadt berufen.

Die kollegiale Leitung bedeutete für Gentner sicherlich einen Machtverlust, doch wurde dieser dadurch kompensiert, dass ein großer Teil der routinemäßigen Leitungsaufgaben an seine Mit-Direktoren und insbesondere an den geschäftsführenden Direktor delegiert werden konnte. Hierdurch waren Freiräume geschaffen, die Gentner nicht zuletzt zur Wahrnehmung zentraler Leitungsaufgaben in der Max-Planck-Gesellschaft und anderer Wissenschaftseinrichtungen nutzte.

So wurde er im Jahre 1967 zum Vorsitzenden der Chemisch-Physikalisch-Technischen Sektion gewählt. In seine dreijährige Amtsperiode fielen die Neuordnung des Fritz-Haber-Instituts und der Max-Planck-Institute für Strömungsforschung, Plasmaphysik, Radioastronomie und Biophysikalische Chemie. Besondere Sorgen bereitete das MPI für Chemie in Mainz. Über mehr als fünf Jahre hatte man mit einer ganzen Reihe von Kandidaten vergeblich versucht, einen Nachfolger für Josef Mattauch zu finden. Es war Gentners Idee, dort die Chemie der Atmosphäre zu etablieren und Christian Junge zu berufen. Der damalige MPG-Präsident Adolf Butenandt hat bei offiziellen Gelegenheiten mehrfach anerkannt, dass man vor allem Gentner die überzeugende Lösung dieses Problems zu verdanken hatte. Wichtigstes Anliegen Gentners in diesen Jahren war jedoch, dass das Max-Planck-Institut für Astronomie nach Heidelberg und nicht nach München kam. Es bedurfte einige Zeit und Überzeugungskraft, bis insbesondere die Münchener Fraktion in der MPG und namentlich Reimar Lüst Heidelberg als Standort für das neue Institut akzeptierten und auch die Berufung von Hans Elsässer als Gründungsdirektor durchgesetzt werden konnte. Es lag in der Natur der Sache, dass es auch in dieser Zeit und in dieser Frage wiederholt zu Meinungsverschiedenheiten mit Heisenberg kam.

Bei der letzten Hauptversammlung mit Gentner als Sektionsvorsitzenden, im Juni 1969 in Göttingen, wurde auch die Max-Planck-Gesellschaft mit den damaligen Studentenprotesten konfrontiert. Auf dem Wege zur Sitzung des Wissenschaftlichen Rates bewarfen Studenten die Wissenschaftlichen Mitglieder mit roten Farbbeuteln. Man konnte diesen Farbbeuteln leicht ausweichen und Gentner trug das mit Fassung. Aber einige Kollegen, darunter Hans Hermann Weber, Direktor des Instituts für Physiologie am MPI für medizinische Forschung, taten dies demonstrativ nicht. So traf ein Farbbeutel Weber am Kopf und beschmutzte Backe und Jackett. Ostentativ entfernte er die rote Farbe nicht, bis Gentner fragte, ob er diese Dekoration als eine Art Blutorden betrachte.

Wolfgang Gentner engagierte sich wissenschaftspolitisch aber nicht nur in der Max-Planck-Gesellschaft. Ein besonderes Anliegen war ihm auch sein Wirken in der Heidelberger Akademie der Wissenschaften, die ihn bereits vor seiner Übersiedlung nach Heidelberg im Jahre 1957 zu ihrem Mitglied gewählt hatte. 1964 trug man ihm die Würde und Bürde des Präsidentenamtes an, das er turnusgemäß bis 1968 mit großem Engagement ausübte. Gentners Präsidentschaft fiel in eine schwierige Zeit, denn die Akademie musste damals – wie Gentner dies selbst einmal drastisch festgestellt hat – „um die nackte Existenz kämpfen", da durch drastische Etatkürzungen ein Großteil ihrer Projekte infrage gestellt waren; auch hatte die Raumnot der Akademie einen bedrohlichen Zustand erreicht. Durch zähe Verhandlungen mit dem zuständigen Ministerium in Stuttgart und durch die Erschließung von Stiftungsmitteln seitens Volkswagenstiftung und Stifterverband konnte die Finanzierung der Arbeit der Akademie schließlich gesichert und durchgesetzt werden, dass die Akademie den Status einer Körperschaft öffentlichen Rechts erhielt. Motiv seines Handelns war dabei nicht nur die Verantwortung, die er für eine solch traditionsreiche Institution wie die Heidelberger Akademie empfand, sondern mehr noch seine Überzeugung von der allgemeinen Bedeutung des Akademiegedankens für den modernen Wissenschaftsbetrieb mit seinem überbordenden Spezialistentum. Dem hatte er in seiner Präsidentenrede zur Jahresfeier der Akademie im Jahre 1965 mit den Worten Ausdruck gegeben:

„Das Lebenselixier jeder Akademie sind die Gespräche zwischen Fachgenossen der verschiedenen Richtungen. Nur Gespräche können uns heute im Zeitalter der Sintflut aus Papier und Druckerschwärze vor Einseitigkeit und Spezialistentum retten. Diese Gespräche müssen im kleinen Kreis und oft hinter verschlossener Tür stattfinden, damit sie die nötige Ruhe und damit die nötige Tiefe finden."[88]

Neben der Heidelberger Akademie betrachteten es auch andere Akademien als Ehre, Wolfgang Gentner die Mitgliedschaft anzutragen. So wählten ihn die Bayerische (seit 1958) und die Österreichische Akademie der Wissenschaften (seit 1975) zum Mitglied; im Jahre 1970 hatte ihn zudem Papst Paul VI. in die Römische Pontifikalakademie berufen. Seit 1958 war er auch Mitglied der traditionsreichsten deutschen Akademie, der Deutschen Akademie der Naturforscher Leopoldina in Halle. Der Leopoldina fühlte er sich zeitlebens in besonderer Weise verbunden,

**Abb. 21.** Aufnahme in die päpstliche Akademie durch Papst Paul VI., Rom 1970.

weil sie über den Gräben des Kalten Kriegs hinweg den gesamtdeutschen Gedanken lebendig und allen Anfeindungen seitens der offiziellen DDR-Politik zum Trotz maßgeblich zur Förderung der deutsch-deutschen Wissenschaftsbeziehungen beitrug. In ihren Präsidenten Kurt Mothes und Heinz Bethge fand er kongeniale Partner im Bemühen, in der Wissenschaft die Folgen der deutschen Teilung und auch manche Mängel in der DDR zu mildern. Nicht zufällig bekleidete er so in der Leopoldína seit 1968 die einflussreichen Ämter eines Obmanns für experimentelle Physik und Senators der Akademie; 1977 verlieh ihm die Akademie zudem ihre höchste Auszeichnung, die goldene Cothenius-Medaille. Es war so keineswegs eine Höflichkeitsfloskel, wenn Heinz Bethge, mit dem ihn ein besonders enges Vertrauensverhältnis verband, in seinem Nekrolog auf Wolfgang Gentner feststellte, dass er der Akademie „mit seinem Mut und seinem unbestechlichen Rat sehr fehlen wird.“[89]

Gentners Rat und Kompetenz waren auch im europäischen Maßstab gefragt. So bezog ihn Gilberto Bernardini, sein Kollege und Freund aus der Zeit des Aufbaues des Synchrozyklotrons beim CERN, in die vorbereitenden Beratungen zur Gründung einer Europäischen Physikalischen Gesellschaft (EPS) ein. Dies und seine aktive Beteilung an der Gründungsversammlung der EPS im Jahre 1968 in Florenz machen ihn zu einem der Gründungsväter dieser europäischen Physikerorganisation.

1968 war auch das Jahr, in dem die kontroversen Diskussionen über die Gründung der Gesellschaft für Schwerionenforschung (GSI) und ihren Standort kulminierten. Mit viel diplomatischem Geschick und seiner verbindlichen Art hat Gentner immer wieder zur Beruhigung der erhitzten Gemüter und entscheidend zur Gründung dieser Großforschungseinrichtung im folgenden Jahr beigetragen. Getragen wurde sein Engagement von der Überzeugung, dass die Schwerionenforschung ein zukunftsträchtiges Feld sei und deshalb die Errichtung eines deutschen Zentrums für Schwerionenbeschleuniger einen hohen wissenschaftlichen und forschungspolitischen Stellenwert besaß.[90] Als erster Vorsitzender des wissenschaftlichen Rates der GSI trug er in der Aufbauphase des Instituts entscheidend zur wissenschaftlichen Profilbildung und damit zum Erfolg dieser Forschungseinrichtung bei.[91]

In den sechziger Jahren stand Wolfgang Gentner im Zenit seines wissenschaftlichen Wirkens, was auch darin seinen Ausdruck fand, dass er in dieser Zeit eine Fülle öffentlicher Anerkennungen und hohe Ehrungen empfing. So wurde er im Jahre 1965, u.a. in Anerkennung seines im besetzten Paris gezeigten Mutes, vom französischen Präsidenten zum Officier de la Légion d'Honneur ernannt, 1971 erhielt er das Große Verdienstkreuz der Bundesrepublik Deutschland und vier Jahre später auch den Stern zum Verdienstkreuz; an wissenschaftlichen Auszeichnungen wären der Ernst Hellmut Vits-Preis (1975), die schon erwähnte Cothenius-Medaille der Leopoldina (1977) sowie der Otto-Hahn-Preis seiner Heimatstadt Frankfurt (1979) zu nennen. Eine besondere Ehre bedeutete für Gentner die Aufnahme in den Orden Pour le mérite für Wissenschaften und Künste im Jahre 1974, dem er von 1976 bis zu seinem Tode auch als zweiter stellvertretender Ordenskanzler gedient hat.

Nachdem Gentner schon ausgangs der sechziger Jahre wiederholt mit gesundheitlichen Problemen zu kämpfen hatte, musste er sich im Sommer 1970 einer Operation unterziehen. Der Schweizer Spezialist, der sie durchführte, verlangte von ihm davor eine vierwöchige Ruhezeit ohne jede berufliche Belastung und danach eine mehrmonatige Rekonvaleszenz. Gentner befolgte diese Forderung sorgfältig und ging in sein Ferienhaus nach Amrigschwand auf der Südseite des Schwarzwaldes. Im Januar 1971 kehrte er gut erholt nach Heidelberg zurück. In dieser Zeit schränkten zudem Katarakte in den Linsen der Augen mehr und mehr seine Sehfähigkeit ein. Solche Katarakte pflegen etwa 25 Jahre nach starker Neutronenbestrahlung aufzutreten. Sie hatten ihren Ursprung darin, dass Gentner am Pariser Zyklotron zu häufig nach der Position des umlaufenden Strahls gesehen hatte. Wenn der Strahl aus der Ionenquelle eines Zyklotrons nicht in die Mittelebene des Magnetfeldes gezogen wird, führen die folgenden vertikalen Betatronschwingungen zu einem Intensitätsverlust. Deshalb war es damals üblich, mit einer Hand an der Justierschraube der Ionenquelle das Restgasleuchten des Strahls anzusehen und den Strahl auf die Mittelebene zu justieren. Bei einem französischen Techniker, der auch in der Zyklotrongruppe gearbeitet hatte, war das gleiche Phänomen kurz zuvor aufgetreten. Eine Operation hatte aber zu einer weitgehenden Wiederherstellung des Sehvermögens geführt. So ließ sich auch Gentner Ende 1971 operieren, wobei sich die Rekonvaleszenz wiederum über viele Monate erstreckte.

Während seiner Krankheit war Gentner von entsprechenden Findungskommissionen sowohl für die Position des Generaldirektors des CERN, als auch für das Amt des Präsidenten der Max-Planck-Gesellschaft vorgeschlagen worden. Beiden Nominierungen musste er aus gesundheitlichen Gründen eine Absage erteilen. Allerdings traute er sich zu, das Amt eines Vizepräsidenten der MPG zu übernehmen. Dieses trat er parallel zur Amtsübernahme des neuen MPG-Präsidenten Reimar Lüst

**Abb. 22.** Klaus Dohrn, Reimar Lüst, Konrad Zweigert und W. Gentner (v.l.n.r.), MPG-Hauptversammlung Münster 1974.

im Sommer 1972 an und bekleidete es bis zum Jahre 1978. Dabei entwickelte sich zwischen beiden eine vertrauensvolle Zusammenarbeit, wurde Gentner für den nicht einmal 50jährigen Lüst zum väterlichen Freund und Berater. Häufig fuhr Lüst zu Gentner nach Heidelberg, um sich dort Rat zu holen. Dieser war umso mehr gefragt, weil sich die MPG damals in einer schwierigen Situation befand. Die Gesellschaft musste sich nicht nur mit Etatkürzungen und der Umsetzung von strukturellen Reformen auseinandersetzen, sondern auch mit den Auswirkungen der Studentenbewegung und der Forderung der Mitarbeiter nach mehr Mitbestimmung. Bei der Lösung all dieser Probleme setzte Gentner seine Kompetenz und Autorität ein und wurde nicht zuletzt für den Präsidenten zu einem Mittler zwischen den jüngeren, zuweilen reformbereiteren Institutsdirektoren und der Gruppe älterer und häufig konservativerer Repräsentanten der MPG. Insbesondere half Gentner, allseits akzeptierbare Mitbestimmungskonzepte in den Gremien der MPG durchzusetzen und im Statut zu verankern. Die Ironie will es, dass Gentner bei der konkreten Umsetzung des Mitbestimmungsproblems an seinem eigenen Institut eine weniger glückliche Hand hatte. Zwar wurde von ihm im Herbst 1969 eine Institutsbesprechung mit den Seniorwissenschaftlern des Instituts eingeführt, kam es 1970 auch zu den ersten Betriebsratswahlen, doch sah er sich in den folgenden Jahren häufig starker Kritik einer einflussreichen Oppositionsgruppe von Institutsmitarbeitern ausgesetzt, die seine Amtsführung als zu autokratisch und zu wenig demokratisch bzw. transparent kritisierten.

Gentner engagierte sich aber nicht nur in der Gremienarbeit der MPG, auch sonst beteiligte er sich auf vielfältige Weise an den Aktivitäten der Gesellschaft. So übernahm er im Juni 1974, auf der Hauptversammlung der MPG in Münster, den Festvortrag und sprach dort zum Thema „Narben im Antlitz der Himmelskörper“.[92] Die Hauptversammlung 1977 in Kassel sah ihn dann noch mal als Festredner – allerdings mehr oder weniger unfreiwillig, denn im Programm war der Vizepräsident Konrad Zweigert mit dem Vortragstitel „Scherz und Ernst in der vergleichenden Jurisprudenz“ ausgedruckt. Zweigert erkrankte aber am Tag zuvor so schwer, dass der Vortrag hätte abgesagt werden müssen. Gentners Fahrer gelang es jedoch, in einer Nachtfahrt die Vortragsfolien von Gentners Vortrag „Naturwissenschaftliche Untersuchungen an einem archaischen Silberschatz“[93], den er Wochen zuvor schon einmal vor der Heidelberger Akademie gehalten hatte, aus dem Heidelberger Institut zu holen, so dass der Festvortrag in Kassel nicht abgesagt werden musste. Das Publikum dankte dem Redner mit demonstrativem Beifall dafür, dass er hier eingesprungen war. Nach der ersten Amtsperiode von Präsident Lüst trat Gentner 1978 als Vizepräsident der Max-Planck-Gesellschaft zurück. Diese ernannte ihn zum Ehrensenator.

Bereits 1974 war auch die zweijährige Amtszeit Gentners als Präsident des Rates des CERN ausgelaufen, womit sein über zwanzigjähriges Wirken am CERN formal zu einem Abschluss kam. Dieser hatte ihn in so wichtigen Funktionen wie die des Direktors des Synchrozyklotrons (1955/60), des Vorsitzenden des Science Policy Committee (1968/71) und eben als Präsident des CERN-Rates (1972/74) gesehen; ein Ende fanden damit auch die vielen Fahrten nach Genf. Dass Gentners Reiselust auch in den siebziger Jahren ungebrochen blieb, macht u. A. die Tatsache deutlich, dass er sich trotz seiner gesundheitlichen Probleme noch eine Reise nach China zutraute. Zusammen mit Präsident Lüst und anderen hochrangigen Vertretern der Max-Planck-Gesellschaft wurden vom 18. April bis 1. Mai 1974 zahlreiche chinesische Wissenschaftseinrichtungen besucht. Dabei kam es auch zu einem Wiedersehen mit Frau Ho Tse-hui, die während der Kriegsjahre im Botheschen Institut gearbeitet hatte und nach ihrer Verbannung während der Kulturrevolution nun wieder Mitarbeiterin des Kernforschungszentrums der Chinesischen Akademie der Wissenschaften war. Das Wiedersehen mit Gentner war seit Jahren der erste ausländische Kontakt, der ihr von den chinesischen Funktionären gestattet worden war. Die Reise markiert im Übrigen den Neubeginn der deutsch-chinesischen Wissenschaftsbeziehungen nach der Kulturrevolution, die in den Folgejahren unter Einbeziehung auch anderer deutscher Forschungseinrichtungen systematisch ausgebaut wurden.

Gentner hatte schon 1972 seine Kollegen darüber unterrichtet, dass er beabsichtigt, nach seiner Emeritierung mit Hilfe von Drittmitteln auf dem Gebiet der Archäometrie zu arbeiten[94] und sich in den folgenden Jahren bemüht, in Kontakt zu prominenten Vertretern dieses Fachs zu kommen. Die Spaltspurenmethode von Günther A. Wagner war schon in den vergangenen Jahren mit Erfolg zur Datierung von natürlichen Gläsern verwendet worden. So lag es nahe, diese Methode auch zur Datierung von frühgeschichtlichen und antiken Gläsern heranzuziehen. Gentner, Wagner und Müller stellten deshalb 1973 einen Antrag bei der Stiftung Volkswagenwerk zur Errichtung eines Laboratoriums für Archäometrie. In enger Zusammenarbeit mit Archäologen sollten Glas-, Metall- und Keramikproben datiert werden. Das Labor erhielt dafür eine moderne Apparatur für Thermolumineszenzmessungen. Erste Objekte waren antike Vasen und keramische Figuren der Tang-Dynastie. Es stellte sich dabei heraus, dass ein großer Teil Fälschungen bzw. Imitationen des 20. Jahrhunderts waren. Im Frühjahr 1974 bot sich dann die Gelegenheit, 100 Münzen und 10 Barren des im Jahre 1968 in Asyut, 30 km südlich von Kairo gefundenen Silberschatzes aus dem griechischen Kulturraum zu erwerben. Er war um 475 v. Chr. vergraben worden. Mit seiner Untersuchung begann ein umfangreiches Forschungsprogramm zur Archäometallographie an alten Fundstücken und prähistorischen Bergwerken. Der Vergleich mit Gesteinsproben, die auf oft mühevollen Exkursionen in alten Bergwerken gesammelt werden konnten, zeigte die Herkunft des Münzsilbers. Die Kombination von Neutronenaktivierungsanalyse, Bleiisotopenanalyse, Thermolumineszenzdatierung und Radiokohlenstoffdatierung führten bald zu überraschenden Ergebnissen über das Alter des Bergbaus in Europa. Mit nahezu 5000 Jahre alten Blei-Silber-Gruben wurde die früheste bekannte Blei-Silber-Gewinnung entdeckt.

Gentner hat keinen Teil Europas so geliebt, wie den östlichen Mittelmeerraum. So begleitete er, notfalls auf einem Esel, mit dem Herodot in der Hand fast alle Exkursionen. Leider musste er dabei auch gesundheitliche Beeinträchtigungen in Kauf nehmen. So war er zu Ostern 1974 in Athen, um von den griechischen Behörden noch einmal die uneingeschränkte Genehmigung für Exkursionen einzuholen. Sein Hotel war nicht geheizt und es kam zu einem ungewöhnlichen Kälteeinbruch. Die daraus resultierende Erkältung führte bei ihm zu einer bedrohlichen Entzündung der Bronchien, von der er sich nie mehr ganz erholen konnte.

**Abb. 23.** Wolfgang Gentner, um 1970.

Bis Anfang 1980 traf man Gentner noch regelmäßig in seinem Dienstzimmer im Kosmochemiegebäude; allerdings häuften sich die gesundheitlichen Beschwerden. In seinem letzten Lebensjahr war es ihm wichtig, noch zwei Dinge in Ordnung zu bringen. Ein französischer Journalist hatte in einer französischen Zeitung über seine Zeit und sein Wirken in Paris sachlich falsch und tendenziös verzerrt berichtet. Das stellte er in einem Interview mit dem Stuttgarter Wissenschaftshistoriker Armin Hermann richtig, das in redigierter Form als Broschüre des MPI für Kernphysik unmittelbar nach Gentners Tode publiziert wurde.[95]

Sein zweites Anliegen war, die von Heisenberg verbreitete Behauptung, Bothe hätte 1941 den Absorptionsquerschnitt für Neutronen in Graphit falsch gemessen, ein für alle mal zurückzuweisen. Er veranlasste, dass der Leiter der Reaktorstation Garching, Lothar Köster, der noch im Botheschen Institut seine Doktorarbeit angefertigt hatte und dessen Sachkenntnis in Reaktorfragen niemand bestritt, in der Zeitschrift *Die Naturwissenschaften* eine historische Analyse der entsprechenden Arbeiten von Walther Bothe und Peter Jensen publizierte. Der Abstract des Artikels fasst die Ergebnisse der Studie mit den Worten zusammen: „A critical study of this experiment has shown, that with special regard to the idea, performance and presentation of the result, the work has been a perfect and unique one. It would have been possible to build up a thermal reactor with "Bothe" graphite as moderator. The dimensions of this reactor are reported".[96] Das Manuskript dieses Artikels schickte Gentner wenige Tage vor seinem Tode mit einem Begleitbrief an eine Reihe prominenter deutscher Kernphysiker.

Wolfgang Gentner starb am 4.September 1980 in seinem Heidelberger Haus im Bäckerfeld. Die Urne mit seinen sterblichen Überresten wurde zunächst neben dem Eingang des Kosmochemiegebäudes bestattet, bis sie später in das Familiengrab auf dem Handschuhsheimer Friedhof überführt wurde.

Die akademische Trauerfeier veranstaltete die Max-Planck-Gesellschaft gemeinsam mit der Heidelberger Universität und der Akademie der Wissenschaften am Abend des 1. April 1981 im Königsaal des Schlosses in Heidelberg.[97] Zu den zahlreichen Trauergästen gehörten Heinz Bethge als Präsident der Leopoldina aus der DDR, Sir John Kendrew, Präsident der European Molecular Biology Organization, der Generaldirektor des CERN Herwig Schopper und DFG-Präsident Eugen Seibold. Unter den zahlreich erschienen Kollegen und Schülern des Toten sah man Heinz Maier-Leibnitz, Gentners alten Weggefährten aus gemeinsamer Zeit am KWI für medizinische Forschung, der damals Kanzler des Ordens Pour le mérite war. Reimar Lüst hielt als Präsident der Max-Planck-Gesellschaft die Gedenkrede und der Präsident der Heidelberger Akademie der Wissenschaften, Gentners langjähriger Heidelberger Physikerkollege Otto Haxel, würdigte das wissenschaftliche Lebenswerk Gentners. Auf Gentners Verdienste bei der Gründung und dem Aufbau des CERN ging Victor Weisskopf ein und Michael Sela würdigte als Präsident des Weizmann-Instituts Gentners Bedeutung für die israelisch-deutschen Wissenschaftsbeziehungen. Zum Abschluss der eindrucksvollen Feier ergriff Günther A. Wagner im Namen der ungezählten Schüler und Mitarbeiter das Wort und sprach über den Lehrer, Forscher und Menschen Wolfgang Gentner, der „bis ins hohe Alter ein Wissenschaftler war, der faszinieren und mitreißen konnte.“[98]

## Anmerkungen

1 W. Gentner: Antwort auf die Laudatio von Feodor Lynen zur Aufnahme in den Orden Pour le mérite. S. 184.
2 Carlheinz Gentner: Erinnerungen an die Jugendzeit. In: Wolfgang Gentner. MPI für Kernphysik, Heidelberg 1996, unpaginiert.
3 Vgl. Wolfgang Trageser (Hrsg.): Stern-Stunden. Höhepunkte Frankfurter Physik. Frankfurt am Main 2005.
4 Gutachten von F. Dessauer betr. Dissertation des Herrn Wolfgang Gentner „Untersuchungen an eine Lenard-Coolidge Röhre“ vom 22.10.1930. Universitätsarchiv Frankfurt, Promotionsakte W. Gentner.
5 H. Goenner: Albert Einstein and Friedrich Dessauer: Political Views and Political Practice. Physics in Perspective 5 (2003) 21–66.
6 W. Gentner: Lebensbeschreibung, o.D. Familiennachlaß W. Gentner.
7 Ebenda.
8 W. Gentner an W. Bothe, Paris 25.4.1934. Archiv zur Geschichte der Max-Planck-Gesellschaft III. Abtlg., Rep. 68A, Nachlaß W.Gentner (im folgenden MPGA), Kasten 1.
9 Ebenda.
10 W. Bothe an W. Gentner, Heidelberg 1934
11 MPGA, Ordner 3.
12 W. Gentner an die Naturwissenschaftliche Fakultät der Universität Frankfurt, Heidelberg 21.11.1936. Universitätsarchiv Frankfurt, Habilitationsakte Wolfgang Gentner, Abtlg. 144, Nr. 77, Bl. 2.

13 W. Bothe an den Dekan der Naturwissenschaftlichen Fakultät der Universität Frankfurt a.M., Heidelberg 28.11.1936. Ebenda, Bl.5.
14 NS-Dozentenbund an Reichsministerium für Wissenschaft, Erziehung und Volksbildung, Frankfurt 24.8.1937. Ebenda Bl. 9.
15 Mitteilung des Reichsministers für Wissenschaft, Erziehung und Volksbildung, Berlin 4. März 1942. Ebenda Bl. 20.
16 G. Hoffmann an W. Gentner, Leipzig 12.5.1937; F. Hund an W. Gentner Leipzig 5.12.1944. Familiennachlaß Gentner.
17 E. v. Schweidler an W. Gentner, Wien 17.5.1938. Familiennachlaß Gentner.
18 W. Finkelnburg an W. Gentner, Strassburg 11.6.1941.
19 R. Pohl an W. Gentner, Göttingen 1.10.1944. Familiennachlaß Gentner.
20 U. Wegner an W. Gentner, Heidelberg 19.10.1944. Familiennachlaß Gentner.
21 Vgl. den Beitrag von B. Rusinek im vorliegenden Band.
22 W. Gentner an U. Wegner, Heidelberg 24.2.1942. Familiennachlaß Gentner.
23 L. Meitner: Max Planck als Mensch. Die Naturwissenschaften 45 (1958), 407.
24 W. Gentner im Interview mit Ch. Weiner, 15.11.1971, S. 43/44. Niels Bohr Library, AIP College Park.
25 J. L. Heilbron, R.W. Seidel: Lawrence and his Laboratory, Berkeley 1989.
26 W. Gentner im Interview mit Ch. Weiner, 15.11.1971, S. 43/44. Niels Bohr Library, AIP College Park, S. 60.
27 Ebenda, S. 67.
28 W. Gentner: Bericht über die Reise nach Nordamerika im Auftrag der Helmholtz-Gesellschaft zum Studium der Cyclotronapparaturen. Archiv der Universität Frankfurt, Naturwissenschaftliche Fakultät, Abt. 144, Nr.77, Bl. 45.
29 W. Gentner, E. Segrè: Appendix on the Calibration of the Ionization Chamber. Physical Review 55 (1939) 814.
30 W. Gentner im Interview a.a.o., S. 72.
31 Ebenda, S. 101.
32 W. Gentner: Das neue 1,5 Meter Zyklotron in Berkeley (Calif.). Die Naturwissenschaften 28 (1940) 394–396.
33 W. Gentner: Die Erzeugung schneller Ionenstrahlen für Kernreaktionen. Ergebnisse der exakten Naturwissenschaften 19 (1940) 107–169.
34 Ebenda, S. 167.
35 Vgl. M. Walker: Die Uranmaschine. Berlin 1990.
36 W. Gentner: Gespräche mit Frédéric Joliot-Curie im besetzten Paris 1940–42. MPI für Kernphysik 1980, S. 3.
37 Erinnerung von U. Schmidt-Rohr.
38 Dekan der Naturwissenschaftlich-Mathematischen Fakultät, Universität Heidelberg an W. Gentner, Heidelberg 24.10.1945. Familiennachlaß Gentner.
39 Senator der Hansestadt Hamburg an W. Gentner, Hamburg 20.12.1945. Familiennachlaß Gentner.
40 Vereinbarung, Hamburg November 1945. Familiennachlaß Gentner.
41 W. Gentner im Interview mit Ch. Weiner ... a.a.o., S. 113.
42 W. Gentner an S. Goudsmit, 21.6.1949. MPGA, Ordner 4.
43 Tung Hsi-Fan an W. Gentner, Shanghai 29.8.1946. Familiennachlaß Gentner.
44 Erinnerung von U. Schmidt-Rohr.
45 W. Gentner an S. Goudsmit, 21.6.1949. MPGA Ordner 4.
46 W. Gentner an W. Bothe, 19. Juni 1947. MPGA, Ordner 4.
47 Vgl. D. Hoffmann, M. Walker: Der gute Nazi: Pascual Jordan und das Dritte Reich. Preprint 238 MPI für Wissenschaftsgeschichte Berlin 2006 (im Druck).

48 Vgl. M. Ash: Wissenschaftswandlungen in politischen Umbruchszeiten – 1933, 1945 und 1990 im Vergleich. Acta Historica Leopoldina 39 (2004) 75–95.
49 O. Hahn, H. Rein: Einladung in die USA. Physikalische Blätter 3 (1947) 33–35.
50 W. Gentner an E. Brüche, 28.7.1947. MPGA, Ordner 4.
51 Protokoll der Vorstandssitzung vom 28.9.1952. Archiv der Deutschen Physikalischen Gesellschaft, Berlin, Nr. 20004.
52 An die im Ausland lebenden ehemaligen Mitglieder der Deutschen Physikalischen Gesellschaft und der Deutschen Gesellschaft für Technische Physik, Briefentwurf von M.v. Laue, November 1952. Ebd. Nr. 40209.
53 W. Gentner an M.v. Laue, Freiburg 15.11.1952. Ebd.
54 Ebd.
55 Vgl. St. Wolff: Die Ausgrenzung und Vertreibung von Physiker im Nationalsozialismus, In: D. Hoffmann, M. Walker (Hrsgb.): Physiker zwischen Autonomie und Anpassung. Weinheim 2006 (im Druck).
56 W. Gentner an M.v. Laue, Freiburg 26.11.1952. Archiv der Deutschen Physikalischen Gesellschaft, Berlin, Nr. 40209.
57 Vgl. M. Heinemann: Der Wiederaufbau der Kaiser-Wilhelm-Gesellschaft und die Neugründungen der Max-Planck-Gesellschaft (1945–1949), in: R. Vierhaus, B. vom Brocke (Hrsg.): Forschung im Spannungsfeld von Politik und Gesellschaft. Geschichte und Struktur der Kaiser-Wilhelm-/Max-Planck-Gesellschaft. Stuttgart 1990, S. 407–467.
58 W. Gentner an W. Bothe, 19.6.1946; W. Gentner an K. Jaspers, 21.8.1946. MPGA, Ordner 4.
59 Vgl. den Beitrag von H. Rechenberg in diesem Band.
60 Zur Geschichte des CERN vgl.: A. Hermann, J. Krige, U. Mersits, D. Pestre: History of CERN. Vol. 1–3, Amsterdam 1987, 1990, 1996.
61 W. Heisenberg: Der Teil und das Ganze. München 1972, S. 245.
62 Hierzu ergänzend vgl. auch den Beitrag von H. Rechenberg im vorliegenden Band.
63 Zum Wirken Gentners am CERN vgl. den Beitrag von J. Adams im vorliegenden Band.
64 W. Gentner, H. Maier-Leibniz, W. Bothe: An Atlas of Typical Expansion Chamber Photographs. London 1954.
65 W. Gentner: Nachruf für Walther Bothe. Zeitschrift für Naturforschung 12a (1957) 175–176.
66 O. Hahn an W. Gentner, Düsseldorf 21.2.1957. Familiennachlaß Gentner.
67 O. Hahn an W. Gentner, 18.7.1957. Familiennachlaß Gentner.
68 E. Telschow an W. Gentner, Düsseldorf 14.8.1957. Familiennachlaß Gentner.
69 Protokoll der Sitzung des Verwaltungsrates der MPG, Göttingen 15.11.1957, S.9/10. MPGA , Abtlg.II, Rep. 1a.
70 Näheres in: U. Schmidt-Rohr: Erinnerungen an die Vorgeschichte und die Gründerjahre des Max-Planck-Instituts für Kernphysik. MPI für Kernphysik Heidelberg 1996.
71 Protokoll der Sitzung des Verwaltungsrates der MPG, Frankfurt/Main 17.12.1957, S.13.MPGA, Abtlg.II, Rep. 1a.
72 Protokoll der Sitzung des Senats der MPG, Frankfurt/Main 18.12.1957, S. 16. MPGA Abtlg.II, Rep. 1a.
73 Ebenda.
74 Protokoll der Sitzung des Arbeitskreises II/3 der Deutschen Atomkommission, Bad Godesberg 13.1.1958. Archiv U. Schmidt-Rohr.
75 Protokoll der Sitzung des Senats der MPG, Ludwigshafen 27.3.1958, S. 12. MPGA, Abtlg. II, Rep. 1a.
76 Vgl. den Beitrag von H. Trischler im vorliegenden Band.

77 Vgl. E. Kraus: Von der Uranspaltung zur Göttinger Erklärung. Würzburg 2001; A. Schirrmacher: Dreier Männer Arbeit in der frühen Bundesrepublik. Max Born, Werner Heisenberg und Pascual Jordan als politische Grenzgänger. Preprint 296, MPI für Wissenschaftsgeschichte Berlin 2005.
78 Vgl. den Beitrag von D. Nickel im vorliegenden Band sowie M. Schüring: Minervas verstoßene Kinder. Göttingen 2006, S. 351ff.
79 Siehe den Nachdruck des Aufsatzes im vorliegenden Band
80 W. Heisenberg an W. Gentner, 1962. Archiv U. Schmidt-Rohr.
81 Protokoll der Sitzung der Chemisch-Physikalisch-Technischen Sektion, Frankfurt/Main 4.12.1963. Archiv U. Schmidt-Rohr; Vgl. auch die entsprechenden Unterlagen im Nachlaß Gentner, MPGA, Ordner 47.
82 Zur Entwicklung des Instituts siehe auch: U. Schmidt-Rohr: Die Aufbaujahre des Max-Planck-Instituts für Kernphysik. MPI für Kernphysik, Heidelberg 1998.
83 Einige von ihnen erinnern sich an ihren Lehrer im Teil II des vorliegenden Bandes.
84 Näheres zu Gentners Arbeiten auf diesem Gebiet vgl. den Aufsatz von T. Kirsten im vorliegenden Band.
85 Vgl den Beitrag von H. Fechtig und E. Grün im vorliegenden Band.
86 W. Gentner: Nachruf für Josef Zähringer: Mitteilungen an der Max-Planck-Gesellschaft Heft 6/1970, S. 346–348.
87 Erinnerung von U. Schmidt-Rohr.
88 W. Gentner: Ansprache zur Jahresfeier am 22.5.1965. Jahrbuch der Heidelberger Akademie der Wissenschaften 1965, S. 690.
89 H. Bethge: Eröffnungsrede 1983. Nova Acta Leopoldina 60 (1989) Nr. 265, S. 22.
90 Vgl. auch den Beitrag von H. Trischler im vorliegenden Band.
91 Vgl. S. Buchhaupt: Die Gesellschaft für Schwerionenforschung. Fankfurt/Main 1995.
92 Ein Nachdruck dieses Vortrags findet sich im vorliegenden Band.
93 Ein Nachdruck dieses Vortrags findet sich im vorliegenden Band.
94 Näheres zu Gentners archäometrischen Arbeiten im Beitrag von G. A Wagner im vorliegenden Band.
95 W.Gentner: Gespräche mit Frédéric Joliot-Curie im besetzten Paris 1940–42. MPI für Kernphysik 1980.
96 L. Koester: Zum unvollendeten ersten deutschen Kernreaktor 1942/44. Die Naturwissenschaften 67 (1980), S. 573.
97 Vgl. Gedenkfeier für Wolfgang Gentner. Berichte und Mitteilungen der MPG Nr. 2/1981.
98 G.A. Wagner: Wolfgang Gentner – Lehrer und Forscher. In: Ebenda, S. 31.

# Teil I
# Studien zu Leben und Werk von Wolfgang Gentner

# Gentner und Heisenberg – Partner bei der Erneuerung der Kernphysik- und Elementarteilchenforschung im Nachkriegsdeutschland (1946–1958)

Helmut Rechenberg

## 1 Einleitung

„Gestern hatten wir Besuch von Herrn Gentner, der mir von der Arbeit in Ihrem Institut erzählte", schrieb Werner Heisenberg aus Leipzig an Erich Bagge, der gerade unter der Feldpost Nr. 37468 ins besetzte Paris abgeordnet worden war. Er hoffte weiter, dass dort „das Zyklotron bald so weit" eingerichtet sein würde und sein früherer Schüler „etwa in Kombination mit dem Zyklotron eine richtige physikalische Arbeit unter der Leitung von Joliot anfangen" konnte.[1] Der Brief von Anfang Juni 1941 belegt die vermutlich früheste Begegnung Heisenbergs mit Wolfgang Gentner, dem damaligen Mitarbeiter in Walther Bothes Physikalischer Abteilung des Heidelberger *Kaiser-Wilhelm-Institutes* (*KWI*) *für medizinische Forschung*. Gentner wurde nach dem Waffenstillstand zwischen Deutschland und Frankreich vom September 1940 an das Institut Frédéric Joliots, des Chemie-Nobelpreisträgers von 1935, geschickt, um dessen fast fertiggestelltes Zyklotron in Gang zu bringen. Das gelang schließlich auch im Winter 1941/42, aber wegen seines zu freundschaftlichen Umganges mit den Franzosen – er war ja dort bereits in den 1930er Jahren wissenschaftlicher Gast – holte man Gentner im Frühjahr 1943 nach Deutschland zurück. Er konnte dann in Heidelberg helfen, das Bothesche Zyklotron aufzubauen.[2] Bereits im Dezember 1943 beschleunigten die Heidelberger Kernphysiker damit die ersten Deuteronen und haben ihr Zyklotron sicherlich stolz Heisenberg vorgeführt, als dieser Bothes Institut Ende April 1944 besuchte.[3] Diese frühe Bekanntschaft zwischen dem Theoretiker und damaligen Direktor am *Kaiser-Wilhelm-Institut für Physik* in Berlin und dem Mitarbeiter Bothes und Dozenten an der Universität Heidelberg sollte sich nach Kriegsende wesentlich vertiefen und zu einer engen Zusammenarbeit beim Wiederaufbau der kernphysikalischen Forschung in Deutschland und ihrer Verbindung mit der internationalen Wissenschaft führen.

## 2 Wiederaufbau des Physikalischen Institutes der Universität Freiburg und des KWI für Physik in Göttingen (1946–1951)

Als Anfang Mai 1945 Hitlers Nachfolger Karl Dönitz für das Deutsche Reich die Waffen streckte, hatte die geheime US-amerikanische *ALSOS*-Mission Heisenberg als ein leitendes Mitglied des geheimen deutschen Kernenergieprojektes bereits in Urfeld gefangen genommen. Er wurde anschließend in das Hauptquartier der amerikanischen Armee nach Heidelberg gebracht, wo ihn der seit 1925 befreundete Kollege Samuel Goudsmit nach dem Stand der deutschen Uranforschung ausfragte. Heisenberg wurde dann, zusammen mit Max von Laue und acht anderen Mitgliedern des „Uranvereins" – namentlich auch Otto Hahn sowie Erich Bagge, Horst Korsching, Carl Friedrich von Weizsäcker und Karl Wirtz vom *KWI für Physik* – schließlich vom 3. Juli 1945 bis zum 3. Januar 1946 auf dem englischen Landsitz Farm Hall bei Cambridge interniert.[4]

# 3 Die Institute Gentners und Heisenbergs in den ersten Nachkriegsjahren

## 3.1 Die Probleme der westlichen Besatzungszonen

Obwohl sie am deutschen Uranprojekt teilgenommen hatten, verblieben Walther Bothe und die Mitglieder seines Institutes auch nach dem Einmarsch der amerikanischen Truppen in Heidelberg.[5] Allerdings entschied im Juli 1945 das Hauptquartier der *US Strategic Air Forces* in Europa, im *KWI für medizinische Forschung* eine Untersuchungsstelle für die deutsche medizinische Forschung einzurichten. Für diese verpflichtete es u. A. auch Heinz Maier-Leibnitz aus Bothes Institut, während der Chef selbst 1946 das verwaiste Ordinariat für Experimentalphysik an der Universität Heidelberg übernahm, das er schon früher, von 1932 bis 1934 als Nachfolger Philipp Lenards geleitet hatte. Mit seinen Assistenten Gottfried von Droste, Kurt Hogrebe und Otto Ritter, denen sich 1948 wieder Maier-Leibnitz nach der Rückkehr aus den USA und Christoph Schmelzer anschlossen, füllte er das im Dritten Reich heruntergekommene Institut am Philosophenweg mit neuem wissenschaftlichen Leben und Arbeit. Im Januar 1949 gelang es dann, in Hans Jensen einen in der Kernphysik besonders kompetenten Theorieordinarius (übrigens auch ein Mitglied des früheren „Uranvereins") zu gewinnen, und im Herbst 1950 vervollständigte Otto Haxel aus Göttingen als Direktor des „II. Physikalischen Instituts" das Kernphysik-Expertenteam der Heidelberger Universität. Schließlich gab Ende 1952 die US-Armee Walther Bothe sein früheres Institut wieder zurück.[6]

Nach Kriegsende blieb auch der Zyklotronexperte Gentner nicht lange arbeitslos, denn die Universität Heidelberg ernannte ihn schon im Sommer 1945 zum „außerplanmäßigen ausserordentlichen Professor". Er ging dann, nachdem er überdies einen Ruf der Universität Hamburg ausgeschlagen hatte, zum Frühjahrssemester 1946 an die Universität Freiburg, wo er das im Krieg total zerstörte Physikalische Institut unter großen Mühen wieder aufbaute.

Heisenberg befand sich übrigens in einer durchaus mit Gentner vergleichbaren Lage. Nach der Eroberung Berlins fiel sein *Kaiser-Wilhelm-Institut für Physik* zunächst in die Hände der siegreichen sowjetrussischen Eroberer. Zwar hatten dessen Gebäude, anders als die des benachbarten Hahnschen *KWI für Chemie* und des *KWI für physikalische Chemie und Elektrochemie* praktisch kaum Schäden erlitten, aber alle noch vorhandenen wissenschaftlichen Einrichtungen hatten die

Besatzer mitgenommen. Allerdings war der größte Teil schon seit Sommer 1943 in eine Textilfabrik ausgelagert worden, die in Hechingen lag, einer bis dahin kaum von Kriegseinwirkungen berührten kleineren Stadt in Südwürttemberg-Hohenzollern. Das betraf zunächst die Geräte, die nicht dem geheimen Uranprojekt zur Gewinnung der Atomkernenergie dienten, also etwa die Hochspannungsanlage zur Beschleunigung von Kernteilchen aus dem Rundturm des Dahlemer Institutes und die Apparaturen zur Röntgenstrukturanalyse, mit denen Max von Laue und seine Mitarbeiter forschten.[7] Nach Abschluss des letzten Berliner Uranmaschinen-Experimentes *B VII* am Ende des Jahres 1944 war auch die entsprechende Ausrüstung abtransportiert worden, um fern der Reichshauptstadt den allerletzten Versuch *B VIII* zu unternehmen, doch noch einen kritischen Reaktor zu erreichen. Freilich scheiterten auch diese Bemühungen im Felsenkeller des idyllisch abseits gelegenen Städtchens Haigerloch, weil nicht genügend Uranwürfel und schweres Wasser zur Verfügung standen. Anfang März 1945, während die westlichen Alliierten bereits die Rheinlinie überschritten, baute das um Heisenberg versammelte Team, zu dem auch Peter Jensen und Otto Ritter aus Bothes Institut gehörten, dieses allerletzte Experiment ab und versteckte das wesentliche Zubehör von Uranwürfeln und schwerem Wasser. Die den vorrückenden feindlichen französischen Kampftruppen vorauseilende amerikanische *ALSOS*-Mission unter der Leitung des holländisch-amerikanischen Physikers Samuel Goudsmit erbeutete am 24. und 25. April schließlich auch die Reste des Haigerlocher Reaktorversuchs und nahm die in Hechingen und Tailfingen anwesenden führenden Mitglieder des deutschen „Uranvereins" gefangen.[8] Am 3. Januar 1946 wurden die Wissenschaftler aus der halbjährigen Internierung im englischen Farm Hall entlassen und nach Deutschland in die britische Besatzungszone zurückgebracht. Otto Hahn führte nun in Göttingen als gewählter Präsident die *Kaiser-Wilhelm-Gesellschaft* fort, die sich im Februar 1948 auf Drängen der westlichen Alliierten Besatzer in *Max-Planck-Gesellschaft* umbenannte. Walther Gerlach übernahm vorläufig einen physikalischen Lehrstuhl an der Universität Bonn und Paul Harteck ging wieder an sein Institut für physikalische Chemie an der Universität Hamburg. Werner Heisenberg bemühte sich, das *KWI für Physik* an neuer Stelle, nämlich in Göttingen von Grund auf zu erneuern. Unterstützt wurde er durch Bagge, von Laue, Korsching, von Weizsäcker und Wirtz. Raum stand hier in der von den Briten völlig leer geräumten *Aerodynamischen Versuchsanstalt* zur Verfügung, die zum früherem *KWI für Strömungsforschung* von Ludwig Prandtl gehörte.

Da sein Berliner Institut zunächst von den sowjetischen Eroberern der Reichshauptstadt besetzt worden war, die neben der restlichen Einrichtung einige Mitarbeiter wie Debyes Hauptassistenten Ludwig Bewilogua mitnahmen, konnte der Direktor Heisenberg höchstens noch auf die in Hechingen verbliebenen Mitarbeiter und die dorthin ausgelagerte wissenschaftliche Ausrüstung rechnen – natürlich ohne die zu den Uranexperimenten gehörige. Das war aber bei den gegebenen politischen Verhältnissen nicht so leicht zu bewerkstelligen. Nach der „Berliner Viermächteerklärung" vom 5. Juni 1945 hatten die militärischen Oberbefehlshaber der Siegermächte USA, UdSSR, Großbritannien und Frankreich die oberste Regierungsgewalt in dem durch Gebietsabtrennungen im Osten (Ost- und Westpreußen, Schlesien) wesentlich verkleinerten Deutschland übernommen.[9] Göttingen, die neue Heimat

**Abb. 24.** Werner Heisenberg und W. Gentner in den sechziger Jahren.

des *KWI für Physik*, lag jetzt in der britischen Besatzungszone, dagegen Hechingen und Freiburg in der französischen, die das heutige Bundesland Rheinland-Pfalz mit dem Rheingau, das alte Baden und Südwürttemberg einschließlich des deutschen Bodenseeufers umfasste. Die einzelnen Besatzungsmächte verfolgten zunächst verschiedene politische Ziele. Während die Amerikaner besonderen Nachdruck auf die geistige Umerziehung des deutschen Volkes und die Entnazifizierung legten, versuchten die Briten, deren norddeutsche Zone an die russische im Nordosten grenzte, ihr Gebiet gegen sowjetische Expansionsgelüste zu stärken, obwohl sie andererseits dessen industrieelle Struktur zunächst durch bedeutende Reparationsforderungen schwächten. Die französischen Behörden schließlich strebten nach Verhältnissen, die die jahrhundertelange deutsche Bedrohung für ihr Land endgültig beseitigten – Heisenbergs Mitarbeiter in Hechingen berichteten ihrem Direktor etwa von der Absicht, aus ihrer Zone eine Art Pufferstaat „Groß-Luxemburg" zu errichten. Anders als die Amerikaner verhielten sie sich zur Forschung der deutschen Wissenschaftler verhältnismäßig großzügig. „Wir dürfen hier alle wissenschaftlichen Arbeiten fortsetzen", schrieb Hermann Schüler am 19. Januar 1946 aus Hechingen dem Chef nach Göttingen, und er fügte hinzu: „Im Hinblick auf die Hochspannnung liegt die besondere Erlaubnis vor, auch Untersuchungen, wie sie Dr. Sauerwein angestellt hat, weiterzuführen." „Frankreich hat im Gegensatz zu Amerika ein Bedürfnis für unsere Mitarbeit", ergänzte Fritz Bopp am 5. Februar, denn es betrachte „sich als Förderer der Wissenschaften und als Träger der gesamteuropäischen Kultur" und wolle möglichst viele Institute in seiner Besatzungszone halten.

Auch über die Zukunft des Hechinger Teils der *KWI für Physik* dachten die französischen Stellen nach, wobei sie davon ausgingen, dass die Mitarbeiter und die Apparaturen möglichst zusammen in ihrem Herrschaftsbereich blieben. Während der Spektroskopiker Hermann Schüler gut mit den vorgesetzten Behörden auskam, hatte der von Heisenberg als Stellvertreter des Hechinger Institutes vorgesehene Fritz Bopp Schwierigkeiten mit ihnen, als er ehrlich und aufrecht versuchte, hier die Interessen des gesamten *KWI für Physik* wahrzunehmen. Bopp unterrichtete den Chef auch zuerst am 19. Februar 1946 von der Absicht der Franzosen, den ihnen genehmen „Gentner als Leiter der korpuskularphysikalischen Abteilung" einzusetzen. „Von verschiedenen Seiten sind Gerüchte nach Göttingen gedrungen, die besagen, daß es der Wunsch französischer Behörden sei, daß Sie das *KWI für Physik* in Hechingen in Zukunft in irgendeiner Weise betreuen sollen," schrieb Heisenberg dann am 28. Mai direkt an den bekannten Kollegen nach Heidelberg, und weiter:

„Sie wissen, dass ich lange Zeit gehofft habe, dass sich die beiden Institutsteile Göttingen und Hechingen eines Tages wieder vereinen können. Wenn dies aber in absehbarer Zeit nicht möglich sein sollte, so könnte ich mir für den Hechinger Institutsteil kaum eine schönere Lösung wünschen, als daß Sie dessen Leitung übernehmen. Ich glaube, daß auch Prof. Hahn so denkt, und ich würde deshalb gerne die Pläne der französischen Behörden mündlich mit Ihnen besprechen."

Gentner, der inzwischen nach Freiburg übergesiedelt war, antwortete erst nach einger Zeit von dort. Zunächst wies er Heisenberg auf für ihn „neue Pläne der Übersiedelung nach Mainz" hin. Dort sollte der frühere Abteilungsleiter und Nachfolger Lise Meitners an Hahns *KWI für Chemie* in Berlin, Josef Mattauch, dieses Institut wieder in Mainz – also in der französischen Zone – neu erstehen lassen. „Meine eigene Idee ging mehr in die Richtung, daß ich hier in Freiburg bleibe und mich von hier aus gleichzeitig um das Hechinger Institut kümmere", denn es erschiene ihm „vernünftiger, daß das Institut noch so lange in Hechingen bleibt, bis sich die äußeren Bedingungen und die politischen Verhältnisse etwas geklärt haben", fuhr Gentner nun fort und betonte weiter, er habe das auch seinem französischen Mentor Frédéric Joliot mitgeteilt. „Ich habe mich außerordentlich darüber gefreut, dass Sie das Schicksal Ihres Institúts so vertrauensvoll in meine Hände legen wollen", beendete er den Brief. Er würde sich „auch keine schönere Aufgabe denken können, als dieses Institut so lange zusammen zu halten", bis es Heisenberg selbst möglich sei, „die Führung wieder zu übernehmen".[10] Leider kam die angestrebte mündliche Aussprache über diesen Plan zwischen Gentner, Hahn und Heisenberg im Laufe des Sommers 1946 nicht zustande, wie der Freiburger Professor am 29. Oktober nach Göttingen schrieb. Er war unterdessen von französischer Seite „nochmals mit großem Nachdruck" gebeten worden, doch in Mainz neben Mattauch ein eigenes Forschungsinstitut zu übernehmen, das auch den Hechinger Teil einschlösse, habe aber abgelehnt. Dann betonte er noch besonders:

„Ich habe keinerlei Interesse, daß die Hechinger Apparaturen dem Physikalischen Institut der Universität Freiburg einverleibt werden: Ich habe hier vonseiten des [südbadischen] Ministeriums genügend Unterstützung, um den Wiederaufbau in die Wege zu leiten. Eine Bereicherung des Institutes mit Apparaturen, die der *Kaiser Wilhelm-Gesellschaft* gehören, werde ich von mir aus nie betreiben."

Gentner schloss seinen inhaltsreichen Brief mit der Anmerkung, dass es Mattauch kaum gelingen werde, mit den beiden Instituten aus Hechingen und Tailfingen – d. h. mit Heisenbergs Teilinstitut und Hahns ursprünglichem Institut – nach Mainz zu ziehen, zumal dieser gerade erkrankt sei. Heisenberg bedankte sich umgehend am 4. November 1946 für den aufrichtigen Bericht des Kollegen und die darin geäußerten Absichten, mit denen er „ziemlich übereinstimme". Er erwähnte dann eine bevorstehende Reise , die er mit dem englischen Betreuer seines Göttinger Institutes, Dr. Fraser, nach Offenburg ausführen werde, um die Situation des Hechinger Institutes mit den französichen Dienststellen zu erörtern.

Es folgten einige zähe Verhandlungen mit der Offenburger Dienststelle, besonders bezüglich der Apparaturen, die Heisenbergs Göttinger Institut aus Hechingen benötigte.[11] Die Franzosen bestanden insbesondere in den Verhandlungen mit Heisenberg und seinen englischen Betreuern auf Kompensationen für Geräte, die in die britische Besatzungszone abgegeben werden sollten. Das ganze Feilschen endete schließlich damit, dass die Hochspannungsanlage für Kernteilchen in Hechingen blieb. Dies teilte Gentner am 21. November 1947 Heisenberg mit, dazu auch folgendes: er selbst hätte „vor 14 Tagen erst die endgültige Leitung" der in Hechingen verbliebenen Abteilungen des *KWI für Physik* übernommen, nachdem er mit den Tübinger *KWI*-Direktoren Adolf Butenandt und Alfred Kühn – deren Institute ebenfalls in der französischen Besatzungszone lagen – Rücksprache gehalten hatte. Heisenberg war nun mit dieser Entwicklung durchaus einverstanden, war er doch bereits früher davon unterrichtet worden. Er hatte dem Freiburger Kollegen bereits am 12. November „sehr erfreut" geschrieben, „daß damit eine gewisse Klarheit in die Hechinger Verhältnisse kommen wird". Darauf versprach der nun offiziell auch von der *MPG* bestallte Betreuer Gentner, er werde jetzt die Göttinger Wünsche bezüglich der Rückgabe von Ausrüstungsgegenständen und der Übersiedlung von Mitarbeitern aus Hechingen in die Britische Zone nach Göttingen soweit wie möglich bei den französischen Stellen unterstützen. Er versicherte noch einmal nachdrücklich, er „werde weiterhin alles tun, damit in Hechingen ersprießliche Arbeit geleistet wird", sowie, „daß alle Fragen, die zwischen uns auftauchen, vernünftig gelöst werden"[12]

### 3.2 Die endgültige Lösung der Hechinger Frage

Gentner betrachtete also seine neue Hechinger Tätigkeit nur als eine Art „Treuhänderschaft, damit die dortigen Mitarbeiter aus der ewigen Unsicherheit zu einer erfreulichen Tätigkeit geführt werden", wie er im Brief vom 21. November abschließend betonte. Sie sollte erlöschen, sobald sich die *Kaiser-Wilhelm-Institute* in der französischen Besatungszone der am 26. Februar 1948 aus der *Kaiser-Wilhelm-Gesellschaft* hervorgegangenen *Max-Planck-Gesellschaft* (*MPG*) der amerikanisch-britischen Bizone angeschlossen hatten. Das geschah jedoch nicht sofort, und deshalb blieb auch die Situation des Hechinger Institutes einstweilen ungeklärt. Immerhin wünschte Heisenberg bereits in Brief vom 3. Mai 1948 an Gentner, dass doch dort die Hochspannungsanlage wieder aufgebaut und „sobald als möglich in Betrieb genommen wird, damit nützliche Arbeit mit ihr getan wird". Er hoffe, schrieb er weiter, dass nach „dem Abschluß der Verhandlungen über die Trizone einmal eine Sitzung stattfindet, in der die Vertreter der drei Besatzungsmächte mit den Direktoren der drei Zonen zusammensitzen und man sachlich die besten Lösungen für jedes Forschungsinstitut anstrebt". Dabei könne das Physikinstitut entweder in Hechingen oder Tübingen oder in Göttingen vereinigt werden oder gar „eine Teilung in Betracht gezogen" werden. Als Otto Hahn schließlich im Sommer 1949 erreichte, dass seine Gesellschaft in allen drei westlichen Besatzungszonen anerkannt wurde, gab Gentner auch seine Treuhänderschaft über die Hechinger korpuskularphysikalische Abteilung auf und bat Hahn darum, „daß der frühere Direktor, Herr Professor Heisenberg, die Leitung dieser Abteilung wieder übernimmt". Allerdings bestünde noch eine Abmachung zwischen der *MPG* und dem französischen Major Lutz, die Vorbedingung war, dass „in nächster Zukunft keinerlei Abwanderungen von Instituten oder wesentlichen Apparaturen mit Mitarbeitern aus der französischen Zone in eine andere Zone stattfinden werden". Das heißt, Heisenberg dürfe nur von Göttingen aus „die Leitung des Hechinger Institutes übernehmen, wenn damit keine bedeutende Änderung des status quo verbunden ist."[13] Dieser hielt sich nun durchaus an die entsprechenden Vereinbarungen, als er über das Schicksal seines Hechinger Institutes mit dessen personellen und instrumentellen Ressourcen entschied.[14]

Eigentlich gab es damals genug Vorschläge, die Hechinger Arbeitsgruppen in ein größeres Institut einzugliedern. So erwog Adolf Butenandt in einem Brief vom 13. Oktober 1949 an von Laue die „Begründung eines *Max-Planck-Institutes für Molekülphysik*" in Tübingen mit zwei selbstständigen Abteilungen, nämlich der spektroskopischen von Hermann Schüler und einer kernphysikalischen zu beantragen, wenn für die Leitung der letzteren „ein Physiker von Format zu gewinnen sein wird, der den Ansprüchen unserer Gesellschaft voll genügt". Er fuhr fort, dass Herr Gentner „die Annahme einer entsprechenden Berufung ernstlich in Erwägung ziehen" würde. Endlich sei auch die „hiesige Kultusverwaltung an der Begründung eines solchen *Max-Planck-Institutes* sehr interessiert", und man könnte dessen Gebäude in der Nachbarschaft des *KWI für Biologie* errichten. Freilich wurde dieser Vorschlag in der „Kommissionssitzung über die Zukunft des Hechinger Physikinstituts" vom 17. November 1949, an der neben Butenandt auch Karl Friedrich Bonhoeffer, Heisenberg, von Laue und Regener teilnahmen, mehrheitlich abgelehnt, weil die *MPG* bereits über vier Institute – nämlich das Mattauchsche in Mainz, das Heisenbergsche in Göttingen, das Bothesche in Heidelberg und das Regnersche in Weißenau – mit ähnlicher Arbeitsrichtung verfügte und überdies „die in Hechingen vorhandenen Apparaturen nicht so modern und wertvoll sind, daß sie für ein neues Institut ausreichen würden." Schließlich sollten „über die Hochspannungsanlage von 1 Million Volt noch Verhandlungen zwischen Gentner und Lutz" stattfinden. Immerhin wurden Herrn Schüler die spektroskopischen Einrichtungen des Hechinger Institutes und ein erheblicher Teil der Werkstatt zugesprochen und er sollte in Hechingen eine eigene „Forschungestelle für Spektroskopie innerhalb der *MPG*" leiten, während Professor Menzer in München leihweise die erbetenen Geräte aus Hechingen erhielt.

Als Heisenberg am 1. Dezember dem Kollegen Gentner offiziell diese Beschlüsse erläuterte, fügte er hinzu, dass die *MPG* nun nichts mehr für die Hochspannungsanlage tun könne, und bat ihn, diese Angelegenheit mit dem französischen Major Lutz zu besprechen. Gentner war mit diesem Entscheid keineswegs zufrieden, hatte er doch dem Präsidenten Hahn vorgeschlagen, das Hechinger Institut wieder mit dem Heisenbergschen in Göttingen zu verbinden. Im Augustbrief schrieb er nun, dass die Hechinger Anlage „nicht ohne weiteres als veraltet" zu bezeichnen sei, denn: „Solange wir auf jeden Fall in Deutschland keinen anderen Beschleuniger zur Verfügung haben, ist [diese] eine der wenigen Apparaturen, mit denen man Kernreaktionen untersuchen kann". Insbesondere meinte er: „Es gibt noch viele interessante Fragen von Kernreaktionen an leichten Elementen, die mit Protonen und Deuteronen bis zu 1 Million Volt untersucht werden können. Aus dieser Einstellung heraus habe ich mir in den letzten Jahren sehr viel Mühe gegeben, die Hechinger Hochspannungsanlage wieder voll in Gang zu bringen."

Er hätte dabei erhebliche Schwierigkeiten überwunden, um die Entladungsröhren, die Ventile für die Hochspannung und andere Teile zu besorgen und zu bezahlen, die Werkstatt aufzurüsten sowie die feucht gelagerten Isolatoren aus der Berliner Zeit zu reparieren. „Ich glaube mit ziemlicher Sicherheit sagen zu können, daß Anfang 1950 die Anlage wieder bis zu einer Spannung von 1 Million Volt und Protonenströme von ungefähr 1 mA betriebsfertig sein wird", versprach er und bestand darauf: „Ich finde, daß man unbedingt einen Weg finden müßte, diese Anlage in Verbindung mit einem anderen Institut betriebsfertig zu halten". Er meinte auch: „Mit einem stark verminderten Etat könnte man die dortigen Arbeiten auf eine begrenzte Zeit weiterführen, bis sich herausgestellt hat, ob es nicht doch möglich ist, diese Anlage an einem anderen Ort nutzbar zu machen."[15]

Natürlich verhandelte Gentner noch im Dezember mit dem zuständigen Major Lutz wegen der Weiterverwendung der Hechinger Hochspannungsanlage. Als dieser sein Angebot wiederholte, den Betrieb im Rahmen des *MPI für Physik* von Göttingen leiten zu lassen, lehnte Heisenberg unter Hinweis auf den Beschluss der *MPG* ab, bot aber an, den Beschleuniger Gentner „leihweise, eventuell auch dauernd zur Verfügung" zu stellen, wobei dieser freilich im Rahmen der Freiburger Universität oder auf andere Weise finanziert werden" müsse. Nachdem er so in der Frage der großen Apparaturen den Wünschen der französischen Besatzungsbehörden in jeder Weise entgegengekommen sei, beanspruchte Heisenberg nun aber die kleinen Apparaturen, wie Photometer und Refraktometer, endgültig für sein Göttinger Institut.[16] In einem ausführlichen Schreiben vom 18. Januar 1950 an den Präsidenten Hahn legte Heisenberg seinen Standpunkt über die Rolle dar, die das Hechinger Institut im Rahmen einer zukünftigen Gesamtplanung der *Max-Planck-Gesellschaft* spielen würde. Er wies zunächst auf die durchaus bevorzugte finanzielle Ausstattung der Max-Planck-Institute in der französischen Zone hin, wobei das kleine Hechinger Institut praktisch dasselbe Budget habe wie sein eigenes, viel größeres in Göttingen und schloss mit dem Antrag:

„Bei der Hochspannungsanlage sollte festgestellt werden, ob entweder eine Organisation außerhalb der *MPG* oder eines der großen Institute innerhalb der *MPG* (Bothe, Butenandt, Regener) Interesse hat und sie in volle Verantwortung übernimmt."

Die damalige Lage kam nun der Vorstellung des Göttinger Institutschefs durchaus entgegen, denn bereits am 3. Januar hatte Erich Regener aus Weißenau sein Interesse bekundet, die Hechinger Hochspannungsanlage gemeinsam mit Gentner zu nützen, freilich eigentlich weiter als „Außenstelle des Heisenbergschen Institutes". Heisenberg stimmte dem Kollegen im ersten Punkt zu und hoffte dann, dass es diesem gelänge, „das Geld zu beschaffen". Ganz klar betonte er am 13. Februar 1950 im Brief an Regener: „Ich möchte aber, daß die Hochspanungsanlage entweder als Forschungsstelle außerhalb der *MPG* betrieben wird oder daß sie ausdrücklich eine Abteilung Ihres Instituts sein wird.", denn: „Ich möchte nicht, daß sie als selbständige Forschungsstelle der *MPG* oder als Teil meines Instituts existiert, solange ich nicht frei über sie verfügen kann."[17] Die eingehende Prüfung des Vorschlages aus Weißenau durch die *MPG*-Leitung sowie Heisenberg und Wirtz vom Mutterinstitut zog sich über den Sommer 1950 hin, bis Regener am 31. Oktober endlich Heisenberg den „Durchschlag eines Antrages auf eine im bescheidenen Rahmen gehaltene Etatisierung der Hechinger Anlage" innerhalb seines Institutes für das nächste Jahr zusandte, die Gesamtausgaben von DM 52.700 auswies, davon DM 27.200 für Personal, DM 11.000 für den Betrieb und DM 14.500 für „Produktive Sachausgaben". Bereits eine Woche zuvor konnte er sich auch bei der Generalverwaltung für die Zuteilung von DM 45.000 aus *ERP*-Mitteln bedanken und anmerken, „daß nach Besprechung mit Herrn Gentner in Freiburg und mit Zustimmung von Hern Heisenberg die Hochspannungsanlage in Hechingen formell der Forschungsstelle Weißenau als Abteilung angegliedert ist und den Namen führt: Hochspannungslaboratorium Hechingen, Abteilung der Forschungsstelle für Physik der Stratosphäre in der Max-Planck-Gesellschaft, Weissenau".[18] „Die Anlage steht jetzt unter der gemeinsamen Leitung von Herrn Kollegen Gentner und mir", fuhr Regener fort und erläuterte im Einzelnen:

„Herr Gentner läßt dort Herrn Dr. Kuhn arbeiten, während ich Mitarbeiter meiner Forschungsstelle dorthin schicken werde. Sonst ist als wissenschaftliches Personal in Hechingen noch Herr Dipl.Ing. K. Weimer, der insbesondere die elektrische Seite der Anlage betreut, aber sich mir auch als ein in Verwaltungsdingen sehr bewanderter Helfer gezeigt hat."

Der *MPG*-Präsident Hahn stimmte am 7. November 1950 dieser Lösung zu und freute sich, dass endlich „eine Form der Weiterführung der Anlage" gefunden worden war. Allerdings erhob sich bald eine neue Schwierigkeit, denn die französischen Offiziere erklärten immer noch, „daß keine wesentlichen Vermögenswerte, z. B. wertvolle Instrumente, Geräte, vor allem auch die Hochspannungsanlage, veräußert oder in ein anderes Institut übertragen werden dürften". Die Regelung dieser Frage sowie der möglichen Verlegung der letzten Hechinger Mitarbeiter dauerte schließlich noch einige Wochen, bevor der Senat der *MPG* in seiner Sitzung vom 19. Dezember 1950 endgültig entscheiden konnte:

„Unter Ablehnung des französischen Vorschlages auf Kauf oder Pacht beschließt der Senat auf Empfehlung des Finanzausschusses, daß die Hochspannungsanlage als ein Teil der *Forschungsstelle für Physik der Stratosphäre* im Rahmen des Gesamtetats der Forschungsstelle betrieben werden soll, der zu diesem Zwecke entsprechend zu erhöhen ist. Der Senat ist damit einverstanden, daß Herr Kuhn, Assistent von Professor Gentner, mit übernommen wird, lehnt aber ab, weitere Mitarbeiter für Herrn Kuhn aufzunehmen."[19]

Damit schied die Hochspannungsanlage, die Debye Ende der 1930er Jahre für sein neues *KWI für Physik* angeschafft hatte, um mit ihr moderne Kernphysik in Deutschland zu treiben, endgültig aus Heisenbergs Institut aus. Sie kam zum Weißenauer Institut und wurde von dort aus für die *MPG* betrieben. Als der Direktor

Erich Regener wenige Jahre später, am 27. Februar 1955, starb, verlegte sein Nachfolger Julius Bartels aus Göttingen das Weißenauer Institut nach Lindau im Harz und erweiterte es zum *MPI für Aeronomie*. „Das bisher zum *Institut für Physik der Stratosphäre* gehörige Hochspannungslaboratorium in Hechingen unter Leitung von Professor [Erwin] Schopper ist mit Wirkung vom 1. Juli [1957] aufgelöst worden, da Professor Schopper der Berufung auf den Lehrstuhl für Kernphysik der Universität Frankfurt gefolgt ist;" vermeldete der *Jahresbericht 1957/58 der MPG*.[20] Der Beschleuniger kam schließlich nach Frankfurt/Main und fand dort über Jahrzehnte vielfältige Verwendung.

### 3.3 Die Heidelberger Bothe-Konferenz vom Juli 1951

Zu Walther Bothes 60. Geburtstag am 8. Februar 1951 planten seine früheren Mitarbeiter und Schüler „eine kleine kernphysikalische Konferenz" in Heidelberg, mussten sie aber wegen Erkrankung des Jubilars verschieben. Der neue Termin vom 1. bis zum 3. Juli lag besonders günstig, weil einige berühmte ausländische Gäste zusagten, die anschließend nach Kopenhagen zu einem Treffen bei Niels Bohr weiterfuhren. „Im Namen des Heidelberger Kreises möchte ich Sie herzlich dazu einladen, und wäre Ihnen dankbar, wenn Sie mir bald mitteilen könnten, ob Sie an der Tagung teilnehmen werden, damit wir die Unterkunftsmöglichkeiten vorbereiten.", schrieb Gentner am 2. Mai 1951 an Heisenberg. Für die Tagung wollten die Organisatoren „nur wenige Vorträge" ansetzen, „damit genügend Zeit für die Diskussion und das ganze ein enger Kreis bleibt". Er selbst würde sich „besonders freuen", wenn Heisenberg einen Vortrag aus seinem Arbeitsgebiet beitrüge. Heisenberg kündigte ein Woche später an, er „hoffe bestimmt, an der Tagung in Heidelberg zu Ehren von Bothe teilnehmen zu können". Allerdings wolle er nicht „auf dieser der experimentellen Physik gewidmeten Tagung den anderen Experimentalphysikern die Zeit zum Vortrag wegnehmen" und bot dann als Kompromiss an:

„Ich könnte höchstens über die Theorie der Vielfacherzeugung ein paar Worte sagen und dann einige Aufnahmen von derartigen Prozessen aus unserem Institut zeigen (mich also mit Teucherschen Federn schmücken). Wenn Sie also meinen, daß Bothe sich darüber freuen würde, so bin ich dazu gern bereit."

Einen Monat später schickte Gentner das endgültige Programm der „Diskussionskonferenz über Probleme der Kernphysik und Ultrastrahlung" nach Göttingen. Im Begleitschreiben dankte er Heisenberg noch „einmal bestens für die Zusage, nach Heidelberg zu kommen" und merkte an: „Wir würden uns freuen, wenn Sie dabei etwas über die Theorie der Vielfacherzeugung von Mesonen sprechen könnten und einige Aufnahmen aus Ihrem Institut zeigen würden", sowie: „Falls Sie noch einen Herrn Ihres Instituts mitbringen möchten, haben wir nichts dagegen".[21]

Die Bothe-Konferenz brachte in der Tat ein ausgewähltes internationales Teilnehmerfeld nach Heidelberg, wohl zum ersten Mal nach dem Krieg in Deutschland, um den Altmeister der Kern- und Höhenstrahlungsphysik zu ehren. Aus den Vereinigten Staaten kamen etwa Maria Goeppert-Meyer und Thomas Lauritsen, aus den Niederlanden Jacob Clay, dazu die Deutschen Heisenberg, Fritz Houtermans, Friedrich Hund, Hans Kopfermann und der *MPG*-Präsident Otto Hahn aus Göttingen. Die

**Abb. 25.** Georg Joos, Maria Goeppert-Mayer und Walther Bothe am Rande der Bothe-Konferenz, Heidelberg Juli 1951.

Themen reichten vom eben erst in Deutschland und den USA vorgeschlagenen „Schalenmodell" der Atomkerne – für das Frau Goeppert-Mayer und der Heidelberger Theorieordinarius Hans Jensen 1963 den Physik-Nobelpreis erhielten – über die genaue Massenbestimmungen von Isotopen und die Altersbestimmung von Meteoriten und irdischen Gesteinen (hierüber trug Gentner selbst vor) bis zu speziellen Eigenschaften der Höhenstrahlung und der Elementarteilchen. Die Vorträge ergaben wirklich ein würdiges Geburtstagsbukett für den Jubilar Bothe, der wenige Jahre später mit Max Born den Physik-Nobelpreis für 1954 entgegennehmen konnte.

Die insgesamt ausgezeichnete und vertrauensvolle Zusammenarbeit zwischen Gentner und Heisenberg hatte sich in der ersten Nachkriegszeit, einer mit persönlichen, wissenschaftlichen und politischen Schwierigkeiten überhäuften Periode durchaus bewährt. Sie sollte sich auch in den folgenden Jahren fortsetzen, als nach der Gründung der Bundesrepublik die westdeutsche Forschung endlich die Fesseln der Besatzungszeit abstreifen und den Anschluss an die internationale Forschung in Kern- und Hochenergiephysik gewinnen konnte.

# 4 Der Deutsche Forschungsrat, die Atomkommission der DFG, CERN und das Heidelberger MPI für Kernphysik (1949–1958)

## 4.1 Forschungsbeschränkungen des Alliierten Kontrollrates bzw. der Alliierten Hohen Kommission und der Deutsche Forschungsrat (1949–1951)

„Um die naturwissenschaftliche Forschung für militärische Zwecke und ihre praktische Anwendung für solche Zwecke zu verhindern, und um sie auf anderen Gebieten, wo sie ein Kriegspotential schaffen könnten, zu überwachen, hat der Kontrollrat das folgende Gesetz beschlossen."

So lautete die Begründung des Gesetzes Nr. 25, bestimmt „zur Regelung und Überwachung der naturwissenschaftlichen Forschung", das der *Alliierte Kontrollrat*, die oberste Behörde der Besatzungstruppen im besiegten Deutschland, am 29. April 1946 verkündete. Die Hauptpunkte aus dem Artikel I, der die nicht ausdrücklich verbotene militärische Forschung betraf, verkündete: „1b) Angewandte wissenschaftliche Forschung ist untersagt auf Gebieten, welche in dem beigefügten Verzeichnis ‚A' besonders aufgeführt sind", und dieses Verzeichnis enthielt an erster Stelle die angewandte Kernphysik. Daher bedeutete das Verbot dann, wenn es streng ausgelegt wurde, natürlich auch das Ende der bisherigen Arbeitsinteressen von Wolfgang Gentner und Werner Heisenberg. Die wissenschaftliche Forschung in Deutschland drohte fast auf das Niveau der Jahre vor 1930 zurückgeworfen zu werden, zumal auch andere angewandte Forschung – etwa im Bereich elektromagnetischer und akustischer Strahlung, Röhren, Elektronik und Radioaktivität „der schriftlichen Genehmigung des Zonenbefehlshabers, in dessen Zone das Forschungsinstitut liegt", bedurfte. Zu den Einschränkungen, die die im Kriege zerstörten und überdies durch die Aktionen der Besatzungsmächte als Reparation ausgeräumten Institute erfahren mussten, kamen also noch die Vorschriften aus dem Gesetz Nr. 25, welche die deutschen Physiker anfangs so verunsicherten, dass manche darauf verzichteten, an den Universitäten Vorlesungen über Atomphysik anzukündigen.

Gentner und Heisenberg wurden allerdings kaum von solchen Zweifeln geplagt, als sie ihre Lehrtätigkeit wieder aufnahmen. Sie besaßen auch das Vertrauen mancher Kollegen, die in der Forschungshierarchie der Besatzerländer eine hohe Stellung einnahmen. So ernannte General Charles de Gaulle als Regierungschef in Frankreich 1945 Frédéric Joliot zum Hochkommissar der neugegründeten französischen Atomenergie-Kommission, die natürlich auch eine wichtige Rolle in dem Gewirr von Dienststellen der französischen Besatzung spielte.[22] Gentner war mit Joliot seit Jahren persönlich befreundet und erinnerte sich später gerne an die Folgen: „Nach dem Krieg wurde ich bald zum Direktor des physikalischen Institus der Universität Freiburg berufen, wo ich den besonderen Schutz meines Freundes Frédéric Joliot genoß."[23] Andererseits besaß Heisenberg seit seiner Göttinger Assistentenzeit ebenso guten Kontakt zum Rutherfordschüler Patrick Blackett, der ihn schon am 8. September 1945 in der Farm Haller Internierung aufsuchte, um mit ihm die Zukunft der deutschen Forschung zu besprechen, und dabei äußerte:

„Ob Ihr einige Zeit die Kernphysik liegen lassen und über andere Fragen arbeiten solltet – ich weiß es nicht, ob das nötig sein wird. Ich glaube nicht, daß die

Arbeit in der Kernphysik eine Gefahr bildet, falls man keine großen Uranfabriken oder ähnliches baut. Ich bin ganz sicher, daß die übrige Physik bald von Ihnen betrieben werden kann. Das ist meine eigene unerschütterliche Ansicht."[24]

Blackett war gerade in der neuen britischen Labour-Regierung von Clement Attlee zum Wissenschaftsberater ernannt worden, und er beeinflusste natürlich die englischen Kontrolleure von Heisenbergs späterem Göttinger Institut. Trotzdem galten hier, ebenso wie für Gentners Institut in Freiburg, die Kontrollvorschriften aus dem Gesetz Nr. 25. Daher konnten die Physiker in Deutschland in den ersten Nachkriegsjahren keineswegs an eine Fortsetzung ihrer Kernenergieforschung denken – abgesehen davon, dass auch alle Ausgangsmaterialien und Apparaturen dazu fehlten oder nicht hergestellt werden durften. Aber auch die experimentelle Untersuchungen der Elementarteilchenprozesse, über die Heisenberg nach dem Krieg in Göttingen forschen lassen wollte, unterlagen manchmal einschneidenden Einschränkungen. Unter den Verboten, bestimmte und elektronische Bauteile vom Ausland einzuführen, litt insbesondere etwa die Herstellung der geeigneten Nachweisgeräte, die Heisenbergs Mitarbeiter bauten.[25]

Ähnlich wie Heisenberg erging es Gentner, der allerdings selbst für die eigene Forschung kaum Zeit fand, weil er zum einen Bauherr des neuen Freiburger Physikinstitutes war und außerdem von 1947–1949 zusätzlich das Amt des Prorektors der Universität versah. Während die Mitarbeiter, namentlich der vom Vorgänger Eduard Steinke übernommene Albert Sittkus sowie Anselm Citron Eigenschaften der kosmischen Strahlung und Elementarteilchen herauszubringen trachteten, wandte sich der Chef erneut einem längst bekannten Problem der Kernphysik zu, der Altersbestimmung von Gesteinsproben, deren Bestandteile radioaktive Isotopen enthalten. Hier knüpfte er an das Arbeitsprogramm des früheren ungarischen Physikochemikers Georg von Hevesy in Freiburg an, und er brauchte dazu weder starke Radiumquellen noch größere Teilchenbeschleuniger mit hochentwickelter Zähltechnik oder Massenspektrographen, die natürlich alle auch auf der Verbotsliste für Deutsche standen.[26]

Die Behinderungen der deutschen Kern- und Elementarteilchenforschung galten über den Zeitpunkt hinaus, als sich aus den drei westlichen Besatzungszonen die *Bundesrepublik Deutschland* bildete, in der nun die *Alliierte Hohe Kommission* für die weiter fortgesetzte Forschungskontrolle verantwortlich zeichnete. In ihrem Gesetz Nr. 22 vom 2. März 1950, das unmittelbar darauf in Kraft trat, verboten sie übrigens neben der Erzeugung einiger für die Erzeugung der Kernenergie wichtiger Substanzen und den Bau von „Kernreaktoren, Kernreaktionssäulen oder Trennungsanlagen für Uranisotope" zusätzlich die „Herstellung und den Bau von Elektro-Kernmaschinen, die imstande sind, Energien von mehr als hundert Millionen Elektronenvolt an ein positiv geladenes Kernpartikel oder ein Ion zu vermitteln".[27]

Weitere Einschränkungen betrafen die Pflicht, Genehmigungen für den Bau und die Einfuhr von Messgeräten, wie Geiger-Müller-Zähler usw. einzuholen. Das zusätzliche Gesetz Nr. 23 der *AHK* regelte die „Überwachung der wissenschaftlichen Forschung". Es schrieb jedem Institut vor, halbjährliche Forschungsberichte abzugeben, und nach den Akten des *MPI für Physik* wurden mindestens noch bis zum 31. März 1954 solche Berichte abgeliefert. Es schien auf den ersten Blick, dass den deutschen Wissenschaftlern über Jahre hinaus die Forschung in den modernsten Zweigen der Kern- und Elementarteilchenphysik verschlossen bleiben sollte.

Auch wenn Gentner und Heisenberg gelegentlich durchaus verschiedene Interessen verfolgten, arbeiteten sie in den folgenden Jahren sehr kollegial zusammen, die deutsche Forschung auf den genannten Gebieten von den Fesseln solcher einschneidenden Beschränkungen zu befreien und an die internationale Spitze heranzuführen. Während sie sich intensiv um den Wiederaufbau ihrer Arbeitsstätten bemühten, dachten beide gleichzeitig weit über ihre Institutsgrenzen hinaus, insbesondere als sich die politischen Verhältnisse im westlichen Teil Deutschlands verbesserten und stabilisierten: 1949, mitten im „Kalten Krieg" zwischen den früheren Westalliierten und der Sowjetunion, wurde schließlich ein neuer westdeutscher Staat, die Bundesrepublick Deutschland (BRD) gegründet.[28]

Trotz der herrschenden Notlage, die zunächst auch in Westdeutschland nur die vordringlichsten wirtschaftlichen Wiederaufbaumaßnahmen zuließ, plädierte gerade Heisenberg zum frühestmöglichen Zeitpunkt nach dem verlorenen Krieg für die „Notwendigkeit der wissenschaftlichen Forschung" als eine wesentliche Aufgabe, weil „die Industrie die größten Erfolge hat, die es versteht, wissenschaftliche Ergebnisse und Methoden nutzbar zu machen und in engster Verbindung mit der Forschung zu bleiben".[29] Eine Woche später, am 15. Dezember 1948, richtete er zusammen mit den Professoren Jonathan Zenneck (München), Erich Regener (Stuttgart) und Hermann Rein (Göttingen) den Appell „An die Mitglieder des Parlamentarischen Rates, Bonn", die „Freiheit und die freie Entfaltung der Forschung über alle Landesgrenzen hinweg zu entwickeln", denn „wegen der unlösbaren Verkettung vieler Forschungsaufgaben mit den wirtschaftlichen Fragestellungen kann alle Gesetzgebung, die sich auf wissenschaftliche Forschungen bezieht (im Gegensatz zu den Problemen von Erziehung und Kultus), notwendigerweise nur Sache des Bundes sein".[30] In einem erweiterten Kreis, dessen Mitglieder in erster Linie aus der *MPG* und den Akademien der Wissenschaften in Göttingen, Heidelberg und München kamen, enstand anschließend die Idee eines „Wissenschaftlichen Forschungsrates", wohl im Anklang an den British Research Council, den Heisenberg durch seinem Freund und Farm Hall-Besucher Blackett gut kannte. Am 9. März 1949 fand in der Stuttgarter Villa Reitzenstein eine Veranstaltung statt, zu der das „Koordinierungsbüro der Länder im Länderrat des amerikanischen Besatzungsgebietes" die Wirtschafts-, Kultus- und Finanzminister der Länder sowie das Präsiduum der gerade wieder neu entstandenen *Notgemeinschaft der Deutschen Wissenschaft* eingeladen hatte. Auf dieser Sitzung wurde die Idee des *Deutschen Forschungrates* (*DFR*) vorgetragen, ausführlich diskutiert und schließlich angenommen. Der zum Präsidenten des *DFR* gewählte Heisenberg erläuterte darauf im Einzelnen dessen Aufgaben und die Folgen für wissenschaftliche, wirtschaftliche und politische Belange und stellte insbesondere ihre Begründung durch die Artikel 74 und 84 des *Grundgesetzes der BRD* heraus. Mit dem Vizepräsidenten Rein arbeitete er dann das Memorandum an Adenauer vom 25. November 1949 aus, in dem sie die Struktur und die Zusammensetzung des *DFR* erläuterten und betonten: „Alle Fäden laufen zusammen bei der *Dienststelle für wissenschaftliche Forschung* beim Bundeskanzleramt", das „in ständiger Verbindung mit den an Forschung interessierten *Fachministern und Länderregierungen* ist". Andererseits tritt die Forschung mit dem *DFR* „als beratende, vorschlagende und kritisierende Körperschaft in ständige Verbindung". Der *DFR* schließlich „stützt sich bei seiner Arbeit auf die wissenschaftlichen Fachgesellschaften und steht in enger Verbindung mit den Organisationen zur Förderung der Forschung, insbesondere der *Notgemeinschaft der Wissenschaft* und der *Max-Planck-Gesellschaft*". Der Bundeskanzler antworte darauf ganz im Sinne dieser Vorschläge und lud die Spitzen des *DFR* zu einer Arbeitsitzung und Aussprache am 12. Dezember 1949 ins Bonner Bundeshaus ein.

Trotz der zügigen Arbeit des *DFR* in regelmäßigen Sitzungen (zwischen dem 16.5.1949 und dem 15.7.1951) und seiner effektiven Kommissionen für alle wichtigen Fragestellungen (etwa zur Untersuchung cancerogener Farbstoffe in der Nahrung, für die Wasserwirtschaft und die Landeskultur, für Kernphysik oder den Schutz der Zivilbevölkerung vor kernphysikalischen, chemischen oder biologischen Angriffen) fiel diese großangelegte, zentrale Forschungsberatung bald der politischen, sprich föderalistischen Struktur der Bundesrepublik zum Opfer. Die *Notgemeinschaft*, welche eine Einengung ihrer Tätigkeit durch den *DFR* fürchtete, übernahm die Rolle des Totengräbers.[31] Nach einigen gemeinsamen Sitzungen über die Arbeitsteilung zwischen den beiden Forschungsorganisationen, die in eine zunächst lose *Deutsche Forschungsgemeinschaft* (*DFG*) mündeten, beendete der „Entwurf der Satzung der *DFG*" vom 15. August 1951 endgültig die Tätigkeit des *DFR* – die Länder hatten sozusagen die gesamte Kulturhoheit wiedergewonnen.[32] Heisenberg wurde zum Vizepräsidenten der neuen Gesamtorganisation gewählt, die nun für alle Aufgaben der Forschungsförderung der Bundesrepublik die Verantwortung erhielt.

**Abb. 26.** Otto Hahn, Werner Heisenberg und Ernst Telschow (v.l.n.r.), Göttingen 1951.

Dabei übernahm die *DFG* eine Reihe von Einrichtungen des *DFR,* auch den *Ausschuss für Kernphysik* (*AKP*), dessen Vorsitzender ebenfalls Heisenberg wurde und der in den folgenden Jahren bedeutsame Akzente sowohl in der nationalen Forschung als auch in der internationalen gemeinsamen Forschung setzte. Der *AKP* brachte auch die beiden bewährten Partner Gentner und Heisenberg erneut zur engen Kooperation in wichtigen Forschungsfragen. Zwei Themenkreise sollen hier beispielhaft behandelt werden, nämlich die ersten Schritte zur friedlichen Kernenergienutzung für die westdeutsche Wirtschaft und die Teilnahme der deutschen Wissenschaftler an der Elementarteilchenforschung mit den Höchstenergie-Beschleunigern für Elementarteilchen am *Europäischen Kernforschungszentrum* (*CERN*) bei Genf. Für beide Aufgaben spielte die „Kommission für Kernphysik" mit dem Vorsitzenden Heisenberg und dem Mitglied Gentner als *das* Beratungsgremium der Bundesbehörden und der westdeutschen Wirtschaft die entscheidende Rolle.

## 4.2 Friedliche Atomtechnik und der westdeutsche Reaktor (1950–1956)

Das geheime deutsche Uranprojekt im Zweiten Weltkrieg hatte bis an die Schwelle einer kritischen „Uranmaschine" oder eines Atomkern-Reaktors geführt. Der Abtransport der Reste des Experimentes *BVIII* aus Haigerloch im April 1945 durch die US-amerikanische *ALSOS*-Mission beendete den ersten deutschen Vorstoß zur Gewinnung von Atomkernenergie, denn das alliierte Gesetz Nr.25 untersagte es den Wissenschaftlern und Technikern des von den Siegern besetzten Landes, weiter auf diesem Gebiet tätig zu werden. Als einer der ersten fachlich zuständigen und verantwortlichen Physiker dachte Heisenberg bereits 1950 als Präsident des *DFR* wieder öffentlich über einen deutschen Kernreaktor nach. Im Herbst dieses Jahres hielt er an mehreren Stellen im Ruhrgebiet eine Reihe von Vorträgen unter dem Titel „Atomtechnik im Frieden". Das Thema baute er in den folgenden Jahren immer detaillierter bei verschiedenen Gelegenheiten aus. „Deutschland ist in der angenehmen Lage, sich mit der Atomtechnik für Kriegszwecke nicht beschäftigen zu müssen, und es wäre ein grober Fehler, eine Änderung der bestehenden Zustände an dieser Stelle anzustreben," bemerkte Heisenberg etwa zu Beginn des Vortrages vor der „Wirtschaftlichen Gesellschaft in Münster" und fuhr fort: „Dagegen könnte die friedliche Anwendung der Atomtechnik auch bei uns wichtig werden." Er schilderte dann die Möglichkeiten der Verwendung von Reaktoren als Lieferant von Energie bzw. von wirtschaftlichen, technischen und radioaktiven Stoffen sowie die Voraussetzungen, in Westdeutschland die Grundmaterialien für einen Uranreaktor zu erhalten, und betonte abschließend: „Deutschland sollte dabei von vornherein freiwillig auf die Bindungen eingehen, die seinerzeit von der Lilienthal-Kommission für eine wirksame Kontrolle der Atomenergie vorgeschlagen worden ist."[33]

Praktisch stellten sich allerdings diesem Vorhaben beliebig viele Hindernisse entgegen, die auch in den nächsten Jahren nicht zu beheben waren.[34] Noch vor der Gründung der *BRD* war nämlich längst die west-östliche Allianz der Besatzungsmächte zerbrochen, die Sowjetunion hatte nicht nur den Osteuropäischen Ländern einschließlich ihrer deutschen Besatzungszone ein kommunistisches Regime aufgezwungen, sondern auch bezüglich der Herstellung von Atomwaffen mit den

Vereinigten Staaten von Amerika gleichgezogen. Gegen die Ausweitung der sowjetischen Einflusssphäre war der „Nordatlantische Pakt“ (*NATO*) zwischen den USA und den nord- und westeuropäischen Ländern eingerichtet worden. Dann übernahm der Kommunist Mao Tse Tung die Macht in China und schließlich brach am 25. Juni 1950 der Krieg in Korea aus, der nach Eingreifen der USA mit der Teilung dieses Landes endete. Die Bemühungen in den westeuropäischen Länder, der kommunistischen Machtausdehnung Einhalt zu gebieten, flossen in den Vertragsentwurf zur Bildung einer „Europäischen Verteidigungsgemeinschaft (*EVG*)“, welche die *BRD* – diese allerdings unter Verzicht auf Atomwaffen – einbeziehen sollte. Andererseits sollte nun die friedliche Nutzung der Atomenergie den Westdeutschen erlaubt werden. Ein Atomgesetz für die *BRD* mit entsprechenden Kontrollfunktionen war also zu schaffen, und die Physiker der *DFG*-Kommission für Atomphysik wurden als Experten zur Beratung herangezogen. Am 24. April 1952 schrieb Heisenberg dazu an Gentner: „Ich freue mich, mit Ihnen nicht nur über das Genfer Projekt, sondern auch über die Atomkontrolle sprechen zu können.“ Am folgenden 7. Oktober beiteiligten sich Gentner und Karl Wirtz aus dem Göttinger *MPI für Physik* an Verhandlungen zwischen dem für die *BRD* federführenden Wirtschaftsministerium und den Westalliierten, denen Kanzler Adenauer strenge Kontrolle zugesichert hatte. Gentner berichtete darüber Heisenberg im Brief vom folgenden Tage:

„Wie Sie wissen, war ich gestern mit Herrn Wirtz zusammen in Bonn und habe an Besprechungen für das Atomgesetz teilgenommen. Diese erste Fühlungnahme mit den Alliierten war nicht sehr ergiebig, besonders da man sich von deutscher Seite her noch nicht darüber klar war, in welcher Form man eine Kontrolle der Atomenergie durchführen will. ... Immerhin ist bei diesen ersten Besprechungen und insbesondere innerhalb der deutschen Teilnehmer klar geworden, daß man sich an diesen Arbeiten nur dann fruchtbar beteiligen kann, wenn man sich darüber klar ist, in welcher Weise von deutscher Seite eine Atomkommission aufgebaut werden soll.“

Von Wirtz habe er nun gehört, fuhr Gentner fort, dass man bereits über die Zusammensetzung dieser Kommission nachgedacht habe, und daher fragte er nun nach, wie Heisenberg sich die Aufgabe dieser Atomkommission bzw. ihrer Unterausschüsse für spezielle Fragen dachte, insbesondere:

„Soll die von Ihnen zusammengestellte Atomkommission auch späterhin die Verantwortung für das durchgeführte Gesetz tragen? Oder soll die Kommission über ein zu errichtendes zentrales Laboratorium beschließen und auch Forschungsaufträge vergeben?“

Vielleicht aber habe Heisenberg nur an eine Kommission gedacht, „die überhaupt das Interesse der Regierung und der Öffentlichkeit für die Fragen anregt und so garantiert, daß in Deutschland alles dafür getan wird, um die in anderen Ländern schon fortgeschrittene Entwicklung nachzuholen“. Eine solche Kommission würde allerdings nicht die Aufgaben der im Gesetz vorgesehenen Atomkommision erfüllen. Gentner bat um baldige Antwort, da das nächste Treffen bereits in 14 Tagen anberaumt sei.[35]

Bereits eine Woche später beantwortete Heisenberg alle diese Fragen. Es lägen zwar „noch keine klaren Vorstellungen über die Zusammensetzung einer deutschen

*Atomenergie-Kommission* (*AEK*) vor". Er selbst hätte sich aber Gedanken darüber gemacht, was ihre Aufgabe sein könnte. Jedenfalls sollte „sie die Kontrollfunktion den üblichen staatlichen Kontrollorganen überlassen", aber andererseits „müßte sie ein zentrales Atominstitut gründen, seine Finanzierung durchführen, den Uranbergbau und eventuell die Produktion schweren Wassers organisieren, in diesem Zusammenhang Kommissionen bilden und vielleicht Forschungsaufträge vergeben".[36] Die Bundesregierung, schrieb er weiter, habe sich in diesem Zusammenhang schon vor einiger Zeit an die *DFG* und deren „Kommission für Atomfragen" gewandt, und er habe als Vorsitzender „einmal mit dem Bundeswirtschaftsminister über die zukünftigen Aufgaben der Bundesregierung im Zusammenhang mit dem Uranproblem und über die Bildung einer *AEK* gesprochen". Der Bundesminister aber wollte die Angelegenheit erst einmal in einem engsten Kreis aus Verwaltung, Wirtschaft und Wissenschaft diskutieren, und erst dann könne man über die Besetzung der *AEK* reden. „Ich wäre Ihnen aber dankbar, wenn Sie mir einmal ausführlich Ihre Ansichten darüber schreiben könnten, in welcher Weise die Atomphysik-Kommission der Forschungsgemeinschaft oder ihre Erweiterung in der Physikalischen Gesellschaft verwaltungsmäßig eingebaut werden sollten," fuhr Heisenberg fort und schloss den Brief: „Die Entscheidung wird zwar schließlich, wie immer, vom Geldgeber getroffen werden, aber wir Physiker können sicher einen gewissen Einfluß auf die Entscheidungen ausüben." Wieder ein Woche später schickte ihm Gentner seine ausgearbeitete Antwort in einem „Gemälde" – wir würden es heute Organigramm nennen – als vorläufige „Diskussionsgrundlage". Danach bildete im Wesentlichen das zuständige übergeordnetete Bundes-Wirtschaftsministerium „eine Überwachungsstelle für die Durchführung des Atomgesetzes", die mehrere Kontrollstellen für Export etc. einrichtete. Außerdem sollte dieses die Bildung der *AEK* veranlassen, in der die Gebiete Physik, Chemie, Geologie (Bergbau), Industrie, Medizin (Biologie) und das Minsterium selbst vertreten waren.[37] Die *AEK* sollte weiter über eine „Geschäftsstelle" verfügen mit einem hauptamtlichen Verwaltungsdirektor. Diese wiederum würde ein „Institut mit Uranreaktor" verwalten, Entwicklungsaufträge an Industrie und Bergbau bzw. Forschungsaufträge an Hochschulinstitute vergeben.

Mit solchen Vorüberlegungen begaben sich Gentner und Heisenberg in die nächsten beiden Sitzungen der „Kommission für Atomphysik" (*APK*) der *DFG* vom 19. November (2. Sitzung) und 2. Dezember 1952 (3. Sitzung). Außer ihnen nahmen die Professoren Friedrich Bopp, Otto Haxel, Hans Kopfermann (an der 3. Sitzung), Josef Mattauch, Erich Regener und Wolfgang Riezler sowie Alexander Hocker teil, um zu besprechen, „welche wissenschaftlichen Probleme bei der Errichtung eines Kernreaktors noch zu lösen seien, wie man den Meiler für wissenschaftliche Zwecke ausnützen könne und an welcher Stelle der Meiler mit den notwendigen Instituten, also die Atomfabrik errichtet werden solle". Als Vorbedingung der drei alliierten Mächte erklärte der Vorsitzende Heisenberg, sei nur ein Reaktor von 1500 kW erlaubt, in dem jährlich nicht mehr als 500 g Plutonium erzeugt würden; auch sollte der spätere Uranbergbau in Deutschland auf 9 t pro Jahr beschränkt werden, womit „vermutlich der deutsche Bedarf an Isotopen für wirtschaftliche und medizinische Zwecke teilweise gedeckt sei", jedoch keine „irgendwie ins Gewicht fallende Energiegewinnung" gelingen werde. Wegen der notwendigen, von den Alliierten verlangten staatlichen Kontrolle „könnte das Unternehmen nur ganz oder teilweise in staatlicher Regie betrieben werden".

Die Aussprache in der 2. AKP-Sitzung ergab, dass „die Vorbereitungen für den Bau des Meilers sobald als möglich anfangen sollten", auch wenn diesem erst nach der Ratifizierung der *EVG*-Verträge durch alle beteiligten Staaten eine „Legitimierung" gegeben sei. Der wissenschaftliche Nachwuchs müsse sofort, eventuell „schon im Ausland in das Arbeitsverfahren eingeführt werden", technische Fragen wie „Eigenschaften der Substanzen erarbeitet werden". Dann, fuhr das Protokoll fort, „regt Herr Gentner an, ein Abeitsteam, das aktiv zu arbeiten beginne, schon bald zusammenzustellen". Sein Organisationsplan wurde durchgesprochen, und schließlich wurde empfohlen, „daß das ganze Unternehmen an das Wirtschaftsministerium angehängt werden sollte". Für den Ort des „Atombrenners" hielt Heisenberg „nur einen Raum in der Nähe einer großen Stadt, die möglichst wissenschaftliche Hochschulen habe, besonders gut München" für geeignet. Mattauch schlug vor, „den Meiler von einem bestehenden Institut aus zu errichten" und nannte dafür das „Max-Planck-Institut für Physik". Wegen der Anzahl der zu beschäftigenden Leute erwog Heisenberg schon damals, sein Institut aus dem beeengten Göttingen nach München zu verlegen. Mit diesen wichtigen Beschlüssen endete die erste diesbezügliche Sitzung der *DFG*-Kommission in Göttingen.[38] In der folgenden Sitzung vom 2. Dezember, ebenfalls in Göttingen, wurden diese Vorschläge ergänzt. Heisenberg berichtete dann über ein Treffen im Bundeswirtschaftsminsterium, in der die Bildung der *AEK* vorbereitet und die mögliche Besetzung der Unterkomissionen besprochen wurde. Das Protokoll dieser Sitzung vermerkte weiter:

„Die eigentliche Atomenergiekommission sollte sich nach Ansicht von Heisenberg aus Verwaltungsfachleuten und vielleicht zwei Forschern zusammensetzen, also z. B. zwei Vertretern der Bundesministerien, je einem Vertreter der *DFG* und der Max-Planck-Gesellschaft, zwei Vertretern der Industrie und zwei ad personam zu bezeichnenden Forschern. Daneben hielt er eine allgemeine wissenschaftliche Kommission für erforderlich, die als Beirat der *AEK* angegliedert werden kann."

Für diesen Beirat wurden insbesondere Heisenberg, Gentner und Riezler nominiert.[39]

Es zeigte sich bald, dass die Physiker zu rasch vorgeprescht waren.Vor allen Dingen bremste Bundeskanzler Adenauer seinen Wirtschaftsminister mit politischen Argumenten bei der Bildung der *AEK*. Immerhin wurden in einer Sitzung vom 23. Februar 1953 im Ministerium, auf die Heisenberg gedrängt hatte, drei Arbeitsausschüsse gebildet, nämlich einer für „Uranbergbau, Erzaufbereitung und Uranherstellung" mit Gentner als Mitglied, ein zweiter für „Moderatoren" mit Wirtz als Vorsitzenden, und der dritte für „Planung" mit Dr. Bötzkes, dem Vizepräsidenten der *MPG*. Die vierte Sitzung der *DFG*-Kommission am 28. Februar konnte diese Vorgänge nur etwas ergänzen, und in der folgenden Sitzung vom 13. Mai kam für das Reaktorprojekt wenig Neues heraus. Der dort vorgelegte 4. Entwurf eines Atomgesetzes der Bundesregierung enthielt immer noch „keine Bestimmung über die Bildung einer Kernenergiekommission". „Die Einzelbestimmungen des Entwurfs seien weitgehend von der Alliierten Hohen Kommission diktiert worden" und enthielten auch „sehr weitgehende Geheimhaltungsbestimmungen", gegen die die

*DFG*-Kommission nun Einspruch erhob und Heisenberg ermächtigte, „an das Bundesministerium zu schreiben, daß nach der Ansicht der auf dem Gebiet der Kernphysik arbeitenden Forscher für die Bundesrepublik keine strengeren Geheimvorschriften zu rechtfertigen seien als in Schweden oder Norwegen."[40] Erst auf der 8. Sitzung der *APK* am 15. Dezember 1954, also 20 Monate später, wurde wieder näher auf die dem Vorsitzenden so am Herzen liegende Frage des deutschen Reaktors näher eingegangen, als Professor Haxel ihn bat, eine kurze Übersicht über den Stand der Planung für einen deutschen Atommeiler zu geben. Heisenberg antwortete laut Protokoll folgendermaßen:

„Eine Entscheidung über den Standort sei bisher nicht gefallen. München und Karlsruhe hätten Baupläne aufgestellt, zu denen gegenwärtig Gutachten ausgearbeitet würden. Er bezifferte den Bedarf an ausgebildeten Physikern für den Pile mit 15% des gesamten Personals, das auf 300–400 Mann geschätzt werde. Diese Kapazität werde etwa 3 Jahre nach Baubeginn erreicht sein. Die Abteilungen Radiochemie und Neutronenphysik sollten möglichst bald gebildet sein, damit mit der Rekrutierung des Personals begonnen werden könne."[41]

Trotz aller Kooperation, die Gentner geleistet hatte, endete die Angelegenheit mit einer herben Niederlage für die Interessen des Kollegen, der ja seit mehreren Jahren plante, sein *MPI für Physik* aus Göttingen nach München zu verlegen, und den Reaktor in der Nähe der bayerischen Landeshauptstadt anzusiedeln. Auf der 9. Sitzung der DFG-Kommission vom 4. Mai 1955 schien noch alles in bester Ordnung. Als man die fünf bundesdeutschen Delegierten für die im August bevorstehende „Internationale Konferenz zur friedlichen Anwendung der Atomenergie" in Genf diskutierte, wurden als Vertreter der Wissenschaft Otto Hahn als offizieller und Werner Heisenberg als „effektiver" Delegationsleiter vorgeschlagen. Falls Hahn absagen würde, sollte Wolfgang Gentner an seine Stelle treten. Über die Reaktorfragen gab es allerdings noch keinen Bericht, weil die Standortfrage immer noch nicht entschieden war.[42] Dann aber legte sich Adenauer auf einer Bonner Sitzung, zu der Hahn und Heisenberg nicht eingeladen waren, auf Karlsruhe als Standort fest, und alle Bemühungen Heisenbergs, diesen Beschluss abzuändern, scheiterten. Einen Tag nach der offiziellen Pressemitteilung dieses Ergebnisses, brachte *Die Welt* vom 2. August 1955 die Schlagzeile: „Nobelpreisträger Heisenberg ernsthaft verstimmt: Heisenberg kritisiert die Bonner Atompolitik". Heisenberg sagte jedenfalls darauf seine Teilnahme an der Genfer Konferenz ab und Hahn wurde nun von Gentner dorthin begleitet.

## 4.3 CERN und die internationale Elementarteilchenphysik

Wie bereits erwähnt, betrafen die von den Besatzungsmächten den deutschen Kernphysikern auferlegten Forschungsbeschränkungen auch die experimentellen Untersuchungen in der Höhenstrahlungs- und der Elementarteilchenphysik. Im Gegensatz zu Bothe in Heidelberg konnte Heisenberg in seinem neueingerichteten *MPI für Physik* in Göttingen zwar, wie oben berichtet wurde, nicht auf die noch aus Berlin gerettete, aber in die französische Zone verlagerte Berliner Ausstattung zurückgreifen. Deshalb mussten die Mitarbeiter erst wieder geeignete Geräte für ihre neuen Aufgaben bauen, etwa eine Nebelkammer oder eine Koinzidenzapparatur für die

Höhenstrahlungsmessungen. Andererseits besaß das Göttinger Institut eine größere Experimentierhalle und öffnete die neue Werkstatt auch den befreundeten Physikern der Göttinger Universität, namentlich Otto Haxel und Fritz Houtermans, die Experimente entwarfen und ihre Doktoranden und Diplomanden mitbrachten.[43] Schließlich unterstützte das in der Emulsionstechnik – der damaligen Hauptmethode, die Natur und Eigenschaften von Elementarteilchen festzustellen – führende Bristoler Institut von Cecil F. Powell das Göttinger *MPI* aktiv in seinen experimentellen Bemühungen. Weitere Hilfe aus dem Ausland erfuhr Heisenberg von seinen italienischen Kollegen, die unmittelbar nach dem Krieg mit ihm engere wissenschaftliche Kontakte anstrebten und eingingen. So fragte der befreundete Eduardo Amaldi bereits am 28. März dieses Jahres in Göttingen an, ob der Institutsdirektor „die Möglichkeit in Betracht ziehe, vielleicht im nächsten Winter einige Monate nach Rom zu kommen". Eine ähnliche Einladung richtete er auch an Otto Hahn, und er dachte weiter an Carl Friedrich von Weizsäcker und Wolfgang Gentner. Die Italiener waren besonders an den deutschen Ergebnissen aus der Kernphysik *und* der Kernenergieforschung interessiert, denn sie gründeten bald in Rom ein neues entsprechendes Zentrum, das im Gegensatz zu den deutschen Forschungsstätten nach dem Krieg keinerlei Beschränkungen unterlag.[44] Ähnliche Anfragen kamen einige Jahre später aus Spanien, das in derselben Lage wie Italien war, aber in der Forschung noch weiter zurückgeblieben war.[45] Die Spanier schickten übrigens ab 1952 Studenten nach Göttingen, die teilweise die experimentellen Arbeiten mit Neutronen ausführten, welche den deutschen Forschern noch untersagt waren. Sie ermöglichten nun dem Abteilungsleiter Karl Wirtz, die Vorschriften der *AHK* zu umgehen und das *MPI für Physik* auf die zukünftige Reaktorphysik vorzubereiten. In der Elementarteilchenphysik aber erschlossen sich den westdeutschen Physikern bald neue Wege durch die Bemühungen, ein gemeinsam betriebenes europäisches Zentrum einzurichten.

Die ersten Schritte dazu wurden im Dezember 1949 auf der „European Cultural Conference" getan, als Raul Dautry, der Administrator des französischen *Commissariat d'Energie Atomique*, eine Botschaft seines Landsmannes Louis de Broglie, in der dieser eine internationale europäische Forschungsorganisation vorschlug. Der nächste Anstoß ging von der Hauptversammlung der *UNESCO* in Florenz aus, auf der im Juni 1950 der amerikanische Physiker Isidor Rabi „die Notwendigkeit" betonte, „regionale Zentren und Laboratorien für Wissenschaftler zu schaffen auf Gebieten, in denen die Bemühungen eines einzelnen Landes nicht ausreichen". Rabi dachte vor allen Dingen an ähnliche Forschungsstätten für die Kernphysik in Europa, wie sie in seiner Heimat USA an mehreren Stellen – Berkeley, Brookhaven und Chicago – bereits existierten. Nach Vorgesprächen mit Rabi erörterten auf dem Treffen des „Europäischen Kulturzentrums" in Genf, das im Dezember 1950 abgehalten wurde, die europäischen Fachwissenschaftler Pierre Auger, Benedetto Ferretti, Hendrik Kramers, Peter Preiswerk und andere Forscher im besonderen die Möglichkeit, einen europäischen Hochenergie-Beschleuniger für Elementarteilchenexperimente zu bauen. Die *UNESCO*, welche übrigens der Pariser Höhenstrahlungsexperte Auger vertrat, übernahm die Fortführung dieses Vorschlages und berief im Dezember 1951 eine entsprechende Konferenz nach Paris ein.

Heisenberg war von den europäischen Plänen bereits frühzeitig unterichtet worden, denn Max von Laue, der Vizedirektor seines Institutes, hatte am Lausanner Treffen von Ende 1949 teilgenommen, und er war selbst durch die römischen Freunde weiter auf dem Laufenden über die europäischen Pläne gehalten worden. Als Präsident des *DFR* und Vizepräsident der *DFG* besprach er die sich ergebende wichtige Aussicht, dass sich deutsche Forscher an einer internationalen Spitzenforschung in der Hochenergiephysik beteiligen könnten, mit den zuständigen Regierungsstellen der Bundesrepublik, die dann positiv reagierten, als eine Einladung zur Pariser Konferenz erfolgte. Am 8. Dezember 1951 erhielt er von Walter Hallstein, Staatssekretär im Auswärtigen Amt, die folgende Urkunde:

„Ich bestelle hiermit Herrn Universitätsprofessor Dr. Werner Heisenberg und Dr. Alexander Hocker zu Delegierten der Bundesrepublik Deutschland auf der am 17. Dezember in Paris beginnenden von der *UNESCO* einberufenen Konferenz über die Durchführung von Arbeiten zur Errichtung eines europäischen Laboratoriums für Kernphysik. Die Genannten sind bevollmächtigt, an der Aufstellung des von der Konferenz zu beschließenden Planes mitzuwirken, jedoch mit dem Vorbehalt, daß Vereinbarungen über finanzielle Verpflichtungen vor Unterzeichnung der Zustimmung der Bundesregierung bedürfen.“[46]

Auf der Pariser Konferenz durfte Heisenberg dann zum ersten Male seit 1945 die deutsche Stimme für die Beteiligung an der aktuellen Forschungsfront Elementarteilchenphysik zur Geltung bringen. Er gab im Namen der Delegation der *BRD* – Dr. Hocker bekam übrigens nicht rechtzeitig das Visum nach Frankreich ausgestellt und wurde durch den deutschen Botschafter in Paris ersetzt – eine positive Stellungnahme zu dem von den Delegierten der Länder Italien, Frankreich, Belgien und Schweiz eingebrachten Vorschlag ab, einen Beschleuniger von 3–10 GeV Energie

**Abb. 27.** Werner Heisenberg und W. Gentner als Repräsentanten der Bundesrepublik bei den Gründungsverhandlungen des CERN, 1953.

mit dem dazugehörigen Laboratorium bei Genf zu bauen. Er schlug auch vor, dass man „in Hinblick auf das große Problem, eine große Maschine zu konstruieren nicht nur die bisherigen amerikanischen Maschine kopieren sollte, sondern alle Erfahrungen nützen, die die Amerikaner bisher gesammelt haben, um die verschiedenen Konstruktionselemente zu verbessern". Weiterhin vermittelte er nach der Konferenz zwischen diesem Genfer Plan der west- und südeuropäischen Staaten und den entgegengesetzten Vorstellungen der Briten und Skandinavier, die zunächst den Ausbau kleinerer Laboratorien in verschiedenen Ländern bevorzugten. So formulierte er zusammenfassend auf der zweiten Sitzung des Planungsrates für das Genfer Laboratorium in Kopenhagen die allgemeine, auch seine eigene Meinung, die bisherigen Beschleuniger zu übertreffen noch schärfer. Es seien Fortschritte im Beschleunigerbau anzustreben, die erlaubten, die Maschinenenergie auf 10–20 GeV zu erweitern. Weil aber der Bau einige Jahre in Anspruch nehmen werde, sei es „sehr wünschenswert, die europäische Zusammenarbeit in der experimentellen Atomphysik sehr schnell zu beginnen, indem man eine kleinere Maschine im 500 MeV-Bereich konstruierte, um andere kernphysikalische Forschungen zu unterstützen".[47] Dieses Vorgehen entsprach nun durchaus den deutschen Bedürfnissen, und Heisenberg erhielt hierin bald einen aktiven Helfer in Wolfgang Gentner.

„Ich danke Ihnen vielmals, daß Sie mir einen Durchschlag Ihres Berichtes über die Pariser *UNESCO*-Besprechungen geschickt haben, und daß Sie Kopfermann und mich als Teilnehmer weiterer Beratungen vorgeschlagen haben", schrieb Walther Bothe am 9. Januar 1952 an Heisenberg. Er fügte hinzu: „Ich möchte mich sehr dafür einsetzen, daß als drittes deutsches Institut [neben Göttingen und Heidelberg] noch das Freiburger hinzugezogen wird." Diese Empfehlung unterstrich er mit der Begründung, „daß Gentner mit seinen vielen guten Beziehungen, insbesondere auch zur Schweiz und Frankreich, den deutschen Interessen von größtem Nutzen sein würde." Bothe wandte sich dann an seinen früheren Mitarbeiter und unterrichtete ihn von Heisenbergs Mitteilungen, worauf dieser antwortete: „Ich würde mich sehr freuen, wenn wenigstens Sie sich aktiv an der Frage beteiligen, damit nicht wieder alle Entscheidungen, die die Experimentalphysiker angehen, nur von Theoretikern am grünen Tisch beschlossen werden."[48] Unberührt von solchen Ressentiments folgte Heisenberg gerne dem Wink aus Heidelberg und nahm bald entsprechenden Kontakt mit dem Freiburger Professor auf. Anfang April 1952 konnte ihm Gentner für ein „freundliches Schreiben wegen der Beteiligung an den Besprechungen des Europäischen Kernphysikinstituts" danken:

„Es hat mich sehr interessiert, von Ihnen das vorläufige Programm der vier internationalen Arbeitsgruppen kennen zu lernen. Wie ich Ihnen bei Ihrem letzten Besuch in Freiburg wohl erzählt habe, hatte ich im Herbst des vergangenen Jahres ein ausführliches Gespräch mit Auger, und es freut mich zu hören, daß die ganze Frage vorwärts zu gehen scheint."

Gentner selbst fand „die Idee des Europäischen Forschungs-Instituts ausgezeichnet". Er verspreche sich von einem solchen „auch als weiteres Verbindungsglied zwischen den europäischen Staaten sehr viel". Daher werde er „gern der Aufforderung Folge leisten und an der nächsten Sitzung des Rates mit teilnehmen". „Ebenso möchte ich grundsätzlich die Frage bejahen, ob ich einen großen Teil meiner Arbeitszeit für den Aufbau der 600 MeV-Anlage zur Verfügung stellen würde." Er schlug dann ein baldiges Treffen mit Heisenberg in Göttingen in der Woche zwischen 28. April und 4. Mai 1952 vor. In seiner Antwort vom 24. April sagte Heisenberg für den 2. /3. Mai zu und gab gleich dem neuen Mitglied des deutschen Teams für *CERN* einen ersten Termin bekannt:

„Übrigens habe ich gehört, daß die nächste Ratssitzung für das Europäische Kernphysik-Institut schon am 5. Mai in Paris stattfinden soll. Ich bitte Sie also, sich darauf einzurichten, daß Sie am 5. Mai nach Paris fahren müssen. Sie erhalten aber durch das Auswärtige Amt wohl noch unmittelbar eine Einladung.“[49]

Die offizielle Nominierung von Gentner für den *CERN*-Rat klappte offensichtlich anfangs nicht so reibungslos, wie Heisenberg es sich vorgestellt hatte. Jedenfalls schrieb Gentner im Brief vom 8. Oktober 1952:

„Ich glaube, daß doch wichtig wäre, daß ich auch weiterhin als Berater der deutschen Delegation an den Ratssitzungen teilnehme. ... Es bräuchte ja nur der Fall eintreten, daß Sie verhindert sind, an einer derartigen Ratstagung teilzunehmen, dann wäre es für einen Unbeteiligten sehr schwierig, sich einzuarbeiten. Wenn Sie daher derselben Ansicht sind, so würde ich Sie als Delegationsleiter bitten, das dem Auswärtigen Amt mitzuteilen.“

Die ihm vorher von Dr. Hocker, dem anderen offiziellen Mitglied der *DFG*-Kommission, gegebene Auskunft, „das Auswärtige Amt (*AA*) scheue die Reisekosten für drei Personen“, bezeichnete er als „übertriebene Sparsamkeit“, falls ihn Heisenberg wirklich weiterhin „als Berater wünsche“. Dieser erwiderte auf diese Vorhaltung umgehend, er habe den Bundesministerien schon „mehrfach mitgeteilt“, dass er Gentners „Mitarbeit für unbedingt notwendig“ erachte, und dass er bei der nächsten Sitzung auf dessen Teilnahme bestehen werde. Heisenberg erklärte dann abschließend:

„Sollte das *AA* aus finanziellen Gründen ernsthafte Schwierigkeiten machen, so möchte ich vorschlagen, daß Sie und ich abwechselnd an den Tagungen teilnehmen. Ich bin ganz froh, wenn ich bei diesen Reisen entlastet werde, und es wird sicher in der nächsten Zeit manche Tagesordnung geben, bei der Ihre Teilnahme wichtiger ist als meine. Wir können ja dann die Teilnahme je nach Tagesordnung vorher vereinbaren.“[50]

Mit dieser ebenso kollegialen wie praktischen Lösung einer sachlich begründeten, wechselseitigen Vertretung der deutschen Interessen durch Heisenberg und Gentner wurde die enge Zusammenarbeit zwischen Göttingen und Freiburg in Sachen *CERN* endgültig besiegelt. Heisenberg jedenfalls bestätigte im Sommer 1953 ausdrücklich diesen Sachverhalt in einem Gutachten über den Mitstreiter:

„Mit Herrn Gentner habe ich in den letzten Jahren bei den internationalen Verhandlungen über die Gründung eines europäischen Kernphysikinstituts in Genf oft zusammengearbeitet. Ich weiß aus diesen Verhandlungen, ein wie großes Ansehen Gentner bei den Kollegen genießt.“[51]

Um die Interessen der aufstrebenden Hochenergiephysiker in Deutschland, die ja durch die Missachtung des Faches im Dritten Reich und die alliierten Verbote nachher um Jahrzehnte zurückgeworfen waren, haben sich beide sicher entscheidende Verdienste erworben.

Die Geschicke des *Centre Européen de la Recherche Nucléaire* entwickelten sich inzwischen günstig. Nachdem man bereits im Sommer 1952 entschieden hatte, eine kleine Beschleunigungsmaschine mit ungefähr 600 MeV-Energie (*SC*) vor dem großen Protonen-Kreisbeschleuniger von 10–20 GeV zu bauen – für letztere kam das neue Prinzip der „starken Fokussierung“ für die Magneten von Ernest Courant und M. Stanley Livingston in Frage – wurde im Herbst desselben Jahres die Energie der geplanten großen Maschine auf 30 GeV erhöht und die endgültige Lage des Laboratoriums bei Genf beschlossen. Zwei Jahre später hatten die Regierungen der meisten beteiligten westeuropäischen Länder, zuletzt im September 1954 Frankreich und die Bundesrepublik sowie im Oktober 1954 Norwegen, die *CERN*-Konvention ratifiziert. Auf der ersten Sitzung des neugegründeten *Rates der Europäischen Organisation für Kernforschung* am 7.–8. Oktober 1954 in Genf wurde der Brite Sir Ben Lockspeiser zum Präsidenten bestellt, der Heisenbergschüler – und Favorit seines Lehrers – Felix Bloch, Physik-Nobelpreisträger von 1952, zum Generaldirektor des Laboratoriums und Werner Heisenberg selbst als Vorsitzender des einflussreichen *Science Policy Councils* ernannt. In dieser Eigenschaft kümmerte sich der Göttinger *MPI*-Direktor um die angemessene Zuteilung von leitenden *CERN*-Positionen auch an die deutschen Wissenschaftler, Ingenieure und Verwaltungsleute und half mit, dass sein langjähriger Partner Gentner im Juni 1955 Direktor der *SC Division* wurde, die sich um die Installierung des ersten kleineren *CERN*-Beschleunigers bemühen musste. Gentner griff weit darüber hinaus in die Arbeit des gesamten Genfer Laboratoriums ein.[52]

Selbstverständlich ergaben sich für Gentner und Heisenberg viele Gelegenheiten des Zusammenwirkens, als Gentner seinen *CERN*-Posten – natürlich beurlaubt von der Universität Freiburg – in den folgenden drei Jahren mit großem Erfolg führte. Eine wichtige Entscheidung, die ebenfalls in Genf fiel, betraf die Einrichtung des schließlich größten Elementarteilchen-Beschleunigers auf deutschem Boden. Ein Memorandum beschrieb die Entstehung des *Deutschen Elektronen-Synchrotrons* (*DESY*) mit den Worten:

„Bei den Berufungsverhandlungen des Herrn Jentschke mit Hamburg als Nachfolger auf den vakanten Lehrstuhl am Physikalischen Staatsinstitut war der Plan des Baues eines Hochenergiebeschleunigers diskutiert worden. Diese Pläne wurden in einer langen Diskussion mit Herrn Heisenberg in Urbana im Oktober 1954 weiter erörtert. Es war auch die Meinung Heisenbergs, daß in Deutschland auf dem Gebiet des Baues von Hochenergiebeschleunigern etwas geschehen müsse.“

Der Österreicher Willibald Jentschke, der früher im Wiener *Institut für Radiumforschung* auch am deutschen Uranprojekt im Zweiten Weltkrieg mitgearbeitet hatte, kam, von Heisenberg warm empfohlen, dann aus Urbana nach Hamburg, um dort ein Elektronensynchrotron einzurichten. Mitte Juni 1956, anlässlich eines Genfer „Symposiums on High Energy Accelerators“, reiste der Theoretiker Heisenberg wegen seines großen Interesses an dem Hamburger Beschleuniger extra zu einem Treffen an, das er später in dem bereits genannten Memorandum so beschrieb:

„Eine deutsche Gruppe diskutierte die Situation auf dem Gebiet der Teilchenbeschleuniger. Sie kamen überein, den deutschen Kernphysikern den Bau einer großen Maschine, und zwar eines Elektronen-Synchrotrons mit einer Energie von 6 GeV vorzuschlagen, und arbeiteten zu diesem Zweck eine Denkschrift aus, in der die gegenwärtige Lage der experimentellen Kernphysik allgemein und in Deutschland im besonderen diskutiert wurde.“[53]

**Abb. 28.** Wolfgang Paul und W. Gentner, im Hintergrund Peter Preiswerk, CERN 1967.

Heisenberg billigte natürlich das Ergebnis, das vor allem die Experimentalphysiker – neben den in Genf ansässigen Gentner und Christoph Schmelzer auch Wolfgang Paul und Wilhelm Walcher – ausarbeiteten. „Sie wissen ja aus unserer Besprechung in Genf, daß ich mit dem ganzen Plan einverstanden bin", bestätigte er am 13. Juli im Brief an Walcher. Aus dem Plan entstand in wenigen Jahren, unter Mitwirkung des *Arbeitskreises Kernphysik* im neugegründeten *Bundesministerium für Atomfragen* unter Franz Josef Strauß das Beschleuniger-Laboratorium *DESY* in Hamburg-Altona, ein Großforschungsinstitut, das das Land Hamburg und der Bund gemeinsam finanzierten und so eine weltweit anerkannte Forschungsstätte der Elementarteilchenphysik schufen, an der sich bald Physiker aus vielen Ländern beteiligten und wichtige Ergebnisse erzielten.

## Schlussbemerkungen

Als Walther Bothe nach längerer Krankheit am 8. Februar 1957 starb, musste über die Fortführung seines Institutes in Heidelberg verhandelt werden. Präsident Otto Hahn notierte bereits am 20. Februar in der Sitzung des Verwaltungsrates der *MPG*, dass dessen früherer Mitarbeiter Gentner wohl in erster Linie als Nachfolger in Frage käme. „Ich kann mich diesem Vorschlag nur anschließen", schrieb Heisenberg an den Vizepräsidenten Karl Ziegler und fuhr fort:

„Herr Gentner ist ein ausgezeichneter Experimentalphysiker und hat sich außerdem bei *CERN* in Genf hervorragend bewährt. Wenn das Bothesche Institut also seine bisherige Ausrichtung beibehalten soll, und das scheint offenbar die allgemeine Meinung zu sein, so wäre Gentner der richtige Nachfolger."[54]

Auch Ludwig Biermann, der Astrophysiker an Heisenbergs Institut, plädierte für Gentner. Die Frankfurter Sitzung des Senats der *MPG* am 18. Dezember 1957 unter dem Vorsitz Otto Hahns bestätigte zunächst die Aufteilung des Heidelberger *MPI für medizinische Forschung* und die „Einrichtung des *MPI für Kernphysik* mit einem Neubau und Linearbeschleuniger oder ähnlichem Gerät". Währenddessen wies der Präsident darauf hin, „dass die Kosten für das Institut sehr hoch sein würden", aber doch hoffte, dass das Atomministerium „auch die Mittel für den Beschleuniger zur Verfügung stellen würde und dass das Land Baden-Württemberg den Betrag, den es für Freiburg vorgesehen habe [eigentlich um Gentner im Lande zu halten], nunmehr für Heidelberg geben werde" und so „mit der vorgeschlagenen Lösung ein kernphysikalisches Zentrum allerersten Ranges geschaffen werde". Die Physiker an der Universität Heidelberg, nämlich Kopfermann, Haxel und Jensen legten – wie der Chemiker Richard Kuhn, der Geschäftsführende Direktor des *MPI für medizinische Forschung* und frühere Kollege Bothes berichtete – „großen Wert auf die Errichtung des Institutes für Herrn Gentner in Heidelberg." Aber Heisenberg äußerte die Ansicht, „daß die Standortfrage zunächst eingehend geprüft werden müsse, und daß Herr Gentner gefragt werden solle, ob er nicht vorziehen würde, mit dem für Deutschland größten und modernsten Beschleuniger in Hamburg zu arbeiten als mit einem bedeutend kleineren in Heidelberg." Die Beschlussfassung wurde daher wegen der Standortfrage noch zurückgestellt.[55] Schon auf der nächsten Sitzung des Senats der *MPG* im März 1958 teilte Ernst Telschow mit: „Herr Gentner hat sich endgültig für Heidelberg entschieden auch im Hinblick auf die Zusammenarbeit mit den Heidelberger Fachkollegen." Nach einer Diskussion der Kosten und des Vorschlages zu deren Verteilung auf das Bundesministerium für Atomfragen, das Land Baden-Württemberg und die *MPG* schloss der Generalsekretär mit der Feststellung, dass sich der *AKP* des Ministeriums, „dem auch Gentner angehört, sich für Heidelberg ausgesprochen hat," und „auch Herr Heisenberg nunmehr den Standort Heidelberg für zweckmäßig hält".[56] Bereits am 1. April 1958 wurde Gentner als „Kommissarischer Direktor" des Instituts eingesetzt, das in Heidelberg schließlich am Bierhelderhof, auf einem Militärübungsgelände aus dem 1. Weltkrieg, entstand. „Otto Hahn ließ sich überzeugen, daß nunmehr ein kernphysikalisches Institut ganz andere Dimensionen annehmen mußte als in früheren Zeiten, als er selbst noch im Labor tätig war. Er nannte mich seitdem seinen ‚teuersten Freund'", erinnerte sich Gentner später.[57] Zur glanzvollen Einweihung der großen Halle mit dem in den USA bestellten Tandem-Beschleuniger für kernphysikalische Experimente – der Kaufpreis betrug 5 Millionen DM und die Baukosten der zugehörigen Halle noch einmal 1,5 Millionen DM – kamen am 8. November 1962 neben den alten und neuen Präsidenten der *MPG*, Otto Hahn und Adolf Butenandt, auch der Minister für Atomfragen, Siegfried Balke, und natürlich Werner Heisenberg.[58]

Frau C. Carson danke ich für ein ausführliches Gespräch zur Wissenschaftspolitik in der frühen *BRD* und Hinweise auf zusätzliche Dokumente zum Verhältnis Gentner-Heisenberg.

## Anmerkungen

1 W. Heisenberg an E. Bagge, 6.6.1941. Dieser Brief und alle weiteren nicht anders ausgewiesenen Sitzungsprotokolle befinden sich im Nachlass Werner Heisenberg, MPI für Physik, München.
2 Es handelte sich in Paris, ebenso wie in Heidelberg, um die Einrichtung des Senders für den Beschleuniger. Siehe U. Schmidt-Rohr: Wolfgang Gentner 1906–1980, in: K. Bethge und H. Klein, Hrsg.: Physiker und Astronomen in Frankfurt. Frankfurt/Neuwied 1989, S. 181–193, bes. S. 185–186.
3 Heisenberg schrieb in einem Brief vom 29.4.1944 an Bothe seinen „herzlichen Dank für die netten Tage in Heidelberg".
4 Siehe S. Goudsmit: ALSOS. New York 1947, sowie H. Rechenberg: Farm-Hall-Berichte. Die abgehörten Gespräche der 1945/46 in England internierten deutschen Atomwissenschaftler., Stuttgart 1994.
5 Goudsmit verzichtete darauf, Bothe mitzunehmen, der beim ersten Verhör bündig erklärt hatte: „Herr Goudsmit, noch ist Krieg, und so lange Krieg ist, erfahren Sie von mir nichts über das, was wir gemacht haben." (Zitiert nach U. Schmidt-Rohr: Erinnerungen an die Vorgeschichte und die Gründerjahre des Max-Planck-Instituts für Kernphysik. MPI für Kernphysik, Heidelberg 1996, S. 48.)
6 Für die Geschichte von Bothes Institut, siehe Schmidt-Rohr, ebd., S. 50–80.
7 Siehe den Brief von Wolfgang Ramm aus Hechingen an Heisenberg, 22.4.1944: „Einen Tag vor meiner Abreise rief mich auch Herr Leuschke von Siemens an und fragte, ob wir ihn nicht den großen Transformator unserer nach hier verlagerten Anlage zur Verfügung stellen könnten."
8 Eine kurze chronologische Übersicht über das deutsche Uranprojekt findet man in H. Rechenberg: Transurane, Uranspaltung und das deutsche Uranprojekt. Physikalische Blätter 44, (1988) 453–459, bes. S. 455–459.
9 Auch das Saargebiet im Westen wurde aus der französischen Besatzungszone ausgegliedert und der gesonderten Verwaltung Frankreichs unterstellt.
10 W. Gentner an W. Heisenberg, 18.6.1946.
11 Siehe Briefe W. Heisenberg an Major Guillien, 17.2.1947 und K. H. Höcker an W. Heisenberg, 22.2.1947. Der letztgenannte frühere Mitarbeiter aus Berlin und Hechingen legte dem Chef eine umfangreiche Liste der Personen vor, die aus Hechingen nach Göttingen kommen wollten, und der entsprechenden Apparaturen, die sie mitnehmen sollten.
12 Siehe W. Gentner an W. Heisenberg, 21.11.1947.
13 W. Gentner an O. Hahn, 4.8.1949 (Kopie im Nachlass Werner Heisenberg, München).

14 Das Vorgehen erforderte manchmal erhebliches Gespür und Verhandlungsgesschick. Z. B. wollte ein früherer Mitarbeiter von Laues, Georg Menzer, der einen Ruf nach München in die amerikanische Besatzungszone erhielt, Geräte leihweise mitnehmen, um überhaupt auf seinem Fachgebiet „bei den geringen Mitteln, die dem Universitätsinstitut zur Verfügung stehen", weiterarbeiten zu können. Er begründete den Antrag auch damit, dass er die beanspruchten Stücke selbst in Dahlem und Hechingen entworfen und bauen lassen hatte. Weiter fragte er in seinem Brief an Heisenberg vom 14. August 1949, ob er nicht seine beiden Hechinger Mitarbeiter Gerhard Borrmann und Dr. Kühne – also die gesamte frühere Röntgenbeugungsgruppe sozusagen als eine von der MPG bezahlte Außenabteilung des Hechinger Institues anstellen könnte.
15 W. Gentner an W. Heisenberg, 7.12.1949.
16 Siehe den ausgedehnten Briefwechsel: W. Gentner an O. Hahn, 15.12.1949; M. Lutz an W. Heisenberg, 20.12.1949 und W. Heisenberg an M. Lutz, 2.1.1950. Dass diese Verhandlungen nicht leicht und reibungslos waren, geht auch aus der Korrespondenz von Gentner mit Major Lutz hervor, wenn er im Brief vom 10. Januar 1950 die „vollkommen ablehnende Haltung von Herrn Heisenberg" oder die „starre Göttinger Haltung" kritisierte. Da war vielleicht weniger Ärger im Spiel als Taktik, denn Gentner hing ja mehr von dem französischen Offizier ab als die „starren" Kollegen in der britischen Besatzungszone und musste sich mit ihm gutstellen.
17 Die andere Abteilung des Hechinger Institutes unter Hermann Schüler war übrigens bereits als selbständige Forschungsstelle vom Göttinger Institut abgetrennt worden und existierte bis zum Tode des Leiters im Jahre 1964 in Göttingen.
18 E. Regener an Generalverwaltung der MPG, Ende Oktober/Anfang November 1950 (Durchschlag im Nachlass Werner Heisenberg, München). Erich Regener, ein Schüler Emil Warburgs und Heinrich Rubens', hatte an der Berliner Universität 1905 promoviert und erhielt nach Professuren an der Landwirtschaflichen Hochschule Berlin (1913–1920) und der Technischen Hochschule Stuttgart (1920–1935) eine kleine Forschungsstelle für Höhenstrahlung am Bodensee, die 1944 ausgebaut und nach Weißenau im Kreis Ravensburg verlegt wurde.
19 Aus dem Protokoll der Sitzung des Senats der MPG vom 19. Dezember 1950. Nachlass W. Heisenberg
20 Siehe Jahrbuch der MPG 1958, S. 57.
21 W. Gentner an W. Heisenberg, 2.5.1951, W. Heisenberg an W. Gentner, 9.5.1951, W. Gentner an W. Heisenberg, 8.6.1951.
22 Siehe den ausführlichen Bericht von F. Bopp an W. Heisenberg im Brief vom 5. Februar 1946.
23 Zitiert in E. Hintsches: Zum Tod von Prof. W. Gentner. MPG Spiegel 1980, Nr.6, S. 32–36, bes. S. 34.
24 Farm Hall-Protokolle, zitiert nach H. Rechenberg: Farm Hall-Berichte … a.a.O., S. 68.
25 Siehe auch den späteren Bericht von W. Heisenberg: Max-Planck-Institut für Physik und Astrophysik. In: Jahrbuch der Max-Planck-Gesellschaft 1961, S. 632–645, bes. S. 638–640.
26 Alle drei rein wissenschaftliche Publikationen Gentners aus den Jahren 1946 bis 1952 sind diesem Problem gewidmet. (Siehe U. Schmidt-Rohr, (Hrsg.): Wolfgang Gentner; Schriften und Vorträge zur Kernphysik bis 1976. MPI für Kernphysik, Heidelberg 1976, S.V.)
27 Siehe Gesetz Nr. 22 „Überwachungen von Stoffen, Einrichtungen und Ausrüstungen auf dem Gebiet der Atomkernenergie". In W. D. Müller: Geschichte der Kernenergie in der Bundesrepublik Deutschland – Anfänge und Weichenstellungen. Stuttgart 1990, S. 641–649.

28 Am 1. Januar 1947 wurden die amerikanische und die britische Besatzungszonen zur „Bizone“ zusammengeschlossen, im nächsten Jahr folgte auch die französische. Die neue „Trizone“ erhielt mit der „Deutschen Mark“ eine einheitliche, solide Währung und durfte auch am Marshall-Plan der USA, einer Wiederaufbauhilfe für Westeuropa, teilhaben. Aus den nach Kriegsende neu- oder wiederkonstituierten demokratischen Parteien, die bereits die Länderregierungen in den entsprechenden Besatzungszonen gebildet hatten, trat am 1. September 1948 ein „Parlamentarischer Rat“ zusammen, der am 8. Mai 1949 das „Grundgesetz der Bundesrepublik Deutschland (BRD)” beschloss. Nach den anschließenden Wahlen bildete Konrad Adenauer mit seiner Christlich Demokratischen Union (CDU), der bayerischen Christlich Sozialen Union (CSU), den Freien Demokraten Deutschlands (FDP) und der Deutschen Partei (DP) die zukünftige Regierung, und der Liberale Theodor Heuss wurde der erste Bundespräsident.

29 W. Heisenberg: Wer weiß, was wichtig wird. Die Notwendigkeit wissenschaftlicher Forschung. Die Welt, 9.12.1948, S. 3.

30 J. Zenneck u. A.: An die Mitglieder des Parlamentarisches Rates, wiederabgedruckt in W. Heisenberg: Gesammelte Werke, Band C V, München 1989, S. 71.

31 Heisenberg hatte sich übrigens in der Vorbereitung des DFR über dessen Ziele und Verhältnis zur Notgemeinschaft ausführlich mit dem befreundeten Walther Gerlach auseinandergesetzt. Siehe der abgedruckte Briefwechsel aus dem Jahr 1949 in H.-R. Bachmann und H. Rechenberg, (Hrsg.): Walther Gerlach (1889–1979) – Eine Auswahl aus seinen Schriften und Briefen. Berlin 1989, S. 230–245.

32 Siehe für Details und Zitate H. Eickemeyer: Abschlußbericht des Deutschen Forschungsrates. München 1953.

33 W. Heisenberg: Atomtechnik im Frieden. In W. Heisenberg – Gesammelte Werke, Band C V. München, S. 128.

34 Eine detaillierte Darstellung findet man in W. D. Müller: Geschichte der Kernenergie … a.a.O., Kapitel A4.

35 W. Gentner an W. Heisenberg, 8.10.1952.

36 W. Heisenberg an W. Gentner, 13.10.1952

37 Die AEK bildete ihrerseits „verschiedene Unterkommissionen im Einvernehmen mit den Fachorganisationen“, „z. B. Kernphysik, chemische Industrie, Bergbau usw.“, und sie sollte „für größere Projekte und die Besetzung der leitenden Stellen vorher Gutachten dieser Unterkommissionen anfordern“. (Siehe W. Gentner an W. Heisenberg, 20.10.1952.)

38 Siehe das Protokoll der APK-Sitzung vom 19.11.1952.

39 Protokoll der APK–Sitzung vom 2.12.1952.

40 Aus dem Protokoll der 5. Sitzung der AKP der DFG vom 13.5.1953, S. 7.

41 Protokolle der 8. Sitzung der APK der DFG vom 15.12.1954, S. 5.

42 Die großen politischen Schwierigkeiten, nämlich das Scheitern der EVG-Verträge in der Französischen Nationalversammlung, konnte durch den Pariser Vertrag vom 23. Oktober 1954 – vom Bundestag am 27. Februar 1955 ratifiziert – einigermaßen aufgehoben werden. Bezüglich der noch aufzuerlegenden Beschränkungen für die Kernenergie machte Kanzler Adenauer allerdings im Brief an den britischen Außenminister Anthony Eden weitere Zugeständnisse, die die Physiker ärgerten. Aber im Mai 1955 trat der Pariser Vertrag in Kraft, und der westdeutsche Weg zur Kernenergie war frei. Nur musste der Bundestag noch ein Atomgesetz beschließen, das die Forschungskontrolle ermöglichte und das AHK-Gesetz Nr. 22 endgültig ablöste.

43 Professor Kopfermanns Assistent Peter Meyer z. B. betreute zeitweise Zählerexperimente und Martin Deutschmann, der 1952 aus Freiburg nach Göttingen kam, konstruierte eine gut funktionierende Nebelkammer. Manfred Teucher, ein Schüler Kopfermanns, kümmerte sich um eine mit Emulsionen arbeitende Gruppe, die Elementarteilchenspuren aus Höhenstrahlungsversuchen auswertete.

44 Siehe auch den Briefwechsel Heisenbergs mit Gilberto Bernardini aus den Jahren 1947 bis 1949.

45 J. Gehlen an W. Heisenberg, 29.3.1949. Siehe H. Rechenberg: Kern- und Elementarteilchenphysik in Westdeutschland und die internationalen Beziehungen (1946–1958). In D. Hoffmann (Hrsg.): Physik im Nachkriegsdeutschland. Frankfurt/Main 2003, S. 141–153, bes. S. 145–147.

46 W. Hallstein an W. Heisenberg, 8.12.1951.

47 W. Heisenberg, Bericht von den Konferenzen in Paris, 17.–21.12.1951, und Kopenhagen, 20.–21.6.1952.

48 Gentner spielte damit wohl auf die frühere Situation im deutschen Uranprojekt des Zweiten Weltkrieges an. Auf der ersten konstituierenden Sitzung im Heereswaffenamt im September 1939 hatte sich der eingeladene Walther Bothe sehr gegen die spätere Hinzuziehung des Theoretikers Heisenberg ausgesprochen. Dieser wurde aber dann doch zur 2. Sitzung des Uranvereins eingeladen und übernahm schließlich eine größere Rolle in den Versuchen zur Uranmaschine als es dem Experimentalphysiker Bothe wohl angemessen erschien.

49 Siehe W. Gentner an W. Heisenberg, 4.4.1952, und W. Heisenberg an W. Gentner, 24.4.1952.

50 W. Heisenberg an W. Gentner, 14.10.1952.

51 W. Heisenberg: Gutachten für die Nachfolge von H. Kopfermann auf dem Physik-Lehrstuhl der Universität Göttingen, 19.6.1953.

52 Als seinen Nachfolger in der deutschen Delegation für CERN schlug Gentner den Kollegen Wolfgang Paul vor, der in Bonn das erste deutsche Elektronen-Synchrotron baute – siehe Protokoll der Sitzung der DFG-Kommission für Atomphysik vom 25.1.1955, S. 21. Die anschließende Tätigkeit erfüllte der deutsche Zyklotronexperte Gentner mit gewohnt großer Umsicht: im Synchrozyklotron des CERN konnte bereits nach zwei Jahren der erste Teilchenstrahl beschleunigt werden. In der Publikationsliste Gentners schlug sich die CERN-Tätigkeit in zwei Artikeln nieder, nämlich: Das 600-MeV-Synchrozyklotron des CERN in Genf. Philips' Technische Rundschau 22, 81–89 (1960); sowie A. Citron, W. Gentner und A. Sittkus: Überlegungen zum Strahlenschutz für ein 25 Milliarden Volt Protonensynchrotron. Stahlentherapie 94, 23–28 (1954). Siehe auch die Bibliographie im vorliegenden Band.

53 Memorandum im Nachlass Werner Heisenberg, München.

54 W. Heisenberg an K. Ziegler, 11.4.1958.

55 Niederschrift über die Sitzung des Senats der MPG am 18.12.1957 in Frankfurt/Main, bes. S. 14–17. In seinen Erinnerungen an die Vorgeschichte und die Gründerjahre des Max-Planck-Instituts für Kernphysik (Heidelberg 1996) vermerkte U. Schmidt-Rohr dazu, dass laut Protokoll Telschow und Hahn der Äußerung Heisenbergs widersprachen (l.c., S.116). Der überlieferte Wortlaut klingt etwas weniger kontrovers, nämlich wie folgt: „Telschow weist darauf hin, daß Herr Gentner in seinen mehrfachen Besprechungen mit ihm niemals geäußert habe, nach Hamburg gehen zu wollen.", und der Präsident Hahn sagte, dass er „keine Überschneidung dabei sähe, wenn in Hamburg ein großes Institut mit einem großen Beschleuniger erstellt werden sollte, während in Heidelberg ein rein wissenschaftliches Institut gebaut würde, das nur einen Beschleuniger von 5–6 Millionen Volt benötigte". Man sollte vielleicht noch darauf hinweisen, dass Heisenberg bei seiner Andeutung der eventuellen Möglichkeit, das Bothesche Institut nach Hamburg zu verlegen und eine Zusammenarbeit mit DESY anzustreben, vor allem daran dachte, dort zukünftig international konkurrenzfähige Hochenergiephysik zu betreiben, andererseits auch daran, die Errichtung des Hamburger Großlaboratoriums, an dem ihm natürlich sehr gelegen war, in einer kritischen Zeit zu unterstützen.

Der Staatsvertrag für DESY wurde nämlich erst am 18.12.1959 unterzeichnet. (Näheres zur Geschichte von DESY siehe z. B. in C. Habfast: Großforschung mit kleinen Teilchen. DESY 1956–1970. Berlin 1989.)

56 Niederschrift über die Sitzung des Senats der MPG am 27. März 1958 in Ludwigshafen, bes. S. 13. Die voraufgegangene APK-Sitzung fand am 13.1.1957 statt, anwesend waren neben dem Vorsitzenden Heisenberg Fritz Bopp, Haxel, Maier-Leibnitz, Mattauch, Riezler, Walcher und von Weizsäcker als Mitglieder sowie Gentner, Gerlach, Hahn und Paul als Gäste. Das Ergebnis, welches später Telschow in der MPG-Senatssitzung berichtete, wurde nicht protokolliert.

57 Zitiert in E. Hintsches, Zum Tod von Prof. W. Gentner … a.a.O., S. 35.

58 Siehe U. Schmidt-Rohr, Erinnerungen … a.a.O., S. 136–138.

# Wolfgang Gentner und die Großforschung im bundesdeutschen und europäischen Raum

Helmuth Trischler

Die Großforschung gehört zu den wichtigsten konzeptionellen und institutionellen Neuerungen des bundesdeutschen Forschungs- und Innovationssystems. In den ressourcenintensiven, auf Großgeräten basierenden Forschungsfeldern der Kernenergie und der Hochenergiephysik, daneben auch in der Luft- und Raumfahrt, entstanden ab Mitte der 1950er Jahre, nachdem mit der Souveränität der Bundesrepublik die alliierten Forschungsverbote ausgelaufen waren, eine ganze Reihe von Großforschungseinrichtungen. Im Verlauf der 1960er und 1970er Jahre kamen weitere Großforschungseinrichtungen, nun auch in der biologischen und medizinischen Forschung sowie der Informatik, hinzu, die sich zu einer eigenen institutionellen Säule des bundesdeutschen Wissenschaftssystems verbanden. Im forschungspolitischen Dauerkonflikt zwischen föderaler und zentralstaatlicher Kompetenz wurde die Großforschung dabei zu der wichtigsten Stütze des Bundes beim Ausbau seiner Handlungsmöglichkeiten auf Kosten der Länder.

Einer der maßgeblichen wissenschaftlichen Akteure in der bundesdeutschen und europäischen Großforschung war Wolfgang Gentner. Von Anbeginn an den Planungen für den Aufbau des europäischen Kernforschungszentrums CERN in Meyrin bei Genf beteiligt, fungierte der Freiburger Ordinarius für Physik von 1955 bis 1959 als Leiter der Abteilung Synchrozyklotron und Forschungsdirektor des CERN. Nach seinem Wechsel an das auf seine Initiative hin 1958 gegründete Max-Planck-Institut für Kernphysik in Heidelberg versuchte er innerhalb der Max-Planck-Gesellschaft Großbeschleuniger zu realisieren und engagierte sich beim Aufbau des Deutschen Elektronen-Synchrotrons (DESY) in Hamburg. Auch an der Konzeption der zweiten Beschleunigergeneration von CERN arbeitete Gentner mit, und er setzte sich mit Nachdruck für die Ansiedlung des geplanten 300 GeV Großbeschleunigers in der Bundesrepublik ein. Darüber hinaus beteiligte er sich an der Gründung des Instituts Laue-Langevin (ILL) in Grenoble und setzte sich intensiv für den Aufbau der Gesellschaft für Schwerionenforschung (GSI) in Darmstadt ein, einer weiteren Großforschungseinrichtung in der Bundesrepublik. In seinen Bemühungen um einen kraftvollen Ausbau der Hochenergiephysik in Deutschland unter Konzentration auf einige wenige leistungsfähige Zentren als Voraussetzung für eine maßgebliche Beteiligung an europäischen Großforschungsprojekten geriet der Experimentalphysiker Gentner mehrfach in Konflikt mit dem Doyen der theoretischen Physik in Deutschland, Werner Heisenberg.

Der Artikel skizziert in einem ersten Schritt den Prozess der Herausbildung von Großforschung als Typus institutionalisierter Wissenschaft (I); zweitens resümiert er den Aufbau der Großforschung in Westdeutschland im Kontext der Neuorganisation des Forschungs- und Innovationssystems bis zum Beginn der 1970er Jahre (II). In einem dritten Schritt schildert er die Aktivitätsfelder Gentners in der kernphysikalischen Großforschung. Dabei werden die konfligierenden Konzeptionen Gentners und Heisenbergs in die forschungspolitischen Debatten der 1960er Jahre eingebettet und die Rolle der Max-Planck-Gesellschaft in der Großforschung beleuchtet (III). Der Artikel schließt mit resümierenden Betrachtungen zu Gentners Verständnis von Großforschung als Chance und Problem europäischer Kooperation und Integration (IV).

## 1 Großforschung als Typus institutionalisierter Wissenschaft

Der Beginn der Großforschung wird üblicherweise auf das „Manhattan Project" datiert. Das Projekt, in dessen Rahmen die beiden Atombomben „fat man" und „little boy" erforscht, entwickelt und gebaut wurden, verschlang im Kontext des gewaltigen Ausbaus der amerikanischen Rüstungs- und Kriegswirtschaft die enorme Summe von mehr als einer Milliarde Dollar. In den quer über die USA verteilten Forschungs- und Versuchseinrichtungen dieses gigantischen Projekts waren phasenweise rund 250.000 Mitarbeiter damit beschäftigt, mit einem nie gekannten Maß an zentraler Planung und Steuerung ein wissenschaftlich-technisches Problem zu lösen. Aus dem Manhattan Project ging nach dem Zweiten Weltkrieg eine ganze Reihe von Großforschungseinrichtungen hervor: das Militärforschungszentrum von Los Alamos ebenso wie die Kernforschungseinrichtungen von Argonne (ANL), Brookhaven (BNL) und Oak Ridge.[1] Ähnliches gilt für deren europäische Schwesterinstitute in Harwell (GB) und Saclay (FR), während in Deutschland die Demontagen und Forschungsverbote der Alliierten einen institutionellen Bruch bewirkten.

Ein Blick auf das zeitlich parallel zum Manhattan Project verlaufende „Peenemünde-Projekt" zur Erforschung, Entwicklung und dem Bau der A4/V2-Rakete im Rahmen der nationalsozialistischen Kriegswirtschaft und Vernichtungspolitik verweist auf die Katalysatorfunktion des Zweiten Weltkriegs für die Herausbildung der Großforschung. 1936 begann nahe dem kleinen Fischerdorf Peenemünde auf der Halbinsel Usedom der Aufbau des Raketenforschungszentrums Peenemünde-Ost, das unter der wissenschaftlichen Leitung des ebenso jungen wie dynamischen Wernher von Brauns vom Heereswaffenamt finanziert wurde, während die Luftwaffe in Peenemünde-West ein eigenes Testgelände unterhielt. Als am 3. Oktober 1942 von Peenemünde aus der erste Start einer ballistischen Rakete glückte, bedeutete dies eine neue Qualität zerstörerischer Kriegstechnologie und militärischer Strategie. Der Bau der V 2-Raketen kostete das NS-Regime rund zwei Milliarden Reichmark – und er kostete Zehntausende von Kriegsgefangenen und Zwangsarbeitern das Leben.[2]

Freilich basiert die Großforschung auf Prozessen, die weit hinter den Zweiten Weltkrieg zurückreichen. Hierzu gehören säkulare Entwicklungen wie die zunehmende Verwissenschaftlichung gesellschaftlicher Teilbereiche; die wachsende Interdependenz von Wissenschaft und Technik; der exponentiell ansteigende finanzielle, personelle und apparative Aufwand für Forschung wie auch der Zahl der

Forschungsergebnisse und deren Relevanz für den wissensbasierten Interventionsstaat, dem immer mehr Aufgaben der Leistungsverwaltung, Standardisierung und Normung, Versorgung und Zukunftssicherung zuwuchsen, kurz: die sich im 19. Jahrhundert beschleunigende Herausbildung der modernen Wissensgesellschaft.[3]

Idealtypisch lässt sich die Großforschung durch folgende Merkmale definieren:[4]

- die Einbindung verschiedener wissenschaftlich-technischer Disziplinen (Multidisziplinarität) in ein Vorhaben, in dessen Mittelpunkt häufig Großgeräte stehen,
- die Bindung umfangreicher Ressourcen an Personal und Finanzen (Ressourcenintensität),
- die überwiegende Finanzierung durch den Staat (Durchstaatlichung),
- die Ausrichtung auf konkrete, mittel- bis langfristig angelegte Projekte (Projektorientierung),
- die Verknüpfung von Grundlagenforschung und angewandter Forschung im Vorfeld der industriellen Umsetzung,
- die Ausrichtung auf Ziele, die für politisch und gesellschaftlich besonders relevant gehalten werden (Zielorientierung) und
- der Dualismus von politischer Zielvorgabe und weitgehender Autonomie der Wissenschaftler in der Festlegung der konkreten Arbeitsziele.

Großforschung ist zunächst also im wörtlichen Sinne durch Größe charakterisiert, wobei man unter groß die Ausdehnung in mehrere Richtungen verstehen kann: geographisch in der Erstreckung auf große Areale mit wissenschaftlichen und wirtschaftlichen Auswirkungen auf ganze Regionen; ökonomisch in der Durchführung von Projekten, die Millionen- und Milliardenbeträge verschlingen; technisch in der Gruppierung um komplexe Großgeräte; organisatorisch in der Größe und multidisziplinären Zusammensetzung der Arbeitsgruppen; funktional in der Ausrichtung auf konkret definierte Großprojekte und häufig auch national in der Kooperation von Wissenschaftlern, die sich in Sprache, Ausbildung, Forschungsstil und kulturellem Hintergrund unterscheiden.

Das Kriterium der schieren Größe jedoch reicht nicht hin, um „Big Science" von „Small Science" unterscheiden zu können.[5] Großforschung ist nicht einfach groß im quantitativen Sinne. Das Spezifische der Großforschung liegt vielmehr in der engen Verknüpfung der drei gesellschaftlichen Teilsysteme Staat, Wissenschaft und Wirtschaft. Großforschung richtet sich auf Ziele, die politisch und gesellschaftlich als vorrangig gelten. Anders formuliert: In der Großforschung hat sich die enge Koppelung von Forschung, Politik und Industrie, die als charakteristisch für die moderne Wissensgesellschaft gilt, besonders früh herausgebildet.[6]

Die Vorhaben der Großforschung beabsichtigen, wissenschaftliches Wissen für Staat, Technik, Wirtschaft und Gesellschaft zu mobilisieren, häufig verbunden mit nationalen Wohlfahrts- und Sicherheitsinteressen. Es ist daher überwiegend der Staat – in zweiter Linie die Wirtschaft –, der die Großforschung finanziert. Das politische System leitet daraus Anspruch und Verpflichtung ab, die Großforschung nach seinen immanenten Handlungsmaximen zu steuern. Ihre strukturelle Nähe zum politischen System rückt die Großforschung häufig in das Zentrum forschungspolitischer Diskurse und Steuerungsbemühungen. Die enge Verflechtung mit Staat und Politik zeigt sich insbesondere auch in der bundesdeutschen Großforschung – Wolfgang Gentner war diese Politiknähe seines Forschungsfeldes, der Beschleunigerphysik, sehr deutlich bewusst und er berücksichtigte sie nicht nur in seinem forschungspolitischen Handeln, sondern reflektierte sie auch in seinen allgemeinen Überlegungen zum Charakter moderner naturwissenschaftlicher Forschung.[7]

## 2 Großforschung in der Bundesrepublik Deutschland bis zum Beginn der 1970er Jahre

Die Modellfunktion des Manhattan Project für die Herausbildung der Großforschung erweist sich nicht zuletzt darin, dass es die an den Kernforschungszentren tätigen Wissenschaftler waren, die den Begriff der „Big Science" prägten. Lew Kowarski, Technischer Direktor der französischen Kommission für Atomenergie (CEA) und späterer Generaldirektor des CERN, analysierte bereits 1949 den mit „large scale physical research" verbundenen Wandel der organisatorischen und sozialen Strukturen der Forschung. Alvin M. Weinberg, Direktor des Nationallaboratoriums in Oak Ridge und Vordenker der amerikanischen Großforschung, machte schließlich im Verlauf der 1960er Jahre die „Big Science" populär. Mit Derek de Solla Price hielt der Begriff zur selben Zeit auch Einzug in die Wissenschaftsforschung. In Deutschland führte der Staatssekretär des Bundesforschungsministerium,

**Abb. 29.** Sitzung der Deutschen Atomkommission, Bad Godesberg 1963. V.l.n.r.: Otto Hahn, Leo Brandt, Staatssekrtetär im Wirtschaftsministerium Nordrhein-Westfalen, Hans Lenz, Bundesminister für wissenschaftliche Forschung, und Wolfgang Cartellieri Staatssekretär im Bundesministerium.

Wolfgang Cartellieri, „Big Science“ als „Großforschung“ ein und eröffnete eine kontrovers geführte Debatte um die institutionelle Ausgestaltung von Großforschungseinrichtungen, die das Bundesforschungsministerium auf der einen Seite und die Max-Planck-Gesellschaft auf der anderen Seite sah. Diese Eindeutschung setzte sich gegen den Alternativvorschlag des Kernphysikers Wolf Häfele durch, der nach seiner Rückkehr als Gastforscher in Oak Ridge im Jahr 1959/60 den Begriff „Projektwissenschaft“ als Bezeichnung für jenes zweckorientierte wissenschaftlich-technische Großvorhaben vorgeschlagen hatte, wie er es selbst in Karlsruhe mit dem Projekt eines „Schnellen Brüters“ entwickelte.[8]

Die Entwicklung der Kernforschung und Kerntechnik kann als eines der am besten erforschten Gebiete der bundesdeutschen Wissenschafts- und Technikgeschichte gelten.[9] Dabei erstaunt es immer wieder, wie rasch sich die nach der Tragödie von Hiroshima und Nagasaki zutiefst diskreditierte Kernenergie zu einem Hoffnungsträger für wirtschaftliches Wachstum und gesellschaftliche Zukunftsfähigkeit wandelte. Als der amerikanische Präsident Dwight D. Eisenhower Ende 1953 sein „Atoms for Peace“-Programm vorstellte, war dieser Wandel der politischen – nicht dagegen der öffentlichen – Perzeption auch in Westdeutschland bereits in vollem Gange; im Gefolge der Internationalen Atomkonferenz in Genf 1955 erreichte er schließlich einen ersten Höhepunkt.

Auf Seiten der Wissenschaft erwies sich dabei Werner Heisenberg als treibende Kraft. Als Heisenberg im Frühjahr 1946 nach seiner Internierung durch die Alliierten in Farm Hall nach Deutschland zurückkehrte, setzte sich auch die amerikanische Militärregierung sehr für seine Berufung nach München ein. Heisenberg zog jedoch das unzerstörte Göttingen vor, wo er neben seiner wissenschaftlichen Arbeit eine rasch expandierende Tätigkeit als Forschungsorganisator entfaltete. Sein Konzept einer vom Bund getragenen Forschungspolitik, das er mit dem von ihm ins Leben gerufenen Deutschen Forschungsrat realisieren wollte, scheiterte zwar am Widerstand der Länder und vieler Kollegen. Als eine Art von Wissenschaftsberater von Konrad Adenauer mit Immediatzugang zum Bundeskanzler hatte seine Stimme aber in allen Fragen der Forschung großes Gewicht, und dies ganz besonders im Bereich der Kernenergie.[10]

Heisenberg sah in der Kernenergie den Schlüssel für den industriellen Wiederaufstieg Westdeutschlands und drängte auf einen kraftvollen Einstieg in die Forschung. Als sich Mitte 1952 das baldige Ende der alliierten Verbote anzukündigen schien, gewann die Debatte um die Kernforschung rasch an Dynamik. Bereits im Februar 1952 hatte die DFG unter Heisenbergs Vorsitz eine Kommission für Atomphysik ins Leben gerufen, die im November 1952 die Errichtung eines vom Bund zu finanzierenden Zentrums für Reaktorforschung forderte. Der Forschungsreaktor sollte auf der Basis von Natururan betrieben werden, um unabhängig von amerikanischen Urananreichungsanlagen zu sein. Niemand anderes als Heisenberg selbst, der an seinem Göttinger MPI eine Gruppe prominenter Kernphysiker versammelt hatte, sollte das Projekt leiten. Allerdings machte er keinen Hehl daraus, dass für ihn nur seine Heimatstadt München als Standort in Frage kam.[11]

Der sich nun entspinnende Konflikt um die Bundesreaktorstation zwischen Bayern und Baden-Württemberg, das als Alternative zu München den Standort Karlsruhe anbot, ist bereits mehrfach ausführlich beschrieben worden.[12] Die beiden Länder rangen mit höchstem politischen Einsatz darum, durch die Ansiedlung dieser großen Forschungseinrichtung die Führungsposition in der Zukunftstechnologie Kernenergie zu übernehmen. Die Hoffnungen auf strukturpolitische Effekte schossen ins Kraut. Bayern erwartete sich von der Kerntechnik eine umfassende industrielle Modernisierung des noch weitgehend agrarisch geprägten Freistaates. Bundeswirtschaftsminister Erhard präzisierte gegenüber dem baden-württembergischen Ministerpräsidenten Gebhard Müller (CDU) die wirtschaftlichen Auswirkungen dahingehend, dass „im Laufe der Jahre um den Atommeiler ein industrielles Zentrum mit 100.000 Arbeitern entstehen könnte, ähnlich der Schwerpunktbildung im Ruhrgebiet".[13]

Bundeskanzler Adenauer erklärte die außenpolitisch sensible Frage des Einstiegs der Bundesrepublik in die Kernenergie zur Chefsache. Nachdem der NATO-Oberbefehlshaber und das alliierte Oberkommando in Europa sich für Karlsruhe ausgesprochen hatten, da München zu nahe am Eisernen Vorhang läge, entschied sich Adenauer für den Standort Karlsruhe – Wolfgang Gentner wurde die Leitung der Reaktorstation angeboten, die er jedoch ablehnte.[14]

Als Kompromisslösung wurde Bayern mit dem Umzug des Heisenbergschen Instituts nach München vertröstet. Dass München sich noch in den 1950er Jahren zu einem international führenden Zentrum der Kernphysik entwickelte, lag allerdings nicht an Heisenberg, der sich aus Verärgerung über die Standortentscheidung zu Gunsten von Karlsruhe aus der angewandten Kernforschung zurückzog, sondern vor allem an Heinz Maier-Leibnitz. Der Kernphysiker hatte während seines Forschungsaufenthalts in den USA 1947/48 die Strukturen amerikanischer Großforschung kennen gelernt und nach seiner Rückkehr in die Bundesrepublik am von Walther Bothe geleiteten Max-Planck-Institut für medizinische Forschung in Heidelberg innovative Ideen für den Bau kernphysikalischer Versuchsanlagen entwickelt.[15] 1952 berief die Technische Hochschule München Maier-Leibnitz auf ihren Lehrstuhl für Technische Physik, und die bayerische Staatsregierung ermächtigte ihn, für den Freistaat die Verhandlungen über den Kauf eines Swimming-Pool-Reaktors in den USA zu führen. Am 31. Oktober 1957 schließlich ging der Forschungsrektor München (FRM) im Garchinger Auwald in Betrieb[16].

Am Beispiel der Kernforschungsanlage Jülich (KFA), dem zweiten bundesdeutschen Großforschungszentrum im Bereich der Kernenergie, lassen sich weitere wichtige Entwicklungslinien der Großforschung ablesen.

Jülich verdankt seine Existenz vor allem der Initiative von Leo Brandt, dem ebenso dynamischen wie unkonventionellen Staatssekretär für Forschung in Nordrhein-Westfalen. Zwei Charakteristika markieren einen von Brandt eingeschlagenen „Sonderweg" Nordrhein-Westfalens in der Kernforschung.[17] Während sich die übrigen Bundesländer darum bemühten, sich mit dem Bund abzustimmen, wurde die Kernforschungsanlage Jülich „wenn nicht gegen das Interesse der Bundesregierung, so doch an diesem Interesse vorbei" gegründet.[18] Die Landesregierung sah in der KFA in erster Linie ein Instrument regionaler Forschungs- und Technologiepolitik, über das sie weitestgehend autonom verfügen wollte. Das zweite Charakteristikum resultierte aus dem Vorbild, das Nordrhein-Westfalen wählte. Während die süddeutschen Länder und der Bund sich an den USA orientierten, blickte Düsseldorf nach Großbritannien. Neben persönlichen, aus der

Zwischenkriegszeit stammenden Verbindungen und den durch die Besatzungszeit vertieften Beziehungen sprachen die relative Nähe zum britischen Kernforschungszentrum Harwell in der Grafschaft Berkshire, die hohe Leistungsfähigkeit der englischen Reaktortechnik und die Struktur der britischen Energiewirtschaft als staatlich gelenkter Sektor für diese Orientierung.

Bald zeigte sich aber, dass sich das Land mit Jülich gewaltig übernommen hatte. Seit Ende der 1950er Jahre steckte die KFA in einer strukturellen Finanzkrise, die sie im November 1961 sogar an den Rand der Zahlungsunfähigkeit führte. Nur durch den Vorgriff auf das nächste Haushaltsjahr konnte der öffentliche Skandal eines Bankrotts vermieden werden. Der Bund musste in die Bresche springen, um die Kernforschung in Nordrhein-Westfalen aus der Krise zu führen, in die sich das Land mit seinen hochfliegenden Plänen selbst hineinmanövriert hatte. Nach langwierigen Verhandlungen überführten Bund und Land Ende des Jahres 1967 die KFA in eine gemeinsame, zunächst paritätisch finanzierte GmbH. Ab 1970 übernahm der Bund drei Viertel und ab 1972 schließlich 90 Prozent des Zuwendungsbedarfs. Bonn ging es dabei um eine sinnvolle Arbeitsteilung zwischen Karlsruhe und Jülich. Während Karlsruhe das Brüter-Konzept von Wolf Häfele realisierte, sollte Jülich die Thorium-Hochtemperatur-Reaktorlinie (THTR) des Heisenberg-Schülers Rudolf Schulten verfolgen.[19] Erst in den „langen siebziger Jahren", als mit dem Schnellen Brüter und dem THTR die beiden Flaggschiffe bundesdeutscher Reaktorforschung Schiffbruch erlitten, gewann Jülich mit zukunftsorientierten Schwerpunkten wie der Festkörperforschung ein neues Profil als diversifizierte Großforschungseinrichtung.[20]

Diese beiden Beispiele der Gründung und Etablierung von Großforschungseinrichtungen im Bereich der Kernenergie illustrieren die Verlagerung der politischen Gewichte im föderativen System der Bundesrepublik. Die ersten Initiativen gingen von den Ländern aus, die sich von der Kernenergie eine langfristige Lösung ihrer Energieprobleme versprachen. Aber die außenpolitische Brisanz und die militärische Relevanz der Nuklearenergie riefen von Beginn an den Bund auf den Plan. In den 1960er Jahren bekamen die Länder dann die finanzielle Wucht der Großforschung vollends zu spüren. Kernforschung, die nicht auf grundlegende Erkenntnisse zielte, sondern auf die Entwicklung neuer Reaktorlinien abhob, überforderte die Leistungsfähigkeit der Länder. Selbst das finanzstarke Nordrhein-Westfalen musste vor der Dynamik dieser Großforschung kapitulieren – und gleiches ließe sich für die Gesellschaft für Kernenergieverwertung in Schiffbau und Schiffahrt (GKSS) zeigen, die 1956 gemeinsam von den vier norddeutschen Küstenländern gegründet, dann aber rasch vom Bund dominiert wurde.[21] Auf einigen Feldern der Großforschung sah sich nicht einmal mehr der Bund in der Lage, die riesigen Kosten der Forschung zu schultern. Hier war Europa gefragt.

Der Beschluss der führenden westeuropäischen Staaten, in der Nähe von Genf mit dem Conseil Européen pour la Recherche Nucléaire (CERN) ein gemeinsames Zentrum für Elementarteilchenforschung aufzubauen, markiert den Beginn des Europas der Forscher. Aus der Retrospektive des Historikers lässt sich festhalten, dass gerade die staatenübergreifende Kooperation von Wissenschaftlern und Ingenieuren in wissenschaftlich-technischen Großprojekten das Zusammenwachsen Europas gleichsam aus der europäischen Gesellschaft heraus maßgeblich befördert hat[22] – Wolfgang Gentner hatte großen Anteil am erfolgreichen Aufbau des CERN und wurde zu einem der maßgeblichen Promotoren wissenschaftlicher Kooperation über die politischen Grenzen Europas hinweg.

Kritische Stimmen wandten zwar mit Recht ein, dass auch auf CERN oder die europäische Atomgemeinschaft (EURATOM) das nationalstaatliche Interesse durchschlug und viele sinnvolle Initiativen und Projekte durch partikulare Interessen blockiert wurden. Als erstrangiges Hemmnis erwies sich zudem die Orientierung am Prinzip des „juste retour“, demzufolge möglichst viel von dem Geld, das die einzelnen Staaten in den gemeinsamen europäischen Topf einzahlten, in Form von Projekten und Aufträgen wieder an „ihre“ Wissenschaftler und Unternehmen zurückfließen sollte. Aufs Ganze gesehen entwickelte sich die Wissenschaft aber doch zu einer wirkungsmächtigen Triebfeder der europäischen Integration, wie vor allem der Aufbau der europäischen Weltraum- und Raumfahrtforschungsorganisationen European Space Research Organisation (ESRO) und European Launcher Development Organization (ELDO) zu Beginn der 1960er Jahre zeigen sollte. Auch die Geschichte der europäischen Raumfahrt war jedoch in ihrem ersten Jahrzehnt ein Lehrstück für die Persistenz nationaler Interessen, und es bedurfte eines zweiten Anlaufs, ehe 1972 mit der European Space Agency (ESA) eine Organisationsform gefunden wurde, die ein effektives wissenschaftliches und technisches Arbeiten jenseits partikularer Interessen ermöglichte.[23] In der Bundesrepublik beschleunigte die europäische Zusammenarbeit in der Raumfahrt auch die Suche nach einer adäquaten Form der Institutionalisierung der Luft- und Raumfahrtforschung. Nach zwei Jahrzehnten zähen Ringens gelang es schließlich 1969, die Vorbehalte der Wissenschaftler wie auch der Bundesländer gegen den neuerlichen Machtzuwachs des Bundes zu beseitigen und jenes halbe Dutzend von Forschungseinrichtungen in der Dachorganisation Deutsche Forschungs- und Versuchsanstalt für Luft- und Raumfahrt (DFVLR) zu fusionieren. Freilich ist das Management der Großprojekte der Raumfahrt ein Strukturproblem bundesdeutscher Forschungspolitik geblieben, für das sich bis heute noch keine alle Beteiligten befriedigende Lösung gefunden hat.[24]

Die Skepsis der Wissenschaftler gegen den Ausbau der forschungspolitischen Position des Bundes verstärkte sich im Verlauf der zweiten Hälfte der 1960er Jahre, als zwei Faktoren zusammenkamen. Erstens baute die Bundesregierung ihre forschungspolitische Machtstellung erheblich aus. Unter der Führung des jungen, dynamischen Ministers Gerhard Stoltenberg zog das Bundesministerium für wissenschaftliche Forschung immer mehr Kompetenzen an sich und drängte mit seinem vergleichsweise großen budgetären Spielraum die Länder ebenso wie die traditionellen Selbstverwaltungsorganisationen der Wissenschaft an den Rand. In den Fokus rückte dabei insbesondere die Großforschung, die sich zu einer Art forschungspolitischer Hausmacht des Bundes entwickelte. Zweitens schwappte aus den USA eine Welle der Planung und Steuerung auf die bundesdeutsche Forschung über. Der in Westdeutschland lange Zeit mit nationalsozialistischer Diktatur und staatssozialistischer Bürokratie verbundene Begriff der Planung wurde positiv umgedeutet und zum Hoffnungsträger für den Übergang in eine neue, zukunftsfähige Gesellschaft, die auf wissenschaftlicher Planung basierte.[25] Nicht von ungefähr hob der Bund in dieser Phase eine weitere Großforschungseinrichtung aus der Taufe: die 1968 gegründete Gesellschaft für Mathematik und Datenverarbeitung. Sie markiert die Vision der späten 1960er und frühen 1970er Jahre, mit modernen Datenverarbeitungsprogrammen die politische Entscheidungsfindung zu verwissenschaftlichen und ein auf technischer Rationalität und wissenschaftlicher Planbarkeit gründendes Regime politischen Handelns zu installieren.[26]

Die Wissenschaft und hier die zuvorderst betroffenen Großforschungseinrichtungen nahmen die Ausweitung der Position des Bundes in Verbindung mit dem gewachsenen Steuerungsanspruch der Politik als Bedrohung der im Grundgesetz verbrieften Freiheit der Forschung wahr. Aus dem bereits 1958 gegründeten „Arbeitsausschuss für Verwaltungs- und Betriebsfragen der deutschen Reaktorstationen" formierte sich eine gemeinsame Interessenvertretung der Großforschungseinrichtungen. Hinzu kam, dass die vom ehemaligen Forschungs-Staatssekretär Wolfgang Cartellieri in seinem vieldiskutierten Gutachten „Die Großforschung und der Staat" aufgeworfenen Fragen nach einer Neuordnung der Rechts- und Finanzfragen der Großforschung nach dem Regierungswechsel zur Sozialliberalen Koalition im Herbst 1969 einer Lösung näher rückten. Der neue Bundesforschungsminister Hans Leussink kündigte an, Leitlinien zum Verhältnis von Großforschung und Staat erarbeiten zu wollen. Unter der Führung des agilen KFA-Verwaltungsdirektors Ernst-Joachim Meusel trafen sich die Vorstände der zehn Großforschungseinrichtungen auf dem Dobel bei Karlsruhe und gründeten die Arbeitsgemeinschaft der Großforschungseinrichtungen (AGF) als gemeinsamen Dachverband mit dem Ziel, die Großforschung als eigenständige Säule im bundesdeutschen Forschungs- und Innovationssystem zu etablieren. Die „Dobeler Thesen" flossen schließlich in die „Leitlinien des BMBW zu Grundsatz, Struktur- und Organisationsfragen von rechtlich selbständigen Forschungseinrichtungen" ein, die Leussinks Ministerium im November 1970 bzw. Juli 1971 verabschiedete.[27]

Mit den Dobeler Thesen und der Gründung der AGF war die bundesdeutsche Großforschung erstmals positiv begründet und deren Identität als eigenständiger Typus außeruniversitärer Forschung konzeptionell und institutionell verfestigt. Im Anschluss an einige historiografische Zwischenbilanzen lässt sich resümieren, dass die Großforschung in Deutschland an der Wende zu den 1970er Jahren in eine neue Entwicklungsphase eintrat.[28] In den während der Gründerjahre der „Atomeuphorie" errichteten Kernforschungseinrichtungen liefen die Forschungsprojekte der ersten Stunde aus, und es begann die Suche nach zukunftsfähigen Programmen, die sich als Phase der Diversifizierung beschreiben lässt. Mit der Informatik, der Gesundheitsforschung, den Biowissenschaften und der Umweltforschung schoben sich jene Forschungs- und Technologiefelder in den Vordergrund, auf die sich in den „langen siebziger Jahren" die Hoffnungen von Politik, Wirtschaft und Öffentlichkeit gleichermaßen fokussieren sollten. Damit einher ging eine Gewichtsverlagerung von der Grundlagenforschung zur angewandten Forschung, dem auf der politischen Ebene der Wechsel des Governance-Regimes von der Wissenschafts- und Forschungspolitik zur Technologie- und Innovationspolitik entsprach. Im diskursiven Feld des „Technologietransfers", der „Patentverwertung" und des „Gründerzentrums" sahen sich die Großforschungszentren nun mit einer Nützlichkeitsdebatte konfrontiert, die sie vor neue Herausforderungen stellte und sie sowie die Akteure in Politik und Wirtschaft zu neuen forschungskonzeptionellen, finanzpolitischen sowie institutionellen Arrangements führte. In dieser Scharnierphase bundesdeutscher Forschungspolitik steuerte Wolfgang Gentner eigene Überlegungen zur Rolle der Großforschung in der modernen naturwissenschaftlichen Forschung bei.[29]

## 3 Handlungsräume Gentners in der kernphysikalischen Großforschung

Die Ausnahme von den skizzierten Entwicklungslinien der Großforschung am Übergang zu den „langen siebziger Jahren" bildet die Gesellschaft für Schwerionenforschung (GSI). Die 1969 in Darmstadt gegründete GSI ist eine Einrichtung kernphysikalischer Grundlagenforschung, und sie gehört damit jenem Forschungsfeld an, das Wolfgang Gentner von den fünfziger bis in die siebziger Jahre hinein in Deutschland und Europa maßgeblich mitgestaltete: den Bau und Betrieb kernphysikalischer Beschleuniger, der als prototypisch für die Entstehung von Großforschung gelten kann. Die Initiativen, die zur GSI führten, fallen dabei in die Endphase der wissenschaftlichen und forschungspolitischen Aktivitäten Gentners. Das Folgende orientiert sich am historisch-genetischen Ordnungsraster und skizziert in der hier gebotenen Kürze vier sich teilweise überlappende Räume kernphysikalischer Großforschung, in denen Gentner wirkte: das CERN in Meyrin bei Genf, das DESY in Hamburg, das Heidelberger MPI für Kernphysik und die GSI in Darmstadt.

Nach der Promotion bei Friedrich Dessauer, den er liebevoll „Onkel Fritz" nannte, und einer Tätigkeit am Pariser Institut du Radium war Gentner bereits ab 1935 als Assistent von Bothe am Kaiser-Wilhelm-Institut für medizinische Forschung in Heidelberg in Berührung mit jenem Arbeitsfeld gekommen, das den Mittelpunkt seiner wissenschaftlichen Karriere bilden sollte: der Bau kernphysikalischer Beschleuniger. 1937 hatten Bothe und Gentner an dem von ihnen gebauten Teilchenbeschleuniger nach Van de Graaff den Kernphotoeffekt an mittelschweren Kernen entdeckt.[30] In den Jahren 1938/39 schloss sich ein Forschungsaufenthalt am Radiation Laboratory der University of California in Berkeley an. Das Radiation Laboratory wurde unter der Leitung von Ernest O. Lawrence zu einer Pflanzstätte der Entwicklung von Teilchenbeschleunigern, das ganze Kohorten von Experimentalphysikern in der Konzeption von Zyklotronen ausbildete und sich mit Hunderten von Mitarbeitern zu einem frühen Großforschungszentrum entwickelte.[31] Während des Zweiten Weltkriegs wirkte der Zyklotronexperte Gentner dann im besetzten Paris, um das von Frédéric Joliot-Curie konzipierte Zyklotron des Collège de France zum Laufen zu bringen. Wie kaum ein anderer Physiker während des Nationalsozialismus setzte sich Gentner mutig für seine französischen Kollegen ein, was ihm erhebliche Schwierigkeiten mit der Gestapo einbrachte.

Die Pariser Jahre erwiesen sich für Gentner in mehrfacher Hinsicht als folgenreich. Erstens zog er sich beim Versuchslauf des Zyklotrons ein Augenleiden zu, das ihn in späteren Jahren zunehmend beeinträchtigte. Zweitens kam er aus vielen Gesprächen mit Joliot-Curie während und nach dem Zweiten Weltkrieg einerseits und der Erfahrung des brutalen Besatzungsregimes des „Dritten Reiches" andererseits zu dem Schluss, dass eine die nationalen Grenzen überschreitende

**Abb. 30.** Der Heidelberger Van-de-Graaff-Beschleuniger, 1930.

Zusammenarbeit der Wissenschaftler helfen könne, die tiefen Gräben einzuebnen, die durch die beiden Weltkriege vor allem zwischen Deutschland und Frankreich entstanden waren. Hier wurzelt Gentners tiefe Überzeugung von der Wissenschaft als völkerversöhnende Kraft. Drittens erwarb er sich die lebenslange Freundschaft Joliot-Curies und im internationalen Raum die Reputation eines Wissenschaftlers, der mit Mut und Zivilcourage dem NS-Regime entgegengetreten war. In der Ära des Kalten Krieges trug ihm die Freundschaft des engagierten Kommunisten Joliot-Curie freilich das misstrauische Interesse des CIA und den von rechtsgerichteten Kreisen der Bundesrepublik gezielt lancierten „Verdacht prokommunistischer Gesinnung" ein, der erst durch Heisenbergs persönliche Fürsprache bei Bundeskanzler Adenauer ausgeräumt wurde.[32]

Als Gentner, der 1946 als Leiter des Instituts für Physik an die Universität Freiburg berufen wurde, Ende der 1940er Jahre angeboten wurde, ein Buch über Teilchenbeschleuniger zu schreiben, bilanzierte er ebenso ernüchternd wie realistisch den Positionsverlust seines Fachgebiets in Deutschland. Vor allem in den USA habe „die Technik der Beschleuniger so unheimliche Fortschritte gemacht", dass ein deutscher Physiker nicht in der Lage sei, darüber „eine wertvolle Abhandlung zu schreiben".[33] Umso mehr begrüßte er die Initiative zur Gründung des CERN als gemeinsamen Vorstoß der europäischen Wissenschaftler und Staaten in Reaktion auf die Dominanz der USA in der Hochenergiephysik. Es bedurfte keiner großen

Überredungskünste Heisenbergs, Gentner zu veranlassen, neben ihm und Alexander Hocker, dem Stellvertretenden Generalsekretär der DFG, als Vertreter der Bundesrepublik im Ständigen Rat des CERN zu wirken. Gentner, der zunächst versucht hatte, Bothe für die Mitarbeit am CERN zu gewinnen, sah sich dabei als Interessenvertreter der experimentellen Richtung, auch um zu verhindern, dass „nicht wieder alle Entscheidungen, die die Experimentalphysiker angehen, nur von den Theoretikern am grünen Tisch beschlossen" würden.[34]

Gleichwohl hielt Gentner in allen politisch-strategischen Fragen, zu denen insbesondere auch das Problem gehörte, in den Führungsstrukturen des CERN eine ausgewogene personelle Balance zwischen den Mitgliedsstaaten zu finden, enge Fühlungnahme mit dem Theoretiker Heisenberg. Gentners Strategie hieß, die „europäische Maschine" möglichst rasch auf den Weg zu bringen, nicht zuletzt um konkurrierende Pläne auf nationaler Ebene, vor allem von Seiten Frankreichs, zu verhindern.[35] Mit allen ihm zur Verfügung stehenden Überredungskünsten versuchte er, Joliot-Curie von dessen ablehnender Haltung gegenüber CERN abzubringen.

Gentners engagiertes Eintreten für CERN blieb in Deutschland nicht unbemerkt. Bereits im Jahr der offiziellen Gründung der Genfer Organisation 1953 galt er schon so sehr als CERN-Experte, dass ihn das Deutsche Museum einlud, im Rahmen der populären Vortragsreihe des Museums einen Vortrag über „die europäische Atomforschungsanlage (Europatron)" zu halten.[36]

Fachlich war Gentner maßgeblich am Bau der „großen Maschine" beteiligt, dem 30 GeV Proton-Synchrotron.[37] Wie er sich selbst schon bald eingestehen musste, waren die zu lösenden Probleme komplexer, als er es sich anfänglich vorgestellt hatte. Als vorteilhaft erwies sich dabei, dass mit Christoph Schmelzer und Anselm Citron zwei hervorragende deutsche Nachwuchswissenschaftler in der Proton-Synchrotron-Group mitarbeiteten, die Gentners volles Vertrauen genossen und ihn ständig auf dem Laufenden hielten. Schmelzer avancierte zudem rasch zum stellvertretenden Leiter der Gruppe. So konnte Gentner zunächst sein Engagement vor Ort in Genf in mit seiner Position als Freiburger Institutsleiter vertretbaren Grenzen halten und dennoch seiner Hauptaufgabe vollauf gerecht werden, für die Abschirmung der Strahlung des Synchrotrons eine bau- und sicherheitstechnisch adäquate Lösung zu finden.[38]

Das Jahr 1955 wurde dann zum annus crucis Gentners. Zahlreiche Wechsel in den Führungsgremien des CERN und seine erfolgreiche Arbeit in der Studiengruppe für die große Maschine machten ihn für das CERN immer unentbehrlicher. Im Sommer ventilierten CERN-Generaldirektor Felix Bloch und Heisenberg seine Bereitschaft, das attraktive Angebot anzunehmen, für einige Jahre als Leiter der Synchro-Zyklotronabteilung und Stellvertretender Generaldirektor nach Genf zu gehen.[39] Zeitgleich wurde ihm die Leitung des Kernforschungszentrums Karlsruhe angeboten, wobei der völlig überraschte Gentner peinlicherweise zuerst aus der Tagespresse erfuhr, dass er den „Atommeiler in Karlsruhe" übernehmen sollte.[40] Gentner lehnte ab und verhandelte stattdessen mit dem baden-württembergischen Kultusministerium über seine Beurlaubung von der Universität Freiburg an das CERN. Seine ursprüngliche Planung, das Genfer Engagement auf zwei, maximal drei Jahre zu begrenzen, sollte nicht aufgehen. Gentner blieb bis zum Jahreswechsel 1959/60 in seiner exponierten Doppelstellung als Leiter der

Proton-Synchrotron-Abteilung, die für den Bau des 600 MeV Synchrozyklotrons zuständig war, und Wissenschaftlicher Direktor des CERN. Als die große Maschine in den Betrieb ging und die Organisationsstrukturen in Genf grundlegend umgebaut wurden, sah er den Zeitpunkt gekommen, die Verantwortung in jüngere Hände zu legen.

Freilich zog sich Gentner nicht völlig aus dem CERN zurück. Vielmehr wurde er 1963, nach Heisenbergs Ausscheiden, in das Scientific Policy Committee kooptiert, und 1968 übernahm er gar dessen Vorsitz. Als Mitglied dieses wichtigen Führungsgremiums des CERN wirkte er unter anderem maßgeblich daran mit, dass CERN und die Sowjetunion mit dem im Juli 1967 in Moskau unterzeichneten Serpukhov-Abkommen in der Hochenergiephysik kooperierten und zeigte sich als Vorsitzender des Committees 1969 bei einem Besuch in Serpukhov sehr beeindruckt vom Fortgang des Baus des 70 GeV Beschleunigers.[41]

Gentner wertete CERN als eine herausragende Erfolgsgeschichte europäischer Kooperation. Das Erfolgsgeheimnis der Genfer Organisation sah er darin begründet, dass sie auf einzigartige Weise von den Wissenschaftlern ohne große Einflussnahme der Politik bestimmt worden sei. Aus wissenschaftshistorischer Sicht ist Gentners Wahrnehmung des CERN als politikfreier Raum wissenschaftlicher Autonomie und Gestaltungsfreiheit zweifelsohne zu relativieren.[42] Die Genfer Erfahrung prägte aber zutiefst Gentners wissenschaftliches und forschungspolitisches Weltbild. Wann immer wichtige Entscheidungen in der Hochenergiephysik anstanden, rekurrierte er auf seine fünfjährige Tätigkeit bei CERN, während der er „so viel Erfahrung über die experimentelle Arbeit auf dem Gebiet der Hochenergiephysik gesammelt" hatte.[43] Dies galt insbesondere für die von ihm ebenso durchgängig wie vehement verfochtene Position, den Bau und Betrieb von Teilchenbeschleunigern in einigen wenigen Großforschungszentren zu konzentrieren. Der institutionelle Ort für diese leistungsfähige, auf interdisziplinärer Teamarbeit basierende Großforschung in der Hochenergiephysik war für Gentner in Deutschland die Max-Planck-Gesellschaft. Allein die MPG garantierte für ihn jenes Maß an Flexibilität, Interdisziplinarität und Freiraum von staatlicher Einflussnahme, das er beim CERN erlebt hatte und als notwendige Voraussetzung für effizient betriebene Hochenergiephysik betrachtete.

Die Max-Planck-Gesellschaft lernte Gentner – abgesehen von seiner Tätigkeit an Bothes KWI ab 1935 – kennen und schätzen, als er 1958 nach Heidelberg berufen wurde und den von Bothe eingeleiteten Umbau des MPI für medizinische Forschung zu einem Institut für Kernphysik auch in der Benennung des Instituts konsequent vollendete. Das MPI für Kernphysik entwickelte sich unter Gentners Leitung zu einem Zentrum der Konzeption von Beschleunigern für nieder- und hochenergetische Physik.[44] Als sein Institut von Jahr zu Jahr wuchs und dieses außerordentlich dynamische Wachstum rasch den Rahmen des Harnack-Prinzips sprengte, entwarf er das Konzept einer kollegialen Leitung durch ein mehrköpfiges Direktorium gleichberechtigter Wissenschaftlicher Mitglieder der MPG, dem er einstweilen noch als geschäftsführender Direktor vorstehen sollte. Ursprünglich aus der Not heraus geboren, die Wegberufung für ihn unverzichtbarer Führungskräfte wie Anselm Citron abzuwenden, half Gentner mit diesem innovativen Umbau seines Instituts den Weg für die Modernisierung der MPG in Abkehr vom

**Abb. 31.** W. Gentner, Otto Hahn, Siegfried Balke, Adolf Butenandt und Werner Heisenberg bei der Einweihung des Tandem-Beschleunigers des MPI für Kernphysik am 24. Juli 1964.

Harnack-Prinzip zu bereiten.[45] Nachdem MPG-Präsident Adolf Butenandt und die Generalverwaltung zunächst skeptisch bis ablehnend reagiert hatten, waren sie schließlich bereit, Gentners Initiative aufzunehmen „neue Wege zu beschreiten".[46] Für Gentner bestätigte sich einmal mehr seine Einschätzung der MPG als geschmeidige Organisation, die auch große Forschungszentren der Hochenergiephysik flexibel integrieren konnte.

Bereits 1952 hatte Genter vor dem Hintergrund der Bestandsaufnahme der Kernphysik in Europa im Vorfeld der CERN-Gründung dafür plädiert, in der Bundesrepublik „ein größeres Zyklotron aufzustellen, damit wir wenigstens mit den kleinen Staaten in vergleichbare Konkurrenz treten können".[47] Im Juni 1956 hatte Gentner dann am Rande eines internationalen Symposiums des CERN in Genf gemeinsam mit sechs deutschen Kollegen einen Vorschlag für den Bau eines 6 GeV Elektronensynchrotrons entwickelt, das den konzeptionellen Grundstein für das noch im gleichen Jahr aus der Taufe gehobene DESY als eine gemeinsam von Hamburg und dem Bund getragene Stiftung des öffentlichen Rechts legte.[48] Für Gentner, der von Beginn an dessen Wissenschaftlichem Rat angehörte, trug das DESY jedoch den Geburtsfehler, nicht der MPG anzugehören.

Gentner wusste sich mit Heisenberg einig, das DESY und weitere, noch zu gründende Großinstitute der Grundlagenforschung in die MPG aufzunehmen. Heisenberg Interesse galt dabei vor allem dem Institut für Plasmaphysik (IPP), für dessen Gründung in Garching bei München er sich mit Vehemenz einsetzte. Als die Senatskommission „Strukturwandel" in ihren 1959 vorgelegten Empfehlungen dafür votierte, die MPG für Großinstitute der Grundlagenforschung zu öffnen, und Butenandt, der diesen Konzeptionswandel wesentlich mit angestoßen hatte, 1960 Otto Hahn als Präsident nachfolgte, war der Weg frei für die Gründung des IPP als Großforschungseinrichtung in der Rechtsform einer GmbH unter dem Dach der MPG, und damit ein institutioneller Präzedenzfall geschaffen.[49]

In der Praxis hatte das IPP freilich nur einen eingeschränkten Präzedenzcharakter. 1962 monierte der Haushaltsausschuss des Bundestages, dass die Bundeszuschüsse an das IPP als eine privatrechtliche Gesellschaft überwiesen wurden, ohne dass der Bund über dessen Gremien formellen Einfluss ausüben konnte. Im Jahr darauf startete Forschungsstaatssekretär Cartellieri seine Initiative, die Großforschung als eigenständige institutionelle Säule im bundesdeutschen Innovationssystem zu verankern. Nun war die Führung der MPG alarmiert und betrieb im Gegenzug die formelle Aufnahme des DESY in die Gesellschaft.[50]

Vor dem Hintergrund dieser Kontroverse zwischen Bundesforschungsministerium und MPG um die Institutionalisierung der Großforschung ist jener Konflikt zu sehen, den die alten Weggefährten Gentner und Heisenberg ab 1963 um die Zukunft der Hochenergiephysik in der bundesdeutschen Forschungslandschaft führten. Gentner eröffnete die Debatte, als er im Wissenschaftlichen Rat der MPG gravierende Bedenken gegenüber der Politik der Gesellschaft in der Kernphysik und Hochenergiephysik äußerte. Vor dem Zweiten Weltkrieg sei die kernphysikalische Forschung weitgehend in den Händen der Kaiser-Wilhelm-Gesellschaft als Vorläuferorganisation der MPG gewesen. In der Wiederaufbauphase habe es die MPG versäumt, ihre Führungsposition zu konsolidieren, und mittlerweile sei die Kernphysik fast völlig – sein eigenes Heidelberger Institut ausgenommen – außerhalb der MPG angesiedelt und die Lage vollkommen auf den Kopf gestellt. Gentner plädierte vehement dafür, dass die MPG das DESY übernehmen und darüber hinaus ein zweites bundesdeutsches Beschleunigerzentrum aufbauen sollte. Um Nägel mit Köpfen zu machen, beantragte er, eine mit Citron besetzte zweite Abteilung an seinem Heidelberger MPI einzurichten, die ein Synchro-Zyklotron für hochenergetische Protonen aufbauen sollte. Er konnte dabei auf die wissenschaftlichen Vorleistungen verweisen, die dazu von deutschen Kernphysikern am CERN erbracht worden waren. Nachdem Schmelzer 1959 auf den Lehrstuhl für angewandte Physik der Universität Heidelberg berufen worden war und 1961 nach seinem Ausscheiden aus dem CERN sein Ordinariat angetreten hatte, waren die Heidelberger Arbeiten zur Schwerionenforschung als gemeinsames Programm von Universität und MPI in Quantität und Qualität erheblich erweitert worden. Kurzum, 1963 konnte Heidelberg als *der* Standort für ein künftiges Zentrum für den Bau und Betrieb eines Schwerionenbeschleunigers gelten, wie es Schmelzer und in gewisser Weise auch Gentner vorschwebte.[51]

In den Beratungen der zuständigen Chemisch-Physikalisch-Technischen Sektion der MPG lehnte Heisenberg Gentners Vorstoß ab. Die Heidelberger Planungen würden die vorhandenen Kräfte zersplittern und eine effiziente Ausnutzung des DESY gefährden. Auf Bitten des Vorsitzenden der Sektion, Carl Wagner, fixierte Heisenberg seine Position in einem Memorandum „Zum Stand der experimentellen Kernphysik in der Bundesrepublik 1963", in dem er nochmals die strikte Priorität für das IPP und DESY bekräftigte. Allerdings sprach er sich dafür aus, den Bau eines Schwerionenbeschleunigers von einer Studiengruppe untersuchen zu lassen, und unterstrich dabei zur Überraschung Gentners, dass ein solcher zweiter nationaler Beschleuniger in den Rahmen der MPG gehöre.[52] In einem, nicht abgesandten, Briefentwurf an Gentner erläuterte Heisenberg die tieferen Gründe, die ihn dazu bewogen, dessen Pläne für eine Hochenergieabteilung am MPI für Kernphysik zu torpedieren. Er machte vor allem die durch die starke Expansion der Raumfahrt- und Weltraumforschung angespannte Lage des Bundesforschungshaushalts geltend, die die Wissenschaft zwinge, „eine scharfe Modernisierung sozusagen ‚unter Selektionsdruck'" vorzunehmen. In letzter Konsequenz bedeute dies, „Altes weglassen", sofern man „nicht oder nicht genügend expandieren" könne, was „leider nie von selbst" geschehe, „wenn man Neues durch Expansion schon angefangen" habe. Nur unter der Voraussetzung einer solchen „Modernisierung unter Selektionsdruck", die er in seinem Münchner Institut mit aller Schärfe verfolge, war er bereit, Gentners Pläne zu unterstützen.[53]

Auch in den folgenden Jahren erwiesen sich Heisenbergs und Gentners Vorstellungen in Fragen kernphysikalischer Großforschung mehrfach als inkongruent. Zwei Projekte sind hier vor allem zu nennen. Als Mitglied des Scientific Policy Committee des CERN beteiligte sich Gentner erstens maßgeblich an den 1961 einsetzenden Planungen für die zweite Beschleuniger-Generation der Genfer Einrichtung. Für den neuen Beschleuniger mit einem Ringdurchmesser von 2,4 km, der eine Energie von 300 GeV erreichen und die bereits in Betrieb befindlichen amerikanischen Einrichtungen noch übertreffen sollte, wurden auch drei bundesdeutsche Standorte in Betracht gezogen. Heisenberg stellte eine bundesdeutsche Beteiligung an diesem Großprojekt grundsätzlich in Frage.[54] Gentner dagegen warf in den sich über die gesamten 1960er Jahre erstreckenden Verhandlungen sein ganzes wissenschaftliches Gewicht für das nordrhein-westfälische Drensteinfurt in die Waagschale – vergeblich, wie sich schließlich zeigte. Denn am Ende wurde der neue Großbeschleuniger an keinem der aufwändig geprüften europäischen Alternativstandorte gebaut, sondern erneut beim CERN in Meyrin angesiedelt.[55] Zweitens setzte sich Gentner auch nach der von Heisenberg zu Fall gebrachten Erweiterung seines Heidelberger Instituts um eine Abteilung für die Entwicklung eines Schwerionenbeschleunigers mit aller Kraft für die Realisierung dieses Großvorhabens ein. Als Vorsitzender des Hochenergieausschusses des Arbeitskreises Kernphysik der Deutschen Atomkommission, dessen Leitung er 1964 an seinen Vertrauten Schmelzer abgab, unterstützte er mit allem Nachdruck die Bestrebungen eines neuen Zentrums für Schwerionenbeschleuniger. Nach ebenso langwierigen wie kontrovers geführten Verhandlungen wurde das Beschleunigerlabor schließlich 1969 am Standort Darmstadt als Großforschungseinrichtung aus der Taufe gehoben. Gentner hatte ursprünglich für eine Anbindung an die MPG plädiert, sich dann aber gemeinsam mit MPG-Präsident Butenandt für eine eigenständige Großforschungseinrichtung nach dem Vorbild des DESY eingesetzt. Als erster Vorsitzender des Wissenschaftlichen Rats der GSI trug er auch über die Gründungsphase hinaus maßgeblich zur wissenschaftlichen Profilbildung der Einrichtung bei, die in den 1970er und frühen 1980er Jahren durch die Synthese von über 100 neuen Isotopen und die Entdeckung der Elemente 107–109 international herausragende

Resultate erzielte. Heisenberg hatte seine hinhaltende Opposition gegen das Vorhaben 1965 aufgegeben und darüber seinen Rücktritt als Vorsitzender des Arbeitskreises Kernphysik der Deutschen Atomkommission erklärt. Nachdem das Projekt mittlerweile erheblich an forschungspolitischer Unterstützung gewonnen hatte, schien es ihm „nicht vernünftig", in die unangenehme Lage zu geraten, „entweder eine Entwicklung mitverantworten zu müssen, der gegenüber ich einstweilen noch Zweifel hege, oder von der Generation der jungen Experimentalphysiker als Hemmschuh angesehen zu werden".[56]

In den konfligierenden Vorstellungen Heisenbergs und Gentners zur Zukunft der Großforschung in der Hochenergiephysik in Deutschland verschmolzen mehrere Divergenzen zu einem Grundsatzkonflikt, der zeitgenössisch als personalisierte Konfrontation zwischen den beiden Großfürsten bundesdeutscher Physik wahrgenommen wurde. Die erste Konfliktlinie ist die zwischen dem Experimentalphysiker und dem Theoretiker, die zweite der räumliche Konflikt zwischen Heidelberg und München als zwei konkurrierende Subzentren physikalischer Forschung, die dritte der konzeptionelle Streit zwischen Hochenergiephysik und Plasmaphysik um den Vorrang in der besonders ressourcenintensiven Großforschung. In Anschluss an die überzeugende Interpretation der Physikhistorikerin Cathryn Carson offenbart sich in diesem Bündel von Divergenzen ein tiefgehender Konflikt um die Notwendigkeit wissenschaftlicher Schwerpunktbildung. Gentner steht dabei für das forschungspolitische Regime permanenter Expansion und Heisenberg für das Regime der Konzentration und Priorisierung.

Einig waren sich Heisenberg und Gentner allein in der Bewertung des DESY. Für Gentner hatte sich bereits 1967 zweifelsfrei erwiesen, dass die Hamburger Großforschungseinrichtung „von ungeheurem Wert für die Weltgeltung der deutschen Hochenergiephysik" geworden sei, und auch für Heisenberg stand es außer Frage, dem DESY, das er für „eines der modernsten und besten Instrumente in der Welt" hielt, in seinen Ausbauplanungen jede nur mögliche Unterstützung zu gewähren.[57]

**Abb. 32.** Das DESY in Hamburg, um 1965.

## 4 Großforschung als Chance und Problem: Ein Fazit aus der Perspektive Gentners

Am Ende unseres Betrachtungszeitraums bilanzierte Gentner seine jahrzehntelangen Erfahrungen in der Großforschung. Er stellte die „Big Science", deren Beginn er im Zweiten Weltkrieg verortete – im Manhattan Project, in der Radartechnik der Alliierten und auch in der Entwicklung von V-Waffen in Peenemünde –, dabei in das Problemfeld der europäischen Forschungskooperation.[58] Auf den „apokalyptischen Paukenschlag" der beiden Atombombenabwürfe auf Hiroshima und Nagasaki sei eine weltweite Gewissenserforschung der Physiker gefolgt, die in der alten Welt in die Idee transnational organisierter Forschung mündete. Für Gentner kulminierten in der Großforschung, wie er sie bei CERN, beim DESY und bei der GSI initiiert, erlebt und maßgeblich mitgestaltet hatte, die außerordentliche Dynamik der naturwissenschaftlichen Forschung seit der Zwischenkriegszeit, die sich im Zweiten Weltkrieg nochmals gesteigert hatte.

Großforschung stand in der Perspektive Gentners an der Schnittlinie von vier Entwicklungsprozessen moderner naturwissenschaftliche Forschung: erstens dem enormen Anstieg der apparativen und personellen Ressourcen, die in der Hochenergiephysik ebenso wie etwa in der Raumfahrt erforderlich waren, um durch Grundlagenforschung neue Erkenntnisse erzielen zu können; zweitens dem multidisziplinären und teamorientierten Charakter der Forschung in Großlaboratorien, in denen Techniker und Ingenieure gemeinsam mit theoretisch und experimentell ausgerichteten Wissenschaftlern unterschiedlicher disziplinärer Herkunft neue Versuchseinrichtungen konzipieren, bauen und betreiben; drittens der Herausbildung komplexer hierarchischer Organisationen in den „Forschungsfabriken" der Großforschung mit einem diffizilen Gebäude formaler Regeln und informeller Praktiken wissenschaftlicher Kooperation; viertens dem Erfordernis langfristig verbindlicher Planung von Experimentiereinrichtungen und Versuchsanordnungen, die staatliche Akteure als Finanziers der Forschung jeweils mit einbindet. Die Kernmerkmale von Großforschung, die am Beginn dieses Artikels idealtypisch entwickelt worden sind, finden sich somit auch in Gentners eigenem Resümee wieder: Ressourcenintensität, Multidisziplinarität, Projekt- und Zielorientierung sowie Staatsnähe der Forschung.

Bereits zu Beginn der 1960er Jahre hatte Gentner den säkularen Prozess des Übergangs zur Großforschung analysiert und in mehreren Artikeln im Rückgriff auf historische Entwicklungslinien physikalischer Forschung dargestellt. Aufgehängt am Dualismus von Individuum und Kollektiv hatte er dabei den Rückgang der Bedeutung individueller wissenschaftlicher Kreativität betont, und diesen Rückgang in eine personenbezogene Entwicklungslinie gestellt, die von Galileo Galilei und Isaac Newton über Wilhelm Conrad Röntgen bis Ernest Rutherford reichte. Letzterer markierte dabei mit seinem Cavendish-Laboratorium in Cambridge den Übergang zur modernen Forschung, die in den Großlaboratorien der Elementarteilchenphysik nicht mehr von der Genialität des Individuums, sondern von der interdisziplinären Kooperation im Kollektiv getragen wurde.[59]

Ein Jahrzehnt später stellte er seine Beobachtungen zum Wandel naturwissenschaftlicher Forschung dann in den begrifflichen Rahmen der Großforschung, die

– wie oben dargestellt – mittlerweile Eingang in die forschungspolitische Landschaft und das nationale Innovationssystem gefunden hatte. Gentner identifizierte dabei drei wichtige Problemlagen transnationaler Großforschung in Europa, wobei er nahe liegender Weise vor allem aus seinem Erfahrungshorizont der Hochenergiephysik schöpfte.

Ein erstes zentrales Problem sah der Experimentalphysiker Gentner im großen Einfluss der Theoretiker auf die Formulierung der Forschungsprogramme. Solange es keine universell gültige Theorie gebe, und dafür sei die Zeit noch nicht reif, „solange wird jeder Theoretiker unbewußt zusehen, daß die Auswahl der Experimente so geschieht, daß *seine* Theorie weiter ausgebaut werden kann. Vielleicht wird er sogar eines Tages sagen, neue Erkenntnisse seien nicht mehr notwendig, denn seine Theorie sei fertig und erkläre alles.“[60] Hier führte ihm nicht zuletzt seine Erfahrung mit Heisenberg die Feder, der Gentners Pläne für den Bau neuer Beschleuniger mit dem Hinweis gefährdet hatte, die grundsätzlichen Probleme der Kernphysik seien bereits mehr oder weniger gelöst.[61] Als Korrektiv für ein solches Szenario einer von den Theoretikern dominierten Forschung im Bereich der Kernphysik und Hochenergiephysik müsse der wissenschaftliche Wettbewerb durch konkurrierende Großforschungszentren, in den USA ebenso wie in der Sowjetunion, gestärkt werden.

In der Hochenergiephysik war Gentner mithin kein Aufwand zu viel. Als erfahrener Wissenschaftsorganisator, der viele Budgetschlachten geschlagen und dabei erfahren hatte müssen, dass der immer weiter ansteigende Aufwand in der kernphysikalischen Großforschung selbst die reichen Industriestaaten des Westens zu transnationalen Kooperationen zwang, war er sich des Problems der Prioritätensetzung wohl bewusst. So sprach er sich deutlich gegen die bemannte Raumfahrt aus und stellte am Beispiel der Apollo-Missionen die rhetorische Frage, ob es wirklich so wichtig sei, „viele Milliarden auszugeben, um einige Steine vom Mond zu holen, um dessen Aufbau und Entstehungsgeschichte besser verstehen zu können“. Er plädierte stattdessen für das Vorhaben, „durch großangelegte Tiefenbohrungen den inneren Aufbau der eigenen Erde besser kennenzulernen“.[62]

Letztlich ging es Gentner mit diesem Alternativentwurf darum, ein zweites Problemfeld der Großforschung zu verdeutlichen: den maßgeblichen Einfluss des Staates, in dessen Forschungsprogramme sich die jeweiligen Großforschungsprojekte einbetten. Die limitierten Ressourcen zwangen die Wissenschaftler sowohl zu einer wohlüberlegten Auswahl der kostenintensiven Vorhaben als auch dazu, ihre Entscheidungen gegenüber der Politik und Öffentlichkeit mit einem hohen argumentativen Aufwand zu begründen und verständlich zu machen. Der Erfahrungshaushalt Gentners war voll von Beispielen dafür, wie schwierig solche Begründungen sein konnten und wie kontrovers sie auch in der wissenschaftlichen Fachcommunity diskutiert wurden.

Der dritte Problemkreis war der Kalte Krieg als Einflussgröße. Wiederum diente ihm das CERN als instruktives Exempel für die Abhängigkeit der Wissenschaftler von den Veränderungen der weltpolitischen Großwetterlage. CERN hatte ursprünglich den Beitritt osteuropäischer Staaten beabsichtigt, der in der spätstalinistischen Ära gescheitert war. 1956 hatte Gentner eine CERN-Delegation auf ihren Besuchen in Moskau und vor allem im kernphysikalischen Großforschungszentrum Dubna begleitet und Gespräche über den Austausch von Wissenschaftlern und der Zusammenarbeit bei der Planung von Beschleunigern geführt. Für ihn hatte sich Dubna unter der Suprematie der Sowjetunion zu einer Art „Ost-CERN" entwickelt, das zunächst China integriert hatte. Als sich die Spannungen zwischen Moskau und Peking verschärft hatten, war China aus der Kooperation ausgetreten. Im Gegenzug hatte sich der Austausch zwischen Dubna und CERN intensiviert, und es waren Freiräume für eine „echte Zusammenarbeit" entstanden. Internationale Laboratorien, so Gentners Fazit, leisteten einen maßgeblichen Beitrag zur Völkerverständigung.[63]

Für Gentner war Forschung und hier im speziellen die Großforschung mit ihrer ressourcenbedingten Tendenz zur transnationalen Zusammenarbeit eine wichtige Triebfeder von Internationalität und Europäisierung. Seit der prägenden Erfahrung politischer Desintegration im Zweiten Weltkrieg und der Möglichkeit ihrer Überwindung im Kleinen durch die Solidarität der Naturwissenschaftler glaubte er an die politisch-gesellschaftliche Wirkungsmacht internationaler wissenschaftlicher Kooperation im Allgemeinen und europäischer Zusammenarbeit im Speziellen. Indem er maßgeblich am Aufbau von CERN mitwirkte, verarbeitete Gentner nicht zuletzt seine eigenen Erfahrungen im „Dritten Reich", als er in Paris im Labor von Joliot-Curie die deutsche Besatzungsmacht repräsentierte. Für ihn war Europa keine abstrakte und idealistische Idee, sondern die konkrete und pragmatische Zusammenarbeit in Großlaboratorien, wie sie im CERN, beim DESY und bei der GSI praktiziert wurde. Und doch blieb auch Gentner dem Spannungsfeld von Transnationalität und Nationalität, von Integration und Desinteration verhaftet, das Europas Geschichte im 20. Jahrhundert prägte.[64] Diese Spannung wird manifest, wenn sich Gentner etwa gemeinsam mit Heisenberg massiv dafür einsetzte, dass die Bundesrepublik Deutschland in den Gremien des CERN adäquat repräsentiert war.[65] In bester diplomatischer Tradition verstand er sich stets auch als Vertreter seines Landes und wachte mit Argusaugen über die prekäre Balance nationaler Interessen in transnationalen Räumen wissenschaftlicher Kooperation. Wenn Victor Weisskopf, Generaldirektor des CERN, anlässlich der Einweihung des DESY-Beschleunigers euphorisch konstatierte, die „neue Wissenschaft" der Hochenergiephysik kenne „keine Nationen mehr und keine verschiedenen politischen Systeme", vielmehr sei der neue Beschleuniger „nicht nur eine deutsche Maschine", sondern „eine Weltmaschine", so formulierte er einmal mehr das Glaubensbekenntnis der Physiker in Europa, zu dem sich zuvorderst auch Gentner voll und ganz bekannte. Die Realität wissenschaftlicher Kooperation war freilich komplexer.[66]

In seinen bilanzierenden Arbeiten zur Großforschung belegte Gentner seine Fähigkeit, über den Tellerrand seines Fachgebiets hinaus zu schauen und mit seinem scharfen Intellekt langfristige Entwicklungsprozesse moderner naturwissenschaftlicher Forschung zu erkennen. Diese Fähigkeit und seine strategische Kreativität, die ihn an seinem Heidelberger Institut wie auch in der MPG generell mehrfach innovative Wege der Forschungsorganisation erkunden ließen, hob Gentner aus dem Kreis seiner MPG-Kollegen hervor. Als im Herbst 1971 die Suche nach dem Nachfolger Butenandts begann, schlug die Findungskommission Reimar Lüst und Wolfgang Gentner „aequo loco" als Kandidaten für die Wahl zum Präsidenten vor.[67] Das suchende Auge der Kommissionsmitglieder fiel mithin auf jene beiden Institutsdirektoren, die innerhalb der MPG über die größte Erfahrung in der Organisation von

Großforschungsprojekten – Lüst in der Weltraumforschung, Genter in der Kernphysik – verfügten.[68] Auch hier zeigte sich, dass in den frühen 1970er Jahren die Großforschung in der Max-Planck-Gesellschaft wie im bundesdeutschen Innovationssystem generell im Fokus der forschungspolitischen Debatten stand.

## Anmerkungen

1 Galison, P./Hevly, B. (Hrsg.): Big Science: The Growth of Large Scale Reseach, Stanford/Cal. 1992; Seidel, R. W.: The national laboratories of the Atomic Energy Commission in the early Cold War, in: Historical studies in the physical and biological sciences, 32/1 (2001), S. 145–162, Westfall, Catherine: Rethinking big science. Modest, mezzo, grand science and the development of the Bevalac, 1971–1993, in: Isis, 94 (2003), S. 30–56.

2 Siehe dazu Neufeld, M.: The Rocket and the Reich. Peenemünde and the Coming of the Ballistic Missile Era, New York 1995, Ciesla, B./ Trischler, H.: Legitimation through use: rocket and aeronautics research in the Third Reich and the USA, in: Walker, M. (Hrsg.): Science and Ideology: A Comparative History, London 2002, S. 156–185.

3 Vgl. dazu mit weiterführender Literatur Szöllösi-Janze, M.: Wissensgesellschaft in Deutschland. Überlegungen zur Neubestimmung der deutschen Zeitgeschichte über Verwissenschaftlichungsprozesse, in: Geschichte und Gesellschaft, 30 (2004), S. 277–313.

4 Vgl. Szöllösi-Janze, M./Trischler, H. (Hrsg.): Entwicklungslinien der Großforschung in der Bundesrepublik Deutschland, in: dies. (Hrsg.): Großforschung in Deutschland, Frankfurt a.M./New York 1990, S. 13–14.

5 Trischler, H.: Aeronautical Research under National Socialism: Big Science or Small Science?, in: Szöllösi-Janze, M. (Hrsg.): Science in the Third Reich, London 2001, S. 79–110.

6 Vgl. dazu Weingart, P.: Die Stunde der Wahrheit? Zum Verhältnis der Wissenschaft zu Politik, Wirtschaft und Medien in der Wissensgesellschaft, Weilerswist 2001 – Ein konkurrierendes Modell für diese Verknüpfung ist das Bild der „Triple Helix", siehe dazu Etzkowitz, H./Leydesdorff, L. (Hrsg.): Universities and the Global Knowledge Economy. A Triple Helix of University-Industry-Government Relations, London 1997; dies., The Endless Transition. A "Triple Helix" of University-Industry-Government Relations: Introduction, in: Minerva, 36 (1998), S. 203–208.

7 Siehe unten S. 108–110

8 Kowarski, L.: Psychology and Structure of Large-Scale Physical Research, in: Bulletin of the Atomic Scientists 5, Aug./Sept. 1949, S. 186–204; Weinberg, A. M.: Reflections on Big Science, Cambridge/Mass 1967; Price, Derek de Solla: Litte Science, Big Science, New York 1963; Cartellieri, W.: Die Großforschung und der Staat, in: Bundesminister für wissenschaftliche Forschung (Hrsg.): Die Projektwissenschaften, München 1963, S. 3–16; ders.: Die Großforschung und der Staat. Gutachten über die zweckmäßige rechtliche und organisatorische Ausgestaltung der Institutionen für die Großforschung, 2 Bde., München 1968 und 1969; Häfele, W.: Neuartige Wege naturwissenschaftlich-technischer Entwicklung, in: Bundesminister für wissenschaftliche Forschung (Hrsg.): Die Projektwissenschaften, München 1963, S. 17–38. – Dank eines langjährigen Projekts zur „Geschichte der Großforschungseinrichtungen in der Bundesrepublik Deutschland" zählt die Geschichte der Großforschung zu den am besten dokumentierten Feldern der Wissenschafts- und Technikentwicklung in Deutschland. Neben einem guten Dutzend von Einzelstudien entstanden zwei übergreifende Sammelbände: Szöllösi-Janze,

M./Trischler, H. (Hrsg.): Großforschung in Deutschland, Frankfurt a.M./New York 1990, und Ritter, G./Szöllösi-Janze, M./Trischler, H. (Hrsg.): Antworten auf die amerikanische Herausforderung. Forschung in der Bundesrepublik und der DDR in den „langen" siebziger Jahren, Frankfurt a.M./New York 1999.

9 Vgl. dazu die periodischen Literaturüberblicke von Joachim Radkau, zuletzt: Die Kernkraft-Kontroverse im Spiegel der Literatur, in: Hermann, A./Schumacher, R. (Hrsg.): Das Ende des Atomzeitalters? Eine sachlich-kritische Dokumentation, München 1987, 307–334; vgl. auch Radkau, J.: Aufstieg und Krise der deutschen Atomwirtschaft 1945–1975. Verdrängte Alternativen in der Kerntechnik und der Ursprung der nuklearen Kontroverse, Reinbek 1983. Zur öffentlichen Wahrnehmung vgl. Stölken-Fitschen, I.: Atombombe und Geistesgeschichte. Eine Studie der fünfziger Jahre aus deutscher Sicht, Baden-Baden 1995.

10 Carson, C.: New Models for Science in Politics. Heisenberg in West Germany, in: Historical Studies in the Physical and Biological Sciences, 30 (1999), S. 115–171, hier S. 145; vgl. auch Carson, C./Gubser, M.: Science Advising and Science Policy in Postwar West Germany: The Example of the Deutscher Forschungsrat, in: Minerva, 40 (2002), S. 147–179; Eckert, M.: Primacy Doomed to Failure. Heisenberg's Role as Scientific Advisor for Nuclear Policy in the FRG, in: Historical Studies in the Physical and Biological Sciences 21, (1990), S. 29–58.

11 Vgl. Radkau, Aufstieg und Krise, S. 40–43; Fischer, P.: Atomenergie und staatliches Interesse. Die Anfänge der Atompolitik in der Bundesrepublik Deutschland 1949–1955, Baden-Baden 1994.

12 Wengenroth, U.: Die Technische Hochschule nach dem Zweiten Weltkrieg. Auf dem Weg zu High-Tech und Massenbetrieb, in: ders. (Hrsg.): Die Technische Universität München. Annäherung an ihre Geschichte, München 1993, S. 261–298; Eckert, M.: Neutrons and Politics. Maier-Leibnitz and the Emergence of Pile Neutron Research in the FRG, in: Historical Studies in the Physical and Biological Sciences, 19 (1988), S. 81–113; Deutinger, S.: Vom Agrarland zum High-Tech-Staat. Zur Geschichte des Forschungsstandorts Bayern 1945–1980, München 2001; ders.: Eine „Lebensfrage für die bayerische Industrie". Energiepolitik und regionale Energieversorgung 1945 bis 1980, in: Schlemmer, T./ Woller, H. (Hrsg.): Bayern im Bund, Bd. 1: Die Erschließung des Landes 1949 bis 1973, München 2001, S. 33–118; Gleitsmann, R.-J.: Im Widerstreit der Meinungen. Zur Kontroverse um die Standortfindung für eine deutsche Reaktorstation (1950–1955), Karlsruhe 1986; Eckert, M.: Das „Atomei". Der erste bundesdeutsche Forschungsreaktor als Katalysator nuklearer Interessen in Wissenschaft und Politik, in: ders./ Osietzki, M.: Wissenschaft für Macht und Markt. Kernforschung und Mikroelektronik in der Bundesrepublik Deutschland, München 1989, S. 74–95; Müller, W. D.: Geschichte der Kernenergie in der Bundesrepublik Deutschland, Bd. 1: Anfänge und Weichenstellungen, Stuttgart 1990, S. 112–135; Trischler, H.: Nationales Innovationssystem und regionale Innovationspolitik. Forschung in Bayern im westdeutschen Vergleich 1945 bis 1980, in: Schlemmer, T./Woller, H. (Hrsg.): Bayern im Bund, Bd. 3.: Politik und Kultur im föderativen Staat 1949 bis 1973, München 2004, S. 117–194.

13 Aktennotiz des Ministerpräsidenten Müller vom 2.2.1954 über ein Gespräch mit Ludwig Erhard am 19.1.1954, zit. nach Gleitsmann, Widerstreit, S. 31.

14 Siehe unten S. 103.

15 Edingshaus, A.-L.: Heinz-Maier-Leibnitz. Ein halbes Jahrhundert experimentelle Physik, München und Zürich 1986, S. 73–85.

16 Vgl. Müller, Kernenergie, Bd. 1, S. 250–257.

17 Brautmeier, J.: Forschungspolitik in Nordrhein-Westfalen 1945–1961, Düsseldorf 1983, S. 149–177; vgl. hierzu und zum Folgenden Rusinek, B.-A.: Die Gründung der Kernforschungsanlage Jülich, in: Szöllösi-Janze/Trischler (Hrsg.), Großforschung, S. 38–59; ders.: Das Forschungszentrum. Eine Geschichte der KFA Jülich von ihrer Gründung bis 1980, Frankfurt am Main und New York 1996; ders.: Was heißt: „Es entstanden neue Strukturen?“ Überlegungen am landesgeschichtlichen Beispiel, in: Geschichte im Westen, 2 (1990), S. 150–161; Osietzki, M.: Idee und Wirklichkeit der Kernforschungsanlage Jülich, ihre Vor- und Gründungsgeschichte, in: Eckert/Osietzki, Wissenschaft zwischen Macht und Markt, S. 96–114.

18 Rusinek, B.-A.: Zwischen Himmel und Erde. Reaktorprojekte der Kernforschungsanlage Jülich (KFA) in den „langen“ siebziger Jahren, in: Ritter/Szöllösi-Janze/Trischler (Hrsg.): Antworten, S. 188–216, hier S. 188.

19 Vgl. dazu Oetzel, G.: Forschungspolitik in der Bundesrepublik Deutschland. Entstehung und Entwicklung einer Institution der Großforschung am Modell des Kernforschungszentrums Karlsruhe (KfK) 1956–1963, Frankfurt am Main und New York 1996, S. 242–277, und Kirchner, U.: Der Hochtemperaturreaktor. Konflikte, Interessen, Entscheidungen, Frankfurt am Main und New York 1991.

20 Vgl. Rusinek: Reaktorprojekte, in: Ritter/Szöllösi-Janze/Trischler (Hrsg.): Antworten, S. 193–215, und Rusinek: Forschungszentrum, S. 537–650.

21 Siehe dazu Renneberg, M.: Gründung und Aufbau des GKSS-Forschungszentrums Geesthacht, Frankfurt a.M und New York 1995, und Justo, L. F.: Großforschung im Kontext. Die GKSS und ihre forschungspolitischen Ziele in den siebziger Jahren, in: Ritter/Szöllösi-Janze/Trischler (Hrsg.): Antworten, S. 163–187.

22 Siehe dazu jüngst den Forschungsüberblick von Trischler, H./Weinberger, H.: Engineering Europe: Big Technologies and Military Systems in the Making of 20th Century Europe, in: History and Technology, 21 (2005), S. 49–83.

23 Vgl. Krige, J./Russo, A.: A History of the European Space Agency 1958–1987, 2 Bde., Noordwijk 2000; Hermann, u. a.: History of CERN, 3 Bde., Amsterdam 1987, 1990 und 1996; weiterführende Literatur findet sich bei Lieske, J.: Zwischen Brüssel, Bonn und München. Angewandte Forschung im Spannungsfeld europäischer Forschungs- und Technologiepolitik am Beispiel der Fraunhofer-Gesellschaft, in: Ritter/Szöllösi-Janze/Trischler (Hrsg.): Antworten, S. 242–265.

24 Trischler, H.: Luft- und Raumfahrtforschung in Deutschland 1900–1970. Politische Geschichte einer Wissenschaft, Frankfurt a.M./New York 1992; ders.: The „Triple Helix“ of Space. German Space Activities in a European Perspective, Paris 2002; Reinke, N.: Geschichte der deutschen Raumfahrtpolitik. Konzepte, Einflußfaktoren und Interdependenzen 1923–2002, München 2004.

25 Ruck, M.: Ein kurzer Sommer der konkreten Utopie. Zur westdeutschen Planungsgeschichte der langen 60er Jahre, in: Schildt, A./ Siegfried, D./Lammers, K. C. (Hrsg.): Dynamische Zeiten. Die 60er Jahre in den beiden deutschen Gesellschaften, Hamburg 2000, S. 362–401.

26 Siehe dazu Wiegand, J.: Informatik und Großforschung. Geschichte der Gesellschaft für Mathematik und Datenverarbeitung, Frankfurt a.M. und New York 1994.

27 S. dazu ausführlich Szöllösi-Janze, M.: Die Arbeitsgemeinschaft der Großforschungseinrichtungen. Identitätsfindung und Selbstorganisation, 1958–1970, in: dies./ Trischler (Hrsg.): Großforschung, S. 140–160; dies.: Geschichte der Arbeitsgemeinschaft der Großforschungseinrichtungen, 1958–1980, Frankfurt a.M. und New York 1990.

28 Stumm, I. von: Historisches Projekt „Geschichte der Großforschung in der Bundesrepublik Deutschland“: eine Zwischenbilanz, in: Winkler, M. (Hrsg.): Festschrift für

Ernst-Joachim Meusel, Baden-Baden 1997, S. 263–285, und Bruch, R. vom: Big Science – Small Questions? Zur Historiographie der Großforschung, in: Ritter/Szöllösi-Janze/Trischler (Hrsg.): Antworten, S. 19–42. Instruktiv zum Nützlichkeitsdiskurs der langen siebziger Jahre Mutert, Susanne: Großforschung zwischen staatlicher Politik und Anwendungsinteresse der Industrie (1969–1984), Frankfurt a.M. und New York 2000.

29 Gentner, W.: Großforschung als Problem moderner europäischer Zusammenarbeit, in Kurzrock, R. (Hrsg.): Physik und Kosmologie. Stand und Zukunftsaspekte naturwissenschaftlicher Forschung in Deutschland, Berlin 1971, S. 137–148; siehe unten S. 108–110.

30 Vgl. dazu Schmidt-Rohr, U.: Die Deutschen Teilchenbeschleuniger von den 30er Jahren bis zum Ende des Jahrhunderts, Heidelberg 2001, S. 34, sowie den einführenden Beitrag von Hoffmann/Schmidt-Rohr in diesem Band.

31 Vgl. J. Heilbron: Lawrence and his laboratory, Berkeley 1989.

32 Heisenberg an Globke, 21.1.1954, Archiv zur Geschichte der Max-Planck-Gesellschaft (=MPG-Archiv), Abt. III, Rep. 68 A, Nr. 8.

33 Gentner an Flügge, 23.12.1948, MPG-Archiv, Abt. III, Rep. 68 A, Nr. 7.

34 Gentner an Bothe, 23.1.1952 ebd; zum Kontext siehe Hermann, A. u. a.: History of CERN, Bd. 1, S. 383–429.

35 Gentner an Scherrer, 12.5.1952, MPG-Archiv, Abt. III, Rep. 68 A, Nr. 10.

36 Joos an Gentner, 16.10.1953, MPG-Archiv, Abt. III, Rep. 68 A, Nr. 8.

37 Der Beschleuniger wurde in Physikerkreisen allgemein, und auch von Gentner, meist nur die „große Maschine" genannt. In der interessierten Öffentlichkeit wurde der Begriff durch Robert Jungks populärwissenschaftliche Darstellung bekannt: Die große Maschine. Auf dem Weg in eine andere Welt, Bern und München 1966.

38 Vgl. dazu Hermann, A. u. a.: History of CERN, Bd. 2, S. 96–137 u. 145–150.

39 S. dazu im Detail den Schriftwechsel Gentners mit CERN in MPG-Archiv, Abt. III, Rep. 68 A, Nr. 51. Zu Blochs kurzem Wirken bei CERN vgl. Krige, J.: Felix Bloch and the creation of a "scientific spirit" at CERN, in: Historical studies in the physical and biological sciences, 32/1 (2001), S. 57–69.

40 Gentner an Heisenberg, 2.8.1955, MPG-Archiv, Abt. III, Rep. 68 A, Nr. 8.

41 Gentner, Großforschung, S. 147–148.

42 Hermann, A. u. a.: History of CERN; Krige, John: The Politics of European Scientific Collaboration, in: ders. (Hrsg.): Science in the Twentieth Century, Amsterdam 1997, S. 897–918.

43 Gentner an Butenandt, 27.5.1963, MPG-Archiv, Abt. III, Rep. 68 A, Nr. 140.

44 Siehe dazu U. Schmidt-Rohr: Die Aufbaujahre des Max-Planck-Instituts für Kernphysik, Heidelberg 1998, sowie den einführenden Beitrag von Hoffmann/Schmidt-Rohr in diesem Band.

45 Vgl. dazu Brocke, B. vom/Laitko, H. (Hrsg.): Die Kaiser-Wilhelm-/Max-Planck-Gesellschaft und ihre Institute. Studien zu Ihrer Geschichte: Das Harnack-Prinzip, Berlin 1996, darin bes. Weiss, B.: Harnack-Prinzip und Wissenschaftswandel. Die Einführung kernphysikalischer Großgeräte (Beschleuniger) an den Instituten der KWG, S. 541–560.

46 Gentner an Butenandt, 27.5.1963, MPG-Archiv, Abt. III, Rep. 68 A, Nr. 140, sowie Butenandt an Gentner, 22.5.1963, ebd.

47 Gentner an Weizel, 28.6.1952, MPG-Archiv, Abt. III, Rep. 68 A, Nr. 8.

48 Siehe dazu ausführlich Habfast, C.: Großforschung mit kleinen Teilchen. Das Deutsche Elektronen-Synchrotron DESY 1956–1970, Heidelberg 1989.

49 Vgl. dazu ausführlich Boenke, S.: Entstehung und Entwicklung des Max-Planck-Instituts für Plasmaphysik 1955–1971, Frankfurt a.M. und New York 1991, S. 127–135.

50 Vgl. Habfast, Großforschung, S. 185–190; zu den weiteren Aufnahmeverhandlungen, die schließlich nach langen Verhandlungen im Sande verliefen, s. ebd., S. 190–218.

51 Vgl. Buchhaupt, Gesellschaft, S. 110–164.

52 Memorandum vom 17.12.1963 als Anlage zu Briefen an Wagner, 17.12.1963, Walcher, 20.12.1963, Cartellieri, Ballreich und Schmelzer, 10.1.1964, Gentner, 17.1.1964 und Stoltenberg, 27.1.1964, Archiv des Werner-Heisenberg-Instituts der MPG (WHI), Schriftwechsel BMwF; Gentner an BMwF, 14.2.1964, MPG-Archiv, Abt. III, Rep. 68 A, Nr. 8.

53 Heisenberg an Gentner, o.D. [Okt. 1963], WHI, Korrespondenz Gentner.

54 Explizit in Heisenberg, W.: Braucht Europa einen 300 GeV Beschleuniger?, in: Die Welt vom 29. Juni 1968. Wie vermint dieses Gelände war, zeigt sich auch daran, dass Heisenberg das BMwF in dessen Protokollentwurf zur 20. Sitzung der Deutschen Atomkommission um „eine präzisere Formulierung“ seiner Aussagen zum 300 GeV Beschleuniger dahingehend bat, dass er der Meinung sei, „die Entscheidung über das Projekt solle nicht überstürzt getroffen werden. Man solle die Entwicklung in den USA und die Erfolge der neuen 70 GeV-Maschine in den UDSSR abwarten und gegebenenfalls später eine modernere Maschinenkonzeption vorziehen“; Heisenberg an BMwF, 23.20.1968, WHI, Schriftwechsel BMwF. Zu Heisenbergs kritischer Position sowie generell zum Konflikt zwischen Gentner und Heisenberg siehe demnächst ausführlich Carson, Cathryn: Beyond reconstruction. West Germany and CERN's second generation accelerator program, in: Trischler, Helmuth/Walker, Mark (Hrsg.): Physics in Germany from 1920 to 1970. Concepts, instruments, and resources for research and research support in international comparison, Stuttgart 2007 (in Vorbereitung).

55 Vgl. hierzu ausführlich Deutinger, S.: Europa in Bayern? Der Freistaat und die Planungen von CERN zu einem Forschungszentrum im Ebersberger Forst bei München 1962–1967, in: Schneider, I./Trischler, H./Wengenroth, U. (Hrsg.): Oszillationen. Naturwissenschaftler und Ingenieure zwischen Forschung und Markt, München und Wien 2000, S. 297–324; Rusinek, B.-A.: Europas 300-GeV-Maschine. Der größte Teilchenbeschleuniger der Welt an einem westfälischen Standort?, in: Geschichte im Westen, 11 (1997), S. 135–153; ders.: Gescheiterte Großprojekte. CERN-Beschleuniger, Großflughafen Westfalen, Reaktoren, in: Köhler, W. (Hrsg.): Nordrhein-Westfalen – Fünfzig Jahre später 1946–1996, Essen 1996, S. 114–130; ders.: Ein ausgebliebener Innovationsschub. Forschungsförderung für Drensteinfurth, in: Reinicke, Christian u. a. (Red.): Nordrhein-Westfalen. Ein Land in seiner Geschichte. Aspekte und Konturen 1946–1996, Münster 1996, S. 406–411; Pestre, D.: The Difficult Decision, Taken in the 1960s, to Construct a 3–400 GeV Proton Synchrotron in Europe, in: Krige, J. (Hrsg.): History of CERN, Bd. 3, Amsterdam 1996, S. 65–96; Trischler: Nationales Innovationssystem, S. 158–161.

56 Heisenberg an BMwF Lenz, 21.5.1965, WHI, Schriftwechsel BMwF.

57 Gentner an Jentschke (DESY), 22.3.1967, MPG-Archiv, Abt. III, Rep. 68 A, Nr. 86; Heisenberg an BMwF Lenz, 21.5.1965, WHI, Schriftwechsel BMwF.

58 Gentner, Großforschung, S. 137.

59 Gentner, W.: Individuum und Kollektiv, in: Freiburger Dies Universitas, 9 (1961/62); ders.: Individuum und Kollektiv in der Forschung, in: Der Krankenhausarzt, 37/8 (1964), S. 1–8; ders.: Individuum und Kollektiv in der Forschung, in: Bild der Wissenschaft, 1/4 (1964), S. 42–49; ders.: Individuelle und kollektive Erkenntnissuche in der modernen Naturwissenschaft, in: Mitteilungen aus der Max-Planck-Gesellschaft, Heft 1–2 (1965), S. 74–85. – Im Bundesforschungsministerium war man über diese programmatischen Ausführungen so begeistert, dass der Staatssekretär einen Sonderdruck des in „Bild der

Wissenschaft" erschienenen Artikels als Sonderdruck des Ministerium in Auftrag gab, Sobotta (BMwF) an Gentner, 26.1.1965, MPG-Archiv, Abt. III, Rep. 68 A, Nr. 50.

60 Gentner, Großforschung, S. 144.

61 Gentner an BMwF, 14.2.1964, MPG-Archiv, Abt. III, Rep. 68 A, Nr. 8, als Stellungnahme von Gentner zu Heisenbergs Memorandum „Zum Stand der experimentellen Kernphysik in der Bundesrepublik 1963".

62 Gentner, Großforschung, S. 145.

63 Ebd. S. 146.

64 Vgl. dazu allg. Schot, Johan/Misa, Tom: Inventing Europe. Technology and the Hidden Integration of Europe, in: History and Technology, 21 (2005), S. 1–19, sowie Trischler/Weinberger, Engineering Europe.

65 Siehe dazu bes. den Schriftwechsel zwischen Heisenberg und Gentner in WHM, CERN 1952–1957 und MPG-Archiv, Abt. III, Rep. 68 A, Nr. 7.

66 Brief von Weisskopf als Anlage zu Jentschke an Gentner, 25.11.1964, MPG-Archiv, Abt. III, Rep. 68 A, Nr. 86.

67 Bericht der Dieminger-Kommission vom 5.10.1971, MPG-Archiv, Abt. III, Rep. 68 A, Nr. 8.

68 Wenige Tage, nachdem die Findungskommission ihren Bericht vorgelegt hatte, zog Gentner auf Anraten seines Arztes wegen einer akuten Verschlechterung seines Augenleidens seine Kandidatur zurück; Gentner an Butenandt, 11.10.1971, ebd.

# Wolfgang Gentner als Physiker im öffentlichen Raum

Bernd-A. Rusinek

## 1

Wolfgang Gentner ist mit zahlreichen Ehrungen aus dem In- und Ausland ausgezeichnet worden. Besonders hervorzuheben sind die Ernennungen zum „Officier de la Légion d'Honneur", die Ernennung zum Mitglied des Ordens Pour le Mérite und das Große Verdienstkreuz mit Stern des Verdienstordens der Bundesrepublik Deutschland. Als Wissenschaftler gehörte er in stärkerem Maße als viele seiner Kollegen der internationalen Community an: er war 1933 bis 1935 Stipendiat am Radium-Institut der Sorbonne gewesen und unternahm 1938/39 mit Mitteln der Helmholtz-Gesellschaft eine Amerikareise, die ihn an verschiedene amerikanische Universitäten, insbesondere an das Radiation Laboratory nach Berkeley geführt hatte; 1950/51 führte ihn zudem eine halbjährige Vortragsreise nach Australien, ein damals noch höchst ungewöhnliches Reiseziel. Ab 1958 bahnte Gentner die Zusammenarbeit deutscher und israelischer Wissenschaftler an und setzte sich auch für eine wissenschaftliche Kooperation zwischen Israel und Ägypten ein. Gentner war von 1972 bis 1978 Vizepräsident der Max-Planck-Gesellschaft, hielt Vorträge, sprach im Schulfunk über Entstehung und Veränderung des Planetensystems, publizierte auch für die größere als die reine Fach-Öffentlichkeit. Kurzum: Wolfgang Gentner war ein „Physiker im öffentlichen Raum".

Was wollen wir darunter verstehen? Nach den Vorstellungen und Ansprüchen einer demokratischen Gesellschaft sollte sich der Wissenschaftler prinzipiell im öffentlichen Raum bewegen. Die Universitäten sind öffentliche Einrichtungen, Rektorats- oder Prorektoratsreden an Universitäten sind Reden hinaus in die Öffentlichkeit. Nach dem Zweiten Weltkrieg wurden verschiedene Foren eingerichtet, auf denen Wissenschaftler mit unterschiedlichen Zielen öffentlich agierten:

1. Begegnung und Diskussion in Zeitschriften, Diskussionskreisen und den verschiedenen prominenten „Gesprächen"[1].
2. Von verschiedenen Foren aus wurden die Regierenden aufgefordert, finanzielle und institutionelle Bedingungen der Forschung zu verbessern oder auch erst neu zu schaffen.
3. Man wandte sich an die weitere Öffentlichkeit außerhalb der Scientific Community, um sie für Probleme der Wissenschaft und Forschung zu interessieren und sie über die neuen Tendenzen in der Forschung zu informieren. Damit sollten Forschungsergebnisse popularisiert und der Öffentlichkeit die Notwendigkeit von Forschung eindringlich vor Augen geführt werden.

**Abb. 33.** W. Gentner wird vom französischen Botschafter Seydon zum Officier de la Legion d'honneur ernannt, Bonn 1965.

Diese Aktivitäten sind charakteristisch für die Wissenschaftler-Generation eines Wolfgang Gentner, die nach Ende des Zweiten Weltkrieges die verantwortlichen Positionen einnahm.

Die bisher genannten Aspekte betreffen die Fälle, in denen der Wissenschaftler mit seiner Wissenschaft im öffentlichen Raum auftritt. Anders ist es, wenn der Wissenschaftler sein Renommee nutzt, um sich für Ziele einzusetzen, die nicht in unmittelbarer und rein fachlicher Hinsicht zu seiner Wissenschaft zählen. Das ist der Fall, wenn der Physiker als Welt- und Sinn-Deuter auftritt und sich sozusagen in der Nachfolge des Metaphysikers auf philosophisches Gebiet sowie auf Gebiete anderer Wissenschaften begibt, wenn er zu politischen Fragen Stellung nimmt oder im Hintergrund und diskret – wie im Falle Gentner – wissenschaftspolitisch im In- und Ausland aktiv wird. Es sind höchst unterschiedliche Stile zu beobachten, sich als Wissenschaftler oder Wissenschaftsförderer im öffentlichen Raum zu bewegen. Auf diese Unterschiede wird einzugehen sein.

Bei all diesen Bestimmungen zielt der Vektor von der Wissenschaft zum öffentlichen Raum. Die Betrachtung der umgekehrten Richtung wird hier ausgespart. Es muss aber darauf hingewiesen werden, dass wir es bei dem Verhältnis von Wissenschaft und Öffentlichkeit häufig mit Wechselwirkungen zu tun haben.

Bei Betrachtung dieser Erscheinungen auf einer abstrakteren Ebene stellt sich schnell heraus, dass unklar ist, wann Kommunikation der Scientific Community, also der ‚kleinen', internen Fachöffentlichkeit von Wissenschaftlern, die an denselben oder an ähnlichen Themen arbeiten, in Kommunikation für eine ‚große'

Öffentlichkeit übergeht, zu deren Kennzeichnung der Begriff des „gebildeten Laienpublikums“ dienen kann. Aber selbst in Publikationen für die Fach-Öffentlichkeit wird häufig auf die ‚große‘ Öffentlichkeit geblickt. Fragen wir also, was „Der Physiker im öffentlichen Raum“ heißen solle, dann treten massive Definitionsprobleme auf. Eine allen Nuancen und Differenzen gerecht werdende Definition erscheint bei der angedeuteten Vielfalt von Erscheinungen zwecklos oder der Arbeitsaufwand für die wahrscheinlich zu erwartenden Trivialitäten nicht vertretbar.

Es beruhigt, dass Jürgen Habermas als oberste Autorität auf dem Feld der begrifflichen Analyse von „Öffentlichkeit“ über das „Bedeutungs*syndrom* von ‚öffentlich‘ und ‚Öffentlichkeit‘“ und den konfusen Komplex unterschiedlicher Sinngehalte geklagt hat. Viele Begriffsbildungen wie etwa „öffentliche Gewalt“ würden die häufigste Verwendung dieser Kategorie nicht einmal berühren, und *das* nun sei „Öffentlichkeit“ im Sinn der öffentlichen Meinung, mit Bedeutungsebenen wie „Publizität“ und „publizieren“, aber auch „Medien“ sowie Bemühungen um „Image“ und „Publicity“.[2] Deren Bedeutung für die Wissenschaft hat im 20. Jahrhundert immer mehr zugenommen. Der Bundeswissenschaftsminister Leussink, selbst Wissenschaftler, bezeichnete 1971 die Öffentlichkeit als vierten wichtigen Partner neben Wissenschaft, Wirtschaft und Staat.[3]

Wolfgang Gentner ist zweifellos das positive Beispiel eines im öffentlichen Raum wirkenden Naturwissenschaftlers. Er machte darüber nicht viele Worte. Diese sympathische Eigenschaft ist zugleich eine Schwierigkeit für den Historiker. Im Gegensatz etwa zu seinem Kollegen und Förderer Walther Gerlach hat Gentner keine prinzipiellen Äußerungen über das öffentliche Wirken des Wissenschaftlers in gesellschaftlich-politischer Hinsicht oder über die Notwendigkeit und die Formen von Wissenschaftspopularisierung festgehalten – weder in seinen Publikationen noch in den Briefen und Notizen im Nachlass.

## 2

Es ist aber schwer vorstellbar, dass ein historisch gebildeter Mann wie Wolfgang Gentner, der selbst in gewisser Weise als Geschichtsforscher tätig war, der historisch dachte und das Ideal einer breiten, nicht bloß auf Verwertung und alsbaldigen Verzehr bestimmten Bildung vertrat, sich der historischen Trasse nicht bewusst gewesen ist, die er mit seinen öffentlichen Verlautbarungen und Aktivitäten betrat. Am weitesten in den öffentlichen Raum hinein wagte er sich mit seinen Vorträgen über Archäometrie, Kosmochemie und Kraterforschung, aber auch mit den Beiträgen zur Organisation und Struktur modernen Forschens sowie zur Geschichte seines eigenen Faches.[4] Um diese Aktivitäten einordnen zu können, sollten wir uns einige Vorläufer und Fundamentleger vergegenwärtigen.

Die Verbreitung von Ergebnissen der Wissenschaft ist ein Anliegen der Aufklärung schlechthin. Die Erfolge der Naturwissenschaften waren der Ausgangspunkt, wenn im 19. Jahrhundert prominente Naturwissenschaftler wie Helmholtz, Du Bois-Reymond und Virchow die Chance ergriffen, auch auf den Feldern der Geisteswissenschaften, insbesondere der Philosophie, die Erkenntnismethoden der Naturwissenschaften wie Exaktheit, Kausalitätsprinzip, Induktion und Gesetzmäßigkeit sowie ihre Forschungsergebnisse durchzusetzen.[5] Hermann von Helmholtz (1821–1894) galt als „Reichskanzler der Physik". Er wurde erster Präsident der im Wesentlichen mit Siemens-Geldern geförderten Physikalisch-Technischen Reichsanstalt. Damit ist der „vaterländische" Aspekt der Naturwissenschaften – hier: der Physik – angesprochen. Je höher in der Öffentlichkeit der Vaterlandsnutzen der naturwissenschaftlichen Fächer im Laufe des späten 19. und frühen 20. Jahrhunderts eingeschätzt wurde, desto politikrelevanter mussten sich die Fachvertreter fühlen. Wenngleich das komplexe Verhältnis von naturwissenschaftlicher Forschung, insbesondere ihrer anwendungsorientierten Dimension, zum Staat nicht darauf reduziert werden kann, lässt sich ein Prozess erkennen, in dem die Naturwissenschaft dem Staate nutzbar, der Naturwissenschaftler dem Staate dienstbar wurde. Die Vaterlandsdiskurse verdichteten sich im Zuge des Ersten Weltkrieges, waren aber keinesfalls erst 1914 entstanden. Das ist der Macht-Aspekt. Er stand in Wechselwirkung mit öffentlichem Aufmerksamkeitsgewinn, denn das spektakuläre Ergebnis, das auch die „bürgerliche Hausfrau" verstand oder zu verstehen glaubte, erscheint als Basis für Machtansprüche der Naturwissenschaften. Im Laufe des 19. Jahrhunderts gelang es den Vertretern der Naturwissenschaften, an den Universitäten die geisteswissenschaftlich-philosophische Vorherrschaft niederzuringen.[6] Nachdem dieser Sieg erkämpft war, wurden oftmals Naturwissenschaftler selbst, vielfach Physiker, zu Fahnenträgern der humanistischen, insbesondere der historischen und literarischen Bildung.

Das starke öffentliche Interesse an den Naturwissenschaften sowie – eingeschränkt – an den universitären Wissenschaften überhaupt führte gegen Ende des 19. Jahrhunderts zu einer „University Extension" nach britischem Vorbild, dem bis 1898 in Deutschland und Österreich-Ungarn die Universitäten Berlin, Jena, Leipzig, München und Wien folgten.[7] Für diese Ausdehnung der Universitäten in den öffentlichen Raum hinein sprach nach damaliger Auffassung einmal, dass die Universitäten ja von allen Staatsbürgern finanziell getragen würden, und sodann, als „der edlere Grund", das „vermehrte Bildungsbedürfnis des Volkes". In Berlin waren 1897 die Dozenten der Universität sowie die Mitglieder des Lehrkörpers fast aller Hochschulen einschließlich der TH Charlottenburg zusammengetreten, um Vorlesungen aus den verschiedensten Wissensgebieten in passender Form zu halten, „zu denen jedermann für einen geringen Beitrag der Zutritt frei sein sollte".

Indes ließ die Klage nicht lange auf sich warten, dass damit einseitig eine bloß naturwissenschaftliche Bildung propagiert würde. 1891 beklagte der Wiener Rechtshistoriker Exner[8], ausschließlich Naturwissenschaften wie Physik und Biologie würden die öffentliche Aufmerksamkeit auf sich lenken. Zur Illustration führte er die „sogenannten populären Vorlesungen in allen größeren Städten" an, deren Publikum zumeist aus dem „gebildeten Mittelstand" bestanden habe. Dieses Publikum besitze vollkommen einseitige Interessen und folglich eine einseitige Bildung: „Gegenstände der exakten Naturforschung und immer wieder solche sind es, deren Darlegung man zwar nicht immer mit vollem Verständnis, aber stets mit Ehrfurcht und Bewunderung zur Kenntnis nimmt". – „Die bürgerliche Hausfrau und die Spektralanalyse – fürwahr eine charakteristische Erscheinung unserer Zeit und ein Problem für den zukünftigen Kulturhistoriker!"

Mit den Ergebnissen der Spektralanalyse – Strahlen, die etwas über räumlich oder zeitlich weitest entfernte Materie verraten, die phantasie-erregenden Möglichkeiten einer Fernerkennung über Räume und Zeiten hinweg – scheint ein Thema auf, mit dem sich auch Wolfgang Gentner in öffentlichen Vorträgen beschäftigen wird.

Des weiteren entstand Ende des 19. Jahrhunderts, und zwar im Gegensatz zu den seriöseren „Extension"-Bemühungen, in banaler und spektakulärer Weise dargeboten, eine Weltraum- und Marsbegeisterung.[9] Sie reichte von den 1890er Jahren bis in die 1920er und lässt sich als geistige und massenmediale Wirkungsgeschichte der Spektroskopie deuten. Der spektroskopische Nachweis, dass die Grundstoffe auf allen Planeten die gleichen seien, befruchtete Grüne-Männchen-Spekulationen. Populäre Romane wie „The First Men on the Moon" wurden in hoher Auflage verkauft. Zugleich wurde – als seriöser Ertrag – Keplers „Somnium" von 1634 neu herausgegeben. Im Zentrum dieser Entwicklung stand im letzten Viertel des 19. Jahrhunderts ein Popularisierungsschub in der Astronomie, insbesondere hervorgerufen durch die Schriften des Astronomen Giovanni Schiaparelli (1835–1910) über die von ihm entdeckten Marskanäle. Lebten dort Menschen? Der weltberühmte Erfinder, Elektro-Ingenieur und „systemsbuilder" Nikola Tesla (1856–1943) erklärte, er habe mit seinen Apparaturen für drahtlose Telegraphie Signale empfangen, die unmöglich irdischen Ursprungs gewesen sein könnten.

Durch das Radio als neues Medium wurden ab den 1920er Jahren die Wirkungen der „University Extension" vervielfacht.[10] Nach Max Dessoir (1867–1947), Professor in Berlin von 1897 bis 1933, hatten sich in den 1920er Jahren außer dem freien Vortragswesen die Volkshochschule und der Rundfunk angeboten. Im Rahmen der „Berliner Funkstunde" habe es einen sechsköpfigen Vortragsausschuss gegeben, dessen Mitglieder nicht allein die einzelnen eingegangenen Vortragsmanuskripte begutachten, sondern auch für interessant gehaltene Themen auswählen und an Fachleute herantreten sollten. Folgte diese von Dessoir berichtete Entwicklung der seriösen „Extension"-Trasse, so wurde der sensationalistische Weg in den 1920er Jahren in populären Veranstaltungen über die Relativitätstheorie weiter beschritten. Noch mehr als ein Halbjahrhundert später erinnerte sich Ernst Lamla (1888 – 1986), einst Assistent bei Max Planck, an den „gewaltigen Rummel" um die Relativitätstheorie in den 1920er Jahren in Berlin:

„Die Theorie wurde sozusagen zum Stadtgespräch; überall diskutierte man darüber; die Tageszeitungen brachten dauernd neue Artikel über sie, vor allem über die Uhren und ihr rätselhaftes Verhalten; man konnte sich also nirgends sehen lassen, ohne aufgefordert zu werden, die Theorie zu erklären. Es wurden Volksversammlungen zu einer Diskussion einberufen. Ich selbst habe einmal eine solche Versammlung besucht, und zwar in dem überfüllten Saal der Philharmonie, einem der größten Konzertsäle Berlins. Geredet wurde von Anhängern und Gegnern (meist mit sehr geringer oder auch ohne Sachkenntnis); es wurde heftig gestritten, auch geschrieen und getobt. Zum Glück kam es kaum zu Tätlichkeiten, wenn man auch manchmal nahe daran war."[11]

Lamla führte dieses Interesse auf vordergründige Verknüpfungsmöglichkeiten zwischen einer elaborierten Theorie, der Trivialisierung des Halbverstandenen und dem Zeitgeist-Empfinden zurück. Er glaubte, es sei bereits die Bezeichnung

**Abb. 34.** Übergabe der im MPI für Kernphysik zersägten Teile des Meteoriten „Mundrabilla", v.l.n.r.: Martin J. Hillebrand, Botschafter der USA in der Bundesrepublik, W. Gentner, Wolfgang Heintzler, Wladimir M. Maximov, sowjetischer Botschaftsrat, und Paul Ramdohr, Heidelberg 11. Juli 1973.

„Relativitätstheorie" gewesen, welche faszinierte. Dass „alles relativ" sei, wäre in den 1920er Jahren einleuchtend erschienen; hinzugekommen sei ein Reiz, der von der geheimnisvollen Unverständlichkeit der Theorie ausging. Dafür sei eine Öffentlichkeit empfänglich gewesen, die sich, so Lamla, „gern und weitgehend mit Spiritismus, Telepathie, Hellsehen und andern okkulten Erscheinungen befasste".

Nach dem Zweiten Weltkrieg übte die Physik unverändert eine große Anziehungskraft auf die breite Öffentlichkeit aus. Über öffentliche Veranstaltungen in den ersten Nachkriegsjahren berichtete der Theaterkritiker und Publizist Paul Fechter:

„Der Andrang zu diesen Vorträgen war derart, dass der Saal nicht nur bis auf den letzten Platz besetzt und bestanden war, sondern dass draußen auf dem großen Vorplatz vor den Zugängen Hunderte junger Menschen standen und warteten, ob nicht vielleicht doch durch irgendeinen Zufall sich ihnen irgendein Eingang eröffnete."[12]

Die Anziehungskraft der Physik war die gleiche geblieben, wenn auch zunächst nicht mehr mit Prügeleien zu rechnen war. Als neues Phänomen grundstürzender Natur war die „Bombe" hinzugekommen – eine Leistung der Physik, die bis Ende der 1959 als Zeitalter-Kennzeichnung diente. Straßen-Auseinandersetzungen über die Ergebnisse der anwendungsorientierten Physik wurden in den 1970er Jahren im Zuge der nuklearen Kontroverse geführt, sozusagen als Pendel-Gegenschlag nach der marktschreierischen Popularisierungsphase der „Atomeuphorie" in den 1950er Jahren.[13] Ein Sprecher dieser Atomeuphorie – wenn natürlich auch in höchstem

Maße physikalisch fundiert – war Frédéric Joliot-Curie, Gentners Freund aus den Tagen der deutschen Besatzung von Paris. Joliot-Curie sagte 1946, künftigen Generationen, welche die Atomkräfte nutzten, würde der heutige Mensch vielleicht wie ein primitiver Wilder vorkommen.[14] Gentner selbst verweigerte sich dieser nichts Geringeres als ein neues Zeitalter beanspruchenden Atombegeisterung.

## 3

Es wurde skizziert, auf welcher historischen Trasse sich Gentner als Physiker im öffentlichen Raum bewegte. Wenden wir uns seinen Aktivitäten selbst zu. Im April 1948 hielt er in Freiburg seine Prorektoratsrede „Die Radioaktivität in ihrer Bedeutung für naturwissenschaftliche Probleme".[15] Eingangs sprach er kurz vom neu aufkommenden Atomzeitalter, ausgangs brachte er seine Hoffnung auf eine nicht allzu ferne Zeit zum Ausdruck, da Wissenschaftler aus aller Welt Fortschritte auf dem Sektor der Atomforschung als gemeinsames Werk ansehen würden. Im Übrigen sprach Gentner ausschließlich und in verständlicher Form über die wissenschaftliche Seite seines Themas.

Betrachten wir als Kontrast ein Sample von achtzehn vergleichbaren Reden[16], weit überwiegend gehalten von Universitätswissenschaftlern, die entweder 1933 entlassen worden, in den Jahren danach nicht Nationalsozialisten gewesen waren oder zur Opposition[17] gehört hatten. Der Vergleich zeigt, dass es eine Ausnahme war, wie Gentner allein über ein wissenschaftliches Thema zu reden oder nur solch vage Verbindungen an die Gegenwart oder an die nahe Vergangenheit zu knüpfen, wie er es tat. Daraus lassen sich drei Schlüsse ziehen: *Erstens* sind in der frühen Nachkriegszeit Schweigen über den Nationalsozialismus und alleinige Hinwendung zum Fachgebiet keineswegs immer als Indizien für Verdrängung oder Mittäterschaft anzusehen; *zweitens* war Gentner – was die aus der NS-Vergangenheit gezogenen Konsequenzen betrifft – ein Mann der leisen Töne und der Hintergrund-Kommunikation; *drittens* wollte er zuvörderst nicht als Sinndeuter oder Ausrufer eines neuen Zeitalters, sondern als wissenschaftlicher Physiker wahrgenommen werden.

Gentners erstes Interesse nach 1945 scheint es gewesen zu sein, die Physik in Deutschland wieder aufzubauen, ihr wieder zur Weltgeltung zu verhelfen. Daraus und aus seiner tiefen Überzeugung vom internationalen Charakter der Wissenschaft lässt sich auch sein späteres Engagement für CERN erklären.[18]

Weil die Wiederaufrichtung der Physik in Deutschland nach 1945 in allen vier Besatzungszonen gleichermaßen vor sich gehen sollte, hatte Gentner trotz schlechterer Arbeitsbedingungen einen Lehrstuhl an der Universität Freiburg angenommen, also in der französischen Zone. Darüber berichtete er im Juni 1946 dem amerikanisch-niederländischen Physiker Samuel Goudsmit, der Mitglied der ALSOS-Mission gewesen war.[19] Nachdem sich Gentner für die Übersendung einiger Hefte der „Physical Review" bedankt hatte, schilderte er die Situation an ‚seiner' bisherigen Universität Heidelberg. Dort habe für ihn keine Arbeitsmöglichkeit mehr bestanden, da die Amerikaner im Kaiser-Wilhelm-Institut ein Institut für Luftfahrtmedizin eingerichtet hatten. Gentner hatte zwei Rufe erhalten – nach

Hamburg und nach Freiburg. Zwar hätten in Hamburg die besseren Arbeitsmöglichkeiten bestanden, aber er habe sich doch für Freiburg entschlossen. Die Stadt liege in der französischen Besatzungszone. Es gebe viele Physiker mit Verbindungen nach USA oder England, aber kaum solche mit Verbindungen nach Frankreich. Da er – Gentner – aber aus seiner früheren Arbeit im Radium-Institut in Paris „sehr enge Beziehungen zu Herrn Joliot und den anderen französischen Physikern" unterhalte, habe er Freiburg gewählt, um daran mitzutun, die Physik auch in der französischen Zone wieder zu neuem Leben zu führen.

In seiner Freiburger Prorektoratsrede von 1948 hatte Gentner den Nationalsozialismus mit keinem Wort erwähnt. Seine persönliche Biographie steht dafür ein, dass solches Schweigen kein bewusstes Beschweigen mit „verdrängenden", exkulpatorischen Neben-Absichten war.

In der Scientific Community der Physiker gab es indes bereits kurz nach Kriegsende Stimmen, welche die Schuld deutscher Wissenschaftler mit den Hinweisen auf „Paperclip"-Aktivitäten der Siegermächte relativierten. *Erstens* wurde die Frage nahegelegt, was an den deutschen Technikern und Naturwissenschaftlern bis 1945 so verderblich gewesen sein solle, wenn die Alliierten viele von ihnen begierig in ihre Länder führen wollten; *zweitens* wurden Maßnahmen der Alliierten den deutschen Wissenschaftlern gegenüber für diktatorischer hingestellt als die nationalsozialistische Praxis in den okkupierten Ländern.

Otto Hahn und der Göttinger Rektor hatten im Frühjahr 1947 einen flammenden Appell unter dem Titel „Einladung nach USA" verfasst, dessen ursprünglicher Titel „Gelehrtenexport nach Amerika" gelautet hatte.[20] Darin wurden die alliierten „Einladungen" als Obstruktion der deutschen Zukunft dargestellt und diese Praxis sowie Forschungskontrollen und Erfassung der Ergebnisse mit geistigen Reparationen verglichen und damit eine Versailles-Parallele gezogen.

Der Münchner Physiker Klaus Clusius schrieb im Früjahr 1947 an Hahn und den Göttinger Rektor Rein, die gegenwärtigen Methoden der Forschungskontrolle seien geeignet, „jede naturwissenschaftliche Initiative im Keim restlos zu erdrosseln". Wollten die Wissenschaftler sich nicht strafbar machen, dann müssten sie Angaben über vorausgegangene Forschungsarbeiten und genaue Einzelheiten über alle geplanten vorlegen, sodann Verzeichnisse aller Mitarbeiter mit Alter, Lebenslauf, politischer Belastung. Und Clusius schloss: „Seit der finsteren Zeit der Inquisition ist eine derartige geistige Bevormundung nicht mehr da gewesen. Das, was hier verlangt wird, ist nichts anderes als eine geistige Prostitution mit allen ihren seelischen Folgen." Er verglich dieses Vorgehen mit der eigenen Praxis in den besetzten Niederlanden: Er sei froh, im Kriege mit den Holländern nicht in ähnlicher Weise verfahren zu sein, sondern sie im vollen Genuss ihrer wissenschaftlichen Institute, ihrer Zeitschriften und ihrer Produktionsmöglichkeiten belassen zu haben.[21]

Selbstverständlich ist auch Gentner von den Restriktionsmaßnahmen der Alliierten betroffen gewesen. Über die Verhältnisse in der amerikanischen Zone schrieb er: Naturwissenschaftler und insbesondere Physiker dürften Heidelberg nicht verlassen, dort hätte „eine große Zahl von Naturwissenschaftlern Stadtarrest erhalten".[22] Aber Gentner trat mit Kritik an diesen Zuständen nicht lautstark auf wie seine Göttinger Kollegen Hahn und Rein, und er war weit davon entfernt, durch eine derartige Herausstellung die Aktivitäten der deutschen Besatzer während des Krieges zu relativieren. In dieses Horn aber hatte eine Zuschrift an die „Physikalischen Blätter" über das Schicksal von Langevin während der Besatzung Frankreichs gestoßen. Nun reagierte Gentner, und er tat es nicht lautstark, sondern im Hintergrund. Dem Herausgeber Ernst Brüche schrieb er:

„Es wird dort gesagt, dass es den französischen Wissenschaftlern während der deutschen Besatzung besser gegangen sei als den deutschen in der jetzigen Zeit. Dagegen muss ich heftig protestieren und in Erinnerung bringen, dass eine ganze Reihe von Physikern während der Besatzungszeit umgebracht wurden neben vielen, die monatelang in Gefängnissen oder Lagern untergebracht waren."[23]

Über seine Zeit in Frankreich hat Gentner sich bei verschiedenen Gelegenheiten geäußert und sie sowohl in wissenschaftlicher wie in menschlicher Hinsicht beschrieben.[24] Er schrieb in dem genannten Brief an Brüche: „Dass ich damals während meiner Anwesenheit in Paris alles getan habe, um das Schicksal einiger Kollegen zu erleichtern, halte ich für eine Selbstverständlichkeit".[25] Im Oktober 1946 schrieb er: „Dass unsere Tätigkeit auch heute in Paris außerordentlich anerkannt wird, kann ich nur bestätigen. Seit Kriegsende bin ich bereits mehrere Male nach Paris eingeladen worden."[26] Die Anerkennung zeigte sich darin, dass Gentner vom Präsidenten der französischen Republik zum Offizier de la Légion d'Honneur ernannt worden ist, 1965, noch bevor er in das Ordens- und Ehren-Alter jenseits der Emeritierung getreten war.

Das seltene Vertrauen, das Gentner sofort nach dem Kriege in Frankreich genoss, und seine öffentliche Anerkennung hatten die Basis für seine späteren Aktivitäten gelegt. Das trifft für die Ernennung zum Direktor der Synchrozyklotron-Abteilung und der Forschung bei CERN im Jahre 1955 zu, in dem Jahr, als mit der Souveränität der Bundesrepublik die letzten Forschungsrestriktionen gefallen waren, sowie für sein Engagement in Israel. Zu dem Wissenschafts- und Wissenschaftler-Austausch mit Israel war Gentner bei CERN von dem israelischen Wissenschaftler Amos de-Shalit angeregt worden.[27] Diese gelungene Zusammenarbeit, für die CERN ein Muster war, sollte für Gentner Ausgangspunkt weiterer Versöhnungsaktivitäten werden. 1974 schrieb er dem Staatssekretär im Bundesministerium für Forschung und Technologie, Hans Hilger Haunschild, dass er bei seinem letzten Aufenthalt in Israel mit dortigen Physikern über die Frage gesprochen habe, „ob man irgendwie und irgendwo einmal mit Gesprächen zwischen ägyptischen und israelischen Physikern beginnen könne". Der physikalischen Wissenschaftler-Community traute er mehr versöhnende Kraft zu als den Politikern. Das geht aus seiner Bemerkung hervor, man habe die Angelegenheit vorläufig sehr vertraulich behandelt, „da wir Bedenken hatten, dass auf beiden Seiten von Regierungsseite quergeschossen werden könnte".[28]

## 4

Vermutlich ist es ein Charakteristikum für „Exzellenz", wenn Wissenschaftler den engeren Bezirk ihrer Tätigkeit überschreiten. Gentner tat dies mit seinen Ausarbeitungen zur Kosmochemie und zur Archäometrie, wenngleich er sich damit nicht auf sensationsheischende Foren begab. Er war nicht der einzige Wissenschaftler, der von der Spektroskopie, der Strahlen- oder der Beschleuniger-Physik herkam und archäometrische Studien betrieb oder mit Vertretern historischer Fächer zusammenarbeitete. Walther Gerlach führte in den 1930er Jahren in Kooperation mit Vor- und Früh-Historikern sowie der Römisch-Germanischen Kommission spektroskopische Münzbestimmungen und Untersuchungen an völkerwanderungszeitlichen Silbersachen durch, die jedoch mit einem geringem Verbrauch von Testmaterial verbunden waren.[29] Eine mustergültige Präsentation der Möglichkeiten eines Beschleunigers als Großgerät der Grundlagenforschung in jüngerer Zeit ist Theo Mayer-Kuckuks „Hermes und das Schaf – interdisziplinäre Anwendungen kernphysikalischer Beschleuniger."[30]

Eine vordergründige Popularisierung von Forschungsergebnissen der kosmologischen und anderer Wissenschaftssparten, wie sie seit den 1890er Jahren nicht aufgehört hat, war nicht Sache von Wolfgang Gentner. Stattdessen nutzte er das Medium Radio zur Bildung der Jugend. Etwa – um ein Beispiel zu nennen – sprach er im Schulfunk über „Entstehung und Veränderung des Planetensystems".[31] Diesen Vortrag begann er mit einem Blick auf die Aufklärungstradition, ging über zu einer historischen Ahnenreihe, die er mit Aristoteles, Hesiod und Ptolemäus beginnen ließ, und hob sodann insbesondere das Werk Keplers hervor. Mehr als die Hälfte des Textes machte die historische, insbesondere die geistes- und religionshistorische Einordnung aus.

Das führt zu einem Blick auf das Bildungsverständnis Gentners. Er gehörte zu jenen Naturwissenschaftlern, die strenge Vertreter der allgemeinen Bildung gewesen sind und von sich und anderen forderten, auch über die aktuellen Kultur-Tendenzen informiert zu sein. In seiner frühen Freiburger Zeit schrieb er an Karl Jaspers: „Wir hatten in diesen Tagen hier den Besuch von Herrn Gabriel Marcel, der uns einen Vortrag über das moderne französische Theater und einen anderen über den Existentialismus gehalten hat."[32]

Welche Bildungsmaßstäbe Gentner für die studentische Jugend setzte, insbesondere bei deren intellektueller Spitze, geht aus seinen Gutachten für die Studienstiftung des deutschen Volkes hervor. Blendertum lehnte er ab, so im Falle eines Kandidaten, der gerade das Physikum absolviert hatte und sich bereits nach den Aussichten erkundigte, Ordinarius zu werden. Es ging Gentner nicht allein um studienbezogenes Fachwissen. Bei positiven Entscheidungen hob er hervor, dass ein Kandidat eine außerordentlich gute Ausbildung habe, nicht nur auf seinem Fachgebiet, sondern auch in den humanistischen Fächern sowie in der Literatur.[33]

## 5

Eine Bewertung von Gentners Wirken als Physiker im öffentlichen Raum ist einmal möglich durch die historische Einordnung, sodann durch den Vergleich mit zeitgenössischen Akteuren. Ein Zeitgenosse Gentners war der 1908 geborene sozialdemokratische Wissenschaftspropagandist und Ingenieurspolitiker Leo Brandt.[34] Er war in seinen Aktivitäten das genaue Gegenteil eines Gentner.

Für Leo Brandts Vortragsstil war es charakteristisch, das Gesagte stets mit allerlei Materialien herauszustreichen und den Journalisten grell zu präsentieren.

Tische und Wände waren hageldicht bedeckt mit Kurven, Zeichnungen, Bildern, Modellen. Er war frei von jedem philosophischen oder auch nur über sein Anliegen der Forschungsförderung hinausgehenden Interesse. Immer nur Naturwissenschaft und Technik waren es, die ihn begeisterten und mit der Rhetorik des Volksredners auf der Apfelsinenkiste etwa ausrufen ließen: Wer heute noch daran zweifele, dass die Zeitgenossen der Superatomenergie dereinst mit eigenen Hubschraubern auf dem Rücken durch das technisierte Erdental schweben werden, der solle nur die Techniker fragen. Ein Kernbestandteil seiner Argumentation war der „Rückstand" gegenüber dem Ausland. Deutschland dürfe nicht zurückfallen, sonst würde es auf den Status von Hottentotten hinabsinken, es müsse mit vereinten Kräften nach vorne streben. Vor dem Wirtschaftsausschuss des nordrhein-westfälischen Landtages[35] führte Brandt 1958 zum Rückstand der deutschen Forschung aus, es sei „schwer, auf dem Urangebiet die Engländer, Franzosen, Amerikaner und Russen einzuholen, die dort 15 Jahre Vorsprung hätten, leichter sei es, einen Abstand von eineinhalb Jahren aufzuholen, und um soviel etwa liege Prof. Fucks hinter den Engländern". Unzweifelhaft waren Rückstandsbeschwörungen dieser Art nationalistisch fundiert, und sie sprachen national denkende Kreise an. Leo Brandt war mit seiner Forschungsförderungsstrategie sehr erfolgreich[36], was er sagte und wie er es tat, fiel auf fruchtbaren Boden und entsprach den Erwartungen des breiten Publikums. Für einige Jahre war er Chefdenker der sozialdemokratischen Forschungspolitik.[37] Ein größerer Gegensatz zum Habitus eines Wolfgang Gentner lässt sich nicht leicht finden.

**Abb. 35.** W. Gentner, Walther Gerlach und Frau beim Empfang des Bundespräsidenten Walter Scheel für die Mitglieder des Ordens Pour le Mérite, Bonn 3. Juni 1975.

Brandt war Mitbegründer der nordrhein-westfälischen Arbeitsgemeinschaft für Forschung, die in gewisser Hinsicht als Fortsetzung der nordrhein-westfälischen Forschungsgemeinschaft angesehen werden kann, sozusagen einer Landes-DFG vor Wiedergründung der Deutschen Forschungsgemeinschaft. Der Physiker Walther Gerlach war während seiner Bonner Zeit (1946–1948) Vorsitzender dieser NRW-Forschungsmeinschaft. Leo Brandt war ein *Extrem*, an dem sich zeigen lässt, welche Art Präsentation von Anliegen der Forschung es im öffentlichen Raum auch gegeben hat. Walther Gerlach dagegen ist der angemessenere Vergleich. Gerlach, geb. 1889, war von 1951 bis 1961 Vizepräsident der Deutschen Forschungsgemeinschaft, Gentner, der siebzehn Jahre Jüngere, von 1972 bis 1978 Vizepräsident der Max-Planck-Gesellschaft. Beide kannten einander sehr gut und schätzten sich.

Walther Gerlach war Fachspartenleiter Physik und Leiter der Arbeitsgemeinschaft für Kernphysik im Reichsforschungsrat gewesen, also der mächtigste Physiker des „Dritten Reiches", als er Gentner im Jahre 1944 zu den „jüngere(n) Herren von ganz besonderem Format" zählte[38] und zugleich daraufhin wirkte, ihn zum ao. Professor zu ernennen.[39]

Beiden hat man die Aktivitäten während des Krieges nicht vorgeworfen. Gentner aus dem natürlichen Grunde nicht, weil er sich vorbildlich verhalten hatte und bereits unmittelbar nach dem Krieg von französischen Stellen geehrt und nach Frankreich eingeladen wurde. Aber gelegentliche, nicht sehr häufig geäußerte Vorwürfe gegen Gerlach lauteten, er habe nach 1933 als Hochschullehrer Physiker ausgebildet, die „in die Industrie" gegangen seien, habe sich aktiv an Kriegsvorbereitungen beteiligt, habe das Ansehen der NS-Regierung durch Vorträge im Ausland gestärkt.[40]

Nach Ende des Krieges führten Gentner und Gerlach einen freundschaftlich zu nennenden Briefwechsel.[41] Als Gerlach emeritiert wurde, 1957, wünschte er sich Gentner zu seinem Nachfolger. Beide, Gentner wie Gerlach, sind anerkannte Wissenschaftler und erfolgreiche Wissenschaftsmanager gewesen. Sie verfochten dasselbe profunde bürgerliche Bildungsideal, das in Gerlachs weithin bekannt gewordener Münchner Goethe-Rede[42] ebenso zum Ausdruck kam wie in Gentners profunder historischer Einordnung der Astronomie. Gerlach forderte 1950, die Universität solle zu einer Synthese von Humanismus und Naturwissenschaft streben.[43] Gentner hat 1979 einen Nachruf auf Gerlach verfasst und darin neben dessen Fähigkeiten als Physiker die Vielseitigkeit seiner Bildung und sein großes Interesse an der Geschichte der Naturwissenschaften hervorgehoben.[44] Beide waren Mitglieder der Studienstiftungs-Auswahlkommission, und beiden reichten bloße Fachkenntnisse nicht aus. Einen Höhepunkt der wissenschaftlichen Problemdurchdringung auf dem Gebiet der Astronomie hatte Gentner in den Schriften Keplers gesehen. Gerlach war weltweit anerkannter Kepler-Experte. 1960 wurde er Ehrenmitglied der Kepler-Gesellschaft; 1971 hielt er auf dem internationalen Moskauer Kepler-Symposium den Einleitungsvortrag. Beide, Gentner und Gerlach, bemühten sich um eine Wissenschaftspopularisierung, wie sie Ende des 19. Jahrhunderts mit der „University Extension" begann. Im Gegensatz zu Gerlach hat sich Gentner über seine Prinzipien der Wissenschaftspopularisierung nicht geäußert, aber er dürfte mit der Ansicht Gerlachs übereingestimmt haben, man solle den Weg eines Helmholtz anstatt den eines Jules Verne gehen, also nicht nur das Phantastische bringen, sondern auch das wirklich Bildende und Schulende.[45] Gerlach und Gentner referierten in Schulfunk-Sendungen, aber Gerlach war hinsichtlich des Medien-Einsatzes der Modernere, denn er hat als erster Physiker in Deutschland im Fernsehen Experimente vorgeführt und erläutert.

Beide verweigerten sich dem überzogenen Rückstandsdiskurs als einer Deckform des nationalen Gedankens und verweigerten sich damit weitgehend der Tradition machtstaatsnaher Naturwissenschaft. Polemiken gegen alliierte Besatzungspraktiken oder gar zu deren Ungunsten ausfallende Vergleiche mit der Besatzungspolitik des „Dritten Reiches", wie sie Clusius gezogen hatte, waren von Gerlach und von Gentner nicht einmal im Ansatz zu vernehmen, und wo sie derartiges von Anderen vernahmen, traten sie energisch dagegen auf.

Eine gewisse Reserve gegenüber der „Politik" ist in Gentners Äußerung zu erkennen, von Regierungsseite könnte der Beginn einer israelisch-ägyptischen Zusammenarbeit auf dem Gebiet der Wissenschaften zerstört werden. Bei Gerlach war die Abneigung gegen „Politik" und Politiker auf das stärkste ausgeprägt. In seiner Rede als scheidender Rektor der Münchner Universität hatte er die bayerische Regierung derart scharf angegriffen, dass Ministerpräsident Hans Ehard und der Präsident des bayerischen Landtags Alois Hundhammer demonstrativ die Aula verließen.[46] Auf solche Weise hat sich Gentner in der Öffentlichkeit nicht präsentiert. Es ist bezeichnend, dass er im Gegensatz zu Gerlach die „Göttinger Erklärung" gegen die Atombewaffnung nicht unterzeichnet hat, und dass er gegen die Verharmlosung des deutschen Okkupationsregimes in Frankreich durch die „Physikalischen Blätter" nicht in der Presse oder kampagnenförmig reagierte, sondern sich schriftlich an den Herausgeber Brüche wandte. Gentner hat die Universitäten nicht wie Gerlach geradezu in vorweggenommener 1968er-Manier kritisiert.[47]

1. Gerlach war sein Leben lang ein begeisterter Vortragsredner gewesen. Es sei – so resümierte er – das Bedürfnis seines Lebens gewesen, „Grundlagen zu verstehen, Neues zu finden und es anderen mitzuteilen".[48] Er scheint unglücklich gewesen zu sein, wenn er nicht vortragen konnte, so dass er bis Mitte der 1970er Jahre ein Magister ubique der öffentlichen Präsentation von Wissenschaft und Wissenschaftsgeschichte gewesen ist. Im Berufungsverfahren um die Nachfolge Wilhelm Wiens an der Universität München erhielt Gerlach 1928 den zweiten Listenplatz. Hervorgehoben wurde eigens, dass er ein „guter Redner" sei.[49]

2. Der effektvolle Vortrag war indes nicht Gentners Glück. Als es um die Nachfolge Gerlachs ging, wurde Gentner nicht in die Dreierliste aufgenommen, obgleich er als der fähigste Kandidat eingeschätzt wurde. Nach Auffassung der Fakultät war Gentner ein überaus bedeutender Forscher aber kein zufriedenstellender Lehrer. Würde man sich für ihn als Gerlach-Nachfolger entscheiden, wäre parallel ein zweiter, lehrfähiger Ordinarius zu berufen. „Die Besetzung des Lehrstuhls Gerlach würde demnach sehr teuer kommen."[50] Zieht man das vielleicht Gehässige ab, dann wäre diese merkwürdige Einschätzung ein Indiz für die These, dass Gentners zurückhaltender, nie gleisnerischer Stil Voraussetzung von Erfolgen im öffentlichen Raum gewesen ist, namentlich bei der Anbahnung der deutsch-israelischen Wissenschaftler-Zusammenarbeit.

## Anmerkungen

1 Z. B. Darmstädter, Loccumer: Nürnberger Gespräche.
2 J. Habermas: Strukturwandel der Öffentlichkeit. Untersuchungen zu einer Kategorie der bürgerlichen Gesellschaft, Darmstadt u. Neuwied, 1978, S. 13–17. Dort auch das Folgende.
3 Entwurf einer Rede des Ministers Leussink für die letzte Sitzung der Atomkommission, 19.10.1971, Bundesarchiv Koblenz, B 138–3304.
4 Vgl. die Beiträge im Teil III des vorliegenden Bandes.
5 H. Schleier: Neue Ansätze der Kulturgeschichte zwischen 1830 und 1900. Zivilisationsgeschichte und Naturgesetze. Darwinismus und Kulturbiologismus, in: Ulrich Muhlack (Hg.): Historisierung und gesellschaftlicher Wandel in Deutschland im 19. Jahrhundert, Berlin. 2003 (Forschungskolleg 435 der DFG, Wissenskultur und gesellschaftlicher Wandel, Bd. 5), S. 137–157, S. 141; Vgl. auch A. Daum: Wissenschaftspopularisierung im 19. Jahrhundert: bürgerliche Kultur, naturwissenschaftliche Bildung und die deutsche Öffentlichkeit 1848–1914. München 1998.
6 S. B.-A. Rusinek: „Bildung“ als Kampfplatz. Zur Auseinandersetzung zwischen Geistes- und Naturwissenschaften im 19. Jahrhundert, in: Jahrbuch für Historische Bildungsforschung, Bd. 11 (2005), S. 315–350.
7 Zum Folgenden: W. Waldeyer: Über die Stellung unserer Universitäten seit der Neugründung des deutschen Reiches. Rede zum Antritt des Rektorates der Königlichen Friedrich-Wilhelms-Universität in Berlin gehalten in der Aula am 15. Oktober 1898, Berlin. 1898.
8 Zum Folgenden: A. Exner: Über politische Bildung. Inaugurationsrede, gehalten am 22. Oktober 1891, Wien 1891.
9 Zum Folgenden: K. Debus: Weltraumschiffahrt, ein poetischer Traum und ein technisches Problem der Zeit, in: Hochland, (10) 1926/27, S. 356–371.
10 Zum Folgenden: M. Dessoir: Buch der Erinnerung, Stuttgart 1946, 218 ff.
11 Lamla an Walther Gerlach, 2.7.1979, Archiv des Deutschen Muscums München, NL 80 (Gerlach), Nr. 420. (Dort auch das folgende Zitat.)
12 Zit. n. C. Carson: Bildung als Konsumgut. Physik in der westdeutschen Nachkriegskultur, in: D. Hoffmann (Hrsg.): Physik im Nachkriegsdeutschland, Frankfurt/M. 2003, S. 73–85, S. 74.
13 S. B.-A. Rusinek: Wyhl, in: Hagen Schulze, Etienne François (Hg.): Deutsche Erinnerungsorte, (Bd. 2), München 2001, S. 652–666.
14 G. Kumleben: Die Atomphysik in soziologischer Betrachtung, in: Die Umschau, Jg. II, 1947, S. 188–206, S. 188.
15 W. Gentner: Die Radioaktivität in ihrer Bedeutung für naturwissenschaftliche Probleme. Rede gehalten bei der Universitätsfeier am 16. April 1948, Freiburg 1948 (Freiburger Universitätsreden).
16 Es handelt sich um:
(1) Eduard Brenner: Abraham Lincoln. Rede gehalten bei der Rektoratsfeier der Universität Erlangen am 8. Oktober 1947, Erlangen 1948
(2) Franz Büchner: Ansprache an die Studenten, Freiburg 1946
(3) Julius Ebbinghaus: Gelöbnis, in: Die Gegenwart, 24.2.1946, S. 1
(4) Hans Georg Gadamer: Über die Ursprünglichkeit der Wissenschaft, Leipzig 1947
(5) Walter Hallstein: Wiederherstellung des Privatrechts. Rede bei Übernahme des Rektorats der Johann-Wolfgang-Goethe-Universität Frankfurt am Main, in: Schriften der süddeutschen Juristen-Zeitung, Heft 1, Heidelberg 1946, S. 5–35

(6) Georg Hohmann: Rede zur Wiedereröffnung der Ludwig-Maximilians-Universität München, München 1947
(7) Sigurd Janssen: Ansprache anlässlich der Wiedereröffnung der Universität im Rahmen der Theologischen Fakultät am 17. September 1945, in: Hochschule und Wiederaufbau, Freiburg 1948, S. 11–16
(8) Ludwig Raiser: Die Notlage der Universität Göttingen, 1949
(9) August Reatz: Völkergemeinschaft und Universität. Akademische Universitätsrede, gehalten am 11. Dezember 1947, Mainz 1948
(10) Edwin Redslob: Ansprache des scheidenden Rektors, in: Hans Freiherr von Kress, Die Disharmonie als Ursache von Krankheiten, Berlin 1950, S. 3–8
(11) Hermann Rein: Die gegenwärtige Situation der Universität. Rede des Rektors F. H. Rein bei der feierlichen Verpflichtung der Studenten an der Georg August Universität in Göttingen am 18. Juni 1946, Göttingen 1946
(12) Hermann Schneider: Über Entstehung, Träger und Wesen des Neuen in der Geschichte der Dichtkunst. Rede gehalten bei der Neueröffnung der Universität Tübingen am 15. Oktober 1945, Tübingen 1950, S. 10–34
(13) Georg Schreiber: Hochschule und Volkstum in der neuen Zeit. Rektoratsrede zur Wiedereröffnung der westfälischen Landesuniversität am 3. November 1945, Recklinghausen 1946
(14) Theodor Steinbüchel: Europa als Verbundenheit im Geist. Rede bei der Übernahme des Rektorates der Universität Tübingen, Tübingen 1946
(15) Theodor Süß: Zwei Ansprachen an Studenten. Zur Eröffnung der Universität Erlangen am 5. März 1946, Erlangen 1946, S. 5–43
(16) Karl Vossler: Forschung und Bildung an der Universität, München 1946 („Geistiges München“, Erstes Heft)
(17) Aloys Wenzl: Geist und Zeitgeist zweier Generationen, München 1946 („Geistiges München“, Drittes Heft)
(18) Emil Wolff: Die Idee und die Aufgabe der Universität. In: Reden der Universität Hamburg, gehalten bei der Feier der Wiedereröffnung am 6. November 1945 in der Musikhalle, Hamburg 1946, S. 17–34

17 Brenner, Büchner, Ebbinghaus, Reatz, Redslob, Schreiber, Steinbüchel, Süß, Vossler, Wenzl – vielleicht müsste Raiser noch dazu gezählt werden.

18 V. F. Weisskopf: Wolfgang Gentner – ein Forscherleben in unserer Zeit, in: Max-Planck-Gesellschaft, Berichte und Mitteilungen 2 /81, Gedenkfeier Wolfgang Gentner, S. 23–27, S. 25.

19 Gentner an Goudsmit, Radiation Lab MIT, 21. Juni 1946, MPG-Archiv, III, 68 A, Nachlass Gentner, Nr.4.

20 „Einladung nach USA“, in: „Göttinger Universitätszeitung“ Frühjahr 1947, sowie: Physikalische Blätter 3 (1947), S. 33–35.

21 Clusius an Hahn und Rein (Rektor Göttingen), 31. März 1947, Archiv des Dt. Museums, NL 80 (Gerlach), Nr. 299.

22 Gentner an Goudsmit, Radiation Lab, MIT, 21. Juni 1946, MPG-Archiv, III, 6817, Nr.4.

23 Gentner an Brüche, 28. Juli 1947, ebd.

24 Wolfgang Gentner: Im besetzten Paris, in: Max-Planck-Gesellschaft, Gedenkfeier Gentner, a.a.O., S. 41–50.

25 Gentner an Brüche, 28. Juli 1947 MPG-Archiv, III, 6817, Nr.4.

26 Gutachten von Gentner über Dänzer, 8. Oktober 1946, ebd.

27 Heidelberger Wissenschaftler besucht Weizmann-Institut. Vorbildliche Leistungen in Israel. Gespräch mit dem Direktor des Max-Planck-Instituts für Physik, Prof. Gentner, in: Die Universität, Sonderseite zum Heidelberger Tageblatt, Nr. 35, Januar 1960; Jubiläum in Rehovot. Zehn Jahre Zusammenarbeit zwischen deutschen und israelischen Wissenschaftlern, in: Die Zeit, 27.4.1973; Vgl. auch den Beitrag von D. Nickel im vorliegenden Band.

28 Gentner an Haunschild, 17.9.1974, MPG-Archiv, III, 6817, Nr. 130.

29 Archiv des Deutschen Museums, NL 80 (Gerlach) Nr. 131-02; Nr. 131-04.

30 Opladen 1983 (Rheinisch-Westfälische Akademie der Wissenschaften, Vorträge N 319), S. 7–28.

31 Gesendet im Bayerischen Rundfunk am 4. und 5.12.1975 Transkript MPG-Archiv, III, 6817, Nr. 176.

32 Gentner an Jaspers, 21. März 1947 MPG-Archiv, III, 6817, Nr. 4.

33 Studienstiftungsgutachten, MPG-Archiv, III, 6817, Nr. 191 u. 192.

34 Zum Folgenden: Der Ingenieur Leo Brandt, in: Bernd-A.Rusinek: Das Forschungszentrum. Eine Geschichte der KFA Jülich von ihrer Gründung bis 1980, Frankfurt/M., New York 1996, S. 121–152.

35 55. Sitzung, 30.1.1958.

36 Gründungen mit wesentlicher Beteiligung Brandts: Arbeitsgemeinschaft für Forschung des Landes Nordrhein-Westfalen, Arbeitsgemeinschaft für Rationalisierung, Deutsche Versuchsanstalt für Luftfahrt (Wiedergründung), Versuchsanstalt für Binnenschifffahrt (Duisburg), Institut für Rationalisierung (Aachen), Forschungsinstitut für Verfahrenstechnik (Leverkusen), Institut für Wollforschung (Aachen), Institut für internationale technische Zusammenarbeit (Aachen), Institut für Radioastronomie (Bonn), Abteilung für Verkehrssicherheit und Verkehrserziehung am Institut für Verkehrswissenschaften (Köln), Institut für instrumentelle Mathematik (Bonn), Institut für Spektroskopie (Dortmund), Institut für Lufthygiene und Silikoseforschung (Düsseldorf), Institut für Algenforschung (Dortmund), Institut für Kinderernährung (Dortmund), Institut für Chemische Verfahrenstechnik (Aachen).

37 Höhepunkt war der Münchner SPD-Parteitag im Juli 1956 unter dem Motto „An der Wende der deutschen Politik“. Es war ein Atomenergie-Parteitag. Zur Begründung eines den Delegierten vorgelegten „Atomplanes“ wurden zwei Reden zum Thema „Die zweite industrielle Revolution“ gehalten – und zwar von Leo Brandt als dem forschungspolitischen und von Carlo Schmid als dem intellektuellen Aushängeschild der Partei.

38 Gerlach an Senatssyndikus Schrewe, Hamburg, 23.5.1944, Bundesarchiv Berlin, R 26 III/ 443 a.

39 Gerlach an Fischer, 19.8.1944, ebd..

40 Aktenexzerpte als Vorbereitungsmaterial für eine Würdigung zum 100. Geburtstag Gerlachs, Archiv der Ludwig-Maximilians-Universität München, E-II-1429,. (Was mit der aktiven Beteiligung an der Kriegsvorbereitung gemeint war, ist unklar. Womöglich zielte der Vorwurf auf Gerlachs Funktion als Verantwortlicher für Forschungsarbeiten auf dem Gebiet der Leichtmetall-Legierungen und seine F+E-Arbeiten auf dem Torpedo-Sektor ab.

41 Archiv des Deutschen Museums, NL 80 (Gerlach) Nr. 091.

42 W. Gerlach: Die akademische Provinz. Rede, gehalten bei der Goethefeier der Bayerischen Akademie der Wissenschaften, der Universität München, der Technischen Hochschule München, der Landeshauptstadt München am Stiftungstag der Ludwig-Maximilians-Universität München am 26. Juni 1949, München 1949 (Münchner Hochschulschriften, 8).

43 Rede bei der Feier des 160-jährigen Bestehens der Tierärztlichen Fakultät München, 29.11.1950, Archiv des deutschen Museums, NL 80 (Gerlach) Nr. 294-01.
44 W. Gentner: „Walther Gerlach 1.8.1889–10.8.1979“, in: MPI, Berichte und Mitteilungen, Sonderheft 3/1980, S. 16–18.
45 W. Gerlach: „Die Stunde des Rektors“, Ms. der 2. Stunde, 1. Mai 1949, Archiv des Deutschen Museums, NL 080 (Gerlach), Nr. 294-05.
46 „Rektoratswechsel an der Münchener Universität“, in: Neue Zeitung, 26.11.1951.
47 W. Gerlach: Eine Bilanz der Naturwissenschaften. Aufgaben und Gefahren, in: H. W. Richter (Hrsg.): Bestandsaufnahme. Eine deutsche Bilanz. Sechsunddreißig Beiträge deutscher Wissenschaftler, Schriftsteller und Publizisten, München, Wien, Basel 1962, S. 360–372.
48 Zweiseitiges Ms. von Gerlach u. d. T. „Wahrheit“ (undat., ca. 1956), Archiv des Deutschen Museums, NL 80 (Gerlach), Nr. 053.
49 Archiv der Ludwig-Maximilians-Universität, Akte OC-X-3b, Bd.2.
50 Notiz aus dem Bayerischen Kultusministerium, 22. Februar 1957, Bayer. Hauptstaatsarchiv München, MK 69771.

# Wolfgang Gentner and CERN*

John Adams

Wolfgang Gentner initially became involved in the idea of setting up a European Laboratory for nuclear physics research in the very early 1950s. He recalled, in a speech he made to the CERN Council, that he first heard of the idea in Enrico Fermi's house in Chicago in 1951 when Francis Perrin, Pierre Auger and himself were attending the inauguration ceremony of the Chicago Institute for Nuclear Studies. On his return to Germany after this ceremony, he discussed the idea with several members of the German Government. Edoardo Amaldi has recorded in his diary that Gentner was present for the first time at a meeting of the Executive Group of the provisional Organization held in Amsterdam in October 1952 and took part in a visit to a site at Arnhem which the Netherlands Government was offering for the future CERN Laboratory.

After the signing of the provisional Convention of CERN, the newly empowered Council, at its first meeting in Paris in May 1952, set up four study groups each with a leader, and appointed Amaldi as Secretary-General. Cornelius Bakker led the Synchro-cyclotron group, Odd Dahl the Proton Synchrotron Group, Niels Bohr the Theoretical Study Group, and Lew Kowarski the Laboratory group. It was these five scientists who formed the Executive Group to which I have just referred.

In setting up the Proton Synchrotron Group, Dahl invited Gentner to become a consultant and his particular contribution to the work of the group was the design of the radiation shielding for the PS machine. There are two reports existing from that period – the first, dated December 1952, by Gentner, Citron and Sittkus and the second, dated June 1953, by Gentner and Citron. Gentner also took part in the dramatic changeover in the design of the PS machine from a scaled-up Cosmotron for 10–15 GeV energy to an alternating gradient machine for 28 GeV energy and, as a member of a small inner group set up by Dahl, helped to guide the planning of the work of the group during this changeover. He remained a very influential consultant to the PS group during the whole design phase of the machine.

After the final Convention of CERN was ratified by sufficient European Governments in September 1954, the new CERN Council at its first meeting appointed Felix Bloch as Director-General. Gentner and Hocker were the two German delegates at this first Council meeting. However, Bloch resigned a few months later and the Council appointed Bakker to succeed him, thus leaving the Directorship of the Synchro-cyclotron Division vacant. The Council offered this post to Gentner in June 1955 and he joined the CERN laboratory at Geneva in August of the same year.

---

* Nachdruck von: Wolfgang Gentner (1906–1980). CERN/DOC 82-3 (January 1982), S. 9–12.

**Abb. 36.** Ansicht des CERN, um 1964.

At that time, the management of the laboratory was conducted by a group of Directors who met regularly under the chairmanship of the Director-General. The other Directors were Richemond for Administration, Ferretti for Theoretical Studies, Kowarski for Scientific and Theoretical Services, Preiswerk for the Site and Buildings and myself for the Proton Synchrotron. During the five years that he stayed at CERN, Gentner attended all the meetings of this Group of Directors and hence took part in the development of the whole laboratory during its formative years. In addition, like the other Directors, he had his particular responsibilities which for him were the completion of the construction of the SC machine and the start of its research programmes.

Taking over the SC machine from Bakker in the middle of its construction was no easy job. Bakker had built up a very competent team who were used to working with him since he had directed the work right from the beginning. Gentner found himself sandwiched, so to speak, between senior members of the SC Division and their old boss who was then the Director-General. It was a situation that required considerable tact and human understanding. Gentner had, of course, previous experience with earlier cyclotrons, at Joliot's laboratory in Paris during the war and at Bothe's Institute at Heidelberg. However, the CERN machine was a new type – a synchro-cyclotron – very much bigger than these early machines and it used much more advanced technology. Gentner was fascinated by its technology and was amazed at the progress that had been made since the end of the 1940s when, as he said, the vacuum chamber of the Heidelberg machine was "vacuum-tight like a sponge". He followed all the technical details of the SC machine with great enthusiasm and was seen one foggy day at Coppet along the lake from Geneva together with Bakker and other members of the SC Division anxiously awaiting the huge coil of the SC magnet which was being slowly transported by road across Switzerland to CERN.

He saw his main task, however, as creating teams of competent physicists to carry out what he called "good physics" with the SC machine. His way of working was to find the best people, bring them to CERN and then leave them free to do the research. In order to find these physicists he travelled around a great deal using his many contacts in the universities of Europe and in America. He was particularly keen to create international teams and strongly opposed to purely national ones. He was also successful in bringing back to Europe several senior physicists then working in America, for example, Gilberto Bernardini, who joined him at CERN, and he sent young physicists from CERN to work in America and in Britain where there were machines available similar to the one being built at CERN.

This was the time at CERN when the way of using the future CERN machines was much debated. There were those who felt that CERN should provide the machines and leave the research to the university physicists, and others who advocated building up a strong in-house research staff at CERN. Gentner sought a compromise between these two extreme views and the system now operating at CERN owes much to his early efforts to reach a balanced solution.

When Gentner arrived at CERN in the autumn 1955, there were only about 200 staff members and when he left in 1960 there were over 1000. During these five years the site of CERN was built up from zero, complete with its technical services, and first the SC and then the PS machines came into operation. In addition, the research programmes of the SC machines were established and those of the PS machine were started. Since CERN was the first international scientific research laboratory in Europe almost everything, even the most trivial matters, had to be debated from scratch and the forum for these debates was the Group of Directors' meeting. Fortunately, the CERN archives contain all the minutes of these meetings and they make fascinating reading nowadays. For example, there were long discussions about indefinite contracts for CERN staff – whether there should be any at all and if so how to award them. Gentner was in favour of them in limited numbers, providing that they were offered only after about six years of service and that very few were given to research staff. Whether there should be free or restricted access to the site caused another long debate, as did the need for central workshops. On the question of workshops Gentner had very strong views. He considered them of the utmost importance for a laboratory and himself set up the mechanical and electronic workshops in the SC Division which have proved invaluable over the years. All these problems and many others which took up so much time in the meetings were, of course, similar to those of any new and rapidly expanding laboratory but they were made more complicated by the international nature of CERN. In the debates that went on, Gentner played an important role, always in favour of liberal policies and against restrictive ones and many of the current practices at CERN can be traced back to his interventions at these early management meetings.

In the autumn of 1957 Bernardini joined CERN as Director of Research. Gentner remained Director of the SC Division but a year later they changed places and Gentner became the Director of Research. Also at this time, the autumn of 1958, Bakker, Gentner and Bernardini started discussions on the experimental programme for the PS machine which was still under construction but scheduled to come into operation towards the end of 1960. Gentner also became the first chairman of a committee set up to award fellowship and research associates at CERN.

The presence of two senior research physicists in the SC Division, Gentner and Bernardini, gave rise to some confusion and in the middle of 1959 the research programmes were divided. Gentner looked after the polarized proton programme and the muon programme of Citron, and he continued with the nuclear chemistry programme of Pappas and Rudstam and the nuclear spallation programme of Goebel, both of which he had himself set up at CERN in 1956 since he believed that the research programmes at CERN should be as widely based as possible. The present ISOLDE programme at the SC is a result of this early initiative of Gentner. Bernardini looked after the other part of the muon programme under Lundby, the pion programmes of Zavattini and Fidecaro and the electronic counter programmes of van Darrell, Merrison and Paul. This division of tasks continued until Gentner finally left CERN for Heidelberg in 1960.

After leaving CERN, Gentner did not abandon his interests in the CERN laboratory nor his formal connection with the Organization. He was elected a member of the Scientific Policy Committee and in November 1968 he became its chairman in succession to Puppi. This was the period when Bernard Gregory was Director-General and the most important issue at the time was how to get approval for the 300 GeV programme. At his first meeting as chairman of the Scientific Policy Committee he was reminded by the President of Council that the Council was awaiting the recommendation of the SPC on the name of the Project Director for the 300 GeV programme so that they could appoint him at their session in December.

I very well remember the discussion I had with Gentner on this subject at the Hotel du Rhône in Geneva, and his opening remark "Despite the fact that the government of the United Kingdom of Great Britain and Northern Ireland has refused to join the 300 GeV programme ..."

When an alternative way of achieving the 300 GeV programme was first put to him in the spring of 1970, he was delighted since he saw immediately that this would solve all the problems that had blocked the project up to then – indeed, he likened the proposal to the solution of standing an egg on end, invented, it is said, by Columbus – and from then on he devoted all his efforts to getting it adopted, first by the SPC in May 1970 and then by the Council later the same year.

During his chairmanship of the SPC there were several successes in the laboratory, such as the completion of the construction of the ISR machine and the first

**Abb. 37.** John Adams, W. Gentner und Francis Perrin im Tunnel des SPC-Beschleunigers, CERN 1974.

proton-proton collisions in January 1971, and the first pictures from Gargamelle, the heavy liquid bubble chamber.

Immediately after leaving the chairmanship of the SPC he was elected President of the Council and at the first session which he presided in June 1972 the final form of the 300 GeV programme was approved. Denmark joined the other ten Member States in supporting this programme and, as Sir Brian Flowers remarked at the end of the session, it was "a docile if not soporific session after the turmoil of the last two years, though much solid business was done." There was also an amusing incident at the end of the session when the Deutsche Bundesrechnungshof was appointed external auditors to replace the Danish auditors at the end of their period of service. Gentner, in asking the approval of Council, clearly indicated by his gestures that he feared the worst.

At the June 1973 session the Council agreed to a proposal to install all the bending magnets in the SPS machine from the beginning instead of two stages, thus allowing the machine to reach 400 GeV and which created a problem for the Dutch delegate who only had authority for 300 GeV maximum energy. Since the Dutch delegate was his old friend Bannier, Gentner got a lot of amusement from this embarrassing situation. At another Council session later on, Gentner, as President, said farewell to Francis Perrin who was retiring as French delegate. Recalling that they had started together so many years ago with the idea of a European Laboratory, Gentner ended with a remark that could well be applied to himself. He said "for over 20 years we have benefited from your wisdom, influence and unshakable faith in this daring venture which is CERN."

At the end of his presidency in December 1974, several speeches were made. Levaux, his successor, remarked that whenever needed, Gentner was there upholding and strengthening the reputation of the organization and that his voice was always heard not least during the launching of the 300 GeV programme. Kouyoumzelis who had first met Gentner in the spring of 1936 at Heidelberg and was therefore his oldest friend in the room spoke of Gentner as "a sincere friend and a very cultured European scientist"; and Jentschke, who Gentner had persuaded to return from the United States to build DESY Laboratory at Hamburg and who was then Director-General of CERN, spoke of his "independence of mind, openness to new scientific approaches and his remarkable versatility as a scientist".

After leaving the Presidency of the Council, Gentner took again his membership of its Scientific Policy Committee and served for several more years.

What Gentner thought about international cooperation in scientific research in general and about CERN in particular, he embodied in a speech which he gave at the fiftieth anniversary of the International Union of Pure and Applied Physics held at Washington in September 1972. Reading that speech today, one can appreciate why he devoted so much of his life to international science and the depth of his understanding of its purpose. He particularly mentioned East-West collaboration and illustrated his view with the CERN-Soviet Union collaboration which he had helped to start back in 1956 whilst he was a Director at CERN.

In fact, there were two amusing incidents at the first international high energy physics conference held at Geneva in 1956 at which the Soviet scientists participated for the first time after the second World War. Since they show so well Gentner's bubbling enthusiasm and wry sense of humour, I will use them to end my contribution.

Gentner lived at that time in a villa at "Malagnou le lac" on the shores of Lake Geneva and he invited so many people from the conference to a party at his villa that even the garden was overflowing. To cap it all, a thunderstorm broke out and baptized all the guests, but after the deluge was over they were all discovered, Russians and Gentner included, happily roasting sausages on sticks on open fires by the lake shore. A day or so later, he organized a visit to Mont Blanc for the Russian physicists who, of course, had no French visas. Overcoming what he regarded as minor diplomatic difficulties, he finally got them to Chamonix and up to the Aiguille du Midi where they could see no farther than the end of their arms since the Mont Blanc chain was in thick cloud. Nevertheless, they were perfectly happy and were overwhelmed by Gentner's enthusiasm.

For nearly 30 years, Gentner played a leading role in the affairs of CERN, firstly as one of its founders, then as a Director during the early years and subsequently as member and Chairman of the Scientific Policy Committee and President of Council. However his interests went far beyond CERN and even beyond physics for he was a widely cultivated man and interested in people as well as in their work. Above all he was enthusiastic and could communicate his enthusiasm, especially to the young.

CERN has every reason to be very grateful indeed to Wolfgang Gentner; grateful for his wisdom, his influence and his unshakable faith in this Organization. He belonged to a generation that sought to build a new Europe after the disaster of the second World War and it was through CERN and through his numerous contributions to this Organization over a period of nearly 30 years that he was able to realise his vision of a new Europe.

# Wolfgang Gentner und die Begründung der deutsch-israelischen Wissenschaftsbeziehungen

Dietmar K. Nickel

Zu seinem 60. Geburtstag am 23. Juli 1966 erhielt Wolfgang Gentner viele Gratulationsschreiben und -telegramme, die seine wissenschaftlichen Leistungen, seine Weitsicht und seine besonderen Managementfähigkeiten beim Aufbau von CERN und bei der Konzipierung des Max-Planck-Instituts für Kernphysik in Heidelberg heraushoben.

Nur in einem Telegramm wurde ein Wirkungsbereich erwähnt, dem Gentner bis zu seinem Tode verbunden blieb und der ihm – wie es seine Frau Alice später dem Autor gegenüber einmal erwähnte – eine Herzensangelegenheit war. Das Telegramm kam von Meyer Weisgal, dem damaligen Präsidenten des Weizmann-Instituts in Rehovot in Israel. Darin wurde Gentner als Architekt der wissenschaftlichen Zusammenarbeit zwischen dem Weizmann-Institut und der Wissenschaft in Deutschland gewürdigt. Hierfür war er bereits ein Jahr zuvor mit dem Titel „Honorary Fellow" des Instituts geehrt worden.[1] Meyer Weisgal bezog sich dabei auf eine seit 1959 bestehende Zusammenarbeit zwischen dem Weizmann-Institut und der Max-Planck-Gesellschaft, die Gentner auf der wissenschaftlichen Seite entscheidend mitinitiiert und vorangetrieben hatte – eine Leistung, die erst viel später auf deutscher Seite ihre Würdigung fand.

Der 1. Dezember 1959, an dem eine Delegation der Max-Planck-Gesellschaft unter der Leitung ihres Präsidenten Otto Hahn in Israel landete, gilt heute als Beginn der deutsch-israelischen Wissenschaftsbeziehungen. Zu der Delegation gehörten der Sohn Hahns, Hanno Hahn, Kunsthistoriker am Max-Planck-Institut der Bibliotheca Hertziana in Rom, Wolfgang Gentner, Direktor des Max-Planck-Instituts für Kernphysik in Heidelberg mit Frau Alice Gentner und Feodor Lynen, Direktor des Max-Planck-Instituts für Zellchemie in München. Sie wurden von Josef Cohn, Vizepräsident des Europäischen Komitees des Weizmann-Instituts in Zürich, begleitet.[2]

## 1 Erste Kontakte

Diesem heute als historisch angesehenem Besuch gingen eingehende Gespräche voraus, die bis ins Jahr 1956 zurückreichten. Dabei kam die Initiative nicht von der deutschen Seite, sondern von zwei israelischen Wissenschaftlern, Gerhard M. J. Schmidt und Amos de-Shalit vom Weizmann-Institut sowie von Josef Cohn, dem Repräsentanten des Instituts in Europa.

Schmidt wurde 1919 in Berlin als Sohn des deutschen Chemikers Erich Schmidt und seiner jüdischen Frau geboren. 1934 ließ sich sein Vater scheiden und legte seiner Frau nahe, mit ihrem Sohn nach England zu emigrieren, um dem sich abzeichnenden Nazi-Terror zu entgehen. Gerhard Schmidt studierte in Oxford Chemie, entschied sich 1948 für Israel und ging an das Weizmann-Institut nach Rehovot. Mit seinem Vater in Deutschland wollte er zunächst nichts zu tun haben. Er verübelte ihm die Scheidung von seiner Mutter und warf ihm Anpassung an das Nazi-Regime vor. Sein Vater aber suchte immer wieder den Kontakt zu ihm, der schließlich zu einer ersten Begegnung führte. Gerhard Schmidt söhnte sich mit seinem Vater aus und bemühte sich um Kontakte zu politisch unbelasteten Wissenschaftlern in Deutschland, über die er hoffte, Verbindungen zur chemischen Industrie zu bekommen und Unterstützung für seine Forschungen zu erhalten.[3]

**Abb. 38.** Die Delegation der Max-Planck-Gesellschaft vor dem Abflug nach Israel auf dem Flughafen Zürich 1.12.1959, v.l.n.r.: Feodor Lynen, W. und Alice Gentner, Otto Hahn und Josef Cohn.

Sein Vater nannte ihm Wolfgang Gentner als geeigneten Ansprechpartner. Dieser hatte damals den Lehrstuhl für Physik an der Universität Freiburg inne und war seit 1955 zugleich Direktor an der von 12 europäischen Staaten gemeinsam gegründeten Organisation für Kernforschung, CERN, in Genf. Gentner war nicht zuletzt in diese Position gekommen, weil er ein integrer Mann war. Er hatte Anfang des Krieges als vom Heereswaffenamt eingesetzter Verwalter des Instituts von Frédéric Joliot-Curie, ihn und Paul Langevin aus der Haft befreien und beiden die Flucht ermöglichen können. Gentner war im französischen Kulturkreis stark verwurzelt. Seine Frau Alice war Schweizerin, er selbst hatte Anfang der 1930er Jahre zwei Jahre am Institut von Madame Curie an der Pariser Universität geforscht. Er zog 1946 die Berufung an die Universität Freiburg der der Universität Hamburg vor und blieb sein weiteres Leben im Südwesten Deutschlands.

Bei CERN hatte Gentner im Umgang mit den Kollegen aus den anderen europäischen Ländern gespürt, wie die Vergangenheit noch die Kontakte belastete und wie schwer es deutsche Wissenschaftler hatten, in der internationalen Gemeinschaft wieder respektiert zu werden. Ihm ging es daher, wie Victor F. Weisskopf bei der Gedenkfeier für Wolfgang Gentner am 1. April 1981 sagte, darum, „die Wissenschaftler in Deutschland wieder mit der Weltgemeinschaft der Wissenschaftler nach dem Zweiten Weltkrieg in Verbindung zu bringen". Einen wichtigen Schritt auf diesem Weg sah Gentner in der Wiederherstellung von Kontakten zu den jüdischen Wissenschaftlern, die nicht zuletzt auch in der Wissenschaftsgeschichte Deutschlands eine so wichtige Rolle gespielt hatten. Er selbst hatte Anfang der 1930er Jahre enge Kontakte zu jüdischen Wissenschaftlern und beklagte nach dem Krieg die „Langeweile im heutigen Wissenschaftsbetrieb Deutschlands". Er vermisste die fruchtbare Auseinandersetzung von vor 1933.[4] Sorgen bereiteten ihm auch das wissenschaftliche Niveau in Deutschland, das durch die nationalsozialistische Ideologie und den Krieg gelitten hatte. Viele hervorragende Wissenschaftler waren in die Emigration gezwungen worden, im Krieg oder in der Gefangenschaft umgekommen oder nach dem Krieg ins Ausland gegangen. Hinzu kam ein sich in den 1950er Jahren verschärfender Braindrain junger qualifizierter deutscher Wissenschaftler in die USA. Universitäten und Forschungseinrichtungen waren durch die Kriegseinwirkungen teilweise zerstört. Auch wollten die Wissenschaftler nach Kriegsende im Ausland häufig nichts mehr mit deutschen Kollegen zu tun haben, denen sie oft nicht ohne Grund opportunistische Duldung des Systems vorwarfen. Wie in der Politik, so war auch in der Wissenschaft die Aussöhnung mit Israel ein Schlüssel, der die Tür zur internationalen Wissenschaftlergemeinschaft öffnen konnte.

Gerhard Schmidt suchte Gentner zum ersten Mal 1956 auf, um mit ihm über Möglichkeiten zu sprechen, wie man zwischen den Wissenschaftlern wieder Kontakte herstellen und zusammenarbeiten könnte. Gentner berichtete später: „Ich werde nie die langen Spaziergänge vergessen, die wir durch den Kaiserstuhl (bei Freiburg) machten. Damals – 1956, 1957 und 1958 – haben wir besprochen, wie man das anstellen sollte, wieder zusammenzukommen und auf welchem Gebiet man das machen sollte".[5]

Schmidt bewog den Physiker Amos de-Shalit, Gentner bei CERN in Genf aufzusuchen, wo de-Shalit häufig als Gastwissenschaftler tätig war. Amos de-Shalit war in

Palästina geboren und aufgewachsen, er war nicht persönlich vom Holocaust betroffen. Seine Ausbildung hatte er an der Hebräischen Universität, an der ETH Zürich, in Princeton und beim MIT in den USA erhalten. Seit 1954 im Weizmann-Institut, wurde er im Alter von 30 Jahren dort Leiter der Abteilung für Kernphysik. Er war nicht nur ein hervorragender Wissenschaftler, sondern auch ein kreativer Manager, der in seinen verschiedenen Funktionen, die er am Weizmann-Institut innehatte, immer wieder mit neuen Ideen, wie der Installierung des ersten Industriezentrums der Wissenschaft in Israel, versuchte, das Institut und sein Renommee weiterzuentwickeln und zu heben. Im Gegensatz zu Gerhard Schmidt, der am Institut nicht unumstritten war, war Amos de-Shalit sehr beliebt und hatte einen überzeugenden Charme, mit dessen Hilfe er vieles durchsetzen konnte, was anderen nicht gelungen wäre. Seine Familie war außerdem mit der Tochter Ben Gurions eng befreundet und so traf de-Shalit häufig mit Ben Gurion selbst zusammen, der seinen Rat sehr schätzte.[6]

Anfang 1958 kam es zur ersten Begegnung von Amos de-Shalit und Wolfgang Gentner in Genf. De-Shalit suchte Gentner in dessen Zimmer auf, um mit ihm Möglichkeiten zu besprechen, wie man Kontakte zwischen deutschen Forschungseinrichtungen und dem Weizmann-Institut herstellen könnte.[7] Amos de-Shalit hat 1962 anlässlich eines Besuchs bei der Max-Planck-Gesellschaft in München seine Beweggründe für diesen Schritt dargelegt. So wollte er zum einen an die große deutsch-jüdische Tradition in der Wissenschaft anknüpfen und die Zusammenarbeit suchen, zum anderen einen Beitrag zur Versöhnung leisten. Hierzu führte de-Shalit damals aus: „Our Torah teaches us, that we should not hold children responsible for the deeds of their parents, a whole community responsible for the deeds of individuals, no matter how large their number is. Loyal to this old principle, I believe we should try to reestablish relations, and scientific cooperation probably forms the best first step. I hope that by understanding each other we can make sure that the happenings of the past will never repeat themselves again, and warn other nations, who may be blindly reaching such horrible situations, to stop before it is too late“.[8]

Für Gentner war die Begegnung mit diesem jungen, aufgeschlossenen und intelligenten israelischen Wissenschaftler eine große Freude, wie er später immer wieder betonte. Trafen sich doch dessen Überlegungen mit den eigenen, die er schon mit Gerhard Schmidt eingehend diskutiert hatte, ohne jedoch eine Lösung dafür zu finden. De-Shalit kam nicht ohne Rückendeckung von einflussreichen Wissenschaftlern des Weizmann-Instituts zu diesem Gespräch. Er hatte sich, wie er später in einem Schreiben festhielt, mit Kollegen am Institut, die wichtige Fachgebiete repräsentierten, wie Shneior Lifson, Gaby Goldring, Harry Lipkin, Michael Feldmann und Michael Sela abgesprochen.[9] Aber beide Wissenschaftler wussten zunächst nicht, wie sie diese Idee umsetzen sollten. Wolfgang Gentner war gerade als Direktor des neu gegründeten Max-Planck-Instituts für Kernphysik in Heidelberg berufen worden und mit dem Aufbau des neuen Instituts stark in Anspruch genommen. Was auf deutscher Seite fehlte, war eine Organisation, die als wissenschaftlicher Partner des Weizmann-Instituts in Frage kommen würde.

Im gleichen Jahr suchte ein anderer Israeli Gentner auf, der seit kurzem verantwortlich für die Akquisition von Spenden an das Weizmann-Institut in Europa

**Abb. 39.** Victor Weisskopf und Amos de-Shalit auf der Feier zu W. Gentners 60. Geburtstag in Heidelberg.

war. Es war Josef Cohn, der sich – 1904 in Berlin geboren – früh der zionistischen Bewegung um Blumenfeld und Weizmann angeschlossen hatte. Er war mit der deutschen Kultur auf das engste vertraut und in ihr verwurzelt. In Heidelberg hatte er bei Karl Jaspers und Alfred Weber studiert und promoviert. Nach seiner Emigration 1933 hatte er unter Aufgabe seiner akademischen Karriere Weizmann geholfen, den aus Deutschland flüchtenden Juden in Palästina eine neue Heimat zu schaffen. Bei Ausbruch des Zweiten Weltkriegs ging Cohn als einer der Vertreter Weizmanns in die USA, wo er bald mit einflussreichen politischen Kreisen in Washington in Berührung kam. Als Weizmann im Mai 1948 Staatspräsident Israels wurde, widmete sich Josef Cohn dem Weizmann-Institut. Schon vorher hatte er in England und Amerika mit dazu beigetragen, die Mittel aufzubringen, die es ermöglichten, das Institut wesentlich zu erweitern. Anfang 1957 erhielt Cohn von Meyer Weisgal, dem langjährigen Vertrauten Weizmanns und späterem Kanzler sowie Präsidenten des Instituts den Auftrag, die Bundesrepublik Deutschland in den Förderkreis des Weizmann-Instituts einzubeziehen. Cohn entwickelte sich in den folgenden Jahrzehnten zu einem hervorragenden Akquisiteur für das Weizmann-Institut – zum Schrecken mancher Amtsinhaber in deutschen Ministerien und Stiftungen, die sich seinem Charme nicht entziehen konnten.[10]

Aber Cohn ging es nicht nur ums Geld, sondern um die Wiederbelebung deutsch-jüdischer wissenschaftlicher Zusammenarbeit und die Annäherung beider Seiten. Er sah im Weizmann-Institut einen idealen Partner für die deutschen Wissenschaftler, die langsam wieder versuchten, Anschluss an die internationale Entwicklung zu finden. Hier konnten Kontakte hergestellt werden, die für beide Seiten von Nutzen waren. Der Austausch junger Wissenschaftler bot die Chance eines Neuanfangs zwischen den jungen Generationen in Deutschland und Israel. Cohn tat sich zunächst schwer, die ersten geeigneten Kontakte in Deutschland herzustellen. „Ich wusste nicht, mit wem ich mich in Verbindung setzen sollte, welche Instanzen es gab, Gremien, an die ich mich wenden könnte, um über dieses Programm zu reden". Ihm kam auf der Suche nach Kontaktpartnern der Zufall zur Hilfe. Er traf einen jungen deutschen Experimentalphysiker, der ihm eine Reihe von Persönlichkeiten nannte, die von ihrer wissenschaftlichen Reputation und ihrer antinationalsozialistischen Einstellung her für Kontakte geeignet waren. Darunter war Wolfgang Gentner.[11]

Da Gentner sich häufig in Genf bei CERN aufhielt, bestand die Möglichkeit der Begegnung auf neutralem Boden. Cohn besuchte ihn dort und traf hier auf einen für die Kooperation sehr aufgeschlossenen Wissenschaftler. Bei einem gemeinsamen Abendessen diskutierten sie, wie das Ganze auf politischer Ebene aufgezogen werden konnte, denn sie stimmten darin überein, dass die Begegnung der Wissenschaftler beider Länder einen sehr sensiblen Bereich darstellte, der eine politische Rückendeckung brauchte. Es war Gentner, der Cohn riet, am besten direkt zu Konrad Adenauer zu gehen und ihn für das Vorhaben zu gewinnen. Cohn erinnerte sich eines gemeinsamen Freundes Dannie N. Heineman, eines großen Industriellen deutsch-jüdischer Herkunft, mit dem Cohn seit 1936 als Mitarbeiter von Weizmann bekannt war und der die Entwicklung des Weizmann-Instituts mit großem Interesse und Engagement begleitete. Adenauer seinerseits war mit Heineman seit seiner Zeit als Oberbürgermeister von Köln befreundet und von ihm in der Zeit der Machtergreifung der Nationalsozialisten finanziell unterstützt worden, als diese seine Bezüge und Bankkonten gesperrt hatten.

Diese besondere Verbindung Konrad Adenauers zu Dannie Heineman machte sich Cohn zunutze und bat ihn um ein Empfehlungsschreiben an Adenauer, was dieser aber zunächst verweigerte, weil er auf keinen Fall bei Adenauer das Gefühl hervorrufen wollte, er sei ihm in irgendeiner Weise verpflichtet. Erst als der Sohn Adenauers Heineman empfahl, einen solchen Brief zu schreiben, ließ er sich dazu überreden, wobei er betonte, dass nach seiner Kenntnis Cohn keine Geldwünsche präsentieren werde.[12]

## 2 Die Mobilisierung der Politik

Die Begegnung zwischen Cohn und Adenauer fand am 6. März 1959 statt. Cohn hielt das Ergebnis des Gesprächs in einem Vermerk fest. Daraus ergibt sich, dass Adenauer zunächst zurückhaltend war, was eine engere wissenschaftliche Kooperation zwischen beiden Ländern anbetraf, da er die Wissenschaft in Deutschland noch nicht als konkurrenzfähig ansah. Cohn aber gewann ihn mit dem Hinweis, dass gerade durch die Zusammenarbeit zwischen den Wissenschaftlern ein konstruktiver Beitrag zum Abbau des Antisemitismus geleistet werden könnte, was durch die Begegnung der heranwachsenden Generation Deutschlands mit den Menschen in Israel erreicht werden könne. Adenauer bot Cohn an, ihm das Entree bei zwei der damals wichtigsten Wirtschaftsführer der Bundesrepublik zu verschaffen, nämlich Ulrich Haberland, Vorsitzender der Farbwerke Bayer AG sowie des Verbands der Deutschen Chemischen Industrie und Hermann J. Abs, Mitglied des Direktorats der Deutschen Bank. Auch sollte sich Cohn mit dem Bundesminister für Atomfragen Siegfried Balke in Verbindung setzen.[13]

Cohn nutzte die von Adenauer angebotenen Möglichkeiten sofort und führte eingehende Gespräche mit den empfohlenen Persönlichkeiten. Über diese erhielt er auch Kontakte zu Ernst Hellmut Vits, dem Vorsitzenden des Stifterverbands und Gerhard Hess, dem damaligen Präsidenten der Deutschen Forschungsgemeinschaft. Er verabredete mit ihnen die Durchführung zweier Vortragsveranstaltungen für Herbst 1959 in Frankfurt und Düsseldorf, bei denen die Forschungen am Weizmann-Institut einem ausgewählten Kreis von Persönlichkeiten aus Wirtschaft und Wissenschaft vorgestellt werden sollten.[14]

Bei diesen Zusammenkünften verwies Balke Cohn auch an die Max-Planck-Gesellschaft als möglichen Partner, „da das Weizmann-Institut sich analog der Max-Planck-Gesellschaft nur mit Grundlagenforschung beschäftigt“. Cohn schaltete sofort Gentner ein, der als frisch berufener Direktor des neuen Max-Planck-Instituts für Kernphysik in engem Kontakt mit dem Präsidenten der Gesellschaft Otto Hahn und dem Generaldirektor Ernst Telschow stand.[15]

Gentner nahm sich der Sache sogleich an und berichtete Hahn und Telschow Anfang Juni in Saarbrücken, anlässlich der Hauptversammlung der Max-Planck-Gesellschaft, von Cohns Vorschlag und setzte sich für ein persönliches Gespräch zwischen Cohn und Hahn ein, das am 21. Juli in Göttingen zusammen mit Telschow stattfand. Das hier von Cohn unterbreitete Programm des Austausches von Wissenschaftlern zwischen beiden Institutionen fand die prinzipielle Billigung Hahns und Telschows. Ferner holte sich Cohn die Zustimmung Hahns zu seiner Teilnahme an der geplanten Veranstaltung in Frankfurt ein und lud ihn mit einer kleinen Delegation der Max-Planck-Gesellschaft im Spätherbst zu einem Besuch an das Weizmann-Institut ein.[16] Gentner und de-Shalit besprachen in Genf sogleich konkrete Schritte. Dabei wurde deutlich, dass der Wissenschaftleraustausch nicht ohne finanzielle Zuwendungen würde beginnen können, wie Gentner Hahn anschließend berichtete. „Man könnte vielleicht die Beziehungen damit beginnen, dass zum Beispiel dem Weizmann-Institut vom Atomministerium oder Stifterverband über die Max-Planck-Gesellschaft ein Forschungsauftrag oder verschiedene Forschungsaufträge mit unterschiedlichen Themen gegeben werden. Ähnliches ist bereits von amerikanischen staatlichen Stellen gemacht worden. Dies würde zu einem gegenseitigen Austausch von Wissenschaftlern führen, an dem wohl beide Seiten interessiert sind.“[17]

Damit nahm Gentner einen Vorschlag vorweg, den er vier Jahre später in abgewandelter Form wieder aufgegriffen und umgesetzt hat.

Cohn berichtete Adenauer begeistert über die erfolgreich verlaufenen Sondierungen: „Sämtliche angegangenen Persönlichkeiten stehen dem Vorschlag einer

**Abb. 40.** Richard Kronstein, Josef Cohn und Konrad Adenauer, Rehovot 1966.

Zusammenarbeit mit dem Weizmann-Institut vorbehaltlos positiv gegenüber, nicht nur – weil dieser rein zweckmäßig gesehen – die wissenschaftliche Forschung beider Länder befruchten kann, sondern hier ein wichtiger Ansatzpunkt gesehen wird, um über die Ebene von Reparationszahlungen und Wiedergutmachungen hinaus zu einem normalen und freundschaftlichen Verhältnis zum Staate Israel und damit dem Judentum der Welt zu kommen". Cohn erwähnte in diesem Schreiben auch, dass das Programm die volle Zustimmung Ben Gurions gefunden habe.[18]

Die Klärung in Israel war allerdings noch nicht so weit fortgeschritten, wie dies Cohn Adenauer glaubhaft machte. Die Widerstände am Weizmann-Institut waren größer als die Initiatoren gedacht hatten. Man wies darauf hin, dass die Unterstützungen durch Institutionen in Deutschland, die selbst zum Teil in den Holocaust verwickelt waren, erhebliche Probleme für das Weizmann-Institut in der gesamten jüdischen Welt und darüber hinaus hervorrufen könnten. Auch befürchtete man emotionale Reaktionen der vielen Opfer des Holocausts, die im Weizmann-Institut arbeiteten, beim Besuch einer offiziellen deutschen Delegation. Meyer Weisgal versuchte die Bedenken zu zerstreuen, indem er mögliche Zuwendungen von deutscher Seite als eine Art Reparation hinstellte, die man in anderer Form schon sieben Jahre früher akzeptiert hätte. Cohn wehrte sich dagegen. In einem Brief an Schmidt verwahrte er sich ausdrücklich gegen diese Unterstellung.[19] Für ihn war die Zusammenarbeit von gegenseitigem Nutzen, denn „die Deutschen sollten für ihr Geld auch etwas erhalten", sei es durch die Ausbildung von Wissenschaftlern oder durch Ergebnisse von Forschungsaufträgen.

Ferner bestand der israelische Missionschef in Deutschland, Felix E. Shinnar, darauf, dass die Aktivitäten des Weizmann-Instituts mit der Mission abgestimmt werden. In einem von ihm und Meyer Weisgal unterzeichneten Memorandum vom 16. Juli 1959 verpflichtete sich das Weizmann-Institut, in Deutschland keine Spenden zu sammeln. Die wissenschaftliche Kooperation sollte im Einvernehmen mit der israelischen Mission mit Forschungsinstituten von gleicher wissenschaftlicher Reputation begonnen werden. Auch sollten die Wissenschaftler am Weizmann-Institut selbst entscheiden, ob und mit welchen deutschen Kollegen sie zusammenarbeiten wollten. Bei der Übernahme von Forschungsaufträgen sollte sichergestellt werden, dass die Projekte in das Institutsprogramm passten. Dies galt insbesondere für die vom Weizmann-Institut beabsichtigte Aufnahme von Kontakten zu Industrieunternehmen, auch um zu vermeiden, dass Forschungsaufträge von Unternehmen kommen, die in den Holocaust verwickelt waren.

De-Shalit holte Mitte September die Meinung Ben Gurions zu den gemeinsamen Plänen ein. Er informierte ihn, dass die wissenschaftliche Zusammenarbeit auf drei Wegen angestrebt werden sollte, und zwar durch Forschungsaufträge der deutschen Industrie, den Austausch von Wissenschaftlern und die Unterstützung von bestimmten im gemeinsamen Interesse liegenden Forschungen am Weizmann-Institut sowie durch gemeinsame Projekte des Weizmann-Instituts mit deutschen Instituten. Die Finanzierung dieser Maßnahmen sollte durch die deutsche Seite erfolgen. Auch der damalige Präsident des Weizmann-Instituts Abba Eban schaltete offiziell Ben Gurion zur Absicherung der Pläne ein, der dem Vorhaben zwar zustimmte, aber „with the proviso of no publicity whatsoever“.[20]

Erst nach einer weiteren Diskussion im Weizmann-Institut erhielt Gerhard Schmidt als Vorsitzender des Wissenschaftlichen Rats des Weizmann-Instituts schließlich „grünes Licht“ für die offizielle Einladung, die Hahn schon längst in einem Brief an Cohn angenommen hatte.[21]

Cohn sicherte die offizielle Einladung sogleich auch politisch ab, indem er Shinnar informierte und auf die Möglichkeit hinwies, dass die Etablierung eines Kooperationsprogramms die diplomatische Anerkennung fördern könne, die Cohn Adenauer in seinem Gespräch Anfang Februar 1960 vergeblich nahe zu bringen versuchte.[22]

Die 10-tägige Reise der kleinen Delegation der Max-Planck-Gesellschaft Anfang Dezember nach Israel wurde von beiden Seiten als Erfolg gewertet. Neben dem Weizmann-Institut wurden das Technion in Haifa und die Hebräische Universität besucht. Wolfgang Gentner hielt einen viel beachteten Vortrag an der Hebräischen Universität, ohne dass sich hieraus weitere Kontakte ergaben. Die deutschen Gäste waren überrascht von der guten Ausstattung des Weizmann-Instituts, vor allem aber von dem Engagement der Wissenschaftler und der Qualität der Arbeiten. Gentner, dem Otto Hahn die Sprecherfunktion überlassen hatte, fasste in der offiziellen Presseerklärung die Eindrücke so zusammen: „Ich betrachte es als absolute Möglichkeit, daß unter sonst gleichwertigen Voraussetzungen ein Austausch von Wissenschaftlern und wissenschaftlicher Information zwischen Westdeutschland und Israel entwickelt werden kann. Ich bin sicher, daß dies zum Vorteil unserer wissenschaftlichen Institutionen in Deutschland und denen in Israel sein wird“.[23]

## 3 Voraussetzungen

Diese heute als historisch angesehene Reise ist kein singuläres Ereignis, sondern ist eingebettet in die Entwicklung der Beziehungen zwischen beiden Staaten seit ihrer Gründung im Jahre 1948/49. Zwar war der Besuch von den Wissenschaftlern beider Seiten ohne die Initiative der maßgebenden Politiker ihrer Länder organisiert worden, er entsprach aber dem Willen der politischen Hauptakteure auf beiden Seiten, die Beziehungen zwischen der Bundesrepublik und dem Staat Israel langfristig zu normalisieren.

Es waren David Ben Gurion und Konrad Adenauer, die bald nach der Gründung ihrer Staaten versucht hatten, Kontakte herzustellen. Zum Zeitpunkt der Aufnahme der wissenschaftlichen Beziehungen waren Ben Gurion, der erste Ministerpräsident Israels und Konrad Adenauer, der erste Bundeskanzler der Bundesrepublik Deutschland, noch in ihren Ämtern. Der erste Vertrag zwischen beiden Staaten, das Luxemburger Abkommen, war bereits 1952 geschlossen worden. Er sah Wiedergutmachungszahlungen der Bundesrepublik für die materiellen Verluste der Opfer des Holocaustes vor. Beide Staatsmänner haben das Abkommen von Luxemburg im Jahre 1952 in ihren Ländern nur gegen erhebliche Widerstände durchsetzen können. Ben Gurion musste sich von Menachem Begin vorhalten lassen, dass er „Blutgeld" annähme. Auf der anderen Seite waren unter den Politikern und der Bevölkerung der Bundesrepublik die Wiedergutmachungszahlungen nicht populär, und Adenauer war hier auf die sozialdemokratische Opposition angewiesen. Dabei spielten vor allem finanzpolitische Überlegungen eine Rolle, denn die Wiedergutmachungszahlungen trafen sich mit den Zahlungen aus dem Londoner Schuldenabkommen und den Ausgaben für die Wiederaufrüstung. Außerdem hatte die Wirtschaft der Bundesrepublik ihr „Wunder" noch vor sich. Ben Gurion seinerseits rechtfertigte die Wiedergutmachungsleistungen mit der Verpflichtung des deutschen Volkes, eine Entschädigung für das gestohlene Eigentum zu leisten. „Wir können nicht zulassen, daß die Mörder unseres Volkes auch noch die Nutznießer von dessen Vermögen sind!" Er begründete es weiterhin mit der Notwendigkeit, aus den Erfahrungen des Holocausts ein starkes und blühendes Land zu schaffen, „damit nie wieder eine solche Katastrophe über das jüdische Volk hereinbrechen kann".

Aber Ben Gurion wollte nicht nur Geld von Deutschland, er wollte auch die Versöhnung. Denn für ihn gab es einen Unterschied zwischen Nazi-Deutschland, das die Verbrechen begangen hatte und dem Deutschland Adenauers, das sich bemühte, diese wieder gutzumachen.[24] Adenauer seinerseits hat seinen Standpunkt bei seinem Besuch in Israel 1966 so beschrieben: „Das Verhältnis unseres Landes zu Israel und dem Judentum in Ordnung zu bringen, ist von Anfang an ein Hauptziel meiner Politik gewesen, aus moralischen wie aus politischen Gründen. Deutschland konnte nicht wieder zu einem geachteten und gleichberechtigten Mitglied der Völkerfamilie werden, ehe es seinen Willen zur Wiedergutmachung, soweit sie überhaupt möglich ist, bekundet und erwiesen hatte."[25]

Die Zeit für normale Beziehungen zwischen den beiden Ländern war 1952 aber noch nicht gekommen. Die von der Bonner Regierung zugleich mit dem Abkommen gewünschte Aufnahme diplomatischer Beziehungen lehnte Israel ab. Nach 1955 war Bonn nicht mehr interessiert. Mit der Erlangung der Souveränität galt es tages- sowie deutschlandpolitische Rücksichten zu nehmen. Spätestens seit 1957 strebte Israel ein neues Verhältnis zur Bundesrepublik einschließlich der Aufnahme diplomatischer Beziehungen an. In den Monaten der Suez-Krise 1956/57 hatte sich Israel zunächst geweigert, trotz amerikanischen und sowjetischen Drucks die im November 1956 eroberte Sinai-Halbinsel zu räumen. Adenauer lehnte eine Aufforderung seines Freundes des US-Außenministers John Foster Dulles ab, die Zahlung der Wiedergutmachungsgelder solange einzufrieren, bis Israel bereit war, das besetzte Gebiet bedingungslos aufzugeben. Diese Entscheidung Adenauers war der eigentliche Wendepunkt in den politischen Beziehungen beider Länder. Ben Gurion hielt nun die Zeit für reif, weitere Schritte zur Versöhnung zu machen. Er setzte sich für die Aufnahme diplomatischer Beziehungen und eine breite Zusammenarbeit ein – nicht zuletzt auf militärischem Gebiet. In dieser Zeit fanden die ersten Gespräche zwischen den Verteidigungsministern Shimon Peres und Franz-Josef Strauß statt, die zur Überlassung von Kriegsmaterial aus dem Suez-Krieg an die deutsche Seite und zu wechselseitigen Einkäufen von militärischem Material führten.[26]

## 4 Erste Pläne

Als Cohn bei seinem Besuch bei Adenauer im Februar 1960 seinen Bericht über die ersten Kontakte im wissenschaftlichen Bereich dazu benutzte, Adenauer zur Aufnahme diplomatischer Beziehungen zu bewegen, erhielt er eine Abfuhr. Adenauer wies darauf hin, dass dieses 1952 hätte geschehen sollen. Heute sei unter anderem wegen der Gefahr der Anerkennung der DDR durch die arabischen Staaten an eine Aufnahme der diplomatischen Beziehungen nicht zu denken. Auch sei er erst kürzlich von einem Abgesandten Ben Gurions gebeten worden, mitzuhelfen, die arabischen Staaten in der westlichen Einflusssphäre zu halten.[27] Adenauer spielte dabei auf die recht guten, von keiner kolonialen Vergangenheit belasteten Beziehungen Deutschlands zu den arabischen Ländern an. Es gelang Cohn aber, den Kanzler von den von Gentner ausgearbeiteten Kooperationsplänen und den hierfür veranschlagten 3 Mio. D-Mark Startkapital zu überzeugen.

Für Adenauer kam die sich hier abzeichnende wissenschaftliche Kooperation wie gerufen, denn er wollte sich Mitte März mit Ben Gurion in New York treffen und diese Begegnung mit einem Zeichen seines guten Willens vorbereiten. So ließ er noch vor seinem Treffen mit Ben Gurion am 14. März in New York durch seinen Außenminister von Brentano die israelische Regierung wissen, dass es der Bundesregierung „eine besondere Befriedigung sei, dem Weizmann-Institut behilflich zu sein“.[28] Aus internen israelischen Aufzeichnungen lässt sich entnehmen, dass in dem Gespräch mit Ben Gurion die beabsichtigte Kooperation zwischen der Max-Planck-Gesellschaft und dem Weizmann-Institut erst am Ende des Gesprächs erörtert wurde, was auch verständlich ist, denn im Mittelpunkt stand ein grundsätzlicher politischer Meinungsaustausch, weitere Finanzhilfen seitens der Bundesregierung sowie die kurz vorher von den Verteidigungsministern beider Seiten vereinbarte militärische Kooperation.[29]

Die erbetenen 3 Mio. DM wurden in drei Raten bis Ende Mai 1960 aus dem Kulturetat des Auswärtigen Amtes dem Weizmann-Institut direkt zur Verfügung gestellt, Adenauer informierte darüber den Botschafter Shinnar in der israelischen Vertretung in Köln persönlich.[30] Voraussetzung für die Bewilligung und Überweisung der Mittel war aber das Memorandum, das Cohn Adenauer angekündigt hatte.

Gentner hatte sich sofort nach seiner Rückkehr mit Schmidt, der ihn Anfang Januar in Heidelberg besuchte, daran gemacht, die Ergebnisse der Reise in einem Memorandum mit Vorschlägen für die wissenschaftliche Zusammenarbeit auszuarbeiten. In mehreren Treffen Gentners und Schmidts mit Cohn und Klaus Dohrn, dem Mitglied des Direktorats der Kreditanstalt für Wiederaufbau und Senator der Max-Planck-Gesellschaft, wurden die Möglichkeiten der Zusammenarbeit erörtert. Dabei machte Schmidt deutlich, dass nicht zuletzt auf Grund der Diskussionen im Executive Council des Weizmann-Instituts Forschungsaufträge der deutschen Industrie „aus psychologischen Gründen einstweilen" noch nicht in Frage kämen. Auch die Annahme von Spenden seitens der deutschen Industrie wurde von Schmidt zum gegenwärtigen Zeitpunkt verneint, da man sich mit dem israelischen Missionschef Shinnar darauf geeinigt hatte, hiervon abzusehen. Vielmehr sollte der Beginn der wissenschaftlichen Zusammenarbeit durch einen entsprechenden Beitrag aus Mitteln der öffentlichen Hand gestartet werden. Dabei sollten diese Mittel keine Zuschüsse oder Spenden, sondern vielmehr den Ersatz der Kosten darstellen, die auf Seiten des Weizmann-Instituts durch die angestrebte Zusammenarbeit entstehen würden. Konkret sollte die Zusammenarbeit mit dem Austausch von Wissenschaftlern und Studenten beginnen. Die Gesamtkosten für die nächsten drei Jahre wurden auf 3 Mio. D-Mark geschätzt.

**Abb. 41.** Walter Baer, Meyer W. Weisgal, Heinrich Ritzel, W. Gentner und Abba Eban, Rehovot, November 1965.

In dem von Gentner und Schmidt schließlich fertiggestellten Memorandum wurde empfohlen, der Max-Planck-Gesellschaft einen Fonds zur Verwaltung zur Verfügung zu stellen, aus dem sowohl Forschungsaufträge am Weizmann-Institut als auch der Austausch von Wissenschaftlern finanziert werden sollten. Die Max-Planck-Gesellschaft erschien als Partner besonders geeignet zu sein, denn mit ihr sollte der Austausch von Wissenschaftlern beginnen. Besonders betont wurden darin noch einmal die ausgezeichneten Forschungsmöglichkeiten am Weizmann-Institut, insbesondere in der Physik, Biologie und Chemie sowie die Vorteile für die deutsche Seite bei der Nutzung der dortigen Ausbildungskapazitäten. Das Memorandum schließt mit den Worten: „Ihre Früchte werden sich, ebenso wie die Grundlagenforschung hierzulande, nicht sogleich in klingende Münze umprägen lassen. Aber die Erfolge in der Forschung fallen heutzutage dem zu, der den Kontakt mit den Spitzengruppen der Forschung in den Kulturländern sucht und besitzt".[31] Cohn traf sich, bereits einen Tag nach seinem Gespräch mit Adenauer, mit Gentner, Hahn und Eban in Genf, um über die Gespräche zu berichten und die Übersendung des Memorandums zu veranlassen, das Hahn nach seiner Rückkehr nach Deutschland sofort unterschrieb und Adenauer zuleitete. Die Gesprächspartner einigten sich darauf, die Mittel über die Max-Planck-Gesellschaft zu leiten, denn Gentner und Hahn wollten das Auswärtige Amt heraushalten, da sie befürchteten, in diesem Fall von dem wissenschaftlichen Kooperationsprogramm ausgeschlossen zu werden. Gentner wirkte deshalb auf Balke ein, eine solche Entwicklung zu verhindern und die Mittel aus seinem Haus der Max-Planck-Gesellschaft zur Verfügung zu stellen.[32]

Inzwischen hatte sich bei der Max-Planck-Gesellschaft der Widerstand gegen die Benutzung der Gesellschaft als der Transferstelle verstärkt. Sowohl der Generaldirektor Telschow als auch der designierte Präsident Adolf Butenandt wandten sich aus satzungsrechtlichen Gründen dagegen, befürworteten aber ausdrücklich das wissenschaftliche Austauschprogramm.[33] Otto Hahn trug die Frage dem Verwaltungsrat der Max-Planck-Gesellschaft vor, der die Kooperation mit dem Weizmann-Institut zwar ausdrücklich begrüßte, aber gleichzeitig die Benutzung der Max-Planck-Gesellschaft als Transferstelle ablehnte. Das Geschäftsführende Vorstandsmitglied Otto Benecke bekam den Auftrag, mit Minister Balke darüber zu sprechen. Balke nahm die Mitteilung der Max-Planck-Gesellschaft nur noch zur Kenntnis, denn inzwischen hatte Adenauer den Direkttransfer der Mittel aus dem Kulturetat des Auswärtigen Amtes an das Weizmann-Institut angeordnet.[34]

Die Frage des Transfers von Mitteln an das Weizmann-Institut war für die Max-Planck-Gesellschaft damit zunächst vom Tisch. Im Jahr 1961 gründete die Gesellschaft für ihre Hilfseinrichtungen – wie die Kliniken – eine eigene Trägergesellschaft, die Minerva-Gesellschaft für die Forschung mbH, über die in den Folgejahren die für die Kooperation bereitgestellten Mittel geleitet wurden. Die Gesellschaft wurde in den 1990er Jahren zur Minerva-Stiftung umgebaut und dem alleinigen Zweck der wissenschaftlichen Kooperation zwischen der Bundesrepublik Deutschland und Israel gewidmet.

Die Befürchtung Gentners, die Max-Planck-Gesellschaft würde bei der Bereitstellung von Mitteln des Auswärtigen Amtes an das Weizmann-Institut vom Kooperationsprogramm ausgeschlossen, bewahrheitete sich nicht. Zwar kam es zu keinem formellen Vertrag auf der Basis des Memorandums, das Weizmann-Institut sah aber die Voraussetzung für die Aufnahme des Austauschprogramms als gegeben an. Schmidt selber kam für einen dreimonatigen Forschungsaufenthalt in die Bundesrepublik und brachte konkrete Vorschläge für das weitere Vorgehen mit. So sollten ein Biologe, ein Chemiker und ein Physiker noch in diesem Jahr für einen längerfristigen Forschungsaufenthalt an das Weizmann-Institut kommen, während umgekehrt drei Wissenschaftler aus dem Weizmann-Institut für ein Jahr an Institute der Max-Planck-Gesellschaft entsandt werden sollten.

## 5 Mühsamer Start

Mit Schmidts Besuch begann die erste Phase der Zusammenarbeit zwischen der Max-Planck-Gesellschaft und dem Weizmann-Institut, die bis Ende 1963 dauerte. Allerdings verging mehr als ein Jahr, ehe der erste deutsche Wissenschaftler Lorenz Krüger für einen längeren Zeitraum an das Weizmann-Institut gehen konnte und fast fünf Jahre verstrichen, bevor der erste israelische Postdoc längerfristig in die Bundesrepublik kam.[35]

Die gesamtpolitische Situation trug nicht dazu bei, junge Wissenschaftler auf beiden Seiten zu finden, die bereit waren, für einen längerfristigen Aufenthalt nach Israel oder nach Deutschland zu gehen. Es zeigte sich, dass nach mehr als 15 Jahren ab Kriegsende die Barrieren noch relativ hoch waren. Die meisten Israelis weigerten sich, zu dieser Zeit irgendwelche Kontakte mit Deutschen zu haben. Ja, alles Deutsche war generell verpönt. So wurden Lieder von Schubert in Israel nicht in Deutsch gesungen, Opern von Richard Wagner und Richard Strauß konnten nicht aufgeführt werden. Die Entführung Adolf Eichmanns im Frühjahr 1960 durch den israelischen Geheimdienst, und der anschließende Prozess in Israel trübte die Atmosphäre zwischen beiden Ländern. In Israel brachen die Erinnerungen an den Holocaust wieder voll auf. Das israelische Parlament beschloss, die kulturellen Kontakte zu Deutschland stark zu beschränken. Der Präsident des Weizmann-Instituts, Abba Eban, der damals auch Erziehungsminister war, trug wesentlich dazu bei, die ursprünglich geforderte totale Blockade der Beziehungen zu verhindern. Die Kontakte konnten wenigstens in beschränktem Umfang weitergeführt werden.[36] So sollte es zwar möglich sein, junge Deutsche zu Besuchszwecken in das Land zu lassen, umgekehrt sollte jedoch kein Israeli nach Deutschland reisen. Ende 1962 war zudem aufgekommen, dass deutsche Raketenexperten in Ägypten tätig waren. Israel verlangte gesetzgeberische Maßnahmen, was Adenauer ausschloss. Außerdem führte die Debatte über die Verjährung von Kriegsverbrechen in der Bundesrepublik zu neuen Spannungen zwischen Deutschland und Israel.

Auf der politischen Ebene versuchten beide Seiten durch Gutwillerklärungen den Schaden möglichst gering zu halten. So hatte Ben Gurion wenige Tage vor Beginn des Prozesses betont, dass die jungen Deutschen nicht für die Untaten der älteren Generation Deutschlands verantwortlich gemacht werden könnten und hatte das Interesse seines Landes an einem freundschaftlichen Verhältnis zu dem neuen Deutschland betont. Adenauer hatte diese Worte aufgegriffen und sich ausdrücklich dafür bedankt. Als Zeichen seines guten Willens unterstützte er den weiteren Auf- und Ausbau des Weizmann-Instituts durch Bereitstellung zusätzlicher Mittel.[37]

An die Entsendung jüngerer israelischer Wissenschaftler zu längerfristigen Forschungsaufenthalten nach Deutschland konnte unter diesen Voraussetzungen zunächst nicht gedacht werden. Man konzentrierte sich daher in den Jahren 1961 und 1962 auf wechselseitige kurzfristige Besuche der leitenden Wissenschaftler beider Seiten. Wie wichtig diese Besuche für die Verständigung und gegenseitige Annäherung war, geht aus einem Brief hervor, mit dem sich Ephraim Katzir-Katschalsky vom Weizmann-Institut, der später Präsident Israels wurde, bei Lynen bedankte, der ihn während seiner Deutschlandreise betreut hatte. So war er angenehm überrascht gewesen, wie sich ein neues Deutschland herausbildet, und dass die Intellektuellen mit den Wissenschaftlern an der Spitze ihr Bestes versuchten, um die Vergangenheit zu überwinden.[38]

Wie schwer es in der angespannten Situation war, das Austauschprogramm anlaufen zu lassen, zeigte die vorsichtige Zustimmung de-Shalits zum Forschungsaufenthalt der ersten beiden deutschen theoretischen Physiker am Institut, Lorenz Krüger und Cornelius Noack, Ende 1961. Er akzeptierte die beiden Wissenschaftler, die von Gentner ausgesucht worden waren, riet aber ab, zwei Experimentalphysiker zur gleichen Zeit ans Institut zu schicken, da sie mehr Kontakt zu den Technikern hätten. Der Hintergrund für die Zurückhaltung waren die noch erheblichen Vorbehalte in einzelnen Abteilungen des Weizmann-Instituts gegen die Aufnahme deutscher Gäste. Schmidt und de-Shalit hatten zusammen mit Meyer Weisgal die Zustimmung in den Gremien des Instituts zu Beginn des Wissenschaftleraustausches nur dadurch erreichen können, dass sie zusagten, deutsche Wissenschaftler nur in solche Abteilungen aufzunehmen, in denen sich kein Mitarbeiter dagegen aussprechen würde.[39]

Die Probleme, mit denen sich die ersten deutschen Wissenschaftler in Israel konfrontiert sahen, lassen sich den Berichten von Krüger und Noack an Gentner entnehmen. So schrieb Noack: „Im Ganzen spürt man den Unterton durch, daß der Kontakt mit Deutschland nicht gewünscht ist … Gegenüber der Ungeheuerlichkeit dessen, was geschehen ist und der Größe der Schwierigkeiten, die noch vorhanden sind und auch in Zukunft sein werden, kommt man sich als Einzelner manchmal recht hilflos vor und doch ist es wohl gerade solche Kleinarbeit, wie unser Hiersein jetzt, die letztlich etwas wird verbessern können.“[40]

Wie sorgfältig diese ersten deutschen Wissenschaftler ausgewählt wurden, zeigt ein Briefwechsel zwischen Gentner und der Generalverwaltung der Max-Planck-Gesellschaft, in dem Gentner sich ausdrücklich die Entscheidung über die ans Weizmann-Institut zu schickenden Stipendiaten vorbehielt, denn, „wer nicht den notwendigen Takt und das Verständnis sowie die Bereitschaft mitbringt, auch ungerechte Vorwürfe entgegenzunehmen, sollte lieber zurückgehalten werden. Ich darf vielleicht noch hinzufügen, daß aus allen Berichten, die ich habe, am Weizmann-Institut, wie auch den Universitäten, verschiedene Parteien in heftigem Kampf sind, ob man überhaupt in den nächsten Jahren mit deutschen wissenschaftlichen Stellen Verbindungen aufnehmen sollte. Erst nach längeren Diskussionen ist es der Partei, die für einen Kontakt kämpfte, gelungen, das Einverständnis für den Besuch der deutschen Wissenschaftler für einen längeren

Aufenthalt am (Weizmann-)Institut zu erhalten. Es würde nur einer kleinen unbedachten Bemerkung bedürfen, um die ganze Aktion in Frage zu stellen.“[41] Das Schreiben zeigt, dass noch 1962/63 die Diskussion am Weizmann-Institut über die Zweckmäßigkeit des Austausches mit der Bundesrepublik fortdauerte. So hielt man auch die Einladung eines offiziellen deutschen Vertreters zur Grundsteinlegung des Ullmann-Life-Science-Building, das mit erheblichen deutschen Mitteln finanziert worden war, „in der gegenwärtigen Phase des Eichmann-Prozesses nicht für politisch klug.“[42]

Immerhin führten die kurzfristigen Besuche der leitenden Wissenschaftler beider Seiten zu ersten konkreten Kooperationsabsprachen, so zwischen Schmidt und Günther O. Schenck von der Abteilung Strahlenchemie am Max-Planck-Institut für Kohlenforschung in Mülheim, an dessen Institut 1965 dann auch der erste israelische Wissenschaftler, E. Y. Rokach, zu einem längerfristigen Forschungsaufenthalt ging. Auch in der Biologie gab es erste Kontakte zwischen Otto Westphal, dem Direktor am Max-Planck-Institut für Immunbiologie in Freiburg, und Michael Sela, sowie zwischen Herbert Fischer vom gleichen Institut in Deutschland und Michael Feldmann vom Weizmann-Institut.

Der Ausbau der Molekularbiologie am Weizmann-Institut in den Jahren 1961 und 1962 war durch eine großzügige Unterstützung seitens der Bundesregierung in Höhe von drei Mio. D-Mark ermöglicht worden, die Adenauer auf dem kurzen Dienstweg in Zusammenarbeit mit dem sozialdemokratischen Obmann des Haushaltsausschusses des Bundestags Heinrich G. Ritzel ermöglichte. Mit Ritzels Hilfe gelang es später, weitere 2,5 Mio. D-Mark aus dem Bundeshaushalt bereitzustellen, nachdem die Bemühungen, von der deutschen Industrie zusätzliche Mittel zu erhalten, fehlgeschlagen waren.[43]

Cohn hatte die Kontakte zu Adenauer nicht mehr abreißen lassen. Nach der Wahl von John F. Kennedy zum Präsidenten der USA im Herbst 1960 bot er dem Kanzler an, seine Beziehungen zur neuen Administration in den USA zu nutzen, um der deutschen Seite die Kontaktaufnahme zu erleichtern. Adenauer bedankte sich nach dem ersten Treffen zwischen ihm und Kennedy Anfang 1961 bei Cohn für seine Hilfe bei der Vorbereitung.[44] Dieser nutzte diese guten Verbindungen sofort aus, um zusätzliche Mittel zum Ausbau der Abteilung Kernphysik zu erhalten. So sollte in Erinnerung an Dannie N. Heineman, der kurz zuvor gestorben war, ein Labor nach ihm benannt werden. Von den insgesamt benötigen 8 Mio. D-Mark wurden von der Bundesrepublik knapp 6 Mio. erbeten. Der Antrag wurde von Gentner sehr unterstützt, der sich der Zustimmung Heisenbergs, Direktor des Max-Planck-Instituts für Physik und Astrophysik in München, versicherte. Dabei wurden sowohl die Qualität der Arbeiten von Amos de-Shalit hervorgehoben als auch der Gesichtspunkt der Förderung der Zusammenarbeit zwischen Deutschland und Israel sowie der Ausbildung von deutschen Physikern. Wieder führte das Zusammenspiel zwischen Adenauer und Ritzel zu einem schnellen Ergebnis und zur Bereitstellung der erforderlichen Mittel. Außerdem erhielt die Abteilung von de-Shalit mit Hilfe von Gentner für die apparative Ausstattung Unterstützung durch die Stiftung Volkswagenwerk, mit deren Generalsekretär Gotthard Gambke sowohl Gentner als auch Cohn in engem Kontakt standen.[45]

# 6 Das Minerva-Programm

Die besondere Hilfe der Bundesregierung beim Aufbau des molekularbiologischen Instituts und des Dannie-Heineman-Laboratoriums veranlasste de-Shalit im Dezember 1962, die Nutzung dieser erweiterten Forschungskapazitäten in Biologie und Physik der deutschen Seite anzubieten. So schlug er vor, im Rahmen eines auf fünf Jahre befristeten Vertrages Forschungsprojekte von gemeinsamen Interesse am Weizmann-Institut durchzuführen, wobei diese von einem Komitee aus deutschen und israelischen Wissenschaftlern paritätisch begutachtet und die Mittel von der Bundesregierung der Max-Planck-Gesellschaft zur Verfügung gestellt werden sollten. De-Shalit erhoffte sich so eine weitere Stärkung der wissenschaftlichen und persönlichen Bindung beider Seiten. Zunächst sollten biologische und physikalische Projekte gefördert werden. Das Programm sollte aber auch für die Aufnahme anderer Wissenschaftsgebiete offen sein. Die erforderlichen Mittel für die Durchführung eines solchen Programms, unter Zugrundelegung der gemeinen Kosten für einen Wissenschaftler am Weizmann-Institut, bezifferte de-Shalit auf zunächst 4 Mio. D-Mark. Damit griff de-Shalit den schon im Memorandum von Gentner von 1960 unterbreiteten Vorschlag zur Übertragung von Forschungsaufträgen ans Institut auf.

Gentner setzte sich sofort für die Realisierung dieses Vorschlags ein und lud Wissenschaftler der vorgesehenen Fachgebiete sowie einen Vertreter des Bundesministeriums für wissenschaftliche Forschung Ende Januar 1963 zu einem

**Abb. 42.** Ernennung W. Gentners zum Governor des Weizman Instituts, Rehovot 15. November 1965; neben Gentner Abba Eban und Meyer W. Weisgal, Vorsitzender des Exekutivrates bzw. Präsident des Instituts.

Treffen nach Heidelberg ein. Er fasste anschließend die Beratungen in einem Brief an den Bundesminister für Wissenschaftliche Forschung, Hans Lenz, zusammen, in dem er die Bedeutung gerade der wissenschaftlichen Kooperation in der Biologie und Physik herausstrich und auf erste positive Ergebnisse des Austauschprogramms verwies. Gentner nahm auch Kontakt mit der Max-Planck-Gesellschaft auf, um sicherzustellen, dass sie oder die Minerva-Gesellschaft als Mittlerstelle für die Forschungsgelder an das Weizmann-Institut zur Verfügung steht. Der Verwaltungsrat der Max-Planck-Gesellschaft war von dem Ansinnen Gentners zunächst nicht angetan. Er lehnte eine Fondverwaltung durch die Max-Planck-Gesellschaft aus den gleichen Gründen wie schon 1960 ab. Butenandt setzte aber schließlich durch, dass die zwei Jahre zuvor für die Hilfseinrichtungen der Max-Planck-Gesellschaft gegründete Minerva-Gesellschaft für Forschung mbH für diese Zwecke zur Verfügung gestellt wurde. Der Verwaltungsrat verlangte aber ausdrücklich, dass von Instituten der Max-Planck-Gesellschaft keine Unteraufträge für Forschungen an das Weizmann-Institut vergeben werden.

Lenz zeigte sich in seinem Antwortschreiben gegenüber den Vorschlägen Gentners aufgeschlossen, konnte aber für 1963 noch keine Mittel zusagen. Auch regte er an, zunächst konkrete Projektvorschläge vorzulegen. In dem daraufhin entworfenen Basisvertrag zwischen der Minerva und dem Europäischen Komitee des Weizmann-Instituts vom 27. Juni 1964 wurde verankert, dass der als „Arbeitsgemeinschaft Gentner“ bezeichnete Ausschuss die Auswahl der Projekte im Voraus trifft und diese die Grundlage für jährlich abzuschließende Einzelvereinbarungen mit Minerva bilden. Hierin wurde auch die jährliche Berichtspflicht über den Stand der Projekte und eine Klausel zu der Entstehung von Schutzrechten aufgenommen.[46]

Diese Arbeitsgemeinschaft Gentner, später auch Gentner-Komitee oder Minerva-Komitee genannt, war von Gentner einberufen worden. Ihr gehörten zunächst drei Deutsche an: Neben Gentner der Physiker Hans Jensen und der Biologe H. Friedrich-Freksa sowie drei israelische Wissenschaftler aus dem Weizmann-Institut: De-Shalit, der Physiker S. Lifson und der Biologe M. Feldmann. Das Komitee wählte im Oktober 1963 in Rehovot 19 Projekte zur Förderung aus, an denen sich 52 Wissenschaftler des Weizmann-Instituts beteiligten. Außerdem wurde eine Liste von Wissenschaftlern in Deutschland aufgestellt, die an den Projekten interessiert sein könnten, darunter Wissenschaftler aus den Max-Planck-Instituten für Immunbiologie, Virusforschung und Kernphysik sowie der Universität Heidelberg. Da die Arbeit an den Projekten Ende 1963 beginnen sollte, das Forschungsministerium in Bonn aber die erbetenen 3,5 Mio. D-Mark erst im Laufe des Haushaltsjahres 1964 bereitstellen konnte, bat Gentner die Stiftung Volkswagenwerk um eine Startfinanzierung. Außerdem beantragten er und Cohn zusätzliche Mittel bei der Stiftung für den beiderseitigen Wissenschaftleraustausch. Die Stiftung reagierte schnell. Bereits Anfang Januar 1964 stellte sie 2 Mio. D-Mark für die Durchführung der Projekte und den Wissenschaftleraustausch bereit. Damit konnten die Projekte noch vor Abschluss des Minerva-Vertrags in Angriff genommen werden. Außerdem unterstützte die Stiftung von 1965 bis 1972 den Wissenschaftleraustausch mit zusätzlich 2,5 Mio. D-Mark.[47]

Dieser erste Minerva-Vertrag, der bis heute jährlich verlängert und im Laufe der Jahre auf 7 Mio. D-Mark aufgestockt wurde, bildet das Rückgrat für alle weiteren Beziehungen des Weizmann-Instituts zu Forschungseinrichtungen der Bundesrepublik.

Die Erwartungen, die die Initiatoren dieses Programms an die Verstärkung der wissenschaftlichen Zusammenarbeit gesetzt hatten, erfüllten sich bald. Zwischen 1964 und 1966 gingen zehn deutsche Wissenschaftler, darunter drei Physiker, drei Biologen und vier Chemiker, für einen längeren Forschungsaufenthalt an das Weizmann-Institut und damit mehr als doppelt soviel wie in den ersten drei Jahren der Kooperation. Umgekehrt kamen sieben israelische Wissenschaftler, darunter fünf Chemiker, zur Forschung an Institute der Bundesrepublik. Eine besonders enge Zusammenarbeit entwickelte sich zwischen Schmidt und Heinz A. Staab, damals Ordinarius für Organische Chemie an der Universität Heidelberg, die von der Stiftung Volkswagenwerk unterstützt wurde. Schmidt half hier beim Aufbau eines Labors für Röntgenkristallographie, einer Forschungsrichtung, die nach 1933 in Deutschland nicht mehr vertreten war. Er war 1966 und 1968 Gastprofessor an der Heidelberger Universität. Es gelang ihm, einen Forschungsvertrag mit der Firma Bosch auf dem Gebiet der organischen Halbleiterforschung abzuschließen. Die enge Kooperation in der Chemie führte 1966 zur Aufnahme dieses Gebiets in den Minerva-Vertrag. Schmidt und Staab wurden Mitglieder des Gentner-Komitees. Weitere Kontakte wurden in dieser Zeit zu Manfred Eigen und Albert Weller am Max-Planck-Institut für Biophysikalische Chemie in Göttingen und den Universitäten Göttingen, Stuttgart, München, Bonn, Köln und Berlin aufgenommen. Auf Empfehlung Jensens begann Eisenberg vom Weizmann-Institut eine enge Zusammenarbeit mit dem Deutschen Elekronen-Synchrotron (DESY) in Hamburg. Hieraus entwickelte sich eine – seit 1978 vom Weizmann-Institut und Minerva mit zusätzlichen Mitteln geförderte – Kooperation mit beachtlichen Erfolgen.[48]

Die Zusammenarbeit Gentners mit de-Shalit in der Kernphysik führte 1965 zu einer Pressekampagne gegen Gentner, da vermutet wurde, er würde mit dem Weizmann-Institut in der Atomforschung zusammenarbeiten. In einem Interview mit der israelischen Zeitung Maariv verwahrte sich Gentner gegen die auch in deutschen Zeitungen aufgekommenen Verdächtigungen und wies auf den Grundlagencharakter der gemeinsamen Forschungen hin. So hatte sich das Weizmann-Institut schon bei der Einrichtung seiner kernphysikalischen Abteilung 1954 auf die Grundlagenforschung konzentriert, während die israelische Regierung zu dieser Zeit längst für ihre anwendungsorientierte Atomforschung eigene Zentren errichtet hatte, zunächst in Nahal Soreg und später in Dimona. Auch waren die Hauptakteure de-Shalit und Gentner überzeugte Atomwaffengegner.[49]

Der Minerva-Vertrag von 1964 wurde bald Beispiel für vergleichbare Verträge des Weizmann-Instituts mit anderen Ländern. De-Shalit konnte Ende 1966 dem Gentner-Komitee mitteilen, dass drei Verträge ähnlicher Art mit französischen Organisationen abgeschlossen worden seien und entsprechende Verhandlungen mit Italien und Belgien laufen würden.[50]

# 7 Verbreiterung der Zusammenarbeit

In den Folgejahren nahm die Zahl der Projekte entsprechend der Aufstockung der Mittel zu und schloss schließlich alle am Weizmann-Institut vertretenen Fachgebiete ein. Gentner war der souveräne Vorsitzende des von ihm eingerichteten Ausschusses, der immer wieder durch kompetente Wissenschaftler und neu hinzugekommene Fachgebiete ergänzt wurde. Dabei blieb die Parität zwischen Wissenschaftlern des Weizmann-Instituts, zumeist die Repräsentanten der Departments und den deutschen Wissenschaftlern erhalten. Gentner vermied es, Regeln für die Beurteilung der Projekte festzulegen. Vielmehr sollte allein die Qualität der Kandidaten und der Projekte Maßstab sein sowie eine mögliche wissenschaftliche Kooperation zwischen beiden Ländern. Die Idee, an den Projekten des Weizmann-Instituts auch deutsche Wissenschaftler zu beteiligen, konnte nur in geringem Umfang umgesetzt werden. Die Publizierung der Projekte in der deutschen Fachpresse brachte keine rechte Resonanz. Immerhin wurde durch die Aufnahme von Wissenschaftlern aus dem deutschen Universitätsbereich in das Gentner-Komitee die Zusammenarbeit insofern verbreitert, als es zu neuen Kontakten mit Wissenschaftlern am Weizmann-Institut kam, die verstärkt zu Kooperationen und Wissenschaftleraustausch führten.

Nach dem frühen Tode der Pioniere de-Shalit 1969 und Schmidt 1971 führte Gentner die Kooperation in ihrem Sinne weiter und fand in dem langjährigen Präsidenten Michael Sela einen kongenialen Partner, der 1975 mit der Einrichtung von Forschungsprofessuren mit Stiftungskapital eine Entwicklung vorwegnahm, die nach Gentners Tod zu einem neuen Kooperationsinstrument der Minerva in Form der Forschungszentren an den israelischen Universitäten und Instituten führte. Im gleichen Jahr wurde Gentner als erster Deutscher Mitglied des Board of Governors des Weizmann-Institiuts.

Das von Gentner initiierte Wissenschaftleraustausch-Programm, das 1973 auf seinen Antrag nach Auslaufen der Förderung durch die VW-Stiftung vom Bundesministerium für wissenschaftliche Forschung zum Projektprogramm zusätzlich übernommen wurde, erwies sich immer mehr als Basis der wissenschaftlichen Zusammenarbeit zwischen beiden Ländern. Gentner sorgte dafür, dass es 1973 auf sämtliche israelische Forschungseinrichtungen ausgedehnt wurde. Noch wenige Monate vor seinem Tod stimmte Gentner auf Vorschlag von Uzy Smilansky der Einführung eines Studentenpreisprogramms zu, das jungen, besonders talentierten Studenten beider Seiten einen bis zu dreimonatigen Aufenthalt im jeweiligen Gastland ermöglichte. Als wichtiges Instrument für die Zusammenarbeit zwischen deutschen und israelischen Wissenschaftlern erwiesen sich die auf Vorschlag des israelischen Komiteemitglieds Nathan Sharon 1973 eingeführten bilateralen Symposien, die jährlich in verschiedenen Forschungsfeldern veranstaltet werden. An ihnen nehmen noch heute zwischen 80 und 100 Wissenschaftler, jeweils zur Hälfte aus beiden Ländern, teil. Seit dem Tod Gentners 1980 werden die Symposien zum Gedenken an ihn Gentner-Symposien genannt.[51]

Bereits Mitte der 1970er Jahre verfolgte Gentner die Idee, angeregt durch Diskussionen mit jüngeren Wissenschaftlern des Weizmann-Instituts, palästinensische und ägyptische Wissenschaftler mit israelischen zu gemeinsamen Gesprächen und

Projekten zusammenzubringen.[52] Aber die Zeit war noch nicht reif für derartige Unternehmungen. Die Idee wurde erst wieder in den 1990er Jahren von der Deutschen Forschungsgemeinschaft aufgegriffen und in einigen gemeinsamen Projekten realisiert.

Gentner richtete ab 1975 in seinem Komitee einen paritätisch besetzten Unterausschuss unter einem eigenen Vorsitzenden ein, der für die Vergabe von Stipendien zuständig war. Zu Mitgliedern dieses Subkomitees wurden vor allem Wissenschaftler berufen, die zu den Pionieren des Austauschprogramms gehört hatten, wie Israel Pecht und Uzi Smilansky vom Weizmann-Institut und Jörg Hüfner von der Universität Heidelberg.

Die Berufungen in das Komitee nahm allein Gentner vor, der sich – soweit es Wissenschaftler des Weizmann-Instituts betraf – mit den Präsidenten des Instituts absprach. Dabei kooptierte und entließ Gentner insbesondere die deutschen Mitglieder entsprechend ihrem Engagement im Komitee.

In den ersten Jahren bewährte sich Gentners flexibles System durchaus, zumal die Projektanträge noch überschaubar waren. Später, als sie auf über 70 angestiegen waren, musste Gentner auf Drängen insbesondere deutscher Wissenschaftler in der Spätphase seines Vorsitzes zusätzliche Begutachtungsmaßnahmen einführen, wie vorherige Versendung von Anträgen an die Ausschussmitglieder, um eine eingehendere Prüfung zu ermöglichen.

Nach Gentners Tod im Jahre 1980 erfolgte nicht nur die Verselbstständigung des Stipendienausschusses auf Vorschlag des neuen Vorsitzenden Staab, sondern auch eine erste Umstrukturierung beider Ausschüsse mit befristeten Amtszeiten.[53]

## 8 Ende und Anfang

Mit dem Tode Gentners 1980 endete eine bewegende und bedeutsame Epoche der deutsch-israelischen Zusammenarbeit in der Wissenschaft. Sie begann relativ spät, mehr als 15 Jahre nach dem Ende des Zweiten Weltkriegs, aber sie konnte auch nicht früher beginnen, denn die Barrieren waren zu hoch und die Wunden auf israelischer Seite noch nicht vernarbt. Die beginnende Kooperation war eingebettet in die allgemeine politische Entwicklung dieser frühen Jahre. Das Umdenken setzte erst langsam ein. Harry Lipkin von der Abteilung Kernphysik des Weizmann-Instituts beschrieb diese Entwicklung so:

„Es gab Deutsche, die sich nicht an den nationalsozialistischen Verbrechen beteiligt hatten, es gab auch eine neue jüngere Generation von deutschen Wissenschaftlern, die keine Verantwortung für den Holocaust zu tragen hatte, man konnte sie nicht ausschließen. Unter den führenden deutschen Wissenschaftlern waren viele, die mutig und heldenhaft Widerstand gegen den Nationalsozialismus geleistet hatten. Sie wollten, daß die jungen Deutschen die Wahrheit über die Vergangenheit kennen und sich dieser Wahrheit stellen, um dann eine Gesellschaft aufzubauen, die solche Geschehnisse unmöglich machen würde.“[54]

Es war Gentner nicht mehr vergönnt, den seit den 1980er Jahren bis in das neue Jahrhundert hinein erfolgten Ausbau der wissenschaftlichen Beziehungen der beiden Länder und ihre Ausdehnung auf den anderen Teil Deutschlands nach der

Wiedervereinigung zu erleben. Er ermöglichte jedoch mit Öffnung des Stipendien- und Symposienprogramms die Verbreiterung von Kooperationen, die zu vielen neuen Programmen und Instrumenten führten: die 1980 israelweit eingerichteten Minervazentren, die 1986 gegründete Deutsch-Israelische Stiftung für Wissenschaftliche Forschung und Entwicklung (GIF), die Deutsch-Israelische Projektkooperation in zukunftsorientierten Themenbereichen (DIP), weitere Kooperationsprogramme der Forschungsministerien beider Länder sowie verschiedene Programme der Deutschen Forschungsgemeinschaft und der deutschen Stiftungen. Die Max-Planck-Gesellschaft ihrerseits hat inzwischen durch die Einrichtung von Nachwuchsgruppen ihre Kooperation mit den israelischen Forschungseinrichtungen weiter vertieft.[55]

Bei der Herstellung wissenschaftlicher Kontakte war Gentner zunächst nicht die treibende Kraft, sondern es waren die Israelis, insbesondere Gerhard Schmidt und Amos de-Shalit, die die ersten Schritte wagten. Gentner, in seiner vorsichtigen, bedächtigen Weise, nahm den ihm zugeworfenen Ball auf und versuchte mit Engagement und persönlichem Einsatz bis zu seinem Lebensende das Beste daraus zu machen. Dabei lag ihm insbesondere die Begegnung zwischen jungen Wissenschaftlern beider Seiten am Herzen. Dies ist ihm gelungen.

Er sah in der Herstellung wissenschaftlicher Kontakte 1959 einen wesentlichen Schritt zur Aufnahme diplomatischer Beziehungen. Dies war jedoch nicht der Fall, die militärische Zusammenarbeit begann früher und ging weiter. So kamen bereits 1960 israelische Soldaten zur Ausbildung in die Kasernen der Bundeswehr nach Deutschland und vice versa. Der eigentliche Grund für die Aufnahme der diplomatischen Beziehungen war die Aufkündigung der Militärhilfe durch die Bundesregierung. Bei den dadurch ausgelösten politischen Turbulenzen blieb Kanzler Ludwig Erhard 1965 nichts anderes übrig, als die Zustimmung zur Aufnahme der vollen diplomatischen Beziehungen zu geben.[56]

Atmosphärisch allerdings haben die wissenschaftlichen Kontakte wesentlich zur Entspannung zwischen den Menschen beider Völker beigetragen. „Wir fingen wieder an, wie andere Völker zu sein, als Professoren nicht nur aus Amerika und Russland, nicht nur aus Frankreich und Polen, sondern auch aus ihrem Lande zu uns kamen, um mit uns zusammen zu arbeiten“, stellte Willy Brandt 1973 bei seinem Besuch im Weizmann-Institut fest.[57]

## Anmerkungen

1 Meyer Weisgal an W. Gentner, Telegramm vom 21.7.1966, Archiv zur Geschichte der Max-Planck-Gesellschaft (MPG-Archiv) III/68a, 202, Gentner.
2 Press Release December 11, 1959, Archiv des Weizmann-Instituts (WI-Archiv) 8/80-39.
3 Interview mit Frau Esther Schmidt am 14.6.1989, WI-Archiv, tape.
4 Max-Planck-Gesellschaft, Berichte und Mitteilungen 2/81.
5 W. Gentner: Ansprache vom 28.11.1978 in Bonn, MPG-Archiv Privatakten von Josef Cohn (PA-C)-Diverses.
6 Curriculum Vitae Amos de-Shalit, WI-Archiv 11/75-162; Interview mit der Sekretärin von Amos de-Shalit, Ilana Eisen, am 24. Januar 2006 in Rehovot; Interview mit Frau Hanna Lifson am 6. Dezember 2005 in Rehovot.

7 Brief von de-Shalit an Cohn vom 20. April 1969, WI-Archiv 8/80-39.
8 Address made by A. de-Shalit at the Max-Planck-Gesellschaft, July 2 1962 in Munich, WI-Archiv 11/75-162.
9 Brief von de-Shalit an Cohn vom 10. April 1969, ebenda..
10 D. K. Nickel, Es begann in Rehovot, Monographie der Zeitschrift „Modell-Bericht aus Rehovot“, Zürich 1989, S. 20–22.
11 Ansprache von Cohn am 16.10.1983 im Weizmann-Institut, MPG-Archiv (PA-C)-Diverses.
12 Brief Heinemans an Adenauer vom 24.1.1959, MPG-Archiv (PA-C)-Diverses.
13 D. K. Nickel, Es begann in Rehovot, … a.a.O., S. 20–22.
14 Brief von Cohn an Hahn vom 29.6.1959, MPG-Archiv I M 2/Israel.
15 Ebenda.
16 Vermerk von Dohrn vom 23.1.1960, Notizen von Cohn über sein Gespräch am 23.1.1960, MPG-Archiv I M 2/Israel.
17 Brief Gentners an Hahn vom 14.9.1959, MPG-Archiv ebenda.
18 Brief Cohns an Adenauer vom 11.8.1959, MPG-Archiv (PA-C)-Diverses.
19 Minutes of the meeting of the Executive Council des Weizmann-Instituts vom 5.11.1959; WI-Archiv 3/74/2/3, Brief Cohns vom 6.2.1960 an Gerhard Schmidt, MPG-Archiv (PA-C)-Diverses.
20 Brief von Gerhard Schmidt an Meyer Weisgal vom 1.10.1959, WI-Archiv 11/75-162.
21 Einladungsbrief Schmidts an Hahn vom 17.11.1959; Brief Hahns an Cohn vom 23.10.1959, MPG-Archiv I M 2/Israel.
22 Brief Cohns an Shinnar vom 16.11.1959, MPG-Archiv (PA-C)-Diverses.
23 Press Release vom 11.12.1959, a.a.O.
24 M. Bar-Zohar: David Ben Gurion, Bergisch-Gladbach 1988, S. 282–283.
25 K. Adenauer: Bilanz einer Reise, MPG-Archiv (PA-C)-Diverses.
26 R. Vogel (Hrsg.): Der Deutsch-Israelische Dialog, München 1990, Teil 1, Politik, Band 1, S. 134–143.
27 Report on an Interview with Chancellor Dr. Konrad Adenauer on February 4th 1960, MGP-Archiv (PA-C)-Diverses.
28 M. Wolffsohn: Ewige Schuld, 40 Jahre Deutsch-Jüdisch-Israelische Beziehungen, München 1988, S. 126.
29 Rolf Vogel, a.a.O., 149–151.
30 Brief von Adenauer an Shinnar vom 21.April 1960, WI-Archiv 3/74/2/3.
31 Vorschlag zur Förderung einer wissenschaftlichen Zusammenarbeit zwischen der Max-Planck-Gesellschaft und dem Weizmann-Institut vom 2.2.1960, MPG-Archiv, I M 2/Israel.
32 Brief Cohns an Meyer Weisgal vom 19.3.1960, MPG-Archiv (PA-C)-Diverses.
33 Vermerk von Benecke vom 24.2.1960, MPG-Archiv I M 2/Israel.
34 Niederschrift über die Sitzung des Verwaltungsrats der Max-Planck-Gesellschaft vom 9.3.1960 MPG-Archiv I M 2/Israel.
35 Dietmar K. Nickel, a.a.O., S. 29, Brief Schmidts an Gentner vom 7.6.1961, MPG-Archiv (PA-C)-Diverses.
36 Frankfurter Allgemeine Zeitung ( FAZ) vom 11.1.1962, Nr. 9.
37 R. Vogel: Der israelische Dialog, Teil 1, Bd. 1, S. 171–172.
38 D. K. Nickel, Es begann in Rehovot … a.a.O., S. 30.
39 Minutes of the Meeting of the Scientific Council vom 6.4.1960, WI-Archiv 8/80-39.
40 Bericht Noacks an Gentner vom März 1963, MPG-Archiv (PA-C)-Diverses.
41 Brief Gentners an E. Marsch vom 12.4.1962, MPG-Archiv (PA-C)-Diverses.
42 Brief Meyer Weisgal an Cohn vom 5.4.1961, MPG-Archiv (PA-C)-Diverses.
43 D. K. Nickel, Es begann in Rehovot … a.a.O., S. 33–34.

44 Brief Adenauers an Cohn vom 30.11.1960 und 2.6.1961, MPG-Archiv (PA-C)-Diverses.
45 Antrag vom 5.2.1962 und Aufstellung der Stiftung Volkswagenwerk vom 12.8.1989, MPG-Archiv (PA-C)-Diverses.
46 Memorandum von de-Shalit vom 20.12.1962, WI-Archiv 8/80-39, Dietmar K. Nickel, Es begann in Rehovot … a.a.O., S. 36–37.
47 Minutes of Meeting held on October 16, 1963, WI-Archiv 8/80-39; Antrag Cohn und Kronstein bei Stiftung Volkswagenwerk vom 3.8.1963 und Bescheid vom 8.12.1963, MPG-Archiv (PA-C)-Diverses.
48 D. K. Nickel, Es begann in Rehovot … a.a.O., S. 40.
49 Interview Gentners mit Maariv am 17.11.1965, WI-Archiv 11/75-162 und S. 79.
50 D. K. Nickel, Es begann in Rehovot … a.a.O., S. 48.
51 D. K. Nickel, Es begann in Rehovot … a.a.O., S. 47.
52 Brief von Gentner an Dr. Gerhard Schröder vom 15.11.1974, MPG-Archiv III//A 8.
53 D. K. Nickel, a.a.O., S. 48.
54 H. J. Lipkin: The Beginning of the Israeli-German Dialogue, Some Personal Reminiscences, Rehovot 1987.
55 Germany–Israel Cooperation in Science, Technology and Education, BMBF, Berlin 2005, S. 23–37.
56 R. Vogel: a.a.O., S. 143, Kurt Birrenbach, Meine Sondermission, München 1984, S. 83–86.
57 K. Michel: Es begann in Rehovot … a.a.O.

# Die Wirkung des Minerva-Programms

Uzy Smilansky, Hans A. Weidenmüller

Um die nachfolgenden Zeilen ins rechte Licht zu rücken, sei zunächst festgestellt, dass beide Autoren für viele Jahre aktiv am Minerva-Programm beteiligt waren. Diese Tatsache hat nicht nur unsere wissenschaftliche Arbeit nachhaltig beeinflusst, sondern auch unseren Blick auf die Welt verändert. Das gilt natürlich insbesondere für unseren Zugang zu der ineinander verflochtenen Geschichte unserer beiden Völker und deren Miteinander in Vergangenheit, Gegenwart, und Zukunft. Unsere zahlreichen und engen Kontakte mit Angehörigen des anderen Volkes und unsere im Laufe der Jahre gemachten Erfahrungen färben auch die folgenden Zeilen. Doch gerade dies ist gewiss im Sinne von Wolfgang Gentner.

Heute ist es schwer sich vorzustellen, wie visionär und wagemutig es von Gentner und seinen damaligen deutschen und israelischen Kollegen war, dieses Programm auf den Weg zu bringen. Die Geschichte des Programms, die Hauptbeteiligten und die Ergebnisse werden im Bericht von Dr. Nickel ausführlich dargestellt. Hier wollen wir kurz an die Ziele erinnern, die die Gründerväter des Programms vor Augen hatten, und wir wollen den Erfolg des Programms beurteilen, indem wir diese Ziele mit dem vergleichen, was tatsächlich erreicht wurde.

Hauptziel des Minerva-Programms war es, die fast völlige Sprachlosigkeit zwischen Deutschen und Israelis zu überwinden. Wissenschaftliche Kontakte sollten ein erster Schritt sein zu einem hoffentlich fortzusetzenden Dialog. Dabei gab es keine Kompromisse in Bezug auf wissenschaftliche Qualität der gemeinsamen Arbeit – ganz im Gegenteil. Nur durch Zusammenarbeit von Wissenschaftlern, die Respekt für des Anderen wissenschaftliche Werte und Ziele haben, so die Meinung, konnte sich ein Vertrauensverhältnis bilden, das dann auch zu einem ernsthaften Gespräch über die schmerzlichen Themen führen würde, die unter der Oberfläche schlummerten. Ein solches Gespräch war die Voraussetzung für weitergehende und vertiefte Kontakte. Ein weiteres Ziel des Programms war natürlich der Aufbau bilateraler wissenschaftlicher Beziehungen, zu denen beide Partner gemäß ihren Möglichkeiten beitragen und aus denen beide gemäß ihren Erfordernissen Vorteile ziehen würden.

Am Anfang des Programms wurden wissenschaftliche Kontakte auf zwei Weisen gefördert. Einmal wurden in seinem Rahmen Stipendien vor allem für Nachwuchswissenschaftler bereitgestellt. In den 1970er Jahren kam dazu noch die Finanzierung von deutsch-israelischen wissenschaftlichen Konferenzen, die heute unter dem Namen Gentner-Symposien veranstaltet werden. Zum anderen wurden ausgewählte Forschungsgruppen finanziell gefördert, die an kooperati-ven Forschungsvorhaben arbeiten. Später wurde diese Aufgabe teilweise von den Minerva-Zentren übernommen, die Arbeiten über gewisse Themenschwerpunkte fördern.

**Abb. 43.** Weizman Institute of Science, Rehovot.

Gemessen an der Intensität der Zusammenarbeit und ihrer im Lauf der Jahre erfolgten Steigerung hat das Minerva-Programm seine Ziele zweifellos erreicht. Die heutige Situation übertrifft sicher die optimistischsten Prognosen der Väter des Programms. In den 1960er Jahren waren es einige wenige handverlesene Doktoranden und Postdocs, die den Weg ins Gastland fanden. Dagegen wurden während der letzten zwanzig Jahre jährlich 80 Stipendien bereitgestellt, die im Mittel zu gleichen Teilen an deutsche und israelische Wissenschaftler vergeben werden, die im jeweils anderen Land forschen wollen. (Aus budgetären Gründen wurde diese Zahl in den letzten beiden Jahren leider um 25 Prozent reduziert). In den letzten Jahren hat die Zahl der Bewerbungen die der Stipendien um einen Faktor 2 bis 3 überstiegen. Das ermöglicht die Auswahl hervorragend qualifizierter Teilnehmer. Es ist bemerkenswert, dass etwa die Hälfte der deutschen Stipendiaten das Weizmann-Institut als Gastinstitution wählt. Wie die folgenden Tabellen zeigen, werden die meisten Stipendien in den Naturwissenschaften vergeben – eine Folge der Tatsache, dass Forschung in den Geistes- und Sozialwissenschaften weniger auf Kooperation angewiesen ist als in den Naturwissenschaften mit ihren großen Arbeitsgruppen und aufwendigen Apparaten. Und jedes Jahr werden ein bis zwei Gentner-Symposien veranstaltet.

Es gibt heute 38 Minerva-Zentren. Sie sind einigermaßen gleichmäßig über die akademischen Institute des Landes verteilt und werden aus einem Kapitalstock von 65 Millionen Euro gespeist. Die enge wissenschaftliche Zusammenarbeit wird durch den Umstand garantiert, dass Deutsche und Israelis in gleicher Zahl in der wissenschaftlichen Leitung der Zentren und in den Fachbeiräten vertreten sind. Den Vorsitz führt ein deutscher Wissenschaftler.

Diese intensive Kooperation macht sich in allen Bereichen des akademischen Lebens beider Länder bemerkbar. Wir nennen nur einige Beispiele. Die Kuratorien mehrerer israelischer akademischer Institutionen zählen heute deutsche Wissenschaftler zu ihren Mitgliedern. Israelische Wissenschaftler fungieren als Direktoren oder als Kommissionsmitglieder in der Max-Planck-Gesellschaft und in den Universitäten. Die Deutsch-Israelische Stiftung (GIF) und das DIP-Programm des Bundesministers fördern gemeinsame deutsch-israelische Forschungsvorhaben. Die Zahl der Anträge auf Forschungsgelder übersteigt bei weitem die zur Verfügung stehenden Mittel. Und während vor 50 Jahren eine gemeinsame wissenschaftliche Publikation deutscher und israelischer Autoren unvorstellbar war, ist deren Zahl heute so groß, dass sie sich schwer feststellen lässt.

Gewiss war das Minerva-Programm nur einer der Wege, auf denen sich der deutsch-israelische Dialog entfaltete. Und es kamen andere Entwicklungen hinzu, die den Prozess förderten. Dazu gehören auch die wachsende Zeitspanne, die uns vom Holocaust trennt, und das Heranwachsen einer neuen Generation. Aber das Minerva-Programm gab und gibt Menschen aus beiden Ländern die Möglichkeit, einander zu begegnen und intensive Kontakte zu entwickeln. Oft sind so Freundschaften entstanden, die weit über die ursprüngliche wissenschaftliche Zusammenarbeit hinausgehen. Und für viele ist das andere Land zu einer zweiten Heimat geworden, für deren Wohlergehen man sich verantwortlich fühlt. Es scheint, als ob die besten Aspekte jüdisch-deutscher intellektueller Wechselwirkung in anderer Form wiederbelebt würden.

Wir lassen am Ende zwei Minerva-Stipendiaten zu Wort kommen. Sie berichten über ihre Besuche im Gastland.

Thomas Straub besuchte das Technion 1995/96. Er schreibt: „Durch das Austauschprogramm können Deutsche Israel und Israelis Deutschland erleben. Es involviert jeden Stipendiaten in einem Prozeß des Gebens und Nehmens. Das ist der beste Weg, um zu einer ‚normalen' Beziehung zu kommen, insoweit dafür noch eine Notwendigkeit besteht ..."

„Alles in allem hatte ich hier die Gelegenheit, als Wissenschaftler und als Mensch zu wachsen. In meinen Augen ist ein besonders wichtiges Ergebnis meines Aufenthaltes in Haifa, daß es mir gelungen ist, einen Wissenschaftler am Technion davon zu überzeugen, für einen Gastaufenthalt nach Deutschland zu kommen."

Shlomo Pistinner hielt sich 1996/7 am Max-Planck-Institut für Astrophysik in Garching auf. Er schreibt: „Als Mitglied der Generation, die auf die Überlebenden der jüdischen Tragödie folgt (mein Vater verbrachte 4 Jahre in einem Konzentrationslager), habe ich nach vielen Unterhaltungen mit meinen deutschen Kollegen und Freunden den Eindruck, daß im Unterricht viel getan wird, um sicherzustellen, daß Derartiges sich nie wiederholt."

„Als ich vor einem Jahr ankam, hatte ich keinerlei Kontakte. Heute habe ich hier gute Freunde. Ich bin sicher, daß ich nach München zurückkehren werde – und dies nicht nur, um hier zu arbeiten."

Gibt es eine schönere Hommage an Gentners Mut und an seine Vision als diese Worte?

Wir danken Herrn Dr. Nickel für hilfreiche Kommentare. Die Tabelle mit der Übersicht der Minerva-Stipendiaten in den Jahren 1983–2005 wurde dankenswerterweise von Frau S. Reichardt vom Minerva-Büro zur Verfügung gestellt.

## Minerva Stipendiaten

**Deutsche**

| | | 1983 | 1984 | 1985 | 1986 | 1987 | 1988 | 1989 | 1990 |
|---|---|---|---|---|---|---|---|---|---|
| Gesamt | | 44 | 36 | 34 | 38 | *o.A.* | *o.A.* | 43 | 33 |
| Forschungs-Gebiet | BMS | 7 | 5 | 4 | 7 | *o.A.* | *o.A.* | 16 | 15 |
| | CPTS | 36 | 28 | 29 | 30 | | | 26 | 17 |
| | GWS | 1 | 3 | 1 | 1 | | | 1 | 1 |
| Heimat-Institution | MPIs | *o.A.* | *o.A.* | *o.A.* | *o.A.* | *o.A.* | *o.A.* | *o.A.* | *o.A.* |
| | Unis | | | | | | | | |
| | Andere | | | | | | | | |
| Gast-Institution | HUJ | *o.A.* | 8 | 6 | 6 | *o.A.* | *o.A.* | 4 | 7 |
| | WIS | | 19 | 21 | 25 | | | 34 | 18 |
| | TAU | | 2 | 3 | 2 | | | 1 | 3 |
| | Tech | | 3 | 3 | 2 | | | 2 | 3 |
| | BIU | | – | 1 | 1 | | | – | 1 |
| | BGU | | – | – | – | | | 1 | 1 |
| | Haifa | | – | – | – | | | – | – |
| | Andere | | 4 | – | 2 | | | 1 | – |

| | | 1991 | 1992 | 1993 | 1994 | 1995 | 1996 | 1997 | 1998 |
|---|---|---|---|---|---|---|---|---|---|
| Gesamt | | 33 | 42 | 46 | 45 | 53 | 44 | 50 | 41 |
| Forschungs-Gebiet | BMS | 12 | 7 | 11 | 6 | 5 | 7 | 9 | 8 |
| | CPTS | 20 | 35 | 35 | 39 | 46 | 35 | 38 | 32 |
| | GWS | 1 | – | – | – | 2 | 2 | 3 | 1 |
| Heimat-Institution | MPIs | *o.A.* | *o.A.* | *o.A.* | *o.A.* | *o.A.* | *o.A.* | *o.A.* | *o.A.* |
| | Unis | | | | | | | | |
| | Andere | | | | | | | | |
| Gast-Institution | HUJ | 6 | 7 | 11 | 10 | 8 | 8 | 10 | 6 |
| | WIS | 16 | 22 | 20 | 20 | 22 | 15 | 20 | 20 |
| | TAU | 4 | 5 | 6 | 9 | 10 | 7 | 7 | 6 |
| | Tech | 3 | 4 | 4 | 5 | 9 | 9 | 5 | 5 |
| | BIU | 1 | 2 | 3 | – | 1 | 2 | 2 | 2 |
| | BGU | – | 1 | 2 | – | 2 | 3 | 3 | – |
| | Haifa | – | – | – | – | – | – | – | – |
| | Andere | 3 | 1 | – | 1 | 1 | – | 3 | 2 |

| | | 1999 | 2000 | 2001 | 2002 | 2003 | 2004 | 2005 |
|---|---|---|---|---|---|---|---|---|
| Gesamt | | 42 | 56 | 49 | 40 | 39 | 23 | 26 |
| Forschungs-Gebiet | BMS | 9 | 10 | 10 | 13 | 11 | 8 | 8 |
| | CPTS | 29 | 38 | 29 | 16 | 18 | 7 | 11 |
| | GWS | 4 | 8 | 10 | 11 | 10 | 8 | 7 |
| Heimat-Institution | MPIs | *o.A.* | 6 | 4 | 3 | 2 | 2 | 1 |
| | Unis | | 42 | 36 | 25 | 29 | 14 | 19 |
| | Andere | | 8 | 9 | 12 | 8 | 7 | 6 |
| Gast-Institution | HUJ | 7 | 10 | 11 | 12 | 9 | 10 | 11 |
| | WIS | 25 | 33 | 23 | 14 | 16 | 7 | 10 |
| | TAU | 4 | 7 | 10 | 7 | 9 | 2 | 1 |
| | Tech | 2 | 2 | – | 2 | 1 | 1 | 1 |
| | BIU | 2 | 1 | 1 | – | 1 | – | 1 |
| | BGU | – | 2 | – | 1 | – | – | 1 |
| | Haifa | – | – | 1 | 1 | 2 | 1 | 1 |
| | Andere | 2 | 1 | 3 | 3 | 1 | 2 | – |

BMS = Biologie/ Medizin
CPTS = Chemie/Physik/ Technologie
GWS = Geisteswissenschaften

**Israelis**

| | | 1983 | 1984 | 1985 | 1986 | 1987 | 1988 | 1989 | 1990 |
|---|---|---|---|---|---|---|---|---|---|
| Gesamt | | 37 | 35 | 41 | 32 | *o.A.* | *o.A.* | 26 | 22 |
| Forschungs-Gebiet | BMS | 11 | 5 | 5 | 3 | *o.A.* | *o.A.* | 4 | 6 |
| | CPTS | 25 | 28 | 35 | 28 | | | 21 | 14 |
| | GWS | 1 | 2 | 1 | 1 | | | 1 | 2 |
| Heimat-Institution | HUJ | *o.A.* | *o.A.* | *o.A.* | *o.A.* | *o.A.* | *o.A.* | *o.A.* | *o.A.* |
| | WIS | | | | | | | | |
| | TAU | | | | | | | | |
| | Tech | | | | | | | | |
| | BIU | | | | | | | | |
| | BGU | | | | | | | | |
| | Haifa | | | | | | | | |
| | Andere | | | | | | | | |
| Host Institution | MPIs | *o.A.* | 7 | 12 | 7 | *o.A.* | *o.A.* | 6 | 9 |
| | Unis | | 2 | 19 | 4 | | | 14 | 9 |
| | Andere | | 26 | 10 | 21 | | | 6 | 4 |

| | | 1991 | 1992 | 1993 | 1994 | 1995 | 1996 | 1997 | 1998 |
|---|---|---|---|---|---|---|---|---|---|
| Gesamt | | 30 | 30 | 29 | 25 | 26 | 24 | 26 | 20 |
| Forschungs-Gebiet | BMS | 6 | 1 | 3 | 5 | 3 | 3 | 3 | 1 |
| | CPTS | 18 | 28 | 24 | 18 | 20 | 20 | 19 | 15 |
| | GWS | 6 | 1 | 2 | 2 | 3 | 1 | 4 | 4 |
| Heimat-Institution | HUJ | *o.A.* | *o.A.* | *o.A.* | *o.A.* | *o.A.* | *o.A.* | *o.A.* | *o.A.* |
| | WIS | | | | | | | | |
| | TAU | | | | | | | | |
| | Tech | | | | | | | | |
| | BIU | | | | | | | | |
| | BGU | | | | | | | | |
| | Haifa | | | | | | | | |
| | Andere | | | | | | | | |
| Host Institution | MPIs | 15 | 5 | 9 | 8 | 10 | 8 | 4 | 2 |
| | Unis | 9 | 20 | 13 | 10 | 11 | 10 | 15 | 10 |
| | Andere | 6 | 5 | 7 | 7 | 5 | 6 | 7 | 8 |

| | | 1999 | 2000 | 2001 | 2002 | 2003 | 2004 | 2005 |
|---|---|---|---|---|---|---|---|---|
| Gesamt | | 24 | 21 | 21 | 22 | 20 | 29 | 32 |
| Forschungs-Gebiet | BMS | 6 | 4 | 7 | 6 | 6 | 6 | 7 |
| | CPTS | 15 | 13 | 7 | 8 | 5 | 10 | 12 |
| | GWS | 3 | 4 | 7 | 8 | 9 | 13 | 13 |
| Heimat-Institution | HUJ | *o.A.* | 4 | 6 | 4 | 3 | 6 | 8 |
| | WIS | | 3 | 4 | 4 | 1 | 4 | 3 |
| | TAU | | 7 | 5 | 7 | 6 | 8 | 10 |
| | Tech | | 2 | 1 | 3 | 4 | 5 | 1 |
| | BIU | | 1 | – | – | 2 | – | – |
| | BGU | | – | 1 | 1 | 1 | 1 | 2 |
| | Haifa | | 1 | 2 | 1 | 1 | 2 | 3 |
| | Andere | | 3 | 2 | 2 | 2 | 3 | 5 |
| Host Institution | MPIs | 6 | 4 | 5 | 3 | 1 | 2 | 2 |
| | Unis | 9 | 11 | 13 | 16 | 15 | 23 | 27 |
| | Andere | 9 | 6 | 3 | 3 | 4 | 4 | 3 |

BMS = Biologie/ Medizin
CPTS = Chemie/Physik/ Technologie
GWS = Geisteswissenschaften

# Gentner und die Kosmochemie: Hobby oder Symbiose?

Till A. Kirsten

In diesem Artikel soll gezeigt werden, dass Wolfgang Gentners Interesse an der Kosmochemie nicht der Pflege eines abseitigen Hobbys diente. Es ergab sich vielmehr aus der Kombination des Umfelds der Kernphysik seiner Zeit und seinem universalistischen Naturverständnis (Abschnitt 1).

Der Begriff „Kosmochemie" ist diffus und bedarf der Erläuterung (Abschnitt 2).

In den folgenden Kapiteln werden die Bereiche der Kosmochemie dargestellt, in denen Gentners Forschungsinteressen, Projekte und Verdienste lagen: Geochronologie (Abschnitt 3), Meteorite (Abschnitt 4), Tektite (Abschnitt 5), Mondforschung (Abschnitt 6) und Isotopengeochemie (Abschnitt 7).

Die Themen „Staub im Sonnensystem" und „Archäometrie" werden in eigenen Artikeln in diesem Band behandelt.

## 1 Kernphysik, Interdisziplinarität und Naturforschung

Wolfgang Gentner war Kernphysiker, einer von allenfalls hundert Pionieren, die das Gebiet begründet haben. Man sollte sich erinnern, dass diese Pioniere noch echte Naturforscher waren, sich also für den Aufbau der Kerne nicht zuerst aus Ambition für etwas sehr Spezifisches interessierten. Vielmehr war dieses Interesse für sie die logische Konsequenz der mit der Aufklärung begonnenen Suche nach dem Verständnis der Natur.

Kernphysik als Kind des 20. Jahrhunderts wird gemeinhin als die extreme Reduktion der komplexen Naturphänomene auf ihre „Urbausteine" angesehen. Dem verdankt sie ihr Image als tief, schwierig, und extrem spezialisiert.

Auf den ersten Blick scheint deshalb der Kernphysiker prädestiniert zum Spezialisten, wenn nicht gar zum Fachidioten – im Gegensatz zum Universalgelehrten Humboldtscher Prägung.

Diese Vermutung ist falsch. Naturforschung strebt die erlebte Umwelt zu deuten, belebt und unbelebt, örtlich, zeitlich, und funktional. Fast alle daraus erwachsenden Disziplinen werden wesentlich auch durch kern- und atomphysikalische Einsichten erforschbar oder verständlich. Es liegt deshalb in der Natur der Sache, dass Kernphysiker – wenn sie gut sind – auch Universalisten sein sollten. Interdisziplinarität ist intrinsisch in der Kernphysik angelegt.

Durch die Vernetzung mit der Kernphysik entstanden viele neue Themenstellungen aus teils alten, teils auch völlig neuen naturwissenschaftlichen Disziplinen:

- In der Astrophysik ergibt sich über die kosmischen Element- und Isotopenhäufigkeiten sowie über die Zeitmessung ein Zugang zur Entwicklung des Universums, der Galaxien, des Sonnensystems, und der Erde als Planet.
- In der Geologie ermöglichen die durch die natürliche Radioaktivität bedingten Isotopieverschiebungen, die Erdgeschichte zeitlich und stofflich zurückzuverfolgen. Hierzu ist ein enges Zusammenwirken mit der Geochemie und der Mineralogie erforderlich, hinzu kommen Kristallographie und Festkörperphysik.
- Analytische-, Anorganische- und Physikalische Chemie liefern unerlässliche Voraussetzungen und Hilfsmittel zur Messung und zum Verständnis von Isotopieverschiebungen.
- Für Paläontologie, Anthropologie, Biologie bis hin zur Biochemie bestehen Beziehungen zur Kernphysik sowohl über die absolute radiometrische Zeiteichung der Evolutionsepochen als auch wegen der Gen-Mutationen, die von Kernstrahlung ausgelöst werden und die letztlich die Evolution steuern.
- Medizin und Physiologie sind vor allem über die verschiedenen Strahlungseinwirkungen mit der Kernphysik verbunden, sei es wegen der Toxizität, diagnostisch, oder therapeutisch. Gentners erste Publikation überhaupt (1928 bei Dessauer in Frankfurt) gehört hierher![1]

Die neuen Disziplinen wie etwa die Kosmochemie oder die Kerngeologie dienen unzweifelhaft dem Versuch der universellen Naturerkenntnis, ungeachtet dessen, dass Immanuel Kant seine Kosmogonie auch ohne die zu seiner Zeit unbekannte Kernphysik vollständig formulieren konnte.

Neue Erkenntnisse in der Kernphysik[*] implizieren unvermeidlich die Frage nach den Konsequenzen in allen Wissensgebieten. Der Spezialist, den es heute sicher gibt, war in der Sturm- und Drangzeit der Kernphysik von Rutherford bis Gentner eher die Ausnahme. Die Guten waren logischerweise alle universelle Naturforscher.

Sinngemäße Erweiterungen zur Elementarteilchenphysik einerseits und zur Astrophysik andererseits sind stillschweigend in dem hier skizzierten „Kernphysiker" eingeschlossen, diese Fächer sind die nächsten Nachbarn der Interdisziplinarität.

Es bedarf keiner vordergründigen Erklärung dafür, dass sich Gentner beim Neubeginn nach Kriegsende in Freiburg mit natürlicher Radioaktivität beschäftigte „weil die Siegermächte den Deutschen die Kernphysik verboten hatten", gleichgültig ob ein solcher äußerer Druck anfangs tatsächlich bestand oder nicht.

Gentner war Naturforscher, der aus dem Verständnis über den Aufbau der Atomkerne und der ihre Eigenschaften kontrollierenden Phänomene seine Schlüsse über die Natur in allen ihren Facetten ziehen wollte. Interdisziplinarität ist nichts Besonderes. Sie begann mit dem Ende der Scholastik und droht erst jetzt zu enden.

---

[*] Für die hier skizzierte Leitlinie ist eine scharfe Trennung zwischen Kern- und Atomphysik unzweckmäßig.

## 2 Kosmochemie

Aus der Anwendung der Kernphysik hat sich im vergangenen Jahrhundert eine Vielzahl von interdisziplinären Arbeitsgebieten entwickelt, die sich sowohl von der Methodik als auch vom Objekt her einer einseitigen Zuordnung zu einer der klassischen Naturwissenschaften entziehen, sie sind fach- oder objektübergreifend.

Die *Objekte* sind nicht auf Terrestrisches beschränkt, auch Meteorite, Planeten, Planetenatmosphären, interplanetarer und interstellarer Staub, die Kosmische Strahlung und Sonnenwind zählen dazu.

*Methodisch* eine zentrale Rolle spielen *Isotopieeffekte*, ihre Messung und Interpretation.

Die „natürliche“ Isotopenzusammensetzung der Elemente* ist das Resultat der Kerneigenschaften bei der Kernsynthese im Laufe der kosmologischen Produktion der unser Sonnensystem ausmachenden Nuklide, gefolgt von der durch großräumige Mischung bedingten Homogenisierung der Materie aus den verschiedenen beitragenden astrophysikalischen Quellen.

Abweichungen vom kosmischen Grundmuster bezeichnet man als Isotopieverschiebungen. Messbar werden diese mit *Massenspektrometern.*

Dabei kann in einem magnetischen Filter die Häufigkeit der zu einem gegebenen Element beitragenden Isotope auf Grund des Massenunterschieds (unterschiedliche Neutronenzahl bei gleich bleibender Protonenzahl) mit hoher Präzision bestimmt werden.

Isotopie verbindet methodisch Physik, Astrophysik und Physikalische Chemie. Ihre Anwendungen reichen weit in die Chemie, Geologie, Mineralogie, Geochemie und Umweltphysik. Die Erweiterung unseres irdischen Horizonts auf das gesamte Planetensystem verbindet Physik, Astronomie, Astrophysik, Chemie und Geologie. Neue Begriffe wurden geprägt:

„Kosmochemie“, „Kosmophysik“, „Kern- oder Isotopengeologie“, im angelsächsischen Sprachraum auch „Nuclear Chemistry“, „Nuclear Geology“, „Isotope Geology“ oder „Earth- and Space Sciences“.

Hinzu kommen „Isotopengeophysik“, „Geochronologie“, „Planetologie“, „Kosmische Mineralogie“. Auch die Brücke zu den Kultur- und Geisteswissenschaften wird über die „Archäometrie“ geschlagen (vgl. den Beitrag von G. A. Wagner in diesem Band).

Allen Disziplinen gemeinsam ist, dass sie sich einer klassischen Zuordnungsdefinition entziehen und gegeneinander allenfalls vom Objekt her, kaum aber bezüglich Phänomenologie und Methodik voneinander abgegrenzt werden können.

Wolfgang Gentner hat sich mit vielen dieser Gebiete befasst und am Heidelberger Max-Planck-Institut für Kernphysik entsprechende Forschungsgruppen begründet. Sie wurden von Beginn an in ihrer Gesamtheit als ‚*Die Kosmochemie*‘ bezeichnet.

Gentner bevorzugte diesen Begriff, hat sich aber immer dagegen gewehrt, die Kosmochemie gegenüber der Kernphysik organisatorisch, etwa als „Abteilung“ oder „Department“ abzugrenzen. Gelebte Interdisziplinarität!

---

* Sie wird oft auch als ‚solare‘ oder ‚kosmische‘ Zusammensetzung bezeichnet. Dafür besteht eine gewisse Berechtigung, die Begründung dafür würde hier aber zu weit führen.

# 3 Zeitmessung und Geochronologie

## 3.1 Vorgeschichte

Die Vorhersage und nachfolgende Verifizierung des radioaktiven Zerfalls $K^{40} \rightarrow Ar^{40}$ in den späten dreißiger und frühen vierziger Jahren des 20. Jahrhunderts war eine aufregende Erfahrung für alle Kernphysiker, Wolfgang Gentner machte da keine Ausnahme.

Nach der Entwicklung leistungsfähiger Massenspektrometer durch Alfred Otto Nier in Minneapolis erfolgte in den 1930er Jahren eine Bestandsaufnahme der isotopischen Zusammensetzung aller in der Natur vorkommenden Elemente. Das Periodensystem wurde also um die Dimension „Isotopenzusammensetzung" aller stabilen oder zumindest sehr langlebigen Elemente erweitert.

Bei der Systematik der Stabilität und Häufigkeit der in der Natur vorkommenden Nuklide wurden sehr bald Regelmäßigkeiten erkannt, die auf den Kernaufbau und die für die Bindungsenergie der verschiedenen Kerne verantwortlichen Wechselwirkungen zwischen den Nukleonen (Protonen und Neutronen) zurückgeführt wurden. Die ersten Kernmodelle basierten zu einem wichtigen Teil auf diesem Beobachtungsbefund.

Es fiel nun auf, dass das in der Atmosphäre enthaltene Edelgas Argon zu mehr als 99% aus $Ar^{40}$ besteht, was völlig außerhalb der angesprochenen Stabilitätsüberlegungen stand, wonach $Ar^{40}$ keinesfalls häufiger sein sollte als die beiden anderen stabilen Argonisotope, $Ar^{36}$ und $Ar^{38}$.

Die Überhäufigkeit des $Ar^{40}$ veranlasste C. F. v. Weizsäcker 1937 zu der Hypothese, dass es durch Beta-Zerfall von Kalium 40 ($K^{40}$) entstanden sein könnte.[2] Kalium ist dem Argon im Periodensystem benachbart und die terrestrische Kaliumhäufigkeit ist ungleich höher als die des flüchtigen und chemisch inerten Argon, weil Letzteres bei der Planetenentstehung fast vollständig entwichen ist.

Es gab aber ein Problem: Positronenstrahlung von natürlichem Kalium wurde nicht beobachtet, und die älteren Massenspektren für Kalium zeigten auch kein $K^{40}$, nur $K^{39}$ und $K^{41}$.

Statt seine Hypothese zu verwerfen erfand von Weizsäcker einen bisher nicht bekannten Zerfallstyp (Elektroneneinfang) für ein bisher nicht beobachtetes Nuklid ($K^{40}$) und er sollte damit Recht behalten.

Statt nach Positronen suchte man nun nach der beim Elektroneneinfang erwarteten gemeinsamen Emission von Röntgen- und Gammastrahlen und wurde fündig. Bald danach entdeckte Nier mit einem sehr viel empfindlicheren Massenspektrometer das $K^{40}$. Es hatte sich vorher dem Nachweis entzogen, weil seine Häufigkeit sehr gering ist (0,012%).

Bemerkenswert an diesem Lehrstück für den inneren Zusammenhang von Kernphysik und Kosmochemie im oben erläuterten Sinne ist die Beidseitigkeit. Wohl lieferte die Radioaktivität (u. a.) die Voraussetzungen für die späteren geo- und kosmochemischen Datierungsmethoden, aber es war die beobachtete Zusammensetzung des Argons in der Erdatmosphäre, die den Zugang zu einem ganz neuen fundamental-physikalischen Phänomen eröffnete, den Elektroneneinfang.

Die Messung verflossener Zeit und die Einordnung von erdgeschichtlichen oder historischen Ereignissen bewegt die Menschen seit der Antike.

Relative Datierungen (stratigrafisches Prinzip: unten/oben → früher/später) gelangen häufig, aber der Versuch der Absoluteichung mittels natürlicher kumulativer Prozesse wie Sedimentation oder Salzlösung im Meerwasser musste scheitern, weil die „Uhren" von zu vielen und variablen Einflüssen in ihrem Lauf beeinflusst werden.

Erst der Zerfall radioaktiver Nuklide lieferte Uhren, deren Ganggenauigkeit von keinerlei äußeren Bedingungen beeinflusst wird. Die Halbwertszeit einer bestimmten Nuklidsorte (eines radioaktiven Isotops) wird nur von Kerneigenschaften bestimmt, während ‚Umweltfaktoren' wie chemischer Zustand, Temperatur, Druck, Festkörperstatus usw. nur die Atomhülle betreffen.

Das Potential mit Nukliden, die zwar radioaktiv, aber dennoch bis heute noch nicht völlig zerfallen sind, die geologische Zeit zu messen, wurde schon von Rutherford im Zusammenhang mit der Alpha-Radioaktivität des Urans erkannt (die Zerfallsprodukte sind hier verschiedene Bleiisotope und Helium).

Anwendungsversuche von Lord Rayleigh, Fritz Paneth u. a. blieben zunächst unbefriedigend. Zwar führten solche Überlegungen zur ersten fundierten Abschätzung der Größenordnung des Erdalters (einige Milliarden Jahre, gegenüber den bis dahin gehandelten viel kürzeren Zeitskalen). An eine allgemeine Datierungstechnik abseits von Uranmineralien war aber vor 1950 nicht zu denken, nicht zuletzt weil die Urangehalte der gängigen Gesteine sehr gering sind.

## 3.2 Kalium–Argon-Methode

Auch Gentner haben die prinzipiellen Möglichkeiten, die sich aus der natürlichen Radioaktivität langlebiger Isotope für die absolute Zeitmessung ergeben, schon früh beschäftigt[3]. Gleich nach von Weizsäckers Etablierung der Radioaktivität des $K^{40}$ war er von den potentiellen Anwendungsmöglichkeiten fasziniert. Anders als Uran ist Kalium eines der wichtigsten am Aufbau der Krustengesteine verbreiteten Elemente, weil es häufig und allverbreitet ist. Sein Einsatz zur Datierung ist deshalb für fast alle gängigen Gesteinstypen möglich. Der günstige Umstand, dass die ab 1947 in zahlreichen Labors gemessene Halbwertszeit des $K^{40}$ in der Größenordnung von einer Milliarde Jahren lag*, ließ erhoffen, damit auch die ältesten Gesteine der Erde und auch Meteorite datieren zu können.

Hinzu kam, dass der methodische Grundansatz der K–Ar-Methode von der großen geochemischen Unterschiedlichkeit der Elemente Kalium und Argon profitiert.

Solange das Kalium z. B. in einer Gesteinsschmelze vorliegt, kann das gasförmige Tochterprodukt $Ar^{40}$ entweichen und die ‚K–Ar-Uhr' steht auf Null (als Edelgas wird $Ar^{40}$ auch nicht chemisch gebunden und etwa deshalb zurückgehalten). Nachdem die Schmelze abgekühlt ist, bleibt das Zerfallsprodukt $Ar^{40}$ in den Kristallgittern der Gesteinsminerale eingeschlossen und akkumuliert sich mit Ablauf der Zeit. Misst man dann im Labor mit einem hochempfindlichen Massenspektrometer die

* Der genaue Wert ist 1,25 Milliarden Jahre. Nur ein Teil der Zerfälle führt zu $Ar^{40}$, der Rest zu $Ca^{40}$.

angesammelte Menge des „radiogenen" (d. h. durch radioaktiven Zerfall entstandenen) $Ar^{40}$ und setzt sie in Bezug zum chemisch bestimmten Kaliumgehalt der Probe, so kann man unter Berücksichtigung der Halbwertszeit den Zeitpunkt der Gesteinsbildung (genauer: der Abkühlung unter die Argon-Retentionstemperatur*) berechnen.

Durch spätere moderate Erwärmung und damit verbundenen teilweisen Gasverlust durch Diffusion aus dem festen Kristall kann die Zeitangabe der K–Ar-Uhr verfälscht werden. Für diesbezüglich evtl. notwendige Korrekturen können noch zusätzliche Untersuchungen erforderlich werden (s. u.).

Gleich nachdem Gentner 1946 nach Freiburg kam, begann er mit der Einrichtung eines Labors zur Kalium–Argon-Altersbestimmung. Die von ihm begründete Arbeitsgruppe gehörte (neben der von A.O. Nier und L.T. Aldrich an der Universität von Minnesota) zu den wenigen Pionieren der frühen Nachkriegsjahre. Drei Aspekte bestimmten die Struktur der Freiburger Gruppe:

- Die Entwicklung von Kriterien zur Selektion geeigneter Proben.
- Der Umgang mit ultrakleinen Mengen von Edelgasen.
- Der Aufbau von hochsensitiven Gas-Massenspektrometern.

In keiner dieser Disziplinen hatte Gentner bis dahin irgendwelche Erfahrungen gesammelt, das stellte für ihn aber kein Hindernis für das weitere Vorgehen dar. Damals galt noch der Grundsatz: Wenn es eine wichtige Frage gibt, muss man prüfen, ob es möglich ist, selbst eine Apparatur zu bauen, mit der man sie beantworten kann.

Gentner erkannte als Erster die eminente Bedeutung einer konzertierten Zusammenarbeit von Physikern, Chemikern, Geologen und Mineralogen, um die K–Ar-Methode universell anwendbar zu machen und das ehrgeizige Ziel zu verfolgen, die gesamte Geologische Zeitskala (d. h. Zeitpunkt und Dauer der geologischen Epochen) absolut zu eichen.

Nachdem das Labor zur Argon-Isotopenanalyse eingerichtet war, ging es darum, geeignete Testproben zu finden. Sie sollten möglichst alt sein, viel Kalium enthalten und auch über geologisch lange Zeiten ihr Argon im Kristallgitter verlustfrei festgehalten haben. Dafür sollten sie grobkristallin sein und ein möglichst dichtes Kristallgitter besitzen, das nicht von Verunreinigungen gestört wird. Außerdem sollten sie nach ihrer Bildung den Zeitraum bis heute unter möglichst monotonen Bedingungen ohne Erwärmungen oder Metamorphosen verbracht haben.

Gentner suchte den Rat der Geologen und Lagerstättenkundler. W. Wimmenauer vom Geologischen Landesamt Baden-Württemberg in Freiburg brachte den Sylvin (KCl) aus dem Kalisalzbergwerk von Buggingen† ins Spiel. Ausreichend Material aus geologisch gut definierten Horizonten des Oberrheinischen Oligozäns stand zur Verfügung. Die Proben wurden in einer Hochvakuumapparatur in Wasser gelöst. Das so freigesetzte Argon wurde chemisch von Verunreinigungen befreit und seine Gesamtmenge durch Druckmessungen (volumetrisch) bestimmt.

---

* Retention = Festhaltevermögen. Wird kontrolliert durch die Aktivierungsenergie zur Freisetzung.

† Südlich von Freiburg i. Br.

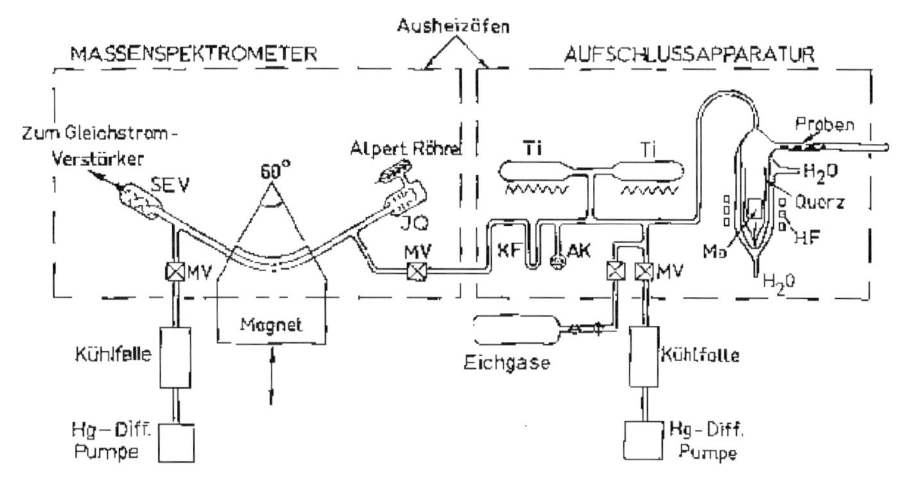


**Abb. 44.** Proben-Aufschlussapparat und Massenspektrometer (schematisch).

In der Frühphase wurde die zur Unterscheidung von radiogenem Argon und störendem Luftargon benötigte Ar-Isotopenanalyse nur als Verhältnismessung an sehr großen Parallelproben in einem externen Massenspektrometer ausgeführt.

In den Folgejahren wurde die Nachweisempfindlichkeit der Massenspektrometer dann sukzessive solange gesteigert, bis sie die Volumetrie überflüssig machte.

Der Nachweis kleinster Edelgasmengen hatte viele Tücken, die hier nicht näher ausgeführt werden sollen. Es ist spannend, den Kampf mit den Anfangsschwierigkeiten im Lichte des heutigen Technologiestandes nachzuvollziehen. Dabei verblüfft, dass praktisch alle wichtigen Ansätze auch heute noch Bestand haben, wenn auch in dramatisch verfeinerter Form (Abb. 44).

Die erfolgreiche K–Ar-Datierung des Bugginger Sylvins wurde am 30. März 1950 von F. Smits und W. Gentner zur Veröffentlichung eingereicht.[4] Bis dahin gab es nur einen vergleichbaren Vorläufer, eine Arbeit von Aldrich und Nier[5]. Diese beiden Pionierarbeiten standen am Anfang der Entwicklung der K–Ar-Datierungsmethode, die mittlerweile weit über zehntausend Publikationen verzeichnet.

In den Folgejahren baute Gentner die „Altersbestimmungsgruppe" am Physikalischen Institut der Universität Freiburg systematisch aus, seine wichtigsten Mitarbeiter in den frühen fünfziger Jahren waren Friedolf Smits, Max Pahl, Rudolf Präg, Klaus Goebel, Ernst Adolf Trendelenburg, Walter Kley, später dann Josef Zähringer, Hugo Fechtig, Gustav Kistner und Hans-Joachim Lippolt.

Wichtige Fortschritte waren

- Die Verbesserung der Empfindlichkeit der Massenspektrometer, insbesondere durch verbesserte Ionenquellen.
- Die Erweiterung der Extraktionstechnik von der Lösung der Proben in Wasser zu im Vakuum betriebenen Schmelzöfen, um neben Salzen auch Gesteinsminerale (insbesondere die geologisch weit verbreiteten Kaliumfeldspäte sowie Glimmer) analysieren zu können.

- Experimentelle Beweise für die Anfälligkeit der K–Ar-Methode gegenüber Argon-Diffusionsverlusten.
- Experimenteller Ansatz zur Erkennung ungestörter Proben (Korngrößenabhängigkeit, stufenweise Entgasung).
- Theoretischer Ansatz zu quantitativen Diffusionskorrekturen (Fick'sches Gesetz).
- Ausdehnung der Analysemöglichkeiten auf Helium. Dies schuf die Voraussetzung für vergleichende He/Ar-Diffusions-Untersuchungen und für die später (vgl. Abschnitt 4) insbesondere für Meteorite notwendig werdende Gesamtedelgas-Analyse (alle Isotope von He, Ne, Ar, Kr und Xe).
- Systematische Diffusionsmessungen durch differentielles Entgasen mit kontinuierlichem massenspektrometrischem Nachweis.

Zwischen 1950 und 1955 sind weltweit nur wenige Arbeiten zur Kalium–Argon-Methode publiziert worden, und diese waren methodisch dominiert.

Nach 1955 begannen geologische Fragestellungen zu überwiegen, denn die Methode war nun reif für die Anwendung. Insbesondere gab es jetzt endlich einen zuverlässigen und genauen Wert für die Halbwertszeit von $K^{40}$, Grundvoraussetzung für absolute Datierung und den Vergleich mit Uran–Blei-Altern.

Viele Altersbestimmungslabors entstanden und Erdwissenschaftler stürzten sich darauf, ihre (meist regionalgeologischen) Untersuchungen mit absoluten Zahlen zu belegen. Bei aller Wertschätzung für diese Projekte, Gentner wollte kein Geologe werden. Er sah fortan seine Rolle in Hinblick auf die Geochronologie hauptsächlich darin, als Mahner vor der allzu unkritischen Produktion von „Hausnummern" aufzutreten. So bezeichnete er publizierte Alter, die ohne jeglichen methodischen Kontext aus $Ar^{40}$- und K-Gehalten errechnet wurden. Ansonsten richtete er fortan sein Hauptaugenmerk auf planetologische und kosmochemische Fraugen, die ihn als Naturforscher brennend interessierten. An dieser Stelle wurde aus der „Altersbestimmung" die „Kosmochemie" (vgl. Abschnitt 2).

Dennoch wurden auch überwiegend geochronologisch motivierte Arbeiten noch bis in die Heidelberger Zeit ausgeführt, insbesondere von Hans-Joachim Lippolt. Gewiss spielte dabei auch das nahe liegende lokale Interesse am Schwarzwald und generell am tertiären Vulkanismus in Südwestdeutschland eine Rolle. Gentner wurde zum Initiator für die Einrichtung des „Laboratoriums für Geochronologie der Universität Heidelberg", das dann unter der Leitung von H.-J. Lippolt für viele Jahrzehnte eine weltweit führende Rolle spielte.

Auch die Diffusionsmessungen wurden noch bis weit in die sechziger Jahre fortgeführt, insbesondere von Hugo Fechtig und Siegfried Kalbitzer.

Auch hier ergab sich eine interessante Entwicklung. Mit der Systematisierung der ursprünglichen Problematik von quantitativen Alterskorrekturen auf die Untersuchung der Edelgasdiffusion aus idealen Alkali–Halogenid Einkristallen traten bald festkörperphysikalische Aspekte in den Vordergrund. Immer weniger wurden Diffusionskonstanten für chronologische Anwendungen gemessen, statt dessen verselbständigten sich Rückstoßversuche und Ionen-Implantation. Das führte dann zum Halbleiterlabor, in dem Siegfried Kalbitzer viel beachtete eigenständige Beiträge geleistet hat.

# 4 Meteorite und Kosmische Strahlung

Es ist nicht zu erwarten, dass die ältesten irdischen Gesteine dem Erdalter entsprechen, da ein Planet von der Größe der Erde nach seiner Aggregation im Inneren noch sehr viel thermische Energie besitzt (Gravitationsenergie und Radioaktivität). Er heizt sich auf und es dauert sehr lange, bis seine Oberfläche soweit erkaltet ist, dass sich eine feste Gesteinskruste bilden kann.

Anders bei kleineren, schnell ausgekühlten Objekten wie z. B. Asteroiden. Zwar war die Herkunft der Meteorite in den fünfziger Jahren noch heiß umstritten, eine Haupthypothese war aber schon damals, dass Meteorite Asteroidentrümmer sind.

Mineralogische Untersuchungen hatten gezeigt, dass Meteorite von viel ursprünglicherem Charakter sind als selbst die ältesten irdischen Gesteine. Wenn sie aber relativ gut konservierte Materie aus der Entstehungsphase des Sonnensystems darstellen, so könnte man hoffen, an ihnen das Alter des Sonnensystems zu bestimmen.

Mit dieser Motivation hatte Fritz Paneth schon sehr früh den Versuch unternommen, mittels der Uran–Helium-Methode* Eisenmeteorite zu datieren[6]. Es war eine unglückliche Wahl, denn gerade Eisenmeteorite enthalten praktisch kein Uran, und wenn, dann handelte es sich um akzessorische Kontamination, so dass sich sinnlos variierende Alter ergaben.

Dennoch führten diese Arbeiten später zu einer wichtigen Entdeckung. Carl August Bauer[7] hatte schon 1947 die Vermutung ausgesprochen, dass außerhalb der Erdatmosphäre die Intensität der kosmischen Strahlung ausreicht, um in kleinen Objekten wie Meteoriten oder interplanetarem Staub durch Kernzertrümmerung (Spallation) aus Kernen der schweren Elemente wie Eisen, Kalzium, Magnesium, Sauerstoff u. a. messbare Mengen „kosmogener“ Nuklide zu erzeugen, vor allem $He^3$ und $He^4$ (in etwa vergleichbaren Mengen). Daraufhin erweiterte Paneth in Mainz seine Messungen um die Isotopenanalyse des Heliums und entdeckte in der Tat neben $He^4$ vergleichbare Mengen $He^3$, ein Nuklid, das auf der Erde außerordentlich selten ist[8]. Damit gab es – neben der Uran-Kontamination – einen weiteren Grund, warum der ursprüngliche Datierungsversuch scheitern musste. Gleichzeitig eröffneten sich aber auch völlig neue Perspektiven:

- Meteorite konnten zur Erforschung der kosmischen Strahlung auch in vergangenen Zeiten benutzt werden, insbesondere hinsichtlich Intensität und zeitlicher Variation.
- Man konnte versuchen, mit kosmogenen Nukliden die Herkunft der Meteorite zu klären.

## 4.1 Wechselwirkung von Meteoriten mit der Kosmischen Strahlung

Fritz Paneth hat Gentner oft in Freiburg besucht und die messtechnischen Möglichkeiten diskutiert. Schnell wurde die Sonderrolle der Edelgasisotope gegenüber nichtflüchtigen Spallationsprodukten klar: Wegen ihrer Flüchtigkeit gab es für Edelgase praktisch keinen nicht-kosmogenen Hintergrund, im Gegensatz zu festen Elementen, für die die zu erwartenden Isotopieverschiebungen minimal sind.

---

* Alpha-Zerfall von $U^{238}$ und $U^{235}$, Alpha-Teilchen werden $He^4$.

Plötzlich wurden alle Edelgasisotope interessant, deren Masse unterhalb der Masse der schwersten chemischen Hauptelemente von Eisen- und Steinmeteoriten lag. Es waren dies $He^3$, $He^4$, $Ne^{20}$, $Ne^{21}$, $Ne^{22}$, $Ar^{36}$, $Ar^{38}$ und $Ar^{40}$.

Wir erinnern uns, dass die Freiburger Gruppe im Zusammenhang mit der Diffusionsproblematik gerade ihre Argon-Anlage auf Helium erweitert hatte. Dann war es nur logisch, dass Meteoritenforschung zum Thema wurde. Gentner definierte das Thema der Doktorarbeit seines Lieblingsschülers Josef Zähringer: „Argon-Isotopenanalyse in Eisenmeteoriten“.

Den ersten Kontakt mit Gentner hatte Zähringer 1949 beim Beginn seines Physikstudiums in Freiburg. 1952 kam er dann ins Labor und diplomierte mit dem Aufbau einer verbesserten Extraktionsanlage. Seine Doktorarbeit lieferte den überzeugenden Beweis für kosmogene Produktion von $Ar^{36}$ und $Ar^{38}$ in Eisenmeteoriten, mengenproportional zu kosmogenem $He^3$.[9]

Sehr bald danach wurden neben der Messung weiterer Eisenmeteorite auch die wesentlichen Grundzüge einer quantitativen Interpretation der Spallationsprodukte geliefert[10].

Grob gesehen ist die Menge der Spallationsprodukte der Zeit proportional, die der Meteorit als kleiner Körper der kosmischen Strahlung ausgesetzt war. Bei der Kollision von Meteoritenmutterkörpern, mindestens zum Teil im Asteroidengürtel, wurden die kleinen Bruchstücke erzeugt, die später als Meteorite auf die Erde fielen. Mit ihrem Fall endete die Bestrahlung durch die abschirmende Wirkung der Erdatmosphäre.

Die hochenergetischen Protonen der kosmischen Strahlung dringen etwa einen Meter tief in feste Materie ein und erzeugen charakteristische Kernreaktionsprodukte. Aus ihrer Menge können dann die so genannten Bestrahlungsalter ermittelt

**Abb. 45.** Josef Zähringer mit Mondglobus und Mondgestein-Demonstrationsmaterial, 1969.

werden, d. h. die Zeit, die seit dem Aufbrechen des Mutterkörpers vergangen ist. Für Eisenmeteorite findet man typische Bestrahlungszeiten zwischen 300 und 700 Millionen Jahren, es gibt aber auch Extremfälle von 1 Millionen und 2.5 Milliarden Jahren. Letzteres Datum ist der experimentelle Beweis, dass die Kosmische Strahlung über säkulare Zeiträume präsent gewesen ist.

Der Beginn der Meteoritenforschung bei Gentner lag noch in Freiburg, wo Josef Zähringer seine Doktorarbeit ausführte. Danach ebnete Gentner für ihn die Wege für ein DFG Post-Doc-Stipendium am Brookhaven National Laboratory in den USA. Dies war keine Selbstverständlichkeit, die Vorbehalte gegenüber Nachkriegsdeutschland waren auch 1955 gerade in Brookhaven noch sehr akut. Dass Zähringer als einer der ersten Deutschen nach 1945 auf Grund zwischenstaatlicher Stipendienprogramme in den USA aufgenommen wurde, lag zweifellos an Gentners Bekanntheit in den USA und an seinem makellosen Ruf bezüglich seines Verhaltens während der Nazizeit.

Die Wahl war nicht zufällig auf Brookhaven gefallen. Dort liefen am Chemistry Department Beschleunigerexperimente am Cosmotron zum Studium der Grundlagen der Wechselwirkung von hochenergetischen Protonen mit schweren Kernen. Genau dies war aber Schlüssel zum Verständnis der kosmogenen Nuklidproduktion in Meteoriten, sowohl mit Blick auf die Meteorite als auch auf die kosmische Strahlung.

In Brookhaven begegnete Zähringer Oliver Schaeffer, der sich damals als gelernter Radiochemiker vor allem für die *radioaktiven* Spallationsprodukte und deren sehr empfindlichen Nachweis interessierte, während Zähringer die Messtechnik für *stabile* Edelgasisotope mitbrachte und in Brookhaven einführte.

Hier trafen zwei Welten aufeinander. Kernchemiker waren es gewöhnt ihre Ereignisse (beim Zerfall) zu *zählen*. Bald begrüßten und nutzten auch die reinen Kernchemiker ohne kosmochemische Motive die plötzliche Möglichkeit, in ihren Targetexperimenten auch kumulative Isobarenausbeuten *messen* zu können.

Zur Bestimmung von Strahlungsaltern benötigt man sowohl die Menge eines über die gesamte Bestrahlungsdauer aufintegrierten Spallationsproduktes als auch die Produktionsrate pro Zeit. Letztere lässt sich bei frischgefallenen Meteoriten mit radioaktiven Spallationsprodukten direkt messen, denn zum Zeitpunkt des Falls eines Meteoriten entspricht die messbare Aktivität eines bestimmten Nuklids im radioaktiven Gleichgewicht der Produktionsrate im interplanetaren Raum vor dem Fall. Beispiele für solche Strahlungsaltersysteme sind u. a. $H^3$ (Tritium)–$He^3$; $Ar^{37}$–$Ar^{38}$; $Cl^{36}$–$Ar^{36}$. Für die Produktionsratenverhältnisse benötigte Eichfaktoren lassen sich in Beschleunigerexperimenten ermitteln.

Die Kollaboration zwischen Oliver Schaeffer und Josef Zähringer begründete den Beginn langjähriger enger wissenschaftlicher und persönlicher Beziehungen zwischen Heidelberg und Brookhaven. In Heidelberg wurde bald nach Zähringers Rückkehr nach Deutschland die Low-Level-Zähltechnik zum Nachweis kleinster Mengen von radioaktiven Nukliden mit Zählrohren sowie Beta- und Gammaspektrometern eingeführt.

Der Umzug von Freiburg nach Heidelberg begann 1958. Da Gentner damals besonders stark am CERN gebunden war, setzte er Zähringer nach seiner Rückkehr aus Brookhaven quasi als Quartiermacher in seinem alten (Botheschen) MPI

**Abb. 46.** Oliver A. Schaeffer, um 1970.

für medizinische Forschung, Abteilung Physik, in der Jahnstraße am Neckar ein. Dort wurden mit Blickrichtung auf dieses faszinierend aufblühende Arbeitsgebiet ein großzügig ausgestattetes Massenspektrometrielabor, ein Low-Level-Labor und ein Kosmochemielabor aufgebaut.

Bemerkenswert in diesem Zusammenhang ist auch der systematisch von Gentner vorangetriebene Aufbau einer umfangreichen und wertvollen Meteoritensammlung für Forschungszwecke. Hier begannen auch die später so ungemein produktiv werdenden Kontakte mit dem berühmten Heidelberger Erzmineralogen („Erzvater") Paul Ramdohr, der dank Gentners Unterstützung auch noch nach seiner Emeritierung viele Jahre am MPIK forschen konnte. Er hat dabei zusammen mit Ahmed El Goresy an einer der ersten Elektronenmikrosonden neue Minerale in Meteoriten gleich dutzendweise entdeckt. Eines davon steht jetzt als Gentnerit ($Cu_8Fe_3Cr_{11}S_{18}$)[11] in den Lehrbüchern.

Mit der Verallgemeinerung der Fragestellung auf alle isotopischen Aspekte der Entstehung und Entwicklung des Sonnensystems ergab sich unmittelbar die Beschäftigung auch mit Steinmeteoriten.

Im kosmochemischen Kontext sind insbesondere die Chondrite ursprünglicher und daher interessanter als die Eisenmeteorite. Im Hinblick auf kosmogene Nuklid-erzeugung treten als Targetelemente zum Eisen und Nickel jetzt noch Magnesium, Silizium, Aluminium, Kalzium und Sauerstoff hinzu, hierdurch gewannen die bis dahin eher vernachlässigten Neonisotope ($Ne^{20}$, $Ne^{21}$, $Ne^{22}$) sowie die Radionuklide $Na^{22}$ und $Al^{26}$ an Bedeutung.

## 4.2 Meteoritenalter

Eine Horizonterweiterung ergab sich durch die Inhalte der schnell unter dem Kürzel „KKZ-Paper“[12] bekannt gewordenen Publikation. Statt punktueller Einzelmessungen spezieller Nuklide an einzelnen Meteoriten wurde erstmals eine statistisch signifikante Matrix von Daten für kosmogene und radiogene Nuklide an 65 Steinmeteoriten geliefert. Die Arbeit wurde in deutscher Sprache publiziert. Zumindest in der Kosmochemie war dies das letzte Mal, dass eine international sofort als wichtig akzeptierte Arbeit nicht in der englischen Sprache publiziert wurde. Ende einer langen Ära, in der Deutsch als Wissenschaftssprache üblich war. Gentners Standpunkt in dieser Frage war verblüffend aber typisch. Er sagte mir (dem ersten K von KKZ) auf befragen: „Am besten sollten wir in Französisch publizieren“.

Die höchsten K–Ar und U–He Steinmeteoritenalter lagen bei 4,4–4,8 Milliarden Jahren, koinzident mit dem Maximalwert der mit der Rb-Sr- Methode datierten Steinmeteorite (4,6 Milliarden Jahre).

Bei der Rb–Sr-Methode spielt eine etwaige Flüchtigkeit des Tochterproduktes keine Rolle, Strontium ist im Gegensatz zum Argon sehr retentiv. Die Koinzidenz der Maximalalter implizierte damit eine schnelle Erkaltung der Mutterkörper, da sonst Argon und Helium nicht festgehalten worden wären. 4,6 Milliarden Jahre wurden später zum kanonischen Alter des Sonnensystems[13].

Es gab aber andererseits auch eine ganze Reihe von Meteoriten, deren K–Ar- und U–He-Alter (in verstärktem Maße) durch Argon- bzw. $He^4$-Diffusionsverluste erniedrigt waren. Hieraus ergab sich die prinzipielle Möglichkeit, die Temperaturen abzuschätzen, denen diese Meteorite nach ihrer Bildung ausgesetzt waren, neben kontinuierlicher Diffusion etwa bei Annäherung an die Sonne.

Den Schlüssel für die praktische Umsetzung dieses Potentials lieferte die 1963 publizierte Arbeit von Fechtig, Gentner und Lämmerzahl[14] zur Edelgasdiffusion in Stein- und Eisenmeteoriten. Hier wurden die Aktivierungsenergien gemessen, die für die quantitative Auswertung der Gasverluste im Rahmen von Temperaturmodellen erforderlich sind.

Dieses „FGL Paper“ war auch methodisch ein Meilenstein, denn erstmals wurde hier mit durch Bestrahlung in den Meteoriten künstlich erzeugten Radionukliden gearbeitet.

Durch protoneninduzierte Spallationsreaktionen am Genfer Synchrozyklotron sowie durch Neutronenbestrahlung am Münchner Reaktor wurden $Ar^{37}$ (Halbwertszeit 34 Tage, aus $Ca^{40}(n,\alpha)Ar^{37}$) und $Ar^{39}$ (Halbwertszeit 269 Jahre, aus $K^{39}(n,p)Ar^{39}$) erzeugt und ihr Diffusionsverhalten in Gaszählrohren gemessen.

Diese Aktivierungsanalyse kann rückblickend als Vorläufer der heute fast ausschließlich angewandten modernen Form der K–Ar-Datierung, der sog. $Ar^{39}$–$Ar^{40}$-Methode, angesehen werden[*]. Diese Methode wurde im Zusammenhang mit der Mondprobendatierung am MPI maßgeblich mitentwickelt (vgl. Abschnitt 6.2).

---

[*] Wenngleich dabei das durch Probenaktivierung erzeugte $Ar^{39}$ - simultan mit $Ar^{40}$ - *massenspektrometrisch* gemessen wird.

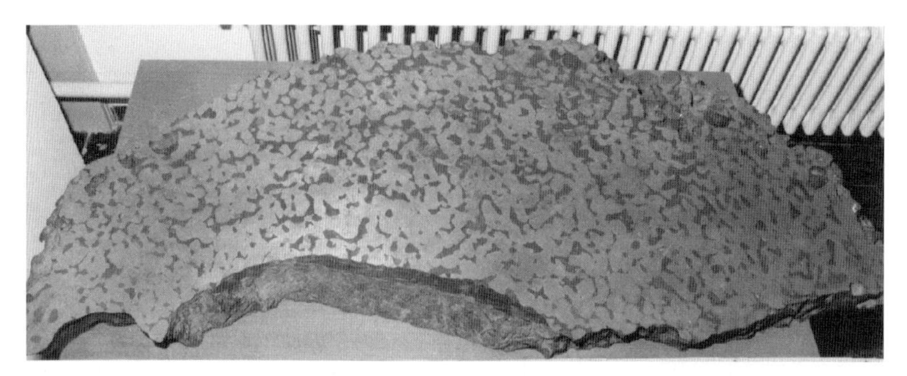

**Abb. 47.** Eine Scheibe des Eisenmeteoriten Mundrabilla. Die Eisen-Nickel-Phase wechselt mit Troilit-Einschlüssen (FeS) ab. Maßstab: siehe Heizkörper im Hintergrund.

Die Zählrohrmessung von $Ar^{37}$ und $Ar^{39}$ bildete den Beginn der Entwicklung zum später weltweit besten Low-Level-Labor zur Messung kleinster Aktivitäten, das im späteren Sonnenneutrinoexperiment eine entscheidende Rolle spielte (vgl. Abschnitt 7.2).

Ähnlich wie für die radiogenen Nuklide lieferte das KKZ-Paper auch eine umfassende Datenmatrix für spallogene Nuklide und damit für die Analyse der Kollisions- und Bestrahlungsgeschichte der Meteorite. Gemessen wird die Dauer der Exponierung durch die Kosmische Strahlung nach dem Aufbrechen in Objekte mit Durchmessern, die von der kosmischen Strahlung noch penetriert werden konnten (typisch 1 Meter, Maximum bis zu 5 Meter).

Bei Stößen untereinander wurden die Mutterkörper zertrümmert und die Bruchstücke, die heute als Meteorite fallen, erzeugt. Ihr Strahlungsalter bestimmt den Zeitpunkt der Kollision.

Die Strahlungsalter der Steinmeteorite sind viel kürzer als die der Eisenmeteorite weil sie leichter zerbrechen. Bis auf wenige Ausnahmen sind sie kürzer als 20 Millionen Jahre. Extreme sind 20 000 a und 250 Millionen a. Bestimmte Alter treten gehäuft auf, was auf Meteorite aus dem gleichen Aufbruchsereignis eines bestimmten Mutterkörpers hindeuten kann.

In bestimmten Fällen haben weitere Kollisionen mit primären und sekundären Aufheizungen stattgefunden (Mehrstufenbestrahlung), mit entsprechendem Diffusionsverlust von früh produzierten spallogenen Nukliden. Auch für diese Effekte lieferte das FGL Paper das Handwerkszeug zur (semi)quantitativen Interpretation.

Interessant in diesem Zusammenhang ist auch die Untersuchung der erwarteten Tiefenabhängigkeit der kosmogenen Nuklidproduktion in großen Meteoriten, zunächst am Eisenmeteoriten Treysa[15], später dann auch am viel größeren Mundrabilla (Abb. 47) und am Steinmeteoriten Jilin[16].

Die gefundenen Tiefenprofile ließen sich voll in die bestehenden Produktionsmodelle einordnen und lieferten darüber hinaus eine Handhabe zur Bestimmung der prä-atmosphärischen* Bestrahlungstiefe, weil bestimmte Nuklidverhältnisse stark

* D. h. vor dem Durchgang durch die Erdatmosphäre, bei dem Ablation und gelegentlich auch ein Aufbrechen in mehrere Fragmente erfolgen.

energieabhängig sind und die Energie der wechselwirkenden Strahlung als Überlagerung von primärer und sekundärer Komponente mit der Eindringtiefe variiert. Solche detaillierten Kenntnisse über die Produktionssystematik haben Oliver Schaeffer geholfen, aus kosmogenen Radionukliden unterschiedlicher Halbwertszeit Aussagen über die zeitliche und räumliche Konstanz der kosmischen Strahlung in der Vergangenheit zu machen.

## 4.3 Uredelgase

Die systematische Analyse vieler Steinmeteorite hat sehr bald gezeigt, dass neben radiogenen und kosmogenen Edelgasnukliden in wechselnden Anteilen noch eine weitere ziemlich fest gebundene Komponente enthalten ist. Sie erhielt die Sammelbezeichnung „Uredelgase". Man interpretierte sie als bei der Akretion der Meteoritenmutterkörper eingeschlossenen Gase aus den Resten des solaren Nebels.

Voraussetzung für die vollständige Charakterisierung dieser Komponente war die Erweiterung des Messprogramms um Krypton und Xenon, zusätzlich zu He, Ne, und Ar. Dies setzte eine erhebliche Steigerung der Nachweisempfindlichkeit voraus, da Kr und Xe in viel kleineren Mengen auftreten. Die bei Kr und Xe zu messenden Mengen (in $cm^3$ NTP) lagen dann oft nur im Bereich $10^{-12}$, gegenüber typisch $10^{-8}$ bei kosmogenen He-, Ne-, und Ar-Nukliden und $10^{-6}$ bei radiogenem $Ar^{40}$ und $He^4$.

In einer wichtigen 1960 publizierten Arbeit[17] zeigten Zähringer und Gentner, dass es zwei Typen von Uredelgasen gab:

Einige Meteorite zeigen Spuren einer Bestrahlung (Implantation) mit niederenergetischen Teilchen, die vor der Aggregation aus einem dispersen Staub-Gas-Gemisch erfolgt sein muss. Eingefangene solare Gase finden sich nämlich an den Kornoberflächen meteoritischer Kristalle, auch wenn diese Kristalle im Inneren des Meteoriten liegen.

Diese später „solar" genannte Edelgaskomponente hat annähernd solare Proportionen, d. h. sie ist reich an den leichten Edelgasen He und Ne, wobei die leichten Isotope $He^3$ und $Ne^{20}$ angereichert sind.

Dem steht die später als „planetar" bezeichnete Komponente gegenüber, die in den schweren Edelgasen angereichert ist, aber kein He und kaum Ne enthält.

Im Meteoriten Kapoeta fanden sich unerwartet große Edelgasmengen vom solaren Typ. Sie waren nur in bestimmten Mineralpartien konzentriert. Dies war die erste Bestätigung der zuvor skeptisch bewerteten Erstentdeckung von riesigen Uredelgasmengen im Meteoriten Staroe Pesjanoe durch Gerling und Levskij[18]. Der solare Typ tritt nur sporadisch auf, ist mit Schockeffekten verbunden und wird als eingefangener Sonnenwind interpretiert.

Den planetaren Typ fanden Zähringer und Gentner im Meteoriten Abee realisiert. Er tritt hauptsächlich in sehr primitiven Meteoriten auf und stellt offenbar Gas aus dem solaren Urnebel dar, das im Lösungsgleichgewicht zwischen Nebel und fester Phase fraktioniert wurde. Hierzu führte ich als Teil meiner Doktorarbeit bei Gentner Laborversuche aus, die zeigten, dass die Löslichkeitskonstanten von Edelgasen in Silikatschmelzen die richtige Größenordnung für solche Modelle haben.[19] Später haben dann weiterführende Untersuchungen der detaillierten Fraktionierungsmuster zur Festlegung wichtiger Randbedingungen über die konkreten Bedingungen bei der Abkühlung des solaren Nebels geführt.

### 4.4 Ausgestorbene Radioaktivität

Durch die verfeinerte Messtechnik zur Erfassung von Xenonisotopen wurde im Meteoriten Abee auch ein erheblicher Überschuss von $Xe^{129}$ gefunden, in Hochtemperaturfraktionen war das $Xe^{129}$–$Xe^{132}$-Verhältnis 5,5, verglichen mit ≈ 1 in Luftxenon[20]. Dies bestätigte das zuerst von John H. Reynolds berichtete Phänomen von $Xe^{129}$-Überschüssen in Steinmeteoriten[21]. Aufgrund von Details im Entgasungsverhalten wollten Gentner und Zähringer aber nicht der von Reynolds gegebenen Interpretation folgen, dass die Ursache für den $Xe^{129}$-Überschuss der in-situ Zerfall von heute ausgestorbenem Jod-129 ist.

$I^{129}$ zerfällt mit einer Halbwertszeit von 16 Millionen Jahren. Primordiale (d. h. nicht nachproduzierte) Nuklide mit Halbwertszeiten kürzer als ≈ $10^8$ a werden in der Natur nicht gefunden, sie sind heute *ausgestorben*. Sofern aber ihre Halbwertszeit nicht *zu* kurz (< $10^5$a) ist, könnten sie – je nach ihrer nukleosynthetischen Vorgeschichte – bei der Kondensation von Materie im jungen Sonnensystem vor 4,6 Millionen Jahren vorhanden gewesen sein und in die jodhaltigen Phasen der Meteoritenmutterkörper und Planeten eingebaut worden sein. Damit ergibt sich die faszinierende Möglichkeit, aus Unterschieden im Verhältnis von Überschuss-$Xe^{129}$und stabilem Jod ($I^{127}$) frühe spezifische Ereignisse bei der Entstehung des Sonnensystems zeitlich hoch aufzulösen. Bald danach bewies Reynolds seine Interpretation mit einer eleganten Labeling-Technik, in der zunächst durch Neutronenbestrahlung $Xe^{128}$ aus $I^{127}$ erzeugt und dann im Entgasungsexperiment das $Xe^{129}$–$Xe^{128}$-Verhältnis gemessen wurde. Diese Markierungstechnik wurde später zum Vorbild für die $Ar^{39}$–$Ar^{40}$-Variante der K–Ar-Altersbestimmungsmethode, an deren Entwicklung das Gentnersche Institut, insbesondere im Rahmen der Mondprobendatierung, wesentliche Beiträge lieferte (vgl. Abschnitt 6.2).

Geeignete Zusammenfassungen aus der beschriebenen Periode zur Vertiefung der in diesem Kapitel beschriebenen Meteoritenthematik sind z. B. Zähringer (1964)[22] und Gentner (1969).[23]

# 5 Tektite und Impaktkrater

### 5.1 Problemstellung

Die weltweit wichtigsten Meteoritensammlungen in den Naturhistorischen Museen von Wien, Paris, London und Washington hatten bis weit in die siebziger Jahre des letzten Jahrhunderts neben Eisen- und Steinmeteoriten eine Abteilung „Glasmeteorite". Dies implizierte wie selbstverständlich die extraterrestrische Herkunft der Tektite (von τηκτος = geschmolzen). Es gibt aber nur zwei Eigenschaften dieser durchgeschmolzenen, einige Zentimeter großen abgerundeten Glaskörper (Abb. 48), die an eine Verwandtschaft mit Meteoriten denken lassen:

- Ihre Oberfläche ist aerodynamisch geformt wie dies beim schnellen Durchgang durch die Erdatmosphäre erklärbar wäre.
- Sie werden an Stellen gefunden, wo sie geologisch nicht hingehören.

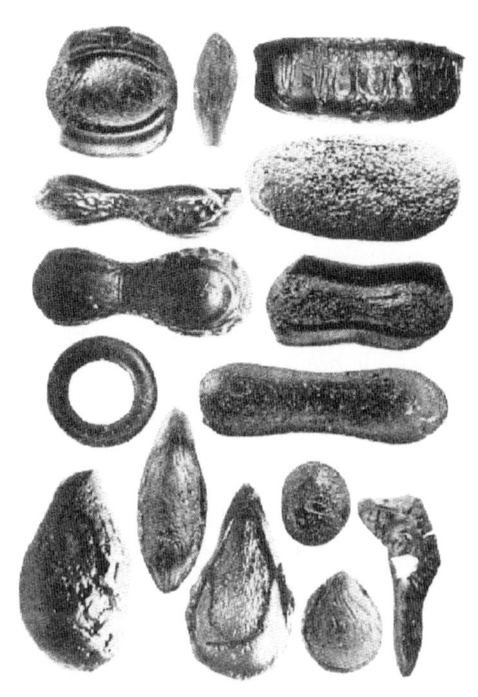

**Abb. 48.** Australite mit deutlicher aerodynamischer Formgebung[24]. Von Gentner beschaffte Stücke aus der Heidelberger Sammlung.

Daneben bestehen aber schon makroskopisch gravierende Unterschiede in

- Chemismus (Hauptbestandteil $SiO_2$),
- Mineralbestand (Glas statt Kristalle in Meteoriten),
- Auftreten von Blaseneinschlüssen,
- Vorkommen nur in bestimmten lokalisierten Gebieten und niemals beim Fall beobachtet.

Seit ihrer Entdeckung in Böhmen im 18. Jahrhundert („Moldavite") tobte ein erbitterter Gelehrtenstreit über die Herkunft der Tektite. Die Kontrahenten waren:

- Kosmisten*: Tektite sind ein spezieller Meteoritentyp aus einem speziellen Meteoritenmutterkörper (Asteroid, Komet o.ä.), also wirklich: Glasmeteorite.
- Lunaristen: Tektite sind Ejekta, die beim Einschlag von großen Meteoriten auf dem Erdmond erzeugt und zur Erde geschleudert werden (damit ihrer Natur nach lunar, da das Primärobjekt, das den Mondkrater bildet, verdampft. Die aerodynamisch geformte Oberfläche erhalten die Tektite beim Durchgang durch die Erdatmosphäre.

---

* Gentner zitiert in Anmerkung 24 genüsslich die von Chladni 1819 eingeführte Nomenklatur bezgl. der Schulen zur Herkunft der Meteorite. Ich erlaube mir, sie auf Tektite zu übertragen.

- Telluristen: Tektite sind Produkte von irdischem Vulkanismus.
- Atmosphäristen: Tektite entstehen beim Einschlag von Riesenmeteoriten oder Kometen (> 1 km Durchmesser) auf der Erde. Während in dieser kosmischen Katastrophe das Projektil selbst vollständig verdampft, wird eine vorwiegend aus dem Zielmaterial bestehende Auswurfmasse weit aus der Atmosphäre ejiziert. Daraus regnen dann mit fortschreitender Abkühlung (die auch zu chemischen Differenzierungen führt) Silikattropfen aus, die auf ballistischer Bahn wieder in die Erdatmosphäre eintreten und dort im noch plastischen Zustand ihre Oberflächenstrukturierung und aerodynamischen Formen erhalten.

Gentners erster Kontakt mit Tektiten war der Umstand, dass die durch Zukäufe und Schenkungen mittlerweile beachtlich angewachsene MPI - Meteoritensammlung einige Moldavite und einige Indochinite enthielt. Von 1958 an faszinierte ihn das Problem, wenn auch einige vorwiegend deutsche Geologen der Meinung waren, dass ihn das als Kernphysiker nichts angeht. Sie waren Telluristen und bekämpften die schon 1933 von L. J. Spencer geäußerte Hypothese, dass Tektite beim Einschlag von Riesenmeteoriten aus irdischem Material gebildet wurden. Spencer führte auch einen möglichen Zusammenhang zwischen irdischen Großkratern und Tektitenfundfeldern in der weiteren Entfernung des Impakts in die Literatur ein.[25]

Die Kontroverse verschärfte sich, als Cohen[26] die Theorie am Modellfall Nördlinger Ries konkretisierte. Diese fast kreisrunde Struktur von 22 km Durchmesser am Nordrand des Schwäbisch-Fränkischen Jurazuges sollte durch einen Meteoriteneinschlag entstanden sein, in dessen Folge sekundäre Auswurfejekta über 300 km in Richtung Böhmen flogen und dort nach Wiedereintritt in die Erdatmosphäre als Tektite niederregneten, wo im Umkreis von ca. 100 km diese „Moldavite“ gefunden werden.

Die gängigsten Einwände der Telluristen gegen die Cohensche Hypothese waren große chemische Unterschiede zwischen Gestein aus dem Ries und den Moldaviten. Dazu kam das Argument, dass viele „Tektite“ keine aerodynamischen Oberflächenstrukturen aufweisen (Muong-Nong Gläser aus dem indochinesischen Streufeld, Darwin-Glas, u. a.). Weiter wurde argumentiert, dass für die vier damals bekannten Hauptfundgebiete (Indochinite, Texas/Georgia-Tektite, Ivory Coast-Tektite und Moldavite) keine zugehörigen Krater bekannt seien, mit der möglichen Ausnahme des Nördlinger Ries, das aber „viel zu weit von der Fundstelle der Moldavite“ entfernt liegt.

Die Kosmisten wurden gestärkt durch die Beobachtung der langlebigen kosmogenen Radionuklide $Al^{26}$ und $Be^{10}$ in Tektiten durch Ehmann und Kohman.[27] * Diese Nuklide konnten nur bei längerem Aufenthalt im interplanetaren Raum durch die kosmische Strahlung erzeugt worden sein.

Die Lunaristen machten insbesondere geltend, dass Tektite durch die Erdatmosphäre unmöglich 300 km weit fliegen können; anders wenn sie vom atmosphärenfreien Mond stammten. Bei der Hartnäckigkeit dieser Argumentation spielte gewiss auch mancher Ehrgeiz „to have lunar samples in our lab even before the Apollo-Missions“[28] eine Rolle.

---

* Diese Arbeit ist ein Lehrstück darüber, wie falsche Daten über lange Zeit den wissenschaftlichen Erkenntnisprozess irreleiten und behindern können.

Gentner realisierte, dass durch den Einsatz der bei irdischen Gesteinen und Meteoriten bewährten Heidelberger Isotopenuntersuchungsmethoden die Möglichkeit bestand, die Herkunft der Tektite prinzipiell zu klären. Dazu dienten drei Ansätze:

1. K–Ar-Altersbestimmungen an Tektiten und an Impaktgläsern, die in Schockzonen von potentiellen Impaktkraterrändern gefunden werden.
   Ziel der K–Ar-Altersbestimmungen war es zu ermitteln ob
   a) alle Tektite eines Streufeldes gleichaltrig sind und ob dieses Alter gleich oder signifikant verschieden von den Altern der geologischen Strata ihres Vorkommens ist,
   b) Tektite eines Streufeldes gleichaltrig mit Impaktgläsern eines verdächtigten Großkraters sind,
   c) die Tektite bei ihrer Entstehung wirklich völlig entgast wurden, d. h. die K–Ar-Uhr auf Null gestellt wurde.
2. Suche nach volatilen kosmogenen Edelgasnukliden, insbesondere $He^3$ und $Ne^{21}$. Im Spencerschen Modell sind Null-Werte zu erwarten, da die Bestrahlungszeit nach der Entgasung bei der völligen Aufschmelzung beliebig kurz ist. Kosmogene Nuklide würden für ‚Glasmeteorite' sprechen.
3. Isotopenanalyse von in Tektiten und Impaktgläsern eingeschlossenen Gasen zur Bestimmung des Bildungsenvironments. Atmosphärische Isotopenverhältnisse sprechen für das „atmosphäristische" Modell.

Später kamen weitere geochronologische, astrogeologische und geochemisch-mineralogische Ansätze hinzu:

1. Anwendung der Spaltspurenmethode zur Datierung von Gläsern und Tektiten, zur Ergänzung und im Vergleich mit der K–Ar-Datierung (zur Spaltspuren-Methode vgl. den Beitrag von G. A. Wagner in diesem Band).
   - Da Spaltspuren bei Aufschmelzung ausgelöscht werden, gilt Entsprechendes wie bei der K–Ar-Methode.
   - Absolut-Spaltspurenalter müssen wegen ihrer extremen Temperaturanfälligkeit mittels der damit einhergehenden Spurlängenverkürzung korrigiert werden.
2. Vor-Ort-Probenbeschaffung zur Erkennung weiterer Krater-Streufeld-Beziehungen (Feld-Exkursionen).
   - Es galt die scheinbare Einmaligkeit der Ries-Moldavit-Beziehung mit einem weiteren bewiesenen Fall zu brechen. Wenn der vermutete Zusammenhang zwischen den Elfenbeinküsten-Tektiten und dem Lake Bosumtwi in Ghana bewiesen werden sollte, mussten Bosumtwi-Impaktgläser gefunden und analysiert werden. Dem diente die erfolgreiche Expedition im Frühjahr 1963. Wolfgang Gentner ließ es sich nicht nehmen persönlich daran teilzunehmen – echte Naturforschertradition!
3. Geochemische Spurenelementsystematik zur Verwandtschaftsklärung von Objekten aus Krater und vermutlich zuzuordnendem Streufeld.
   - Nicht nur Isotopenzusammensetzungen sondern auch bestimmte ‚geochemische' Spurenelement-Häufigkeitsverhältnisse haben das Potential, zwischen irdischer, lunarer und meteoritischer Abkunft zu entscheiden.

Dabei muss man sich auf die Elemente konzentrieren, die so refraktär* sind, dass sie in dem – in seinen Einzelheiten nicht genau bekannten – Ejektionsprozess nicht oder nur wenig fraktioniert oder anderweitig verändert werden.

## 5.2 Ergebnisse

Im Folgenden werden die Ergebnisse dieses Forschungsprogramms und die sich daraus ergebenden Konsequenzen in Kurzform zusammengefasst.

1. Moldavite und Impaktgläser aus dem Suevit des Nördlinger Ries haben übereinstimmend K–Ar-Alter um 15 Millionen Jahre. Gleiches gilt für Spaltspurenalter nach Korrektur für thermisches Annealing über die Spurlängenkorrektur.
2. Die Tektite aus dem 8000 km ausgedehnten Südostasiatisch-Australischen Streugebiet (Indochinite, Philippinite, Australite) sind durchgehend 700 000 Jahre alt.

Ein Zentralkrater ist nicht bekannt, es gibt aber einen lokalen Krater in Tasmanien, den Darwin-Krater, dem Impaktgläser (sog. Darwin-Glas) zugeordnet werden. Auch Darwin-Glas hat das ‚kanonische' Alter von 700 000 Jahren. Daraus wird gefolgert, dass bei dem Südostasiatisch-Australischen Ereignis mehrere Krater gebildet wurden. Entweder ist das einkommende Objekt bereits vor dem Fall im Gravitationsfeld der Erde fragmentiert worden, oder beim Einschlag haben Ejekta Sekundärkrater gebildet. Ein ähnliches Phänomen wurde auch beim Nördlinger-Ries-Krater beobachtet, zu dem es zwei assoziierte Strukturen gibt, die auf einer Linie streichen: Das Steinheimer Becken (40 km SW) und die Stopfenheimer Kuppe (30 km NO) von Nördlingen.

3. Impaktgläser aus den Randzonen des 300 km östlich des Fundgebiets der Ivory Coast Tektite in Ghana liegenden Lake Bosumtwi (Durchmesser 10 km) bestätigen dass es sich um einen Impaktkrater handelt, der altersgleich mit den Elfenbeinküsten-Tektiten ist. K–Ar- und Fission-Track-Alter betragen alle 1,0 ± 0,1 Millionen Jahre. Damit findet die Krater-Streufeld-Beziehung von Ries-Moldavit eine unabhängige Entsprechung in der Bosumtwi-Ivory Coast-Korrelation.
4. Die Nordamerikanischen Tektite (Georgia und Texas) sind 35 Millionen Jahre alt. Ihr Krater wird in Mexiko oder Südamerika vermutet.

Mittlerweile wurden im Umfeld aller vier Tektitenstreufelder sog. Mikrotektite gefunden. Dies sind höchstens Millimeter große Glaströpfchen, oft mit aerodynamischen Strukturen (z. B. Schwänzchen). Ihre durch Spaltspuren-Datierungen bestätigte Assoziation mit den jeweiligen Tektitenstreufeldern stützt zwingend die Vorstellung von ausgedehnten ‚Tektitenregen' im atmosphäristischen Modell der Herkunft der Tektite.

Mikromoldavite aus der Umgebung des Nördlinger Ries' wurden in Bentonitgläsern der Süddeutschen Molasse (konzentriert bei Mainburg) gefunden. Dem

* Refraktär = hochschmelzend in seinen bevorzugten Verbindungen.

Bosumtwi-Ereignis zugeordnet sind Mikrotektite aus Sedimenten des Golfs von Guinea. Dem südostasiatisch-australischen Ereignis sind Mikrotektite aus dem Indischen Ozean, dem Nordamerikanischen Ereignis solche aus karibischen Bohrkernen zugeordnet.

Kosmogene Nuklide wurden in Tektiten nicht gefunden. Entsprechende Obergrenzen für mögliche $He^3$- und $Ne^{21}$-Konzentrationen sind im Widerspruch zu den oben zitierten Daten von Ehmann und Kohman über kosmogenes $Al^{26}$ und $Be^{10}$. Tektite waren also nicht für nennenswerte Zeit der kosmischen Strahlung außerhalb der Erdatmosphäre ausgesetzt.

Tektite und Impaktgläser wurden auch auf eingeschlossene Gase untersucht, sowohl Edelgase als auch Nichtedelgase. In allen Fällen wurden nur terrestrische, d. h. atmosphärische Verhältnisse gefunden. Insbesondere wird in Einschlüssen und Blasen das für Luftargon typische Verhältnis $Ar^{40}/Ar^{36} = 296$ gefunden.

## 5.3 Konsequenzen

Im Kontext dieses Artikels habe ich die Darstellung der Entwicklungslinien des Planens und Denkens im Tektitenprojekt einem detaillierten Fachreport vorgezogen. Deshalb sind die in Heidelberg erzielten Ergebnisse nur in stark kondensierter Form wiedergegeben. Das eindeutige Gesamtergebnis ist die Korrektheit der Spencerschen (atmosphäristischen) Hypothese. Wenn das heute (abgesehen von pathologischen Ausnahmen) der allseits anerkannte Mechanismus ist, so ist diese Erkenntnis weit überwiegend den einschlägigen Heidelberger Arbeiten zu verdanken, an denen Gentner zwischen 1959[29] und 1975[30] aktiv (d. h., nicht nur als Institutsdirektor) beteiligt war. Seine wichtigsten Mitarbeiter bei der Bearbeitung dieser Problematik waren Josef Zähringer, Hans-Joachim Lippolt, Otto Müller, Günther Wagner, Dieter Storzer, Till Kirsten, und Elmar Jessberger.

Die Tektitenstory gibt Gelegenheit, etwas über Gentners Arbeitsmethode zu reflektieren. Sicher war die Tektitenfrage nicht weltbewegend. Sie war aber interessant, überschaubar und sollte sich mit modernen Mitteln lösen lassen. Man hätte sie auch ignorieren können. Nachdem aber die Entscheidung gefallen war, das Thema zu bearbeiten, geschah dies allseitig und mit der gleichen Professionalität, die man bei einem sehr viel wichtigeren Problem erwarten würde. Methodische Einengung oder ideologische Voreingenommenheit wurden ersetzt durch Objektivierung der kontroversen Fragen und entsprechend konzipierte Experimente.

Auch ein zweiter Umstand scheint mir bemerkenswert. Schneller als irgendjemand vermuten konnte entwickelte sich aus dem Kuriosum „Herkunft der Tektite“ ein zentrales Forschungsgebiet, das seit den Apollo- und Mars-Missionen die Planetologie beherrscht. Es wurde nämlich erkannt, dass Großkollisionen im planetologischen Kontext nicht etwa exzeptionelle Ereignisse sind. Vielmehr bestimmen interplanetare Kollisionen und die Formation von Impaktkratern aller Größen die planetologische Entwicklung seit der Entstehung des Sonnensystems. Man ist sich heute darin einig, dass die Planeten selbst in solchen Kollisionen entstanden sind. Etwas überspitzt kann man veranschaulichen, dass das Ries-Ereignis nichts anderes ist als das fading-out der Erdentstehung.

Mit der gleichen unvoreingenommenen Kuriosität, mit der sich Gentner den Tektiten näherte, hat er sich später mit der übergeordneten Thematik der „Narben im Antlitz der Himmelskörper" befasst.[31]

# 6 Mondforschung

Das bei Wolfgang Gentner ursprünglich durch die Tektitenfrage geweckte Interesse an Mondkratern verstärkte sich naturgemäß durch das Apollo-Mondlandeprogramm der NASA, mit der Verfügbarkeit von Mondproben begann eine neue Ära.* Gentners Eigenengagement bezüglich der durch Josef Zähringers NASA-Kontrakte mit Oliver Schaeffer auch für das Heidelberger Institut zugänglich werdenden Apollo-Mondproben fokussierte sich vor allem auf die auf den Probenoberflächen gefundenen Mikrokrater und ihren Bezug zum, von keiner Atmosphäre gebremsten, Impakt von kosmischen Staubpartikeln auf der Mondoberfläche. Darüber und über das daraus später erwachsene Weltraum-Forschungsprogramm wird im Beitrag von H. Fechtig und E. Grün ausführlich berichtet.

Ergänzend dazu soll hier kurz über die isotopengeochemischen Mondproben-Untersuchungen am Heidelberger Institut berichtet werden, die unter der ambitionierten Leitung von Josef Zähringer betrieben und von Gentner mit größtem Interesse verfolgt wurden.

Im Mittelpunkt standen zunächst

- die Analyse des in Mondstaub in überraschend großen Mengen implantierten Sonnenwindes und die
- K-Ar-Datierung von kristallinen Mondgesteinen.

Später hinzu kamen noch

- die Messung von Bestrahlungsaltern und die Analyse der Häufigkeitsverhältnisse der schweren Elemente in der kosmischen Strahlung mittels Schwerionenspuren.

## 6.1 Sonnenwind

Aus den äußersten Schichten der Sonnenkorona entweicht ständig ein niederenergetisches Plasma in den interplanetaren Raum. Seine Analyse ist von größtem Interesse, da es in seiner Zusammensetzung die solaren Häufigkeiten einschließlich der volatilen Elemente (Wasserstoff, Helium, ...) reflektiert.

Die mittlere Energie des Sonnenwindes ist etwa ein KeV, was in den silikatischen Mondstaubpartikeln einer Eindringtiefe von einigen hundert Angstrøm entspricht.

Die Mondoberfläche ist mit einer mehrere Meter dicken Staubschicht bedeckt, dem so genannten Mondregolithen. Er entsteht durch den kontinuierlichen Einschlag von Mikro- und Makrometeoriten, wobei die exponierten Gesteine zermahlen und umgewälzt werden („Kugelmühle").

---

* Die historische Apollo-11-Mondlandung mit erster Probennahme erfolgte am 16. Juli 1969.

Durch die Abwesenheit von Atmosphäre und Magnetfeld wirkt die jeweils oberste Staubschicht als ideale Sammelfläche für den niederenergetischen Sonnenwind, der bis zur Sättigung implantiert werden kann. Ein Gramm feiner Mondstaub enthält etwa 1 Kubikzentimeter solaren Wasserstoff und 0,2 Kubikzentimeter solares Helium! Ikarus lässt grüßen. Es ist ein bemerkenswertes Kuriosum, dass eines der wichtigsten Apollo-Ergebnisse nicht den Mond, sondern die Sonne betrifft.

Im Heidelberger Massenspektrometrie-Untersuchungsprogramm wurden in Mondstaub von allen erfolgreichen Apollo-Landungen (Apollo 11, 12, 14–17) die Element- und Isotopenhäufigkeiten der Edelgase He, Ne, Ar, Kr, Xe einschließlich ihrer Feinverteilung analysiert[32], ein Review darüber findet sich in Kirsten (1977) [33,34].

Bei der Deutung der Elementhäufigkeiten musste berücksichtigt werden, dass durch – je nach Mineraltyp und Edelgas unterschiedliche – Implantationswahrscheinlichkeiten, Neuverteilung, Diffusionsverluste und Sättigung Korrekturen anzubringen sind. Die dazu benötigten Daten verschafften wir uns durch Diffusionsexperimente sowie direkte Feinverteilungsanalyse (Korngrößenseparation, Ätzexperimente, punktweise in-situ Entgasung mit einem feinen Elektronenstrahl).

Die gemessenen Häufigkeiten können mit den kosmischen Häufigkeiten verglichen werden, die aus der Theorie der Kernsynthese erwartet werden. Nahe liegend ist auch ein Vergleich mit den in Abschnitt 4.3 besprochenen gasreichen Meteoriten. Die gefundene Ähnlichkeit belegt experimentell, dass Sonnenwind über Milliarden Jahre im interplanetaren Raum präsent war.

In der Folge hat sich aus weiteren Untersuchungen von Solarmaterie in Mondstaub eine Fülle planetologisch und astrophysikalisch wichtiger Erkenntnisse ergeben, die aber hier nicht dargestellt werden sollen.

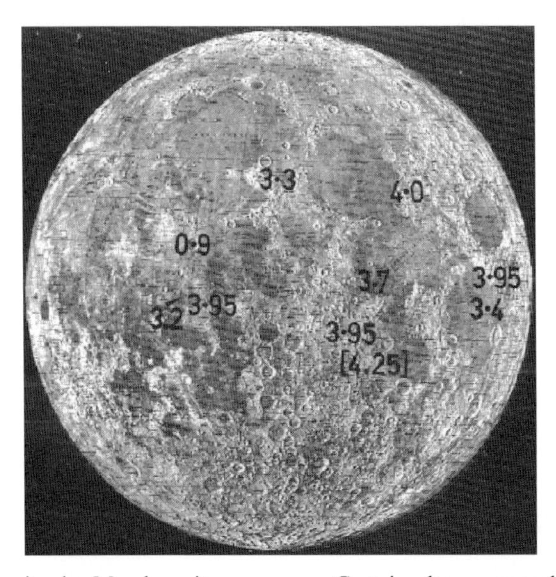


**Abb. 49.** Vorderseite des Mondes mit gemessenen Gesteinsaltern, angegeben in Milliarden Jahren.

## 6.2 Mondalter

Wie wir aus Meteoritenuntersuchungen wissen, entstand das Sonnensystem vor ca. 4,6 Milliarden Jahren. Dem folgte die planetologische Entwicklung der Einzelobjekte. Diese wird primär von ihrer Größe bestimmt, denn diese vor allem hat die Abkühlungsgeschichte gesteuert.

*Meteoritenmutterkörper* (Asteroide) waren klein und kühlten schnell nach ihrer Bildung aus, viele Meteorite zeigen ein Alter um 4,6 Milliarden Jahre.

*Die Erde* (Durchmesser 12 740 km) ist auch heute noch geologisch aktiv, die uns zugänglichen Krustengesteine wurden ganz überwiegend erst in den letzten 600 Millionen Jahren gebildet. Irdische Gesteine nahe dem Erdalter von 4,6 Milliarden Jahren sind nicht erhalten. Zu den ältesten Gesteinen gehören die Mantel-Peridotite von der Halbinsel Kola, die 1966 von Kirsten und Gentner mit K–Ar datiert wurden (maximal 4,2 Milliarden Jahre)[35]. Aus den spannenden ersten 400 Millionen Jahren nach der Entstehung des Sonnensystems ist aber praktisch nichts überliefert.

*Der Mond* (Durchmesser 3480 km) liegt im planetologischen Kontext dazwischen. Er hat in den Hochland-Krustengesteinen (Anorthosite) noch die Erinnerung an eine sehr frühe Phase der Krustenbildung bewahrt (4,3–3,9 Milliarden a). Die Basaltgesteine, die sich in die Marebecken ergossen, reflektieren die Zeit der internen geologischen Aktivität, die quasi im Zeitraffertempo zwischen 3,9 und 3,1 Milliarden Jahren vor heute durchlaufen wurde. Seitdem ist die endogene Aktivität des Mondes erloschen, allenfalls finden noch Metamorphosen im Zusammenhang mit exogenen Einschlägen statt (z. B. ist der Kopernikus-Krater ein 0,9 Milliarden Jahre junger Einschlagskrater).

Der Umfang unserer jetzigen globalen und regionalen Kenntnisse über die Geologie des Mondes ist durchaus mit „irdischer" Geologie vergleichbar. Einzelobjekte sind datiert, evolutionäre Entwicklungsmodelle durch experimentelle Randbedingungen weitgehend festgelegt.

In einer Hinsicht kennen wir den Mond sogar besser als die Erde. Durch Riesenimpakts wie etwa bei der Entstehung des Mare Imbrium vor 3,9 Milliarden Jahren wurde Material aus sehr großer Tiefe des Mondes an die Oberfläche befördert. Demgegenüber ist uns der direkte stoffliche Zugang zum unteren Erdmantel nach wie vor verwehrt.

Die oben zusammengefassten Zeitmarken der Mondchronologie bilden natürlich nur den extrem kondensierten Rahmen der gewonnenen Daten über die geologische Entwicklung des Mondes. Sie haben sich aus einer Fülle von spezifischen Datierungen einer Vielzahl von Labors ergeben, für die hier nicht der Platz ist sie zu beschreiben, ein Review findet sich in Kirsten (1978)[36].

Das Gentnersche Institut war unter der Regie von Josef Zähringer von Anfang an an den Monddatierungen beteiligt. Nach Zähringers tragischem Tod am 22.7.1970 (er hat nur Apollo 11 und 12 noch miterleben dürfen) wurden die entsprechenden Arbeiten von Till Kirsten fortgeführt.

Erwähnt werden soll hier ein bemerkenswerter Zusammenhang des Heidelberger Mond-Datierungsprogramms mit der methodischen Weiterentwicklung der Kalium-Argon-Methode zur sog. $Ar^{39}$–$Ar^{40}$-Methode. Die Heidelberger Gruppe war maßgeblich daran beteiligt, dass dies heute generell die moderne Form der K–Ar-Datierungsmethode ist[37].

Bei dieser Methode wird die zu datierende Probe mit schnellen Neutronen in einem Reaktor bestrahlt. Durch die Reaktion $K^{39}(n,p)Ar^{39}$ wird $Ar^{39}$ an jenen Gitterplätzen im Kristall erzeugt, an denen sich Kalium befindet. Anschließend wird die Probe bei stufenweise ansteigenden Temperaturen entgast und jeweils das $Ar^{40}/Ar^{39}$ Verhältnis gemessen. Die bei der konventionellen K–Ar-Datierung erforderliche chemische Kaliumanalyse entfällt, es muss nur noch ein Ar-Isotopenverhältnis gemessen werden. Neben dieser praktischen Vereinfachung ist aber noch wichtiger, dass durch die stufenweise Entgasung $Ar^{40}$-Diffusionsverluste quantitativ erkannt und korrigiert werden können. Diese dominieren nämlich in gestörten Kristallgittern, und gerade diese werden im Experiment zuerst entgast. Die scheinbaren Alter steigen mit ansteigender Entgasungstemperatur an und erreichen i. Allg. in den letzten Entgasungsstufen das unverfälschte Alter.

Die Methode der isotopischen In-situ-Markierung ist von genereller Bedeutung in der Kosmochronologie. Zuerst wurde sie von John Reynolds[21] auf das Jod–$Xe^{129}$-System in Meteoriten zum Nachweis von ausgestorbenem $I^{129}$ angewandt (s. Abschn. 4.4).

Etwa gleichzeitig mit der Entwicklung der $Ar^{39}$–$Ar^{40}$-Methode in den frühen siebziger Jahren wurde in Heidelberg auch die Xe–Xe-Methode entwickelt[38]. Hier wird radiogenes Xenon aus der spontanen Uranspaltung von $Uran^{238}$ (Halbwertszeit $8 \times 10^{15}$ a) zur Datierung benutzt, die Markierung der uranhaltigen Bereiche erfolgt durch neutroneninduzierte Spaltung von $U^{235}$. Dies gelingt, weil sich die Isotopenzusammensetzung der beiden Spalt-Xenon-Typen unterscheidet.

## 6.3 Effekte der kosmischen Strahlung in Mondproben

Die in Abschnitt 4.1 eingeführten Bestrahlungsalter an Meteoriten entsprechen beim Mond der Zeit, die eine Probe in den obersten Metern der Mondoberfläche verbracht hat, so dass sie von der galaktischen kosmischen Strahlung erreicht werden konnte. Damit können mittlere Umwälzraten des Regoliths durch kleine und große Einschläge, aber auch das Alter individueller Krater bestimmt werden (Ejektionszeitpunkt). Die im Heidelberger MPI genutzten kosmogenen Produkte waren hauptsächlich $Ar^{38}$ und $Ne^{21}$.

Die Strahlungsalter kristalliner Mondgesteine liegen zwischen 1 und 700 Millionen Jahren, zwei Drittel davon sind kleiner als 150 Millionen Jahre.

Die Strahlungsalter von Mondstaub liegen im Bereich von 150–450 Millionen Jahren. Das entspricht einer mittleren Umwälzrate des Mondregolithen von einigen Millimeter pro Million Jahre.

Neben Protonen enthält die kosmische Strahlung auch schwere Ionen, insbesondere $Fe^{56}$, $Ca^{40}$ u. a. Anders als die Protonen dringen diese nur einige cm in die Mondproben ein, wo sie anätzbare Strahlenschadensspuren hinterlassen. Dies kann zusammen mit den klassischen Bestrahlungsaltern zur Aufklärung komplexer Bestrahlungsszenarien dienen. Allerdings war Gentner weniger an lokalen Mondereignissen interessiert, vielmehr wollte er die Mondproben als Detektor für die chemische Zusammensetzung der kosmischen Strahlung einsetzen. Für seine Generation von Kernphysikern war diese Frage von besonderer Faszination, wegen der Seltenheit der schweren Ionen waren Messversuche früher wenig erfolgreich.

In den Schwerionenspuren in Mond-Oberflächenproben erkannte Gentner die Möglichkeit, die Häufigkeit schwerer Elemente anhand ihrer unterschiedlichen Spurlängen zu messen. Wolfgang Krätschmer gelang es, einige grundlegende Eichverfahren für diese Methode zu entwickeln.

# 7 Isotopengeochemie und Neutrinophysik

Wir hatten schon bei von Weizsäckers Postulat des Elektroneneinfangs als neuen Zerfallstyp gesehen, dass die Beziehung zwischen Kernphysik und Isotopengeochemie keine Einbahnstraße ist. Hier folgt ein anderes Beispiel. Es ergab sich als nicht plan- oder vorhersehbare aber unmittelbare Konsequenz der Ausweitung der Kernphysik auf die Kosmochemie durch Wolfgang Gentner.

Die Frage, ob Neutrinos Masse haben, ist fundamental für Teilchenphysik und Kosmologie. Wegen der extrem geringen Wechselwirkung von Neutrinos mit Materie ist ein *direkter* Nachweis von Neutrinomasse trotz gewaltiger Anstrengungen in der Großgerätephysik nie gelungen. Es gibt aber Möglichkeiten, die Neutrinomasse indirekt durch Prozesse nachzuweisen, die nur bei von Null verschiedener Neutrinomasse stattfinden können. Zwei davon wurden in Heidelberg bearbeitet und haben zu wichtigen Ergebnissen geführt. Es sind dies

- Neutrinoloser doppelter Betazerfall
- Neutrinooszillationen von Sonnenneutrinos.

## 7.1 Doppelter Betazerfall

Unter Doppeltem Betazerfall (DBZ) versteht man die gleichzeitige Emission von 2 Betateilchen aus einem Kern, d. h. zwei verschiedene im Kern gebundene Neutronen emittieren gleichzeitig je ein Elektron und ein Antineutrino (Dirac-Zerfall). Am Beispiel des DBZ von $Te^{130}$ lautet die Zerfallsgleichung

$$Te^{130} \rightarrow Xe^{130} + 2e^{-} + 2\nu_e .$$

Soweit energetisch erlaubt, findet dieser Prozess immer statt, wenn auch mit sehr geringer Rate (selbst günstige Nuklide wie $Te^{130}$ oder $Se^{82}$ haben Halbwertzeiten um $10^{20}$ Jahre (= 10 Milliarden Mal länger als das Alter des Universums!).

Entsprechend schwierig ist der Nachweis von Einzelzerfällen. Verwendet man aber geologisch sehr alte Tellurminerale, so profitiert man von der Ansammlung des radiogenen $Xe^{130}$ über sehr lange Zeiträume. Der Zuwachs des radiogenen Isotops aus dem DBZ führt zu einer massenspektrometrisch messbaren Isotopenanomalie (Abb. 50).

Wir haben diese ‚Geochemische Methode' zum Nachweis des DBZ erfolgreich auf alte Tellur- und Selenminerale angewandt[39] und so den DBZ erstmals definitiv nachgewiesen.[40]

Wesentlich wahrscheinlicher als DBZ mit Neutrinoemission wäre eigentlich der „neutrinolose DBZ": $Te^{130} \rightarrow Xe^{130} + 2\,e^{-}$, wobei das virtuelle Neutrino vom ersten Neutron den Zerfall des zweiten Neutrons stimuliert. Dies ginge aber nur,

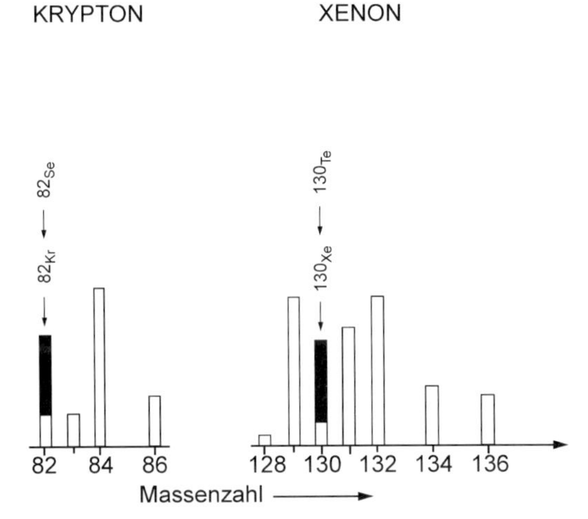


**Abb. 50.** Erzeugung von Isotopenhäufigkeits-Veränderungen in Kr und Xe durch doppelten Betazerfall von Se und Te (schematisch).

wenn Neutrino und Antineutrino (abgesehen von ihrem Drehsinn) identische Teilchen sind und eine von Null verschiedene Ruhmasse haben.

Die erwartete Rate des so ermöglichten neutrinolosen DBZ ist proportional zum Quadrat der Ruhmasse des Neutrinos.

Neutrinoloser DBZ ist bis heute nicht sicher gefunden worden. Wir konnten aber aus den in alten Tellurmineralen gemessenen Zerfallsprodukten $Xe^{130}$ (aus $Te^{130}$) und $Xe^{128}$ (aus $Te^{128}$) eine für die Elementarteilchenphysik damals sehr relevante Obergrenze von 5,6 eV für die Elektron-Neutrinomasse ableiten.[41] Dies gelang mit den Mitteln der Isotopengeochemie!

## 7.2 Neutrinooszillationen von Sonnenneutrinos

Neutrinos existieren in drei Varianten die mit dem Elektron, dem Muon und dem Tauon assoziiert sind: $\nu_e$, $\nu_{\mu???}$ , $\nu_{\tau???}$ . Falls Neutrinos überhaupt Masse haben ist, es sehr wahrscheinlich, dass die Massen für die drei „Neutrinoflavours“ verschieden sind.

Über lange Laufstrecken würde sich dieser Massenunterschied darin äußern, dass sich die Flavours oszillatorisch ineinander umwandeln. Die Intensität eines Neutrinostrahls mit gegebenem Flavour am Ort eines Detektors ist dann gegenüber der Erwartung verringert, weil sich ein Teil gerade im anderen Flavour befindet. Wenn solche Flavour-Oszillationen experimentell nachgewiesen werden können, lässt sich damit beweisen, dass Neutrinos Masse haben. Je länger die Laufstrecke eines Experiments zum Nachweis von Neutrino-Oszillationen ist, desto kleinere Massendifferenzen können auf diese Weise nachgewiesen werden.

Eine sehr intensive Neutrinoquelle bekannter Stärke in sehr großer Entfernung ist die Sonne. Aus ihrer Leuchtkraft ergibt sich der Fluss an Neutrinos, der bei der Fusion von Wasserstoff in Helium im Sonnenkern emittiert wird. Falls am Ort eines Detektors auf der Erde signifikant etwas fehlt, so ist dies der Beweis für Flavour-Oszillationen.

Wegen der extrem niedrigen Reaktionsraten von niederenergetischen Neutrinos ist der Nachweis extrem schwierig. Auch hier hilft wieder die radiochemische Methodik.

Mit großer Detektormasse wird die Produktmenge erhöht und mit extrem empfindlichen Low-Level-Zählmethoden wird der Nachweis weniger Atome des Reaktionsproduktes ermöglicht.

Das berühmte erste radiochemische Sonnenneutrino-Experiment von Ray Davis jr. vom Brookhaven National Lab beruhte auf der Reaktion $Cl^{37} + \nu_e \rightarrow Ar^{37} + e^-$. Diese Reaktion kann aber wegen ihrer hohen Energieschwelle nur sehr seltene Sonnenneutrinos nachweisen, deren erwartete Quellstärke aus Sonnenmodellen nur sehr ungenau vorhergesagt werden kann.

Deshalb überlegten wir 1979 in Heidelberg, zunächst zusammen mit Brookhaven, ein Galliumexperiment durchzuführen. Durch die niedrige Energieschwelle der Reaktion $Ga^{71} + \nu_e \rightarrow Ge^{71} + e^-$ sollte die gut vorhergesagte Hauptmenge der Sonnenneutrinos (pp-Neutrinos) gemessen werden, mit viel besserer Aussagekraft bezüglich Neutrinooszillationen.*

Das Projekt war außerordentlich riskant. Zusammen mit Oliver Schaeffer bat ich Wolfgang Gentner ein Jahr vor seinem Tod um seinen Rat. Ich erinnere mich genau an drei Teile seiner Antwort:

- Tun Sie es nur, wenn Sie Sonne und Neutrinos wirklich interessieren.
- Sie müssen einen langen Atem haben.
- Wenn die Amerikaner dabei sind, nehmen Sie die Franzosen dazu.

Die internationale GALLEX-Kollaboration hat zwischen 1991 und 1997 durch ihre Messungen im Gran-Sasso-Untergrundlabor in Italien erstmals die Wasserstoff-Fusion im Sonneninneren experimentell nachgewiesen.[42] Darüber hinaus wurde der definitive Beweis für Neutrinooszillationen geliefert. Die in diesem gefeierten Experiment angewandten radiochemischen Techniken wären ohne die Universalität Wolfgang Gentners nicht verfügbar gewesen.

## 8 Die Saat ist aufgegangen

Die Ausstrahlung der Wissenschaftsphilosophie von Wolfgang Gentner ging über die hier und in den Beiträgen von G. A. Wagner sowie H. Fechtig und E. Grün beschriebenen Zentralbereiche seiner eigenen kosmochemischen Aktivität hinaus. Sie förderte auch die Arbeiten von Schülern, die sich aus der an seinem Institut geschaffenen Atmosphäre heraus in benachbarten Forschungsdisziplinen später einen Namen gemacht haben.

Dass Ahmed El Goresy zu einem der weltweit angesehensten kosmischen Mineralogen wurde, lag nicht zuletzt daran, dass er am MPI anders als fast alle seiner

---

* Die Halbwertszeit von $Ge^{71}$ ist 11,4 Tage.

Kollegen aus der Mineralogie frühzeitig Zugang zur teuren „Wunderwaffe“ Elektronenmikrosonde hatte.*

Gerhard Neukum spielt eine weltweit anerkannte Rolle auf dem Gebiet der Photogeologie von Planetenoberflächen.

Frank Arnold und Dieter Krankowsky waren maßgeblich an internationalen Weltraummissionen zur Analyse von Kometen und Planetenatmosphären beteiligt, mit thematischer Ausstrahlung bis hin zum Spurenstoffhaushalt der Erdatmosphäre und zur Ozonproblematik.

Wolfgang Krätschmer fand den bahnbrechenden Weg zur Massenproduktion von Fullerenen als Folge seiner Beschäftigung mit interstellarem Staub, direkte Konsequenz des kosmochemischen Forschungsprogramms.

Alles keine Kernphysik? Alles auch Kernphysik!

## Anmerkungen


1 Rajewsky B, Gentner W, Schwerin K (1928) Die Strahlungsreaktion des Eiweißes und die Erythemwirkung. Strahlentherapie 29: 759–772.

2 von Weizsäcker CF (1937) Über die Möglichkeit eines dualen Zerfalls von Kalium. Physikalische Zeitschrift 38: 623–624.

3 Gentner W (1948) Die Radioaktivität in ihrer Bedeutung für naturwissenschaftliche Probleme. Freiburger Universitätsreden, Verlag Karl Alber, Freiburg/Br., Heft 4: 24–38.

4 Smits F, Gentner W (1950) Argonbestimmungen an Kalium-Mineralien I. Bestimmungen an tertiären Kalisalzen. Geochimica Cosmochimica Acta 1:22–27.

5 Aldrich LT, Nier AO (1948) Argon 40 in potassium minerals. Physical Review 74: 876–877.

6 Paneth FA (1942) Das Alter von Eisenmeteoriten. Nature 149: 235–236.

7 Bauer CA (1947) Production of Helium in Meteorites by Cosmic Radiation. Physical Review 72: 354–355.

8 Paneth FA, Reasbeck R, Mayne KI (1953) Production by cosmic rays of helium-3 in meteorites. Nature 172: 200–202.

9 Gentner W, Zähringer J (1955) Argon- und Heliumbestimmungen in Eisenmeteoriten. Zeitschrift für Naturforschung 10a: 498–499.

10 Gentner W, Zähringer J (1957) Argon und Helium als Kernreaktionsprodukte in Meteoriten. Geochimica Cosmochimica Acta 11: 60–71.

11 El Goresy A, Ottemann J (1966) Gentnerit, $Cu_8Fe_3Cr_{11}S_{18}$, a new Mineral from the Odessa Meteorite. Zeitschrift für Naturforschung 21a: 1160–1161.

12 Kirsten T, Krankowsky D, Zähringer J (1963) Edelgas- und Kalium-Bestimmungen an einer größeren Zahl von Steinmeteoriten. Geochimica Cosmochimica Acta 27: 13–42.

13 Kirsten T (1981) Chronologie of the Solar System. Landoldt-Börnstein Neue Serie, Gruppe VI, Astronomy and Astrophysics 2a: 273–285.

14 Fechtig H, Gentner W, Lämmerzahl P (1963) Argonbestimmungen an Kaliummineralien XII. Edelgasdiffusionsmessungen an Stein- und Eisenmeteoriten. Geochimica Cosmochimica Acta 27: 1149–1169.


* Damit konnten mikrometerkleine Minerale chemisch voll analysiert werden, aus Schatten wurden quantitative Fakten bei der Mineralidentifizierung.

15 Fechtig H, Gentner W, Kistner G (1960) Räumliche Verteilung der Edelgasisotope im Eisenmeteoriten Treysa. Geochimica Cosmochimica Acta 18: 72–80.
16 Heusser G, Ouyang Z, Kirsten T, Herpers U, Englert P (1985) Conditions of the cosmic ray exposure of the Jilin chondrite. Earth and Planetary Science Letters 72: 263–272.
17 Zähringer J, Gentner W (1960) Uredelgase in einigen Steinmeteoriten. Zeitschrift für Naturforschung 15a: 600–602.
18 Gerling EK, Levskij LK (1956) On the Origin of Rare Gases in Stony Meteorites. Dokladi Akademii Nauk 110: 750–753.
19 Kirsten T (1968) Incorporation of Rare Gases in solidifying Enstatite Melts. Journal Geophysical Research 73: 2807–2810.
20 Zähringer J, Gentner W (1961) Zum $Xe^{129}$ in dem Meteoriten Abee. Zeitschrift für Naturforschung 16a: 239–242.
21 Reynolds JH (1960) Determination of the Age of the Elements. Physical Review Letters 4: 8–10.
22 Zähringer J (1964) Isotope Chronology of Meteorites, Annual Review of Astronomy and Astrophysics 2: 121–148.
23 Gentner W (1969) Struktur und Alter der Meteorite. Naturwissenschaften 56: 174–180.
24 Abb. 1c aus: Gentner W (1964) Das Rätseln um die Herkunft der Tektite. Jahrbuch der Max-Planck-Gesellschaft: 90–106.
25 Spencer LJ (1933) Origin of Tektites. Nature 131: 117–118 and 876; The Tektite Problem. Mineralog. Mag. (1937) 24: 503–506.
26 Cohen AJ (1963) Asteroid – or comet – hypothesis of tektite origin: the Moldavite strewn fields. In: 'Tektites' (J.A. O'Keefe, ed.) University Chicago Press: 189–211.
27 Ehmann WD, Kohman TP (1958) Cosmic-ray-induced radioactivities in meteorites-II $Al^{26}$, $Be^{10}$ and $Co^{60}$, aerolites, siderites and tektites. Geochimica Cosmochimica Acta 14: 364–379.
28 O'Keefe JA, ed. (1963) Tektites, University Chicago Press.
29 Gentner W, Zähringer J (1959) Kalium-Argon-Alter einiger Tektite, Zeitschrift für Naturforschung 14a: 686–687.
30 Gentner W, Müller O (1975) Offene Fragen zur Tektitenforschung. Naturwissenschaften 62: 245–254.
31 Gentner W (1974) Die Narben im Antlitz der Himmelskörper – Strukturierung der Monde und Planeten durch kosmische Einschläge. Jahrbuch Max-Planck-Gesell. Z.F.d.W. e.V.: 24–46; Nachdruck im vorliegenden Band S. 295–300.
32 Kirsten T, Müller O, Steinbrunn F, Zähringer J (1970) Study of distribution and variations of rare gases in Lunar material by a Microprobe technique. Proc. Apollo 11 Lunar Sci. Conf. Vol.2, Geochimica Cosmochimica Acta, Suppl.1: 1331–1343.
33 Kirsten T (1977) Rare gases implanted in Lunar Fines. Philosophical Transactions Royal Society London A285: 391–395.
34 Kirsten T (1977) Rare gases implanted in Lunar Fines. Philosophical Transactions Royal Society London A285: 391–395.
35 Kirsten T, Gentner W (1966) K–Ar-Altersbestimmungen an Ultrabasiten des Baltischen Schildes. Zeitschrift für Naturforschung 21a: 119–126.
36 Kirsten T (1978) Time and the Solar System. In: Origin of the Solar System, Ed. S.F. Dermott, London, Wiley Sons, Ltd. pp 267–346.
37 Kirsten T, Deubner J, Horn P, Kaneoka I, Kiko J, Schaeffer OA, Thio SK (1972) The Rare Gas Record of Apollo 14 and 15 Samples. Proceedings 3rd Lunar Scientific Conference, Geochim.Cosmochim. Acta, Suppl. 3, 2:1865–1889.

38 Shukoljukov Y, Kirsten T, Jessberger E (1974) The Xe-Xe Spectrum Technique, a new Dating Method. Earth Planet. Sci. Lett. 24: 271–281.
39 Kirsten T, Gentner W, Schaeffer OA (1967) Massenspektrometrischer Nachweis von ββ-Zerfallsprodukten. Zeitschrift f. Physik 202: 273–292.
40 Kirsten T, Schaeffer OA, Norton E, Stoenner RW (1968) Experimental Evidence for the Double Beta Decay of $Te^{130}$. Phys. Rev. Letters 20: 1012–1014.
41 Kirsten T, Richter H, Jessberger E (1983) Double Beta Decay of $Te^{128}$ and $Te^{130}$: Improved Limit on the Neutrino Restmass. Zeitschrift Physik C, Particles and Fields 16: 189–196.
42 Kirsten T (für die GALLEX Kollaboration) (1992) GALLEX misst Sonnenneutrinos. Physik in unserer Zeit 6: 246–255.

# Staub im Sonnensystem

Hugo Fechtig und Eberhard Grün

## 1 Gründung der Staubgruppe 1964 und erste Weltraumexperimente mit Höhenforschungsraketen

Zu Beginn der 1960er Jahre trat die Bundesrepublik Deutschland der neugegründeten ESRO (European Space Research Organisation), jetzt ESA (European Space Agency), bei. Aus diesem Grunde wandte sich der für die Weltraumforschung zuständige Minister an alle relevanten deutschen Forschungseinrichtungen mit dem Appell zur Mitarbeit, z. B. durch Entwicklung und Bau geeigneter Weltraumexperimente, die mittels Raketen, Satelliten und Raumsonden von der ESRO in den nahen Weltraum gebracht werden können. Wolfgang Gentner hat diese Einladung intensiv mit Josef Zähringer besprochen und so kam es 1964 zur Gründung einer Atmosphärengruppe und einer Staubgruppe innerhalb der Abteilung Kosmochemie, die sich hauptsächlich mit der Anwendung kernphysikalischer Methoden auf die Untersuchung von Meteoriten befasste. Zielsetzung dieser von Wolfgang Gentner und Josef Zähringer definierten Forschungsrichtung war es, Bedingungen und planetare Prozesse an Orten und zu Zeiten zu ermitteln, die direkten Messungen nicht zugänglich waren und eine Zeitskala solcher Prozesse zu bestimmen.

Die ersten Überlegungen für die wissenschaftliche Arbeit einer Staubgruppe stand unter dem Eindruck neuer Ergebnisse US-amerikanischer Laboratorien. Diese haben Staubsammler[1] und Staubdetektoren[2] mittels Höhenforschungsraketen in die obere Atmosphäre gebracht und für die Staubpopulation in Erdnähe im Wesentlichen übereinstimmende Messergebnisse der Staubflüsse publiziert. Die Ergebnisse sind in Abb. 51 gezeigt: aufgetragen sind die ermittelten kumulativen Staubflüsse $\Phi$ [n/m$^2$sec] als Funktion über die kumulative Teilchenmasse >m. Daraus kann man ersehen, dass die Staubflüsse der Staubdetektoren (Mikrophone) und die der US-Sammler 3–5 Größenordnungen über den aus den Zodiakallichtmessungen abgeleiteten Staubflüssen von Elsässer[3] und Ingham[4] liegen.

Falls diese hohen Flusswerte in der oberen Atmosphäre (Höhen zwischen 70 und 120 km) real sind – und daran gab es damals infolge der Koinzidenz von Sammlungen und Detektoren zunächst kaum Zweifel – war es unsere Intention, eigene Staubsammlungen durchzuführen und die in genügender Menge gesammelten Staubpartikel mit Hilfe der Methode der Neutronen-Aktivierungsanalyse radiochemisch zu untersuchen. In dieser Absicht wurden bei der deutschen Raumfahrtindustrie Sammler und Detektoren auf der Basis von piezoelektrischen Sensoren entwickelt und gebaut. Eine Beschreibung der Sammler und Detektoren sowie erste Ergebnisse wurden von Fechtig 1968[5] und Auer et al. 1970[6] publiziert.

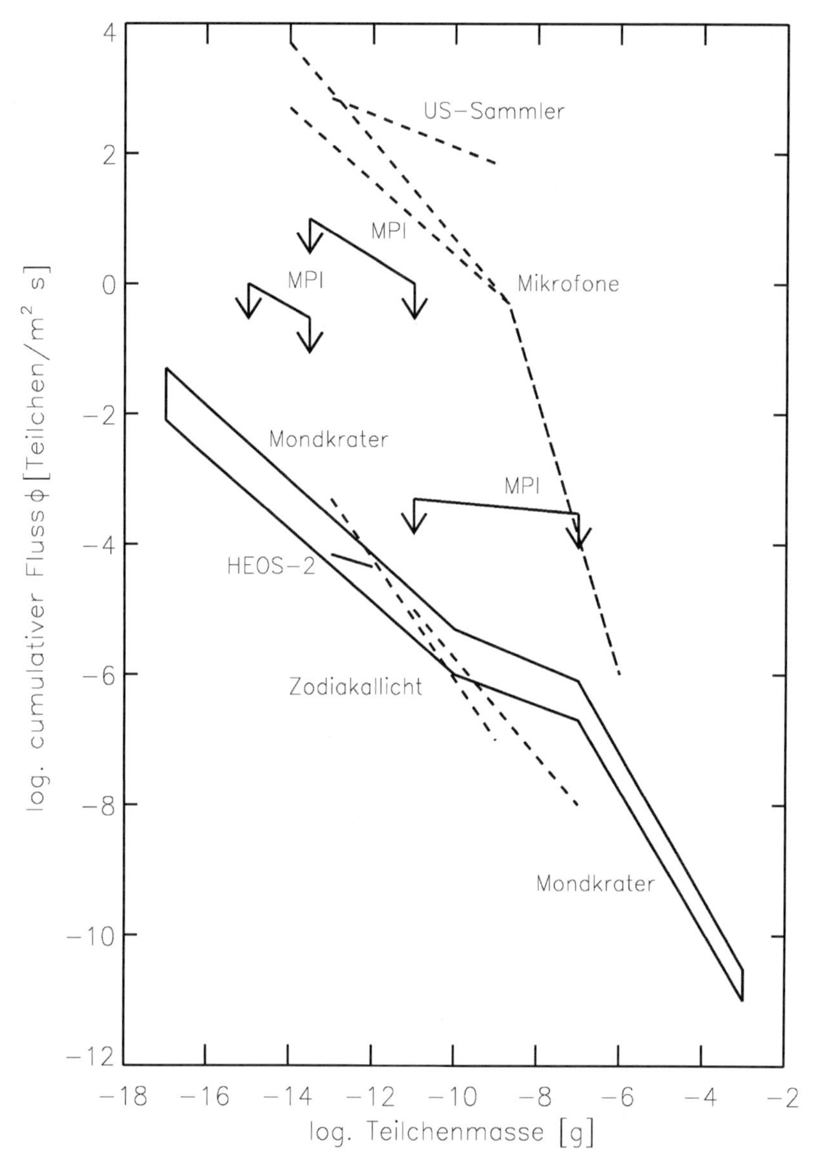


**Abb. 51.** Kumulativer Staubfluss (Anzahl N der Teilchen pro $m^2$ und sec) als Funktion der Teilchenmasse m in Erdnähe. Gestrichelte Linien: frühe US-Sammler (Hemenway and Soberman 1962) und Mikrofone (Alexander, McCracken et. al. 1963), sowie aus Zodiakallichtmessungen (Elsässer 1955 und Ingham 1961) abgeleitete Flüsse. Durchgezogene Linien: Eigene Messungen. MPI frühe Sammlungen und Detektormessungen (Fechtig 1968 und Auer, Fechtig et al. 1970), Mondkrater (Fechtig et al., 1974) und Messungen vom HEOS-2 Satelliten (Hoffmann et al. 1975).

Die Ergebnisse unserer Staubmessungen sind ebenfalls im Flussdiagramm der Abb. 51 lediglich als obere Grenzen (MPI) eingetragen. Es ist festzustellen, dass unsere Werte deutlich niedriger liegen als die unserer US-Kollegen. Selbst wenn die Erde durch gravitative Anreicherung einen „Staubgürtel" um sich erzeugen könnte, so kann diese Anreicherung allenfalls bis zu einem Faktor 100 betragen wie Shapiro, Lautmann und Colombo 1966[7] und Schmidt 1967[8] berechneten.

Ein später durchgeführtes Messprogramm[9] eines Staubdetektors auf dem polaren Erdsatelliten HEOS-2 hat zweifelsfrei ergeben, dass die gravitative Staubanreicherung der Erde innerhalb eines Faktors 100 liegt. Siehe hierzu Kap. 4 dieser Arbeit. Damit war der heftig diskutierte Staubgürtel als hinfällig zu betrachten. Die ersten Staubdetektoren hatten akustische Störsignale gemessen und die Staubsammlungen hatten überwiegend Kontaminationspartikel gesammelt.

Wegen des niedrigen Flusses von Staubteilchen im Weltraum war es nötig, die Messmethoden so zu verbessern, dass damit die physikalischen und chemischen Eigenschaften schon an einzelnen mikrometergroßen Staubteilchen bestimmt werden konnte. Ein wertvolles Element zur Erreichung dieses Zieles war und ist der Heidelberger Staubbeschleuniger.

## 2 Staubbeschleuniger

Im Jahr 1965 wurde am Max-Planck-Institut für Kernphysik (MPIK) ein elektrostatischer Staubbeschleuniger in dem ehemaligen Partykeller unter dem Tandemlabor, dessen Wände liebevoll von Thomas Lorenz ausgemalt worden waren, installiert. In der Anfangszeit (ca. 2 Jahre) hat Kurt Sitte die wissenschaftliche Betreuung der Arbeiten am Staubbeschleuniger übernommen. Der Staubbeschleuniger war mit 2 MV der kleinste Beschleuniger des Instituts, aber er hatte eine Staubquelle, in der mikrometergroße Staubteilchen stark elektrisch aufgeladen wurden, um sie dann im elektrischen Feld zu beschleunigen.[10] [11] Damit konnten Teilchen aus Eisen, Aluminium, Kohlenstoff, sowie metallisch bedampfte Glas- und Kunststoffteilchen von ca. 50 Nanometern bis 5 Mikrometern Durchmesser auf Geschwindigkeiten von 1 bis 100 km/s beschleunigt werden.

Anfänglich, als kosmischer Staub wegen seiner angeblichen hohen Flüsse noch als Bedrohung für die Weltraumfahrt angesehen wurde, war dieser Beschleuniger einer von vielen ähnlichen Beschleunigern, besonders in den USA. Dies änderte sich drastisch, als eingesehen wurde, dass die Staubflüsse viel geringer waren als zunächst vermutet. Die Motivation der Heidelberger Staubaktivitäten war aber eher kosmochemischer und astrophysikalischer Natur. Die ersten Doktorarbeiten von Volker Rudolph über die Mikrokratererzeugung und Siegfried Auer über Einschlagsionisation bereiteten die Grundlage für die meisten weiterführenden Untersuchungen am Staubbeschleuniger. Heute ist der verbesserte Heidelberger Staubbeschleuniger weltweit der einzige voll funktionsfähige Staubbeschleuniger, mit dem Ergebnis, dass seit mehreren Jahrzehnten alle Weltraum-Staubdetektoren dort entwickelt, kalibriert oder getestet wurden. Im Lauf der Jahre wurden detaillierte Untersuchungen von Einschlagsphänomenen, wie Kratern, Foliendurchschlägen, Einschlags-Lichtblitzen, und Einschlagsionisation, sowie Eichung von Detektoren, durchgeführt.

Eine besondere Bedeutung hatte die Entwicklung von Staubauffängern, die mit der Beobachtung[12] begann, dass Krater in Targetmaterialien geringer Dichte besonders tief sind und dass deshalb die Projektile relativ „sanft" abgebremst werden. Dies führte zum Vorschlag, Aerogel (ein spezielles Silikon-Gel von <0,1 g/cm$^3$ Dichte) als Staubsammler zu benutzen. Tests am Staubeschleuniger bestätigten, dass mit diesem Material noch Staubteilchen von mehreren Kilometern pro Sekunde Einschlagsgeschwindigkeit intakt aufgesammelt werden können. Staubsammler aus diesem Material wurden deshalb bei der Stardust Mission verwendet, die jüngst Staubproben vom Kometen Wild 2 zur detaillierten kosmochemischen Untersuchung in irdische Labors zurückgebracht hat.

## 3 Mikrokrater auf Mondproben

Schon lange vor den amerikanischen Mondlandungen hatte sich Wolfgang Gentner für die von der Erde aus beobachtbaren Mondkrater interessiert und darüber schon in den 1950er Jahren bei diversen Gelegenheiten Vorträge gehalten. Und so war es nicht verwunderlich, dass er an den wissenschaftlichen Arbeiten an den Mondproben großes Interesse hatte.

Mit dem Apolloprogramm der NASA standen uns auch Mondproben für wissenschaftliche Untersuchungen zur Verfügung. Josef Zähringer gehörte 1969 zum Team von Oliver Schaeffer und damit zu den Wissenschaftlern, die die ersten Mondproben von Apollo 11 unter Quarantänebedingungen bei der NASA in Houston/Texas untersuchen konnten und dabei erste Altersbestimmungen an Mondproben durchführten. Zähringer hat sofort festgestellt, dass alle Oberflächen der gesammelten Mondproben auf ihren Oberseiten (d. h. der Teil der Oberflächen, die auf dem Mond nach außen orientiert waren) kleine Einschlagskrater (so genannte „Mikrokrater") zeigten, von denen die größten im Größenbereich bis zu ca. 1 mm im Durchmesser und somit mit bloßem Auge sichtbar waren. Noch in Houston hat er deshalb für die Heidelberger Staubgruppe ein Proposal zur Untersuchung geeigneter Mondproben eingereicht.

Von zahlreichen Mondproben aller US-Mondflüge wurden von geeigneten Oberflächenproben Kraterstatistiken als Funktion der Kraterdurchmesser aufgenommen.[13] [14] [15] [16] Abbildung 52 zeigt einen mit Mikrokratern übersäten Mondstein.

Um von den beobachteten Mikrokraterdurchmessern auf die erzeugenden Teilchendurchmesser umrechnen zu können, war es notwendig, mit Hilfe des Staubbeschleunigers geeignete Eichmessungen durchzuführen. Mit diesen Apparaturen konnten geeignete Targetmaterialien wie Glas, Norit und Metalle als mondmaterieähnliche Substanzen mit Partikeln zwischen 0,1 und mehreren Mikrometern Durchmesser mit Geschwindigkeiten zwischen 50 und 1 km/sec beschossen werden. Die in der Natur gegebenen Projektilgeschwindigkeiten wurden auf unserem Staubexperiment auf dem Erdsatelliten HEOS-2 direkt gemessen zu etwa 10 km/sec im Mittel.[17] Siehe hierzu Kap. 4 dieser Arbeit. Damit konnten die Kraterstatistiken in Teilchenstatistiken umgesetzt werden.

Mit Hilfe der Beziehung $\Phi = N / T$, wobei $\Phi$ den kumulativen Teilchenfluss pro m$^2$ und pro sec, N die kumulative Teilchenanzahl pro m$^2$ und T die Exponierungszeit

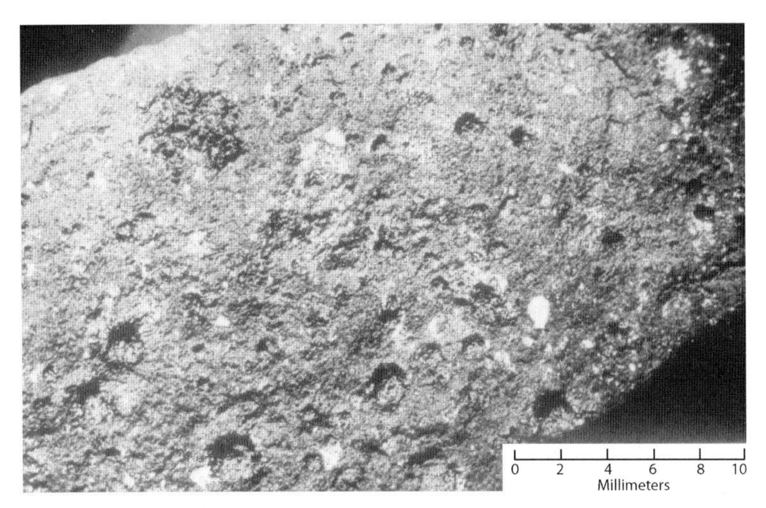


**Abb. 52.** Mondstein übersät mit Einschlagskratern.

der Mondprobe bezeichnen, wurden die Staubflüsse ermittelt. Die Exponierungszeit T der individuellen Mondproben wurden mit Hilfe der Schwerionen-Spuren-Datierungsmethode bestimmt.[18]

Dieser auf zahlreichen lunaren Mikrokratern beruhende Teilchenfluss ist im Flussdiagramm in Abb. 51 als „Mondkrater" ebenfalls dargestellt. Damit konnten die hohen Teilchenflüsse endgültig überwunden werden, denn mit diesen Ergebnissen wurden die aus Zodiakallichtmessungen gewonnen Staubflüsse bestätigt.

Ein weiteres interessantes Ergebnis ergab das Studium von einzelnen lunaren Mikrokratern. Simulationsmessungen zeigten, dass das Verhältnis der Durchmesser der Krater zu deren Tiefe unabhängig von der Einschlagsgeschwindigkeit und dem Durchmesser der Partikel ist und lediglich vom Material von Target und Projektilen abhängt. Nagel, Neukum et al. konnten 1975 die Ergebnisse der Simulationsexperimente mit der Verteilung der lunaren Kraterdimensionen vergleichen: es zeigte sich, dass es neben metallischen und silikatischen Projektilen auch eine weitere Projektilklasse gibt: Partikel mit geringer Dichte, wie sie z. B. für kometare Teilchen beobachtet wurden.[19]

# 4 Erste Staubdetektoren auf Satelliten und Raumsonden

## 4.1 Das Staubexperiment auf dem polaren Erdsatelliten HEOS-2

1968 bekamen wir die Gelegenheit, den ersten eigenen Staubdetektor für einen Satelliten zu entwickeln. Der Erdsatellit HEOS (*H*ighly *E*ccentric *O*rbiting *S*atellite) sollte ein zweites Mal geflogen werden, diesmal allerdings ohne das Garchinger Bariumwolkenexperiment, wodurch ein zylindrisches Volumen von ca. 18 cm Durchmesser in der Drehachse des Satelliten zur Verfügung stand. In dieses Loch wurde ein Einschlagsionisationsdetektor integriert, der eine sensitive Fläche von ca. 100 $cm^2$ hatte.

Der polar umlaufende HEOS-2-Satellit bewegte sich auf einer hochelliptischen Umlaufbahn zwischen 240 000 km Apogäumsdistanz und zwischen 350 und 3000 km Perigäumsdistanz um die Erde. Damit konnte das Staubexperiment vergleichende Messungen im interplanetaren Raum und in Erdnähe durchführen. Die Messdaten wurden im Zeitraum zwischen dem 7. Februar 1972 und dem 2. August 1974 gewonnen. Wegen der Anordnung des Instruments in der Spinachse des Satelliten, die anfänglich in südliche ekliptikale Richtung zeigte, von wo der Staubfluss extrem gering ist, dauerte es 3 Monate, bis die ersten Einschläge registriert wurden, und es sicher war, dass das Instrument funktionierte. Später wurde das Instrument durch geeignete Drehung des Satelliten in die folgenden Richtungen positioniert: in die Apex- und Antiapex-Richtung des Erdumlaufs um die Sonne, sowie in die Ekliptik-Nord- und Ekliptik-Südrichtung. Dadurch wurde der Staubteilchenfluss aus allen Richtungen in Erdnähe bestimmt.

Die Heidelberger Staubdetektoren wurden erstmalig für den HEOS-2-Satelliten ohne eine Folie vor dem Sensor entwickelt und kalibriert.[20] In Abb. 53 ist das Messprinzip dargestellt. Der Sensor besteht aus einer sphärischen Halbkugel, deren innere Oberfläche aus Gold (oder einem anderen schweren Metall) besteht. Im Zentrum der Hohlkugel ist ein Ionenkollektor positioniert, der gegenüber dem Goldsensor auf einem elektrischen Potential von −350 V liegt. Ein mit hoher Geschwindigkeit auf die Goldfläche fallendes Staubpartikel erzeugt beim Einschlag Ionen und Elektronen. Die positiven Ionen erzeugen auf dem Ionenkollektor einen positiven Ladungspuls. Mit Hilfe des Heidelberger Staubdetektors wurde der Sensor kalibriert. Dabei hat sich herausgestellt, dass die zeitlichen Anstiegszeiten der Ladungspulse nur von den Geschwindigkeiten der einschlagenden Partikel abhängen. Damit war klar, dass man zur Geschwindigkeitsmessung keine eigene

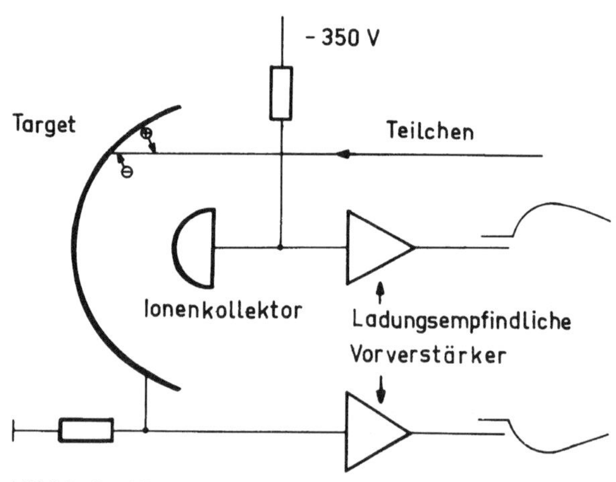


**Abb. 53.** Prinzip des HEOS-Staubdetektors. Hochgeschwindigkeitseinschläge auf dem Target erzeugen Ladungen, die vom Target und Ionenkollektor aufgesammelt werden und zu entsprechenden Signalen führen, die dann verarbeitet und zur Erde gesandt werden.

Folie benötigt. Die Größe des Einschlagladungspulses ist eine Funktion der Teilchenmasse und der Einschlagsgeschwindigkeit, die in Staubbeschleunigerexperimenten bestimmt wurde.

Die Messung verläuft somit über eine direkte Bestimmung der Teilchengeschwindigkeit aus der Signalanstiegszeit und dann der Teilchenmasse aus der registrierten Ladung. Die Blickrichtung des Experiments zum Zeitpunkt des Einschlags gibt die Einfallsrichtung an. Dieses Messprinzip wurde in allen weiteren Staubexperimenten beibehalten.

Ergebnisse des HEOS-Staubexperiments wurden von Hoffmann et al. 1975[21] und von Fechtig, Grün und Morfill 1979[22] publiziert. Die wesentlichen Ergebnisse lassen sich wie folgt zusammenfassen: Das Staubexperiment auf HEOS-2 registrierte insgesamt 431 Staubteilchen. Die sporadischen Teilchen kommen vergleichsweise selten, d. h. in Zeitabständen > 10 Stunden. Dagegen gibt es manchmal viele kleine Partikel, die innerhalb von Minuten den Sensor getroffen haben: diese wurden als „Schwärme" bezeichnet. Schließlich wird ein Übergangsgebiet als „Gruppen" benannt. Insgesamt wurden neben den 90 sporadischen Teilchen 19 Gruppen und 15 Schwärme beobachtet. In Abb. 54 sind diese Teilchentypen als Funktion der Höhen über der Erde beim Ereignis aufgetragen, woraus diese Beobachtungen resultieren: (1) sporadische Teilchen sind innerhalb 10 Erdradien (60 000 km, Perigäumsregion, PR) um einen Faktor von ca. 3 gegenüber ihrer Häufigkeit in größeren Höhen angereichert. Zusammen mit den „Schwarm-Teilchen"

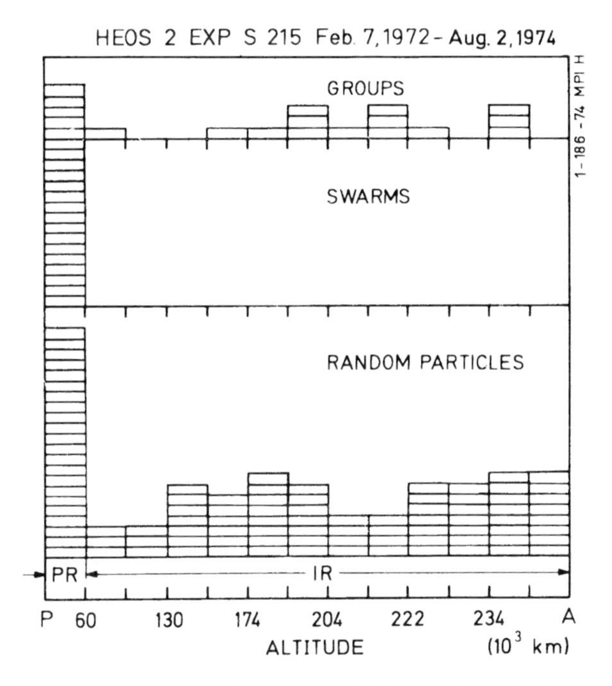


**Abb. 54.** Anzahl der gemessenen Teilchentypen (siehe Text) als Funktion der Höhe über der Erde.

bedeutet das eine Anreicherung von bis zu einem Faktor 100, (2) Teilchengruppen zeigen eine Gleichverteilung mit der Höhe und (3) Teilchenschwärme erscheinen exklusiv innerhalb von 10 Erdradien.

Schließlich resultiert eine Interpretation für den Ursprung der beobachteten Teilchenschwärme: Ceplecha[23] und Ceplecha/McCrosky[24] haben die Natur der Meteore und Feuerbälle untersucht. Dabei publizierten sie mehrere Klassen von Körpern. Eine dieser Klassen (Typ III der Feuerbälle) besteht aus Material niedriger Dichte und könnte kometaren Ursprungs sein. Solche Feuerbälle können sich in der Aurorazone der Erde durch elektrostatische Aufladung in Staubschwärme zerlegen.

## 4.2 Der Staubanalysator auf den interplanetaren Helios-Sonden

Nach einer Besprechung zwischen Bundeskanzler Erhard und Präsident Johnson im Jahr 1966 beschlossen die Bundesrepublik Deutschland und die Vereinigten Staaten von Amerika, gemeinsam ein großes Raumfahrtprojekt durchzuführen. Dieses erste deutsch-amerikanische Weltraumprojekt war die Helios-Mission zur Erforschung des interplanetaren Raums innerhalb der Erdbahn bis zu 0,3 astronomischen Einheiten (AE) Entfernung zur Sonne. Ein Schwerpunkt war die Untersuchung des interplanetaren Staubes. Bereits kurz nach dem Beschluss, die Helios-Mission durchzuführen, begannen am MPIK Entwicklungsarbeiten für einen neuartigen Staubanalysator, der neben der Masse und Geschwindigkeit auch die chemische Zusammensetzung der Staubteilchen messen sollte. Dazu trug die Sonde 2 Staubanalysatoren, von denen einer (Ekliptiksensor) mit einer 0,3 Mikrometer dicken Eintrittsfolie gegen die direkte Sonnenstrahlung geschützt war. Der zweite Sensor (Südsensor) wurde durch den Rand der Sonde geschützt. Jeder der Sensoren bestand aus einem 60 $cm^2$ großen, jalousieförmigen Einschlagstarget. Durch einen Einschlag erzeugte Elektronen wurden durch ein Gitter nach vorne abgesaugt und registriert, während die Ionen durch ein Gitter hinter der Jalousie in das Innere des ca. 1 Meter langen Flugzeitrohrs gezogen wurden. Am Ende des Flugzeitrohrs befand sich ein Multiplier, der die Ankunftszeit der Ionen registrierte. Dadurch wurde ein Flugzeitmassenspektrum der Ionen erhalten, das die Zusammensetzung des Staubteilchens repräsentierte. Abbildung 55a zeigt neben anderen ein Massenspektrum eines interplanetaren Staubteilchens, wie es von Helios registriert wurde. Man erkennt, dass die Auflösung relativ gering ($M/\Delta M \sim 10$) war. Dennoch konnten Teilchen verschiedener Zusammensetzung, z. B. silikatische von stark eisenhaltigen Materialien, unterschieden werden. Das in Abb. 55a gezeigte Spektrum stammt von einem Staubteilchen, das von Helios im Raum zwischen Merkur und Venus registriert worden war, und dessen Zusammensetzung ähnlich der von chondritischen Meteoriten (Hauptbestandteile Si, Mg und Fe) war. Es wurden aber auch Spektren mit davon weit abweichenden Zusammensetzungen gemessen.

Während der ersten 10 Umläufe von Helios um die Sonne in den Jahren 1974 bis 1980 wurden 235 Einschläge im Raum zwischen 0,3 bis 1 AE von den Sensoren registriert. Die meisten der von Helios registrierten Staubteilchen wurden in Sonnenähe gemessen, wobei der Südsensor fast doppelt soviele Teilchen registrierte wie der Ekliptiksensor. Dieser Unterschied war hauptsächlich auf die Eintrittsfolie vor dem Ekliptiksensor zurückzuführen. Allerdings waren auch die Einschlagsrichtungen an beiden Sensoren verschieden, was auf unterschiedliche Bahnverteilungen

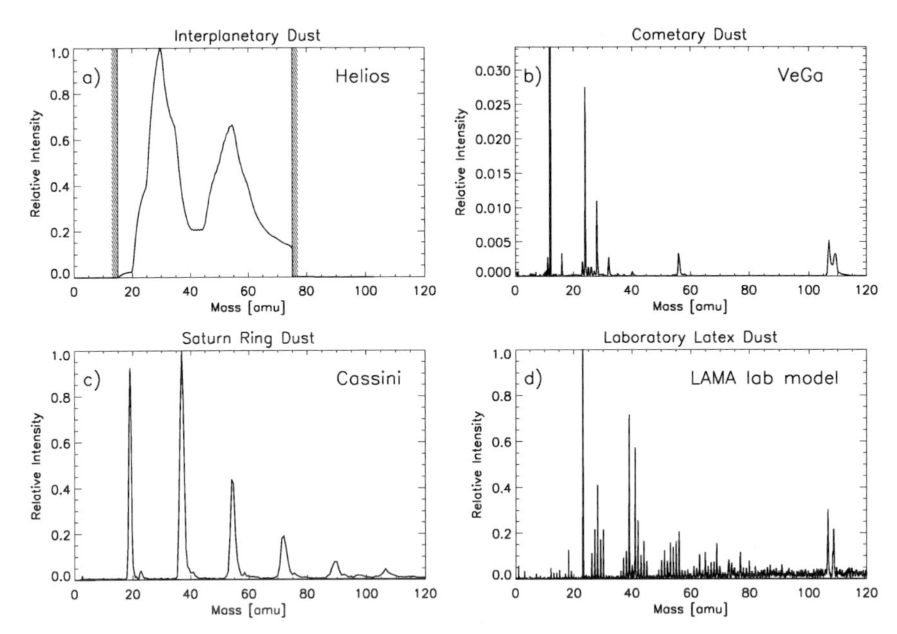


**Abb. 55.** Massenspektren von Staubteilchen im Weltraum und im Labor aufgenommen. Die Höhe der Spektren ist auf die höchste Linie normiert (=1). **a.)** Interplanetares Teilchen von Helios im inneren Planetensystem registriert. Die Massenauflösung ist sehr gering ($M/\Delta M \sim 5$) und es wurden nur Massen von 16 bis 75 atomare Masseneinheiten aufgenommen. **b.)** Kometares Teilchen von der Halley-Sonde VeGa mit hoher Massenauflösung ($M/\Delta M \sim 100$) aufgenommen – die Kohlenstofflinie (12 amu) wird nicht vollständig gezeigt. **c.)** Saturnring-Teilchen von Cassini mit mittlerer Massenauflösung ($M/\Delta M \sim 30$) aufgenommen. Dominierende Linien sind Wassercluster-Ionen: $H_3O^+ \cdot (H_2O)_n$. **d.)** Latex Teilchen (organisches Material) bei 9 km/s Einschlagsgeschwindigkeit mit dem neuen Großflächen-Massenspektrometer LAMA im Labor mit hoher Massenauflösung ($M/\Delta M \sim 150$) aufgenommen.

hindeutete: am Südsensor wurden hauptsächlich Teilchen geringer Dichte gemessen, die sich auf hochexzentrischen Bahnen befanden (wahrscheinlich kometaren Ursprungs), während am Ekliptiksensor die Anzahl dieser Teilchen stark durch die Folie reduziert wurde.[25] Ihre Bahnen waren außerdem deutlich kreisförmiger, was auf asteroidalen Ursprung hindeutete. Auch die Einschlagspektren zeigten signifikannte Unterschiede, die aber keinen speziellen Materialklassen zugeordnet werden konnten.

# 5 Suche nach der Urmaterie des Sonnensystems

Die Untersuchung von Meteoriten in der Abteilung von Josef Zähringer, die von Wolfgang Gentner immer mit größtem Interesse verfolgt wurde, zeigte, dass die primitivsten (ursprünglichsten) Meteorite die kohligen Chondrite sind. Ihre elementare Zusammensetzung entspricht ungefähr der mittleren Zusammensetzung der Erde und auch der Sonnenkorona. Auf den Paneth-Kolloquien, die abwechselnd vom MPI für Chemie in Mainz (Prof. Wänke), der Universität Bern (Prof. Geiss) und dem MPI für Kernphysik (Prof. Zähringer) veranstaltet wurden, gab es einen Wettstreit, wer den primitivsten Meteoriten hatte und die genausten Angaben über die Mutterkörper der verschiedenen Meteoritenklassen machen konnte. Es wurde damals vermutet, dass Kometenmaterial, das sich seit den Anfängen des Sonnensystems im „Kühlschrank" des äußeren Sonnensystems aufgehalten hatte, noch primitiveres Material, eventuell sogar interstellaren Staub, enthält. Deshalb waren Missionen zu Kometen immer von größtem wissenschaftlichem Interesse der Kosmochemiker.

Schon 1970 wurden solche Missionen von der NASA intensiv auch unter Teilnahme Heidelberger Wissenschaftler studiert. Es dauerte schließlich weitere 5 Jahre, bis der Plan sich konkretisierte, eine Rendezvous-Mission zum Kometen Tempel 2 mit einem Vorbeiflug am Halleyschen Kometen unter Mitwirkung der Europäischen Weltraumbehörde, ESA, durchzuführen. Es zeigte sich allerdings bald, dass die finanzielle Unterstützung für diese komplexe Mission in den USA nicht gefunden werden konnte. Darauf entschloss sich die ESA kurzerhand, eine eigene Mission, die Giotto-Mission, zum Halleyschen Kometen zu fliegen. Zwei Heidelberger Instrumente, das Neutralgas-Massenspektrometer (Dr. Krankowsky) und das Staubexperiment PIA (Particle Impact Analyzer, Dr. Kissel) waren Teil seiner Nutzlast. Äquivalente Staubinstrumente; mit Namen PUMA, flogen auch auf den beiden russischen Kometenmissionen VeGa zum Kometen Halley. Alle diese Raumfahrzeuge passierten die Koma des Kometen Halley in Distanzen von ca. 700 km und 8000 km vom Nukleus und haben dabei kometare Staubteilchen massenspektrometrisch analysiert.

In Abb. 56 ist das Prinzip des Staubexperimentes PIA/PUMA dargestellt.[26] Staubteilchen prallen mit 70 km/sec Geschwindigkeit auf ein Silbertarget. Dort werden sie vollständig „verdampft", d. h. es entsteht u. a. eine dünne Wolke von Ionen und Elektronen aus Projektil- und Targetmaterial. Entsprechende Laborexperimente mit Hilfe des Staubbeschleunigers[27] ergaben, dass die erzeugten Ionen einfach geladen sind. Mit Hilfe einer Beschleunigungsspannung von 1000 V/cm werden die positiven Ionen in ein feldfreies Laufzeitrohr hineinbeschleunigt, welches aus zwei Teilen besteht. Es wird von einem elektrostatischen Feld zweigeteilt, was eine fokussierende Wirkung und eine Massenauflösung von $M/\Delta M \approx 150$ bringt. Die Ionen treffen daher gemäß ihren individuellen Massen zeitlich nacheinander auf dem Multiplier auf und werden registriert. Außerdem haben die Kalibrationsmessungen gezeigt, dass das Verhältnis der Projektil- zu den Targetionen von den Dichten des Projektil- und Targetmaterials abhängt. Das bedeutet, dass man auch Informationen über die Dichten der Kometenstaubteilchen erhält.

Die kometaren Staubpartikel bestehen aus zwei Komponenten: den silikatbildenden Elementen Mg, Si, Al, S, Cl, Ca, Fe, (O) und den leichten Elementen H, C, N, O (Abb. 55b). Diese beiden Komponenten variieren prozentual in den Einzelkörnern sehr stark. Nur wenige kometare Staubpartikel bestehen aus nur einer der beiden Komponenten. Meistens sind es Mischungen aus beiden Komponenten. Die Durchmesser der Teilchen liegen zwischen 0,01 und 5 µm. Aus diesen Messungen und

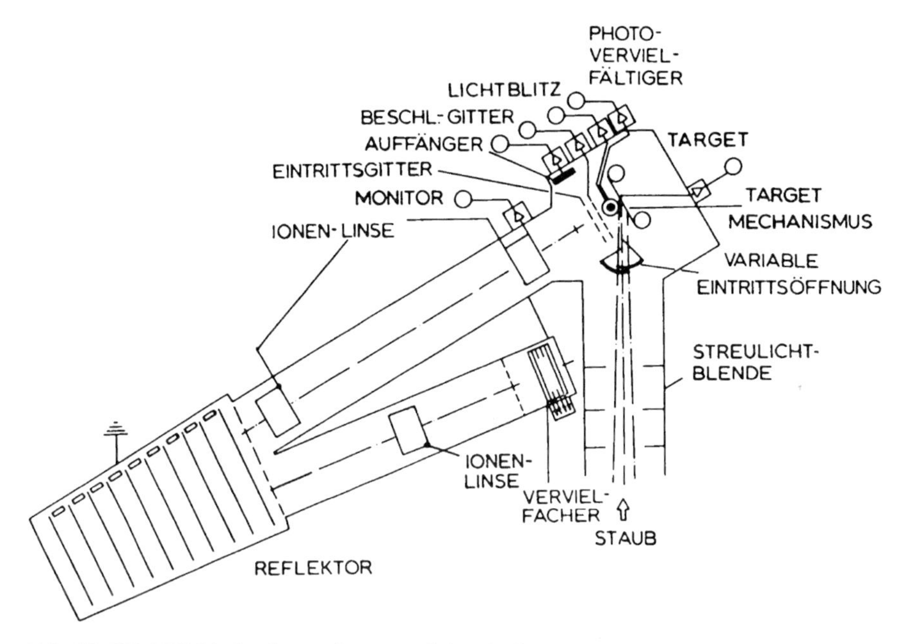


**Abb. 56.** PIA/PUMA-Staubexperiment auf den Halley-Sonden Giotto und VeGa: Staubteilchen treffen durch eine variable Eintrittsöffnung auf ein Silbertarget. Die dort während des Einschlags erzeugten, einfach geladenen positiven Ionen werden in ein zweigeteiltes Laufzeit-Massenspektrometer hinein beschleunigt und am Ionenvervielfacher elektronisch gemessen.

Messungen anderer Instrumente an Bord der Halley-Sonden wurde die Häufigkeit von nanometer- bis millimetergroßen Teilchen bestimmt. Die aus dem Verhältnis Projektil- zu Targetionen abgeschätzten Dichten liegen zwischen 0,1 und 4 g/cm$^3$.

Ein Vergleich der Elementhäufigkeiten des kometaren Staubes mit denen von Meteoriten (kohlige Chondrite) ist in Abb. 57 gezeigt, weil letztere möglicherweise nichts anderes sind als prozessierte Kometenmaterie. Abbildung 57 zeigt für die angegebenen Elemente (bei einer Normierung auf die Mg-Häufigkeit) das Verhältnis des Halley-Staubes zu den kohligen Chondriten. Die schweren Elemente sind innerhalb des Faktors 2 gleich häufig, während die leichten Elemente im Kometenstaub eine z. T. starke Anreicherung zeigen. So ist z. B. der Kohlenstoff im Kometenstaub im Mittel um einen Faktor 12 gegenüber den kohligen Chondriten angereichert.[28 29] Das Massenspektrum in Abb. 55b demonstriert dies. Natürlich sind weitere Elemente im kometaren Gas vorhanden. Eine Gesamtanalyse für Kometen wurde von Geiss 1987 publiziert.[30] Diese Messungen zeigten, dass kometare Staubteilchen das primitivste Material (d. h. größter Anteil an leicht flüchtigen Elementen, H, C, N und O) im Sonnensystem sind, das bisher untersucht wurde. Außerdem wurden bei einigen Kometenkörnern starke Abweichungen der Kohlenstoffisotopie von derjenigen in Meteoriten gefunden, die andeuten, dass Kometen zum Teil aus ursprünglichem interstellarem Material (Sternenstaub) bestehen.[31]

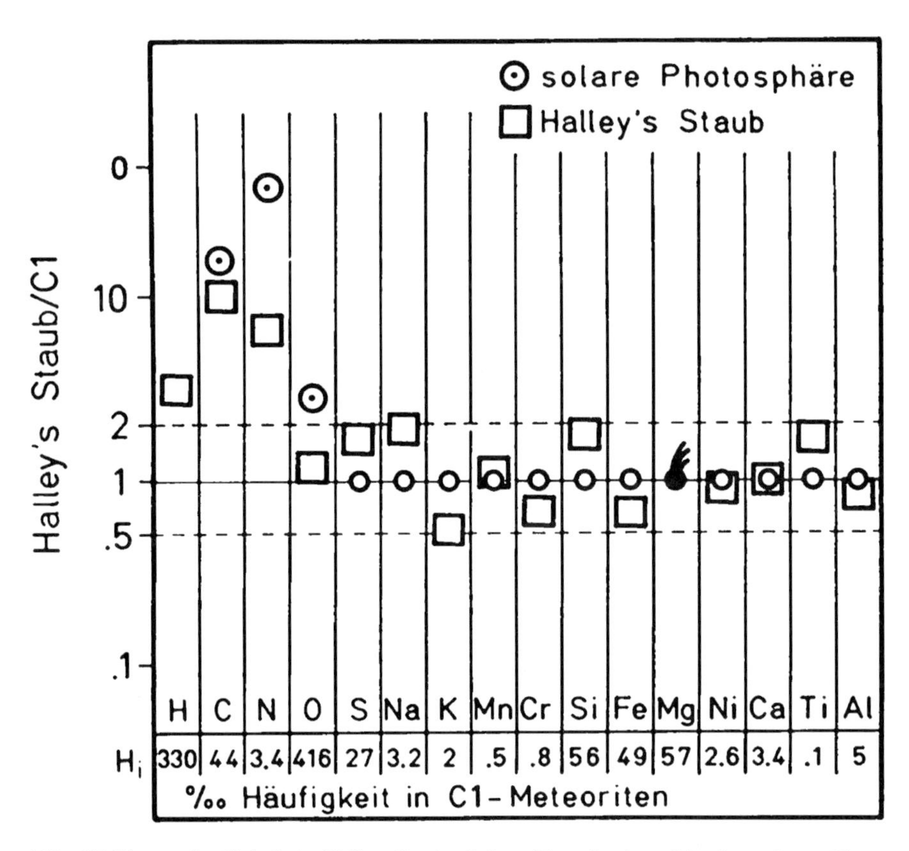


**Abb. 57.** Elementhäufigkeit in Halley-Staubteilchen (Kästchen) und in der solaren Photosphäre (Kreise) im Verhältnis zur Elementhäufigkeit in primitiven C1 Meteoriten (Werte sind auf Mg normiert). Man erkennt eine starke Anreicherung der leichten Elemente C und N im Kometenstaub (H ist überwiegend im kometaren Gas präsent). Die schwereren Elemente stimmen innerhalb eines Faktors 2 überein.

Aufgrund von geeigneten Simulationsexperimenten hat Greenberg 1983 vorgeschlagen,[32] dass kometare Staubteilchen aus submikroskopisch kleinen Bausteinen locker aufgebaut sind und deshalb auch niedrige Dichten $< 1$ g/cm$^3$ haben sollten. Dabei bestehen die einzelnen Bausteine ihrerseits aus 2 Komponenten: aus einem silikatischen Kern, überzogen mit einem organischen Mantel, der bei tiefen Temperaturen noch von kometarem Eis umhüllt sein wird. Abbildung 58 zeigt links ein Modell nach Greenberg 1983 im Vergleich zu einem in der Atmosphäre gesammelten Teilchen.[33] Dieses Teilchen zeigt eine ähnliche Struktur, wie das von Greenberg 1983 vorgestellte kometare Teilchen aussehen könnte. Tatsächlich könnten durch Sputtering die Greenbergschen Staubmäntel langsam verschwinden und daraus möglicherweise ein „Brownlee"-Teilchen werden.[34]

Leider konnte Wolfgang Gentner diesen Triumph der Heidelberger Kosmochemie nicht mehr miterleben.

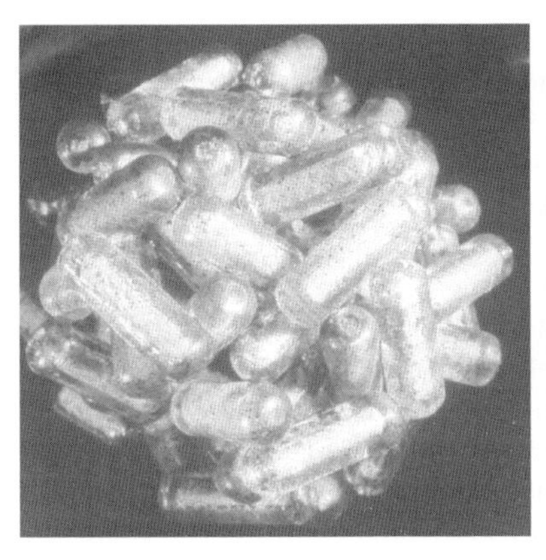

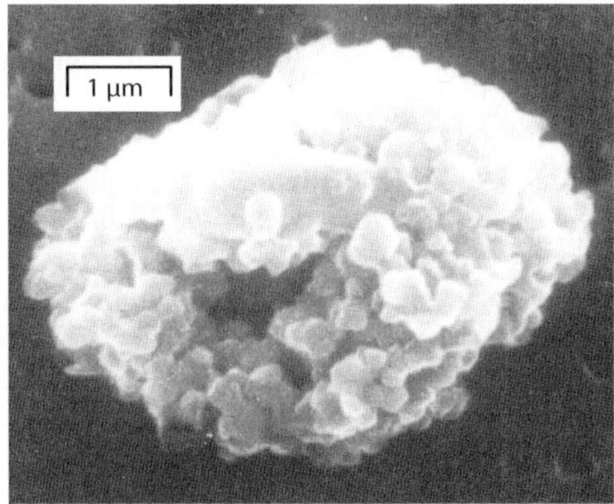


**Abb. 58.** „Greenberg"-Modellteilchen und in der Stratosphäre gesammeltes "Brownlee"-Teilchen.

Auch die zweite große deutsch-amerikanische Planetenmission, die Galileo-Mission wurde noch zu Wolfgang Gentners Lebzeiten 1975 begonnen und ein Heidelberger Staubinstrument, ein Nachfolger des HEOS-2-Instruments, dafür ausgewählt. Diese Mission sollte der erste Satellit des Jupiters werden und seine Umgebung genau erforschen. Bereits ein Jahr später wurde ein weiteres Heidelberger Staubexperiment für eine interplanetare Mission ausgewählt. Die europäisch-amerikanische Ulysses-Mission hatte zur Aufgabe, den interplanetaren Raum außerhalb der Bahnebene der Planeten, in der sich die meisten der früheren Weltraummissionen bewegt hatten, zu untersuchen. Wegen verschiedener Ursachen wurden die Starts beider Missionen um mehr als ein Jahrzehnt verzögert. Im Folgenden werden die späteren Erfolge der Staubforschung, die der Vision von Wolfgang Gentner und Josef Zähringer zu verdanken sind, kurz zusammengefasst.

# 6 Ausblick

Seit den 1980er Jahren kamen alle Staubinstrumente auf planetaren und interplanetaren Weltraummissionen aus Heidelberg oder wurden mindestens am Staubbeschleuniger entwickelt und getestet. Insbesondere die Galileo-, Ulysses- und Cassini-Missionen lieferten ein völlig neuartiges Bild der Staubphänomene im Planetensystem.

Einen unerwarteten Strom vom submikrometergroßen Teilchen entdeckten die Raumsonden Ulysses und Galileo im interplanetaren Raum, der aus der Richtung von Jupiter kam. Dieser Teilchenstrom zeigte starke zeitliche Variationen und war bis zu 1000 Mal größer als der übliche interplanetare Fluss. Weitere Messungen ergaben, dass elektrisch geladene Staubteilchen im Größenbereich von 10 Nanometern von Jupiters Magnetfeld mit hohen Geschwindigkeiten aus der Magnetosphäre hinausgeschleudert werden. Einen ähnlichen Staubstrom registrierte Cassini auch in der Nähe von Saturn.

Als Quelle der Jupiter-Stromteilchen wurden die Vulkane auf dem Jupitermond Io identifiziert. Massenspektren dieser Teilchen zeigten sowohl Natriumchlorid als auch Schwefelkomponenten Verbindungen, die auch mit spektroskopischen Beobachtungen von Materialien auf diesem Jupitermond übereinstimmen. Auch im Saturnsystem wurde von Cassini ein geologisch aktiver Mond, Enceladus, gefunden, der aus Geysiren große Mengen von Eisteilchen auswirft.

Bei Durchflügen durch die Staubringe von Jupiter und Saturn konnte Größenverteilung und Dynamik der Staubteilchen gemessen werden und ihre Herkunft von den eingebetteten Monden nachgewiesen werden. Im Übrigen wurden bei Vorbeiflügen aller Monde Wolken von micrometergroßen Staubteilchen gefunden, die durch das Bombardement interplanetarer Meteoriten an der Oberfläche entstehen. Auch diese Teilchen bilden dünne Staubringe in der Gegend der Monde.

Die bedeutendste Beobachtung der Ulysses-, Galileo- und Cassini-Missionen war die Entdeckung von interstellarem Staub im Planetensystem. Die Größen dieser Teilchen reichen von 0,1 bis ca. 2 Mikrometer und sind damit größer als die von Astronomen beobachtbaren Teilchen im interstellaren Medium. Langzeitmessungen des Stroms interstellarer Teilchen durch das Sonnensystem zeigten, dass der Fluss der kleinen interstellaren Teilchen mit der Periode des Sonnenzyklus variiert, was auf Wechselwirkung mit dem Sonnenwindmagnetfeld hindeutet. Interstellarer Staub wurde zunächst von Ulysses außerhalb 3 AE identifiziert. Allerdings zeigen Analysen der Daten von Galileo und Cassini, dass diese auch interstellare Teilchen in der Region von 0,7 bis 3 AE registriert hatten. Sogar in den Daten von Helios konnten neuerdings interstellare Teilchen bis hinunter zu einem Sonnenabstand von 0,3 AE identifiziert werden. Aus der Meteoritenforschung war bekannt, dass ein geringer Anteil ($10^{-5}$) des Meteoritenmaterials Isotopenanomalien enthält, die der vollständigen Durchmischung im planetaren Urnebel entgangen sind, und die noch Signaturen des ursprünglichen interstellaren Materials enthalten. Mit der Identifizierung von interstellaren Staubteilchen im Planetensystem gibt es jetzt einen zweiten Zugang zu diesem äußerst interessanten Sternenstaub.

Die von Gentner und Zähringer initiierten und in der Folgezeit von der Staubgruppe durchgeführten Beobachtungen ergaben ein in seiner Vielfalt unerwartetes Bild des kosmischen Staubs. Völlig neuartige Phänomene wurden beobachtet, die zeigten dass kleine Staubteilchen stark mit ihrer Umgebung wechselwirken und dass für das Verständnis von komplexen planetaren Systemen die genaue Kenntnis der Staubpopulation notwendig ist. Erste Ergebnisse zur Kosmochemie dieser Objekte ergaben, dass Staubteilchen eng mit ihren Mutterkörpern verwandt sind, und dass es Staubteilchen gibt, die viel ursprünglicher sind, als dies von anderem extraterrestrischen Material bekannt ist.

## Anmerkungen

1 Hemenway CL, Soberman RK (1962) Astronom. J. 67: 256.
2 Alexander WM, McCracken CW, Secretan L, Berg OE (1963) Space Research III, 891. North-Holland Publishing Company, Amsterdam.
3 Elsässer H, (1955) Z. Astrophys. 37: 114.
4 Ingham M (1961) M. N. Roy. Ast. Soc. 122: 157.
5 Fechtig H (1968) Mitteilungen der Astronomischen Gesellschaft 25: 65.

6 Auer S, Fechtig H, Feuerstein M, Gerloff U, Rauser P, Weihrauch J (1970). Space Research X: 287, North-Holland Publishing Company Amsterdam.
7 Shapiro II, Lautman DA, Colombo G (1966) J. Geophys. Res. 71: 5695.
8 Schmidt T (1967) in: The Zodiacal Light and the Interplanetary Medium, Proc. Sym, Honolulu, Hawaii. p. 333.
9 Fechtig H, Grün E, Morfill G (1979) Planet. Space Sci. 27: 511.
10 Friichtenicht, JF (1962) Rev Sci. Instr. 33: 209–212.
11 Fechtig H, Grün E, Kissel J (1978) Cosmic Dust (Ed. J.A.M. McDonnell), Wiley, Chichester, 607–669.
12 Nagel K, and Fechtig H (1980) Planetary and Space Science, 28: 567–573.
13 Bloch MR, Fechtig H, Gentner W, Neukum G, Schneider E (1971) Proc. 2nd Lunar Sci. Conf. 3: 2639, The MIT Press.
14 Neukum G, Schneider E, Mehl A, Storzer D, Wagner GA, Fechtig H, Bloch RM (1972) Proc. 3rd Lunar Sci. Conf. 3: 2793, The MIT Press.
15 Schneider E, Storzer D, Hartung JB, Fechtig H, Gentner W (1973) Proc. 4th Lunar Sci. Conf. 4: 3277, Geochimica et Cosmochimica Acta.
16 Fechtig H, Hartung JB, Nagel K, Neukum G (1974) Proc. 5th Lunar Conf., Geochimica et Cosmochimica Acta 3: 2463.
17 Fechtig H, Grün E, Morfill G (1979) Planet. Space Sci. 27: 511.
18 Nagel K, Neukum G, Eichhorn G, Fechtig H, Müller O, Schneider E (1975) Proc. Lunar Sci. Conf. 6th, p. 3417, Printed in USA.
19 Nagel K, Neukum G, Eichhorn G, Fechtig H, Müller O, Schneider E (1975) Proc. Lunar Sci. Conf. 6th, p. 3417, Printed in USA.
20 Dietzel H, Eichhorn G, Fechtig H, Grün E, Hoffmann H-J, Kissel J (1973) J.Phys. E: Scientific Instruments 6: 209.
21 Hoffmann H-J, Fechtig H, Grün E, Kissel J, (1975) Planet. Space Sci. 23: 215; Hoffmann H-J, Fechtig H, Grün E, Kissel J, (1975) Planet. Space Sci. 23: 985.
22 Fechtig H, Grün E, Morfill G (1979) Planet. Space Sci. 27: 511.
23 Ceplecha Z (1977) in: The Interrelated Origin of Comets, Astoroids and Meteoroids, p. 143, Toledo/Ohio, USA.
24 Ceplecha Z, McCrosky RE (1976) J. Geophys. Res. 81: 6257.
25 Grün E, Pailer N, Fechtig H, Kissel J (1980) Planet. Space Sci. 28: 333–349.
26 Kissel J (1986) in: The Giotto Mission – Its Scientific Investigations, ESA-SP 1077, 175–184.
27 Knabe W, Krueger FR (1982) Z. Naturforschung 87a: 1335.
28 Jessberger EK, Kissel J, Fechtig H, Krueger FR (1986) ESA SP-249: 27.
29 Jessberger EK, Christoforidis A, Kissel J (1988) Nature 332: 691.
30 Geiss J (1987) Astron. Astrophys. 187: 859.
31 Jessberger EK, Kissel J (1991) in: Comets in the Post-Halley Era. Kluwer Acad. Publ., 1075–1092.
32 Greenberg J (1983) Cometary Exploration, Budapest, (Ed: T.I. Gombosi) p. 23.
33 Brownlee DE (1987) Cosmic Dust p. 295 (Ed: J.A.M.; McDonnell), Wiley, Chichester.
34 Fechtig H (1988) Die Sterne 64: 259.

# Wolfgang Gentner – Nestor der Archäometrie

Günther A. Wagner

Der am 9. September 1980 erschienene Nachruf des Präsidenten der Max-Planck-Gesellschaft auf Wolfgang Gentner beginnt mit den Worten „Die wissenschaftliche Welt hat einen großen Forscher und Gelehrten verloren, der mit seinen Arbeiten auf den Gebieten der Kernphysik, Kosmochemie und Archäometrie neue Wege gewiesen hat". Dabei hat sich Gentner der Archäometrie eigentlich erst ab 1974 – in den Jahren nach seiner Emeritierung – zugewandt, wenn auch frühere Wurzeln erkennbar sind. Von manchem als Steckenpferd eines Emeritus belächelt, ist es Gentner in den wenigen Jahren, die ihm noch vergönnt blieben, gelungen, damit nicht nur die Tür zu einem neuen Forschungsgebiet aufzustoßen, sondern das junge Pflänzchen der Archäometrie in der deutschen Wissenschaftslandschaft soweit einzubetten, dass es inzwischen zu einem stattlichen Baum heranwachsen konnte.

Archäometrie befasst sich mit Entwicklung und Anwendung naturwissenschaftlicher Verfahren zur Lösung archäologischer Fragestellungen, ist also Schnittstelle zwischen Altertums- und Naturwissenschaften (Abb. 59). Sie hat zwar sporadische Ansätze, die ins 19. Jahrhundert zurückreichen, beginnt aber erst in den 1950er Jahren des vergangenen Jahrhunderts auf sich aufmerksam zu machen, was wohl vor allem der damals aufkommenden Radiokohlenstoffdatierung zu verdanken ist. Der Begriff „Archäometrie" erscheint zum ersten Mal 1959 in Form des Namens der heute noch florierenden Zeitschrift „Archaeometry" und überträgt sich dann

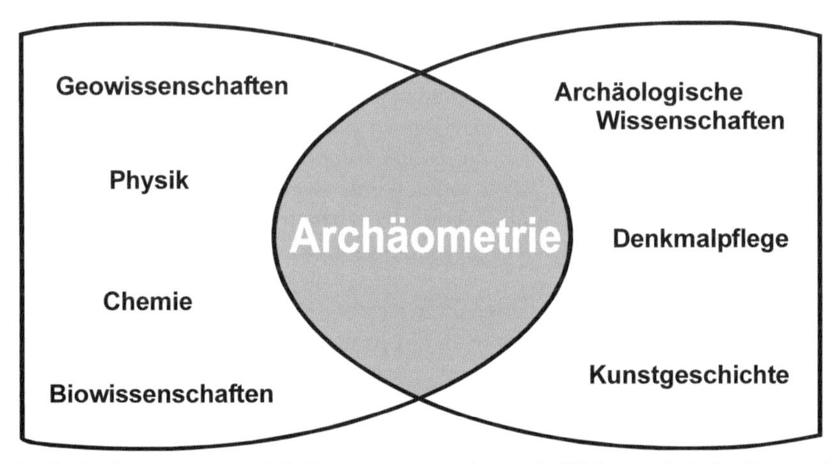


**Abb. 59.** Archäometrie als Schnittmenge naturwissenschaftlicher und kulturhistorischer Fächer.

– da kurz und prägnant – allmählich auf das Forschungsgebiet naturwissenschaftlicher Archäologie. In ihrer interdisziplinären Breite ist Archäometrie eine intellektuelle Herausforderung für unkonventionell veranlagte Köpfe, und hier mag wohl auch der Schlüssel für Gentners Interesse daran zu finden sein.

Wolfgang Gentner machte seine ersten archäometrischen Schritte bei der Kalium-Argon-Datierung eines Basaltflusses aus der Olduvai–Schlucht in Ostafrika, wo frühe Hominiden gefunden worden waren.[1] Die Proben hatte er sich aus der mineralogischen Abteilung des Britischen Museums beschafft. Obwohl wir heute wissen, dass das damals bestimmte Alter mit 1,3 Millionen Jahren eine Unterschätzung aufgrund von Argonverlust ist, war dies eine Pioniertat. Wie mir Gentner einmal belustigt erzählte, brachte ihm diese Altersbestimmung den wütenden Protest des Ausgräbers ein: wie er es wagen könne, ohne dessen Genehmigung über dessen archäologische Fundstelle zu publizieren. Über derlei Scheuklappenmentalität setzte sich Gentner souverän hinweg. Er hatte zu dieser Zeit schon beträchtliche Erfahrungen mit dieser Datierungsmethode sammeln können. Seine im Freiburger Physikalischen Institut vorgenommenen Altersbestimmungen an den südbadischen Bugginger Kalisalzen gehören zu den ersten Versuchen mit dem Kalium-Argon-Verfahren überhaupt.[2] Sein Interesse an der physikalischen Altersbestimmung geologischer und archäologischer Zeiträume lässt sich bis an seine eindrucksvolle Rede als Prorektor bei der Freiburger Universitätsfeier am 16. April 1948 über „Die Radioaktivität in ihrer Bedeutung für naturwissenschaftliche Probleme“ zurückverfolgen. Aus diesen Freiburger Anfängen entwickelte sich später die Abteilung „Altersbestimmung“ im Max-Planck-Institut für Kernphysik, nachdem Gentner 1958 dieses Institut in Heidelberg gegründet hatte, und aus dieser entstand wiederum die Abteilung Kosmochemie (später umbenannt in Kosmophysik).

Wenn man also die massenspektrometrischen Isotopenmessungen in Freiburg und anschließend in Heidelberg und deren geologische Anwendungen durchaus als eine methodologische Wurzel für Gentners archäometrische Interessen sehen kann, darf nicht darüber hinweggesehen werden, dass er bereits vom Besuch des Kaiser-Wilhelm-Gymnasiums in Frankfurt am Main klassisch-humanistisch geprägt war. Gentner pflegte vielfältige Kontakte und Freundschaften mit Kollegen altertumswissenschaftlicher Fächer, insbesondere seit er 1957 als ordentliches Mitglied in die Heidelberger Akademie der Wissenschaften aufgenommen wurde, deren Präsident er von 1964 bis 1968 war. Stolz war Gentner auf seine umfangreiche Sammlung antiker griechischer Silbermünzen, die er liebevoll pflegte und ständig erweiterte. Es gehörte zur größten Ehre, die einem zuteil werden konnte, bei ihm zu Hause diese Münzen gezeigt und fachmännisch erklärt zu bekommen. Sein numismatisches Interesse sollte dann auch der Ausgangspunkt für das erste große archäometrische Projekt werden.

Meine Begegnung mit Gentner reicht in das Jahr 1964 zurück. Ich verbrachte damals ein geologisches Studentenpraktikum in der von Josef Zähringer geleiteten Abteilung „Altersbestimmung“ noch im alten Institutsgebäude an der Jahnstraße. Ich war damit beschäftigt, dem Doktoranden Till Kirsten bei der Mineralaufbereitung für Kalium-Argon-Altersbestimmungen zuzuarbeiten. Als Gentner eines Tages das Labor beging und mich neugierig fragte, was ich da tue, äußerte er beiläufig, Massenspektrometrie sei doch zu kompliziert für einen Geologen, es gäbe da

**Abb. 60.** W. Gentner im Juli 1968 an einem Dolmen im Zentralmassiv.

eine ganz neue Datierungsmethode, die nur ein Mikroskop benötige und doch wohl geeigneter für mich sei. So kam ich zu einer Diplomarbeit und zur Beschäftigung mit der Spaltspurenmethode. Die ersten Nachrichten über anätzbare Spuren der spontanen Kernspaltung des Urans-238 und deren Anwendung als geologische Uhr kamen gerade aus Amerika herüber, und Gentner wollte damit sofort auch in seinem Institut beginnen. Als Ziel hatte er dabei zunächst die Gleichaltrigkeit von Moldaviten und Nördlinger Ries im Sinn. Der Nachweis der gleichzeitigen Entstehung dieser Tektiten-Gläser und der meteoritischen Einschlagsgläser aus dem Nördlinger Ries war ihm zwar schon kurz vorher durch Kalium-Argon-Datierungen geglückt,[3] wurde aber nicht von jedem geglaubt, so dass Gentner an einer unabhängigen Bestätigung sehr gelegen war, was dann auch gelang.[4]

Gläser waren auch das erste archäologische Material, auf das wir diese Methode anwandten. Auf einer denkwürdigen gemeinsamen Exkursion zum Meteoritenkrater Rochechouart im französischen Zentralmassiv Ende Juli 1968, auf der Gentner übrigens die Nachricht vom Tod Otto Hahns erreichte, wurde kein am Wege liegendes archäologisches Denkmal ausgelassen (Abb. 60). In der römischen Therme von Chassenon sichtete Gentner im Mörtel des alten Gemäuers einen Scherben einer Weinflasche. Angeregt diskutierten wir, ob sich das römische Alter dieser Flasche mit Spaltspuren nachweisen ließe. Gedacht-getan wurde der Scherben – nicht ganz gesetzeskonform – herauspräpariert. Ich erinnere mich, dass ich dann im Labor zwei volle Wochen beim Auszählen am Mikroskop verbrachte, um mühsam 29 Spaltspuren zu finden, aber immerhin, es ergab sich ein Alter von stolzen 1820 Jahren, wenn auch mit großem statistischen Fehler. Noch anzumerken zu dieser Exkursion ist, dass wir es nicht nur mit fossilen Weinflaschen zu tun

**Abb. 61.** W. Gentner im Juli 1968 auf Exkursion am Puy de Dome in der Auvergne.

hatten. Gentner kannte sich offensichtlich in französischer Lebensart aus, denn vormittags ließ er das von seinem langjährigen Fahrer Helmut Weber gesteuerte Auto vor einem Lebensmittelladen halten, um selbst Wein, Käse und Baguette auszuwählen und so für die Mittagspause im Gelände gerüstet zu sein (Abb. 61).

Auf dieser wie auf allen weiteren gemeinsamen Reisen oblag es mir als „Finanzminister" – wie er es nannte – aus gemeinsamer Reisekasse alles zu zahlen und nicht etwa nach Tagegeldern zu rechnen, was dann immer einige Verwirrung bei der Institutsverwaltung nach sich zog.

Wesentlich aussichtsreicher für die Datierung schienen die so genannten Urangläser mit einem Urangehalt um 1 Prozent, also etwa zehntausendmal mehr als im eben geschilderten römischen Flaschenglas. Aufgrund der Beimengungen von Uranoxid fluoreszieren diese Gläser in strahlend grün-gelblichen Farbtönen. Sie wurden seit 1840 in Gablonz hergestellt und avancierten zum modischen Brunnenbecher in den nordböhmischen Bädern. Einige dieser radioaktiven Gläser tragen sogar ein Datum, vermutlich nicht das der Herstellung, sondern der baldigen Dedikation an den Kurschatten. Aus dieser Gegebenheit entstand die Idee, durch Spaltspuranalyse solcher Gläser die Zerfallskonstante der spontanen $^{238}$U-Spaltung zu bestimmen, die Ende der 1960er Jahre nur ungenau bekannt war. Gentner begann nun auf Antiquitätenmärkten nach datierten Urangläsern Ausschau zu halten, und die Ausbeute ließ sich sehen (Abb. 62). Diese Untersuchungen[5, 6] führten schließlich zum Erfolg mit einem Wert von $8{,}7\times10^{-17}a^{-1}$ – sozusagen Archäometrie zum Nutzen der Physik und nicht wie sonst in umgekehrter Richtung.

**Abb. 62.** Urangläser aus Nordböhmen, von W. Gentner erworben.

Gentner stieß damals auf eine ältere Arbeit, die besagte, dass Uranoxid bereits zu römischer Zeit als Pigment für grüne Tesserae – das sind Mosaiksteinchen aus Glas – genutzt wurde, und das obwohl das Element Uran erst seit 1789 bekannt ist. Da das Mosaik und die ursprünglich analysierte Probe verschollen waren, ließ Gentner verschiedene römische Mosaiken in Herculaneum, Pompeji, Neapel, Trier und Köln mit dem Geiger–Müller–Zähler untersuchen. In keinem der Objekte zeigten die grünen und gelben Tesserae Anzeichen von erhöhten Urangehalten, so dass berechtigte Zweifel an der frühen Verwendung des Urans als Glaspigment bestehen bleiben.[7]

Anfang der 1970er Jahre beschäftigte sich Gentner – wie Andeutungen zu entnehmen war – mit Planungen zur Schaffung einer archäometrischen Arbeitsgruppe für die Zeit nach seiner Emeritierung. Ich hatte damals eine Postdoc-Stelle in Philadelphia, wohin er mir signalisierte, dass sich etwas Neues und für mich Interessantes in Heidelberg ergeben könnte. Wichtiger war, dass sich Gentner inzwischen intensiv bei der Stiftung Volkswagenwerk (seit 1989 „Volkswagenstiftung“) um die Einrichtung eines Förderschwerpunktes „Archäometrie“ bemühte. Einem anderen als Gentner wäre es wohl kaum gelungen, dieses Ziel tatsächlich auch zu erreichen. Gentner setzte mit großem Weitblick, aber auch mit Hartnäckigkeit, seine vielfältigen Kontakte und sein hohes Ansehen ein. Er selbst spielte dieses Engagement in seinem Festvortrag am 24. Juni 1977 anlässlich der Hauptversammlung der Max-Planck-Gesellschaft in Kassel als „Liebhaberei“ herunter, die ihn „... schon seit Jahren beschäftigt ...“.

Im damaligen Wissenschaftsklima waren die Geisteswissenschaften noch meilenweit von den Naturwissenschaften entfernt und genau um deren Verklammerung ging es eben auch: „... die Forscher haben sich voneinander getrennt. Jeder hat sich spezialisiert; das ging so weit, daß keiner mehr mit den anderen reden konnte. Jetzt, nachdem die einzelnen Spezialwissenschaften ein gewisses Niveau erreicht haben, scheint die Zeit wieder gekommen zu sein, ein gemeinsames Gespräch zu führen“, so Gentner.[8] Widerstände seitens der Archäologie ließen nicht auf sich warten. Mit Argumenten wie „Archäologie könne nur mit archäologischen Methoden gemacht werden“ oder „mittels naturwissenschaftlicher Methodik erhaltene Ergebnisse seien für die Archäologie irrelevant“ oder auch „Proben zum Testen eurer Methode könnt ihr gern haben, aber belästigt uns nicht mit den Ergebnissen“. Diese Haltung leitete sich auch aus der heftigen Ablehnung der aus archäologischer Sicht „zu alten“ Radiokohlenstoffdaten für vorgeschichtliche Kulturen vor allem in Mitteleuropa ab. Inzwischen bilden $^{14}$C-Chronologien das solide Zeitgerüst früher Kulturen, und es ist nicht übertrieben zu sagen, dass sie die prähistorische Archäologie revolutioniert haben. Es ist heute selbstverständlich, dass altertums- und naturwissenschaftliche Fächer untereinander kommunizieren und miteinander forschen. Gentners Vision, dass „die Zeit des gemeinsamen Gesprächs wieder gekommen“ ist, hat sich im dreißigjährigen Rückblick voll bestätigt.

Zur Illustration der damaligen Situation sei hier eine kleine Anekdote eingeflochten. Im Wintersemester 1976/77 fand gemeinsam mit den altertumswissenschaftlichen Fächern an der Universität Heidelberg eine Ringvorlesung über „Naturwissenschaftliche Methoden in den archäologischen Wissenschaften“ statt. Nach einem Vortrag von Otto Münnich über „C-14 Datierung“ meldete sich der Prähistoriker Vladimir Milojcic – ein erbitterter Gegner der Radiokohlenstoffalter – aufgeregt mit dem Einwand zu Wort, eine neue wissenschaftliche Arbeit aus Amerika – wobei er mit einem Sonderdruck herumfuchtelte – hätte bewiesen, dass die $^{14}$C-Zerfallskonstante nicht konstant und deswegen $^{14}$C-Alter unbrauchbar seien. Darauf merkte Genter amüsiert an: „Herr Kollege, wenn Sie so weiter machen, erhalten sie noch den Nobelpreis für Physik“.

Jedenfalls war mit dem Schwerpunkt Archäometrie der Stiftung Volkswagenwerk der finanzielle Grundstein für die Förderung dieses interdisziplinären Gebietes in Deutschland gelegt. Im normalen Betrieb der Forschungsförderung hätte die Archäometrie aus den eben geschilderten Gründen damals kaum eine Chance gehabt. Die forschungspolitische Rolle, die Gentner bei diesem Prozess gespielt hat, kann nicht hoch genug geschätzt werden. So wurde Gentner, immerhin schon in seinem siebten Lebensjahrzehnt, „Vater“ einer neuen Forschungsrichtung. Durch diesen Impuls etablierten sich einige archäometrische Arbeitsgruppen, darunter auch mit Beginn des Jahres 1974 die am Max-Planck-Institut für Kernphysik. Neben Gentner – seit 1973 emeritiert – und mir gehörten dazu unser Institutschemiker Otto Müller und etwas später auch die Gastwissenschaftler August Schubiger und Ernst Pernicka.

Die Arbeiten der Gruppe profitierten außerordentlich von der Förderung durch die Stiftung Volkswagenwerk. Mit diesen Mitteln konnten am Max-Planck-Institut Labors für Thermolumineszenz-Datierung und für Neutronenaktivierungsanalyse eingerichtet werden. Die Thermolumineszenz eignet sich vorzüglich zur Altersbestimmung von Keramik, weil sie die letzte Erhitzung, also das Brennen der Tonware, datiert. Das Verfahren wurde im Laufe der Jahre zum Nutzen zahlreicher archäologischer Forschungsvorhaben eingesetzt und hat dadurch viel zur archäologischen Akzeptanz physikalischer Altersdaten beigetragen. Gentners eigenes Interesse war aber weniger auf derartige Aspekte als auf ein ganz anderes zentrales Thema fokussiert, nämlich das archaische (6. und frühes 5. Jahrhundert v. Chr.) griechische Münzsilber. Hierbei kam nun in der Tat Gentners „Liebhaberei" zum Vorschein, denn er hatte sich auf diesem Gebiet als Sammler und numismatischer Kenner einen gewissen Namen gemacht. Nun fragte er sich, ob anhand der chemischen Zusammensetzung die geographische Herkunft des Münzsilbers feststellbar sei und wie das Silber aus seinen Erzen technologisch gewonnen wurde. Derartige brennende Fragen kann der Numismatiker, der die Münzen nur visuell betrachtet, nicht beantworten, denn die Lösung liegt dem bloßen Auge verborgen in Materialeigenschaften, die sich nur analytisch, also archäometrisch, erschließen lassen. Die Lösungsstrategie schien klar vorgezeichnet, die Durchführung dagegen gewaltig: (1) Eine repräsentative Anzahl archaischer Silbermünzen muss auf ihre Zusammensetzung untersucht werden; aber wer stellt schon seine wertvollen Münzen dafür zur Verfügung? (2) Möglichst viele Silberminen, die zu jener Zeit abgebaut wurden, müssen beprobt und ebenfalls analysiert werden; aber wo sind diese Bergwerke zu finden? (3) Welche analytischen Spurenmuster sind für einen Herkunftsnachweis geeignet? (4) Verhüttungsplätze, in denen damals Silber aus seinen Erzen erschmolzen wurde, müssen beprobt und ebenfalls untersucht werden; aber wo liegen diese Werkstätten und nach welchen Verfahren wurde das Silber gewonnen?

Das Problem der Silbermünzen löste sich durch eine glückliche Fügung. Bei Asyut in Ägypten war 1969 ein Hort von 900 griechischen Silbermünzen entdeckt worden, die alle älter als 475 v. Chr. waren. Sie gehören damit zu den frühesten, überhaupt erst seit Mitte des 6. Jahrhunderts geprägten Silbermünzen. Die Münzen des Asyut-Schatzes stammen aus bekannten antiken Prägestätten wie Athen, Korinth und Ägina. Bemerkenswerterweise tragen die meisten Münzen eine Kerbe, an der durch einen Prüfhieb im Altertum die Reinheit des Silbers getestet worden war (Abb. 63). Diese Beschädigung brachte für uns den Vorteil, dass der Preis erschwinglich war und aus Mitteln der Stiftung Volkswagenwerk 120 dieser Münzen für unsere Untersuchungen erworben werden konnten. Diese Münzen werden seither im Max-Planck-Institut für Kernphysik in Heidelberg aufbewahrt.

Die zweite Herausforderung, das Aufspüren der Silberminen des altgriechischen Kulturraums, war schon schwerer zu meistern, denn es gibt darüber nur wenige wissenschaftliche Quellen. Bei den antiken Autoren wie Herodot und Pausanias finden sich gelegentlich vage Hinweise. Einige montanarchäologisch interessante Plätze werden von Forschungsreisenden des 19. Jahrhunderts erwähnt. Ein dritter Weg führt über geologische Berichte von Erzvorkommen in diesem Raum, so dass dann in solchen Regionen eine intensive Feldprospektion nach alten Abbauen Erfolg verspricht. Mit Herodots „Historien" im Gepäck und im Vertrauen auf ihre Zuverlässigkeit habe ich zwischen Januar 1974 und September 1979 mit Gentner unvergessliche Reisen auf die ägäischen Inseln und das umgebende griechische und türkische Festland unternehmen dürfen. Ich erinnere mich, wie wir beim Direktor des geologischen Dienstes in Athen vorstellig wurden, um die Genehmigung für die Untersuchungen auf der Kykladeninsel Siphnos zu bekommen. Als er hörte, dass wir aufgrund Herodots und Pausanias Berichte

**Abb. 63.** Samos, Tetradrachme. Vorderseite: Löwenskalp von vorne, von W. Gentner erworben.

dort alte Gold- und Silbergruben suchen wollten, lachte er laut heraus, da gäbe es nur Eisenerz und sonst nichts. Auf Siphnos angekommen, empfing uns die offizielle Inselarchäologin kühl und abweisend.

Doch wir fanden die alten Gruben (Abb. 64). und behielten am Ende Recht.[9] Eine besondere Überraschung war das Aufspüren der reichen Goldminen auf der nordägäischen Insel Thasos, die Herodot im 5. vorchristlichen Jahrhundert eindeutig lokalisiert. Forschergenerationen hatten sich erfolglos darum bemüht, diese Gruben wieder aufzufinden, so dass sogar an der Seriosität Herodots als Geschichtsschreiber gezweifelt wurde. Unsere Wiederentdeckung stellte daher eine späte Bestätigung Herodots dar.[10] Die nicht selten strapaziösen Geländetouren schreckten Gentner, nun immerhin schon um die 70 Jahre alt, nicht. Er blieb nie allein im Hotel zurück und wollte immer dabei sein, und sei es zu Pferd oder Esel (Abb. 65). Gentners Begeisterung steckte an, so dass Einheimische, Geologen und Archäologen willig suchen halfen. Auf diese Weise entdeckten wir viele alte Abbaustellen für Silber und auch Gold, sowohl solche, die den antiken Berichten entsprachen, als auch unvermutete.[11] Da so gut wie nichts über das Alter der ehemaligen Gruben bekannt war, wurden archäologische Datierungen sowie Thermolumineszenz- und Radiokohlenstoff-Altersbestimmungen vorgenommen, um die antike Nutzung zu belegen.

**Abb. 64.** W. Gentner im Juni 1977 unter Tage auf der Insel Siphnos in Griechenland.

**Abb. 65.** W. Gentner im Mai 1975 auf Exkursion im Mäander-Massiv (v.l.n.r.: Günther Wagner, W. Gentner, Otto Müller, unbekannt).

Die nächste Aufgabe war der Nachweis, aus welchen Quellen die antiken Prägestätten ihr Münzsilber bezogen, was durch den Vergleich der chemischen Zusammensetzung der Silbermünzen mit den Silbererzen erreicht werden sollte. Dabei liegt das Konzept zu Grunde, dass sich erstens die geologischen Silbervorkommen in ihren analytischen Merkmalen untereinander abgrenzen lassen und dass zweitens das jeweilige Merkmalmuster vom Erz bis in das daraus gewonnene Münzsilber erhalten bleibt. Es stellte sich bei der chemischen Untersuchung schnell heraus, dass beide Annahmen – wie zu erwarten – nur mehr oder weniger erfüllt sind. Sehr hilfreich war die Einbeziehung der isotopischen Zusammensetzung von Bleibeimengungen, die im Silber meistens auftreten. Weil sich während der Erzverhüttung die isotopische im Gegensatz zur chemischen Zusammensetzung nicht verändert, sollte zumindest dieses Vorgehen Erfolg versprechen. Für die massenspektrometrischen Bleiuntersuchungen konnten zunächst Noel Gale aus Oxford und anschließend Friedrich Begemann vom Max-Planck-Institut für Chemie in Mainz gewonnen werden. Eine weitere Schwierigkeit des analytischen Ansatzes liegt darin, dass die Übereinstimmung der Merkmalsmuster zwischen Münze und Erz eine notwendige, aber keine hinreichende Bedingung für die Herkunftsbeziehung ist, also streng genommen Rohstoffquellen nicht bewiesen, aber bei Nichtübereinstimmung ausgeschlossen werden können. Um eine Herkunft zu erhärten, ist es deswegen wichtig, nicht nur ein einzelnes, sondern möglichst viele Merkmale heranzuziehen. Gentner kam gelegentlich ins Schwärmen, als mit wachsender Datenmenge sich immer deutlicher herausstellte, dass das mächtige Athen seine Münzen aus eigenen, attischen Silbervorkommen prägen konnte und dagegen dessen rohstoffarmer Handelsrivale Ägina auf verschiedene fremde Bezugsquellen angewiesen war, also der Zugang zum Rohsilber über Aufstieg oder Niedergang entschied.[12]

Geologisch kommt Silber meist vergesellschaftet mit Blei vor. Dies trifft auch für den ägäischen Raum zu, wo Silber in geringen Beimengungen (bis zu einem Prozent) im Bleiglanz auftritt. Daraus musste das Silber im Laufe eines Verhüttungsprozesses extrahiert und raffiniert werden, was offensichtlich die chemische Zusammensetzung veränderte. Für den chemischen Vergleich von Münzsilber und Bleiglanz muss daher das damals angewandte Gewinnungsverfahren bekannt sein. Auf unser Projekt bezogen bedeutete dies, Silbergewinnungsplätze aus der archaischen Zeit aufzufinden und zu untersuchen (Abb. 66). Ehemalige Verhüttungsstellen erkennt man am besten am Auftreten metallurgischer Schlacken. Oft, aber nicht immer, liegen diese in der näheren Umgebung der Bergwerke, was zumindest bei den alten Blei-Silber-Gruben bei Agios Sostis auf Siphnos der Fall war. Die Schlackenuntersuchung ergab, dass dort aus dem Erz in einem ersten Schritt silberhaltiges Werkblei erschmolzen wurde, aus dem anschließend im Treibprozess reines Silber gewonnen wurde – ein Verfahren, das als Kupellation aus dem Mittelalter gut bekannt ist. Altersbestimmungen an den Verhüttungsresten zeigten, dass dieses Verfahren nicht nur in archaischer Zeit, sondern zu unserer Überraschung bereits zweitausend Jahre früher in der Frühen Bronzezeit praktiziert wurde, was der bis dahin früheste Nachweis dieser Technologie ist.[13] Aus dieser Periode sind auch die frühesten Blei- und Silberartefakte im ägäischen Raum bekannt war.

Aus diesen Arbeiten ist Wolfgang Gentner am 4. September 1980 gerissen worden. Ein Jahr zuvor war er noch im Gelände dabei. Bis zuletzt nahm er – nun schon ans Haus gefesselt – regen Anteil, sei es bei Diskussionen oder bei der Durchsicht von Manuskripten. Noch im Sommer 1980 legte er dem damaligen Präsidenten der Max-Planck-Gesellschaft Reimar Lüst das Wohl der Archäometrie ans Herz, der mit schützender Hand den Fortbestand sicherte.

**Abb. 66.** W. Gentner im Mai 1975 auf der alten Schlackenhalde bei Gümuldur in der Türkei.

In einer akademischen Gedenkfeier im Königssaal des Heidelberger Schlosses wurde am 1. April 1981 Wolfgang Gentners – darunter auch seines archäometrischen Wirkens – gedacht. Die Ansprachen und Gedenkreden wurden in den Berichten und Mitteilungen der Max-Planck-Gesellschaft abgedruckt.[14] Noch im gleichen Jahr erschien dann, eingeleitet von Peter Brix, der dritte Band „Wolfgang Gentner – Schriften und Vorträge" mit dem Untertitel „zur Archäometrie 1976 bis 1980". Otto Haxel widmete 1985 die von der Heidelberger Akademie der Wissenschaften mitherausgegebene Monographie „Silber, Blei und Gold auf Sifnos" der Erinnerung an Wolfgang Gentner.

Gentners Saat ist aufgegangen. Im April 1989 gründete die Heidelberger Akademie der Wissenschaften unter dem damaligen Sekretar der Mathematisch-Naturwissenschaftlichen Klasse Hans Elsässer die Forschungsstelle Archäometrie am Max-Planck-Institut für Kernphysik. Begleitet wurde die Forschungsstelle von einer breit zusammengesetzten Akademiekommission unter der Leitung von Hans Weidenmüller. Die Gründung war ein wichtiger Impuls für die weitere Entfaltung der Archäometrie in Heidelberg, die sich seither in gemeinsamen Forschungsvorhaben und akademischer Lehre an der Universität Heidelberg ausdrückt. Ihren vorläufigen Gipfel erreicht diese Entwicklung genau jetzt im Juli 2006 mit der Integration der Forschungsstelle in die Universität Heidelberg als ein Bindeglied zwischen Geistes- und Naturwissenschaften. Gentners „Liebhaberei" war eben mehr als das, er war seiner Zeit um Jahrzehnte voraus. Wolfgang Gentner hätte sich gewiss mit Genugtuung dieses Geschenks zur Feier seines 100. Geburtstags erfreut.

## Bibliographie der Aufsätze W. Gentners zur Archäometrie:

Smits F, Gentner W (1950) Argon-Bestimmungen an Kaliummineralen. I. Bestimmungen an tertiären Kaliumsalzen. Geochimica et Cosmochimica Acta 1: 22–27.

von Koenigswald GHR, Gentner W, Lippolt HJ (1961) Age of the basalt flow at Olduvai, East Africa. Nature 192: 720–721.

Gentner W, Lippolt, HJ, Schaeffer OA (1961): Das Kalium-Argon-Alter einer Glasprobe vom Nördlinger Ries. Zeitschrift für Naturforschung 16a: 1240.

Gentner W, Storzer D, Gijbels R, Van der Linden R (1972): Calibration of the decay constant of $^{238}U$ spontaneous fission. Transactions American Nuclear Society 15: 125–126.

Festag JG, Gentner W, Müller O (1976): Search for uranium and chemical constituents in ancient roman glasses. Accademia Nazionale dei Lincei, Atti dei Convegni Lincei 11: 493–503.

Gentner W (1977a): Naturwissenschaftliche Untersuchungen an einem archaischen Silberschatz. Vortragsveröffentlichung Festversammlung Max-Planck-Gesellschaft, Jahrbuch der MPG, 19–35.

Gentner W (1977b): Naturwissenschaftliche Forschungsmethoden in Archäologie, Früh- und Urgeschichte. 41. Physikertagung der Deutschen Physikalischen Gesellschaft, Physikalische Blätter 33: 635–644.

Schubiger PA, Müller O, Gentner W (1977) Neutron activation analysis on ancient Greek silver coins and related materials. Journal of Radioanalytical Chemistry 39: 99–112.

Müller O, Gentner W (1978) Untersuchungen an archaischen griechischen Silbermünzen des Asyut-Schatzes, insbesondere an den Schildkröten-Münzen der Insel Ägina. In: H. W. Hennicke (Hrsg.) Mineralische Rohstoffe als kulturhistorische Informationsquelle, Verlag des Vereins Deutscher Emailfachleute, Hagen, 109–113.

Gentner W, Müller O, Wagner GA, Gale NH (1978): Silver sources of archaic Greek coinage. Naturwissenschaften 65: 273–284.

Gentner W, Gropengiesser H, Wagner GA (1979): Blei und Silber im ägäischen Raum: Eine archäometrische Untersuchung und der archäologisch-historische Rahmen. Mannheimer Forum 79/80, 143–215.

Müller O, Gentner W (1979) On the composition and silver source of Aeginetan coins from the Asyut hoard. Archaeo-Physika 10: 91–92.

Wagner GA, Gentner W, Gropengiesser H (1979a): Evidence of 3rd millennium lead-silver mining on Siphnos island (Cyclades). Naturwissenschaften 66: 157–158.

Wagner GA, Pernicka E, Gentner W, Gropengiesser H (1979b) Nachweis antiken Goldbergbaus auf Thasos: Bestätigung Herodots. Naturwissenschaften 66: 613–614.

Wagner GA, Gentner W, Gropengiesser H, Gale NH (1980) Early Bronze-Age lead-silver mining and metallurgy in the Aegean: The ancient workings on Siphnos. In: P. T. Craddock (ed.) Scientific Studies in Early Mining and Extractive Metallurgy; British Museum Occasional Paper 20: 63–85.

Gale NH, Gentner W, Wagner GA (1980): Mineralogical and geographical silver sources of archaic Greek coinage. Metallurgy in Numismatics 1: 1–49. Schubiger, PA, Müller O, Gentner, W (1980): Chemical studies of Greek silver coins from the Asyut hoard. Proceed. 16th International Symposium on Archaeometry and Archaeological Prospection, Edinburgh, 164–176.

Pernicka E, Gentner W, Wagner GA, Vavelidis M, Gale NH (1981) Ancient lead and silver production on Thasos, Greece. Revue dArchéometrie, Suppl. 1981: 227–238.

Wagner GA, Pernicka E, Gentner W, Vavelidis M (1981) The discovery of ancient gold mining on Thasos, Greece. Revue d´Archéometrie, Suppl. 1981, 313–320.

## Anmerkungen

1 von Koenigswald GHR, Gentner W, Lippolt HJ (1961) Age of the basalt flow at Olduvai, East Africa. Nature 192: 720–721.

2 Smits F, Gentner W (1950) Argon-Bestimmungen an Kaliummineralen. I. Bestimmungen an tertiären Kaliumsalzen. Geochimica et Cosmochimica Acta 1: 22–27.

3 Gentner W, Lippolt HJ, Schaeffer OA (1961): Das Kalium-Argon-Alter einer Glasprobe vom Nördlinger Ries. Zeitschrift für Naturforschung 16a: 1240.

4 Wagner GA (1966) Altersbestimmung an Tektiten und anderen natürlichen Gläsern mittels Spuren der spontanen Kernspaltung des Uran-238 („fission track“-Methode). Zeitschrift für Naturforschung 21a, 733–745.

5 Gentner W, Storzer D, Gijbels R, Van der Linden R (1972): Calibration of the decay constant of $^{238}$U spontaneous fission. Transactions American Nuclear Society 15: 125–126.

6 Wagner GA, Reimer, GM, Carpenter BS, Faul H, Van der Linden R., Gijbels R (1975) The spontaneous fission rate of U-238 and fission track dating. Geochimica et Cosmochimica Acta 39: 1279–1286.

7 Festag JG, Gentner W, Müller O (1976): Search for uranium and chemical constituents in ancient roman glasses. Accademia Nazionale dei Lincei, Atti dei Convegni Lincei 11: 493–503.

8 Gentner W (1977): Naturwissenschaftliche Untersuchungen an einem archaischen Silberschatz. Jahrbuch der MPG, 1977, 19–35; Nachdruck im vorliegenden Band S. 319–335.

9 Wagner GA, Gentner W, Gropengiesser H (1979): Evidence of 3rd millennium lead-silver mining on Siphnos island (Cyclades). Naturwissenschaften 66: 157–158.

10 Wagner GA, Pernicka E, Gentner W, Gropengiesser H (1979) Nachweis antiken Goldbergbaus auf Thasos: Bestätigung Herodots. Naturwissenschaften 66: 613–614.

11 Gentner W, Müller O, Wagner GA, Gale NH (1978): Silver sources of archaic Greek coinage. Naturwissenschaften 65: 273–284.

12 Gentner W, Gropengiesser H, Wagner GA (1979): Blei und Silber im ägäischen Raum: Eine archäometrische Untersuchung und der archäologisch-historische Rahmen. Mannheimer Forum 79/80, 143–215.
13 Wagner GA, Gentner W, Gropengiesser H (1979): Evidence of 3rd millennium lead-silver mining on Siphnos island (Cyclades). Naturwissenschaften 66: 157–158.
14 Gedenkfeier für Wolfgang Gentner. Berichte und Mitteilungen der MPG Nr. 2/1981.

# Teil II
# ERINNERUNGEN
# an Wolfgang Gentner

## Dora Gentner-Dedroog, Freiburg

(geb. 1940; Ärztin)

Erst ab meinem achten Lebensjahr kann ich von Erinnerungen an meinen Vater berichten, da ich wegen des Krieges bis dahin in der Schweiz lebte. 1947 kam ich zurück und wurde in Freiburg eingeschult, wo ich auch meine gesamte Schulzeit verbracht habe. Geerbt habe ich von meinem Vater eine naturwissenschaftliche Begabung – Mathematik ist mir stets leicht gefallen. Die Meinung meines Vaters, die Schule sei ein notwendiges Übel und man müsse sich da geschickt durchwursteln, habe ich voll übernommen. Auch seine Äußerung, dass Lehrer meist komplexbehaftet, weil verhinderte Professoren seien, hat mir damals gut gefallen und natürlich gepasst, sodass ich auch diese Meinung übernahm. Glück hatte ich in der Schulzeit, da im Gymnasium mein Klassenlehrer der Mathematiklehrer war und zudem der ehemalige Lehrer von Josef Zähringer, zu dem dieser weiterhin Kontakt pflegte. So war mein Vater wie auch sonst zu meinem Beschützer geworden. Er war nicht so streng wie meine Mutter und ich spürte, dass er mich besonders mochte.

Auf langen, sonntäglichen Spaziergängen – meine Mutter hatte hierzu keine Lust – lehrte er mich vieles über die Wunder der Erde und des Kosmos. Er weckte mein Interesse und meine Neugier. Er erzählte von den alten Griechen, von den Ägyptern, von den Mondkratern, den Planeten und ihren Gesetzen, der Milchstraße. Im Fernrohr zeigte er mir die Mondkrater und die Monde des Jupiters. Sonntags durfte ich mitkommen ins Institut, wo er die Experimente für seine Montagsvorlesung „Experimentalphysik" vorbereitete. Er hielt diese immer vor einem vollen Hörsaal (damals wurde noch Hörgeld bezahlt) und zu den Hörern gehörten damals noch die Mediziner, die von ihm auch geprüft wurden. Er war als strenger Prüfer bekannt. In seiner Vorlesung führte er ziemlich spektakuläre Experimente vor, wodurch die Vorlesung in Freiburg recht berühmt war. Ich erinnere mich, wie an einem Sonntag ein schwieriger Versuch geprobt wurde. Dabei sollte der Fall eines Apfels mit dem Abschuss eines Pfeils einer Armbrust so synchronisiert werden, dass nach vorherigen Berechnungen der Pfeil den fallenden Apfel treffen sollte, was auch meist gelang.

Mein Vater war immer sehr fröhlich und lachte gerne. So war es ein Fest, wenn er an Familienspielen teilnahm. Es waren Geschicklichkeitsspiele, die wir zu Hause spielten: das Flohspiel – in dem wir es alle zu einer großen Geschicklichkeit brachten – wurde auf dem Teppich gespielt. Dabei musste man mit einer größeren abgeflachten Scheibe in Form eines Pfennigs eine kleinere Scheibe springen lassen, sodass sie in ein hohes Gefäß sprang. Auch das Zimmerkrocket, in das wir noch besondere Schwierigkeiten einbauten, war beliebt; allerdings machte es nur Spaß, wenn mein Vater mitspielte. Mikado war ein anderes beliebtes Spiel. Sehr streng wurde er, wenn gemogelt wurde. Später, nach dem Umzug in die Lugostraße, hatten wir einen sehr großen Garten, in dem oft bis spät in die Nacht mit „Flutlicht" – ohne Rücksicht auf die Nachbarn – Boule (Petanca) gespielt wurde. Mein Vater war ein hervorragender und engagierter Werfer, wenn es darum ging, fremde Kugeln, die nah beim Cochonet lagen, wegzuschießen.

Besonders in Erinnerung habe ich sein Vorlesen, wenn er sich dazu überreden ließ, den humoristischen Frankfurter Mundartdichter und Freiheitsdichter Friedrich Stoltze vorzulesen, in perfektem Frankfurderisch, alle bogen sich vor Lachen.

Es is kaa Stadt uff der weite Welt
Die so merr wie mei Frankfort gefällt,
Un es will merr net in mein Kopp enei:
Wie kann nor e Mensch net von Frankfort sei!

Es war ein liebevoll-ironischer Humor, den mein Vater schätzte, bei dem Spießigkeit oder Kleinbürgerlichkeit auf den Arm genommen wurden.

.In der Nachkriegszeit war mein Vater in Freiburg auch dadurch bekannt, dass er einer der ganz wenigen deutschen Autobesitzer war – die Besatzungsmächte verfügten natürlich über schicke Autos. Unsere „Rosinante“ war ein Zwei-Takter-DKW, den er durch Vermittlung der Franzosen ergattert hatte. Wenn wir mit der Rosinante über den Hauenstein bergauf fahren mussten, um nach Basel zu kommen, hat sie regelmäßig gekocht und man musste anhalten, um sie abkühlen zu lassen. Meist kam Vater zum Mittagessen mit dem Auto nach Hause und hielt anschließend Mittagsschlaf.

Gern erinnere ich mich an gemütliche schöne Winterabende, wenn mein Vater regelmäßig den Kamin anzündete. Den Kamin hatte er in einem heftigen Streit mit dem Architekten gebaut, der sich nicht dazu bewegen lassen wollte, einen Kaminzug mit großem Durchmesser zu bauen. Erst als mein Vater sehr wütend wurde, gab er nach. Dadurch war es ein Leichtes, ein großes Feuer in den Kamin zu zaubern.

**Abb. 67.** W. Gentner im Garten des Freiburger Hauses beim Boccia-Spiel, neben Gentner v.r.n.l.: Albert Sittkus, Dora Gentner, Gisela Born, Frau Jensen, Alfred Faessler, Mitte der fünfziger Jahre.

Für mich war mein Vater damals ein Zauberer, der das Leben in der Familie interessant machte. Ohne ihn war es ein wenig langweilig. Wenn er da war, hatte er Ideen, was man tun könnte oder er hatte etwas Interessantes zu erzählen. Ich bedauere nur, dass er nicht mehr Zeit für seine Familie hatte, verstehe aber auch, dass er als Wissenschaftler viele Dinge bewegte und dies ihn in Anspruch genommen hat. Die positive Einstellung zum Leben und die Neugierde auf fremde, unerforschte Dinge hat er nicht nur mir vermitteln können, sondern sicherlich auch seinen Schülern.

## Peter von Brentano, Köln

(geb. 1935; von 1960 bis 1971 Doktorand und Mitarbeiter am MPI für Kernphysik, danach Professor für Experimentalphysik (Kernphysik) an der Universität Köln)

Nach dem Diplom in Frankfurt kam ich 1959 nach Heidelberg, um bei Wolfgang Gentner zu promovieren. Ich begann die Proceedings der Chalk-River-Konferenz zu studieren, damals die Bibel der Kern-Physiker an Tandem-Beschleunigern. Nachdem ich einige Wochen im Institut war und immer noch die Proceedings studierte, traf ich Gentner im Fahrstuhl. Er betrachtete mich und sagte in seiner ironischen Sprechweise und mit versonnenem Lächeln: „Denken sie noch oder tun sie schon etwas mehr."

Beim Experimentieren passierte uns ein großer vermeidbarer Schaden. Es schien angeraten Gentners „Absolution" einzuholen. Statt der – zu Recht – erwarteten Standpauke erzählte mir Gentner die Geschichte von Bothes Taschenuhr. Gentner machte zusammen mit seinem Lehrer Walther Bothe ein Experiment zur Messung der Lebensdauer eines neuen Kerns. Bothe hatte eine Taschenuhr, die er sehr liebte. Gentner ritt der Teufel. Er dachte, Bothe sollte sich am Experiment beteiligen. Wegen der Präzision der Messung brauche man unbedingt eine genaue Uhr – eben Bothes Taschenuhr. Bothe gab sie ihm. Die langwierigen Messreihen überbrückte Gentner, indem er mit der Uhr in der Hand im Zimmer auf und ab ging. Plötzlich entglitt ihm die Uhr und zerschellte am steinernen Fußboden. Gentner war entsetzt. Als er den Mut fand, Bothe das Malheur zu gestehen, hat Bothe es gelassen – ohne den erwarteten cholerischen Anfall – hingenommen. Die Geschichte von Bothes Taschenuhr hat später vielen Verursachern von Schäden beim Experimentieren zu einer milderen Beurteilung ihrer Taten verholfen.

Gentner hatte große Freude an Kaminen. Das Anzünden des Kamins in Gentners Wohnzimmer im Haus am Baeckerfeld gehörte zu den Ritualen einer außerordentlichen Gastfreundschaft, die von ihm und seiner Frau erfolgreich praktiziert wurde. Er hat zusammen mit befreundeten Architekten verschiedene besonders freistehende und doch gut funktionierende Kamine gebaut.

## Anselm Citron, Karlsruhe

(geb. 1923; Student und Doktorand Wolfgang Genters an der Universität Freiburg, dort 1951 Promotion und Assistent am Physikalischen Institut, seit 1953 Mitarbeiter am CERN, 1965-1991 Professor an der TH und am Kernforschungszentrum Karlsruhe)

Ich erlebte Wolfgang Gentner als junger Student, der an einem verwaisten Institut in Freiburg Physik studieren wollte. Eines schönen Tages war ein neuer Chef da, Gentner. Er übernahm das Gebäude des Pharmazeutischen Institutes, das „nur" einen Bombentreffer hatte. Dort richtete er einen Seminarraum und einige Laboratorien ein, und das wissenschaftliche Leben konnte beginnen.

Als Arbeitsthemen wählte er einerseits Gebiete, die bereits unter seinem Vorgänger Eduard Steinke gepflegt worden waren, wie die Höhenstrahlungsforschung. Allerdings erweiterte er die Möglichkeiten, indem er sich im Fraunhofer-Institut für Solarforschung auf dem Schauinsland „einmietete", wo ich im Rahmen einer Dissertation auf dem Dachboden eine Zähleranordnung zum Nachweis größerer Luftschauer installierte. Im Institutsgebäude selbst kam eine Abteilung für Röntgenspektroskopie sowie eine für flüssige Kristalle hinzu. Sie waren weitgehend selbständig. Gentner brachte aber auch ganz neue Forschungsfelder ein – so die Altersbestimmung von Mineralien, wobei das nahe gelegene Kalibergwerk in Buggingen erste Proben lieferte.

Gentner hatte durch seine Arbeiten in Paris gute Kontakte zur französischen Wissenschaft. So erfuhr er früh Näheres von den Plänen, ein europäisches Laboratorium für Kernphysik, das heutige CERN, zu gründen. Er nahm aktiv an den

**Abb. 68.** W. Gentner gratuliert seinen zweiten Freiburger Doktoranden zur erfolgreichen Promotion, Freiburg 1951.

vorbereitenden Sitzungen teil und man bot ihm die Leitung der Abteilung an, die das Synchrozyklotron, die „kleine Maschine", fertig stellen sollte. Gentner akzeptierte das Angebot, erweiterte aber seinen Auftrag dahingehend, nicht nur das Synchrozyklotron fertig zu bauen, sondern auch den Experimentierbetrieb anlaufen zu lassen. Er lud jüngere Physiker ein, hörte sich ihre Vorschläge für Experimente an und gab ihnen freie Hand, ihre Ideen zu realisieren. Hierbei kam es gelegentlich zu Differenzen mit den wesentlich englisch geprägten Strukturen des CERN, die in Anlehnung an Staatslaboratorien wie Harwell geschaffen waren. Beschlüsse sollten transparent in „boards" gefasst werden, von denen der chairman die vorherrschende Meinung zusammenfassen sollte. Das war nicht Gentners Stil. Er besprach vielmehr die Fragen mit Personen seiner Wahl und seines Vertrauens unter vier Augen und gab dann seinen Beschluss bekannt. Das veranlasste Kowarski, einem der Mitdirektoren von CERN, zu der sarkastischen Bemerkung, Gentner sei wie ein Mann, der mit einem Stadtplan von Paris durch London fährt.

## Hugo Fechtig, Köln

(geb. 1929; 1955 bis 1958 Doktorand bei W. Gentner an der Universität Freiburg, 1974 bis 1994 Direktor am MPI für Kernphysik)

Wolfgang Gentner lernte ich als junger Student der Physik ab 1950 an der Albert-Ludwigs-Universität in Freiburg i.Br. kennen und schätzen. Dem dortigen Physikalischen Institut stand er als ordentlicher Professor vor und las damals die zweisemestrige Vorlesung über „Experimentalphysik" für Haupt- und Nebenfächler. Diese Vorlesung zeichnete sich vor allem durch die hervorragende Durchführung zahlreicher Experimente aus, die zum Teil weit über den Kreis der eigentlichen Hörer bekannt war. So war der Hörsaal immer brechend voll, wenn Gentner sich im Faraday-Käfig elektrisch aufladen ließ.

Persönlich habe ich Wolfgang Gentner nicht nur als hervorragenden Physiker in Erinnerung. Er hatte auch eine herausragende Allgemeinbildung. So war es mir immer ein großer Genuss, wenn ich gelegentlich mit ihm auf Dienstreise war. In der Eisenbahn sahen wir bisweilen geschichtlich relevante Gebäude und immer hat er mir aus deren Geschichte erzählt: oft war ich fast der Meinung, nicht mit einem Physiker sondern mit einem Historiker unterwegs zu sein.

## Klaus Goebel, Genf

(geb. 1926; 1946 bis 1955 Student, Diplomand, Doktorand und Vorlesungs-Assistent Wolfgang Gentners in Freiburg, von 1956 bis 1991 Mitarbeiter am CERN)

Zu ersten Kontakten mit Wolfgang Gentner kam es in Freiburg, wo ich als junger Physikstudent seine Hauptvorlesung „Experimentelle Physik" genoss. Nach Diplom und Promotion war ich dann sogar für zwei Jahre (1954/55) sein Vorlesungsassistent;

danach ging ich zusammen mit ihm ans CERN nach Genf, wo ich bis zu meiner Pensionierung blieb.

Gentner war ein toleranter, hoch kultivierter Wissenschaftler, der sich sehr darum bemühte, jungen Physikern den Eintritt in die Forschung zu ermöglichen und die Voraussetzungen für wissenschaftliche Spitzenforschung zu schaffen. So sah er seine Hauptaufgabe bei CERN darin, mit seinem Einsatz für die großen Teilchenbeschleuniger den europäischen Physikern den Einstieg in die Hochenergiephysik zu ermöglichen ohne dazu in die USA abwandern zu müssen. Gentner war so auch in dieser Frage ein überzeugter Europäer, der seine europäischen Wurzeln nie leugnete.

## Gerhard Jacob, Porto Alegre/Brasilien

(geb.1930; 1958/59 Forschungsstipendiat, 1962/63 Gastprofessor und später wiederholt Gast an der Universität Heidelberg, Professor für theoretische Physik und Rektor (i.R.) der Bundesuniversität Rio Grande do Sul in Porto Alegre)

Als Sohn einer deutschen Familie und selber noch in Deutschland geboren, aber in Brasilien aufgewachsen, kam ich das erste Mal im September 1958 zurück nach Europa. Als junger brasilianischer Physiker nahm ich an einer Kernenergiekonferenz in Genf teil, besuchte aber auch einen Freund am damals noch im Aufbau befindlichen CERN, der mir erzählte, dass der Direktor ein deutscher Physiker namens Wolfgang Gentner sei. Zum Wintersemester 1958/59 ging ich dann nach Heidelberg, um bei Hans Jensen Kernphysik zu studieren, Forschung zu treiben und auch im Allgemeinen verstehen zu lernen, wie ein physikalisches Institut aufgebaut und gemanagt wird. Wieder tauchte der Name Gentner auf, jetzt in Zusammenhang mit einem Teilchenbeschleuniger, der im gerade gegründeten Max-Planck-Institut für Kernphysik, oben am Saupfercheckweg, unter Gentners Leitung gebaut werden sollte.

Über Gentner wurde als Erstes immer erzählt, wie wichtig für ihn die Internationalität der Wissenschaft sei. Seine diesbezüglichen Ansichten waren dabei nicht erst im CERN geprägt worden, sondern rührten aus seiner Kriegserfahrung her, wo er in Frankreich maßgeblich dazu beigetragen hatte, dass die Forschungen am Pariser Zyklotron auch unter deutscher Besatzung nicht unterbrochen werden mussten.

Es war für mich persönlich äusserst relevant, so das erste Mal direkt zu spüren, was in Brasilien nur indirekt erfahrbar war: Die Bedeutung der Internationalität der Wissenschaft, nicht zuletzt für die Vermittlung adäquater Forschungsstandards. Obwohl ich hierüber nie mit Gentner selbst gesprochen habe, hat mir dazu Gentners Auftreten in Seminaren, Kolloquien und bei den Nachsitzungen ein unmittelbares Gefühl vermittelt. Gentners persönliche Einstellung machte auf mich, der aus einem Land kam, in dem die Mobilität der Wissenschaftler sehr viel geringer war (und ist) als die der deutschen bzw. europäischen Kollegen, einen tiefen Eindruck.

Wichtig war für mich auch die Erfahrung, dass es damals zwischen Universität und MPI keine unüberbrückbaren und künstlichen Hürden gab. Dazu hat sicherlich maßgeblich die Kollegialität und wechselseitige Wertschätzung zwischen Gentner und dem Heidelberger Physik-Dreigespann Jensen, Kopfermann und Haxel beigetragen; auch Christoph Schmelzer sollte in diesem Zusammenhang erwähnt werden, dessen Idee eines Schwerionenbeschleunigers damals eigentlich nur Gentner und Jensen unterstützten. Die wechselseitige Kooperation zwischen Heidelberger Universität und MPI wurde wohl auch dadurch gefördert, dass Gentner gleichzeitig MPI-Direktor und Universitätsprofessor war, so dass man ihn regelmäßig im wöchentlichen Physik-Kolloquium im großen Hörsaal am Philosophenweg sah. Mit seinen Professorenkollegen füllte er eindrucksvoll die erste Reihe aus und er hat die Vortragenden mit interessanten Fragen zum weiteren Nachdenken angeregt – zuweilen konnte er sie damit aber auch aus dem Konzept bringen. Neben diesem Kolloquium gab es auch noch gemeinsame Veranstaltungen am MPI, zu denen wir uns dann „auf den Berg" trafen.

Nach diesem ersten Mal hatte ich noch mehrfach die Gelegenheit, anregende Forschungssemester in Heidelberg zu verbringen. Je größer der Abstand zu diesen interessanten und fruchtbaren Lebensperioden wird, desto stärker wird mir der prägende Einfluss bewusst, die diese Semester in Heidelberg und nicht zuletzt Persönlichkeiten wie Wolfgang Gentner auf meine spätere Entwicklung als Physiker und Wissenschaftsmanager gehabt haben.

## Till A. Kirsten, Heidelberg

(geb. 1937; 1960 bis 1964 Diplomand und Doktorand bei W. Gentner, seit 1968 Wissenschaftlicher Mitarbeiter am MPI für Kernphysik)

Wolfgang Gentner war mein akademischer Lehrer. Auf die Frage was das denn heißt, möchte ich eine allgemeine Antwort und eine spezielle Illustration geben.

Das Wesentliche war das souveräne Vorbild, Wissenschaft nicht kleinlich anzugehen. Das hat mich geprägt, ohne dass ich es näher beschreiben könnte. Er lehrte mich, keine Angst vor Dingen zu haben, die ich nicht verstand, die man aber lernen konnte. Man musste nicht Meister sein, bevor man sich an eine Sache heranwagte. Das ist nicht selbstverständlich, viele Wissenschaftler deprimieren den Anfänger mit ihrer Autorität.

Nun die konkrete Illustration: Ich habe von Gentner gelernt, wie man eine wissenschaftliche Publikation verfasst. Extrem kleinlich! Jeder i-Punkt zählt. Der Unterschied zum Artikel für die Tagespresse. Jeder Satz muss stimmen, auch noch in hundert Jahren, selbst dann, wenn es dann keinen mehr kümmert.

Als junger Anfänger war meine intensivste Wechselwirkung mit Gentner die Abfassung gemeinsamer Publikationen (und auch solcher, bei denen er nicht selbst als Autor auftrat). Die „Paper-Konferenzen" waren berühmt und gefürchtet. Wirklich tagelang mussten Manuskriptvorlagen Satz für Satz, oft Wort für Wort, verteidigt werden, solche Sitzungen dauerten oft mehr als 6 Stunden, und wenn nicht beendet, wurden sie am nächsten Morgen fortgesetzt.

Es mag sein, dass Gentner manche Tatbestände erst in diesen Konferenzen gelernt hat. Sicher ist aber, dass kein Unsinn durch dieses Filter hindurchgegangen ist. Leider ist solche Tugend inzwischen weitgehend verloren gegangen.

## Konrad Kleinknecht, Mainz

(geb. 1940; 1961 bis 1966 Diplomand, Doktorand und Mitarbeiter am MPI für Kernphysik, 2002 Gentner-Kastler-Preis, seit 1985 Professor für Experimentalphysik an der Johannes-Gutenberg Universität Mainz)

Im Jahr 1961 kam ich zur Diplomarbeit aus München an das Heidelberger Max-Planck-Institut für medizinische Forschung. Die Abteilung Kernphysik in der Jahnstrasse am Neckarufer leitete Wolfgang Gentner. Ich kam gleichzeitig mit meinen Studienfreunden Jörg Hüfner und Reinhard Stock. Wir erhielten Diplomarbeiten über Betaspektroskopie oder am Zyklotron des Instituts. Gentners eigene Arbeit konzentrierte sich auf die Altersbestimmung von Meteoriten mit der Kalium-Argon-Methode. Abends studierten wir drei Diplomanden zusammen Feldtheorie und Elementarteilchenphysik im „Teeraum" des Instituts, was nicht allgemein Anklang fand. Aber Gentner unterstützte uns. Zu seinem Geburtstag verfassten wir kleine philosophische Essays über Wissenschaft und Erkenntnis und er war sehr interessiert an den „jungen Leuten", die über den Tellerrand des Faches zu sehen versuchten. Wir wurden zu Gesprächen am Kamin in seinem Haus im Bäckerfeld eingeladen. Badischer oder französischer Wein gehörten dazu und Frau Alice beteiligte sich rege an den Diskussionen. Auch zum Kirschenpflücken im Garten wurden wir herangezogen.

Charakteristisch war seine ironische und skeptische Haltung zu großen Worten und Entwürfen. Auch konnte er trefflich spotten. Als ein von mir vergeblich angefachtes Kaminfeuer nicht recht brennen wollte, sagte er spöttisch: „Das ist aber ein sehr theoretisches Feuer". Am Kamin erzählte er auch gelegentlich von den Jahren 1933-35 in Paris bei Frédéric Joliot-Curie und Irène Curie und von der Zeit der deutschen Besatzung, als er Leiter der deutschen Gruppe war, die im Joliotschen Institut des College de France das Zyklotron in Gang brachte. Er hatte mit Joliot eine Absprache, gewisse Räume des Instituts nicht zu betreten. In diesen wurden vermutlich Bomben für die Resistance gebaut. Sein Mut imponierte uns. In seinem Arbeitszimmer im Institut hing später über seinem Schreibtisch ein Joliot-Porträt von Picasso.

Bei Seminarvorträgen legte er großen Wert auf eine verständliche und anschauliche Erklärung der Phänomene. Bei Vorträgen mit allzu vielen Formeln pflegte er zu sagen: „Kann man das auch mit Worten sagen?" Entwaffnend war auch seine Großzügigkeit. Als ich im Sommer 1963 den Wunsch äußerte, die erste Sommerschule für Teilchenphysik in Erice zu besuchen, telefonierte er mit seinem Freund Bernardini. So bekam ich als Diplomand die Chance, unter lauter älteren Promovierten daran teilzunehmen. Als ich daraufhin nach Beendigung der Diplomarbeit auf dem Gebiet der Elementarteilchenphysik promovieren wollte, ermöglichte er

**Abb. 69.** Wolfgang Gentner, Anfang der sechziger Jahre.

mir, als erster Deutscher am europäischen Forschungszentrum CERN in Genf eine experimentelle Doktorarbeit zu erstellen.

Nach seinem Tod war es mir wichtig, die Erinnerung an diese große Persönlichkeit wachzuhalten. Es gab den deutsch-britischen Max-Born-Preis, der regelmäßig vom Institute of Physics und der DPG vergeben wurde. Als mein Freund Rene Turlay den entsprechenden französisch-britischen Prix Holweck erhielt, war für mich klar, das in diesem europäischen Dreieck die deutsch-französische Seite fehlte. Ich schlug deshalb der DPG am 13.11.1981 vor, einen Joliot-Gentner-Preis zusammen mit der Societe Francaise de Physique einzurichten. Nachdem Widerstände auf beiden Seiten überwunden waren, wurde zwischen den damaligen Präsidenten Joachim Treusch und Maurice Jacob die Vereinbarung über den Gentner-Kastler-Preis geschlossen. Der erste Preisträger war 1986 Edouard Brezin. So lebt die Erinnerung an Gentners Verdienste um die deutsch-französische Freundschaft in diesem Preis weiter.

## Wolfgang Krätschmer, Heidelberg

(geb. 1942; 1971 Promotion bei Wolfgang Gentner, seit 1976 Mitarbeiter am MPI für Kernphysik in Heidelberg)

Im Oktober 1968 traf ich Gentner zum ersten Mal. Ich hatte brieflich nachgefragt, ob am Max-Planck-Institut für Kernphysik in Heidelberg noch eine Doktorarbeit zu vergeben wäre und vom Sekretariat die Antwort erhalten, dass der dortige Direktor, Herr Professor Gentner, jemanden suchte, der auf dem Gebiet der „Kosmischen Ultrastrahlung" arbeiten wolle. Meine Diplomarbeit hatte ich am Institut für Kernphysik der TU Berlin angefertigt, dessen Direktor Hans Bucka aus Heidelberg war und von der Stadt am Neckar schwärmte. Insbesondere vom MPI für Kernphysik hörte man Unglaubliches – ein Komplex aus Gebäuden und Hallen, eingebettet in einer malerischen Gegend, mit charmanten Sekretärinnen sowie Apparaturen und Geldern. Offenbar ein Schlaraffenland verglichen mit unserem bescheidenen TU-Institut für Kernphysik in Zehlendorf. Auch bei persönlichem Augenschein verlor das MPI mit seiner großzügigen Architektur kaum an Glanz: Mehrere Gebäudekomplexe, auf dem Hauptgebäude ein Observatorium, Schieferplatten mit echten Versteinerungen in der Bibliothek und auf den Freiflächen exotische Bäume, wie in einem botanischen Garten mit Plaketten gekennzeichnet. Dieses ganze Ambiente hat Gentner so gewollt und gestaltet, versicherte man mir später.

Mein Vorstellungsgespräch bei Gentner fand an einem Samstagvormittag in seinem großräumigen und sehr geschmackvoll eingerichteten Büro im jetzigen Bothelabor statt. Gentners Terminkalender machte diese ungewöhnliche Zeit notwendig. Wir nahmen in einer Sitzecke an einem niedrigen Tisch Platz und Gentner bot mir eine Zigarette an. „Ägyptisch" meinte er, denn er bevorzugte Orienttabake. An den Inhalt des Gespräches kann ich mich nicht mehr genau erinnern, ich war zu aufgeregt, nur dass er ab und zu seine schnarrende Stimme zu einem „ja, ja" oder „sagen Sie mal" ertönen lies. Er behandelte mich wie einen jüngeren Kollegen und in keiner Weise „von oben herab", wie es damals bei Gesprächen mit Professoren nicht selten vorkam, insbesondere an der TU Berlin. Nach unserem Gespräch begab sich Gentner zu seiner großen Citroen-Limousine, die mit einer für die damalige Zeit avantgardistischen und beeindruckenden Ausstattung versehen war: automatischer Einstellung der Bodenfreiheit, Ein-Speichen-Lenkrad, Walzentachometer usw. Als Chauffeur fungierte üblicherweise Herr Weber, der Leiter des Fotolabors.

Ich hatte mir auf Gentners Angebot, meine Doktorarbeit bei ihm durchzuführen, Bedenkzeit ausgebeten und fragte auch andere Gruppenleiter im Institut nach Promotionsmöglichkeiten. So bei Herrn von Brentano, der damals betont salopp gekleidet war, wobei seine breiten Hosenträger besonders hervorstachen. Mit deren elastischen Bändern pflegte er zu schnalzen, insbesondere wenn er seinen Bemerkungen Gewicht verleihen wollte. „Well…" erledigte er meine Anfrage „…nicht jeder hat die Chance, bei Gentner zu promovieren!" Ich hatte noch nicht begriffen, dass das Institut, um Gentners eigene Worte zu gebrauchen, eine „absolute Monarchie" pflegte – der Übergang zur „Oligarchie" des Kollegiums erfolgte erst einige Jahre später.

So begann ich dann mit meiner Doktorarbeit, wobei Gentner meine Aktivitäten aus einiger Distanz beobachtete – aber, wie ich vermute, wohlwollend. Josef Zähringer, der faktische Leiter der Abteilung Kosmochemie, betrachtete mich etwas missmutig, denn ich war als Gentner-Zögling ein störender Fremdkörper in seinem Reich. In unregelmäßigen Intervallen erstattete ich Gentner Bericht über meine Arbeit, ohne dass ich das Gefühl hatte, irgendwie kontrolliert zu werden.

Manchmal besuchte Gentner mich in Begleitung von M.R. Bloch, einem immer jovialen und gut gelaunten älteren Herren. Er war ursprünglich Professor für physikalische Chemie in Karlsruhe und ist in der Nazizeit nach Israel emigriert. Als Freund Gentners war er oft bei uns zu Gast. Seine große Leidenschaft galt dem Kochsalz, dessen Bedeutung er in allen Aspekten erforschte, insbesondere auch dessen Bedeutung in der Kulturgeschichte der Menschheit. Bei den Salzgewinnungsanlagen am Toten Meer ist jetzt sein Denkmal zu sehen.

Bei meiner Promotion an der Universität Heidelberg im Sommersemester 1971 setzte Gentner als Doktorvater zu meiner Überraschung und Freude ein „Summa Cum Laude“ durch. Auch später glaubte ich, seine Fürsprache für mich zu spüren, denn nach wie vor besaß sein Wort Gewicht – wenngleich das Institut inzwischen die Phase der „Oligarchie“ erreicht hatte. Nach der Promotion arbeitete ich zunächst zusammen mit Thomas Plieninger über die Zusammensetzung der Kosmischen Strahlung. Dann, in der zweiten Hälfte der 1970er Jahre, entfernte sich Gentner mehr und mehr aus meinem Gesichtskreis. Er hatte sich der Archäometrie zugewandt, einem Gebiet, dem nun seine ganze Liebe galt. Auch mir erschloss sich ein neues Gebiet, nämlich das der Spektroskopie von Staubteilchen, Clustern und Molekülen.

## Reimar Lüst, Hamburg

(geb. 1923; seit 1960 Wissenschaftliches Mitglied des MPI für Physik und Astrophysik, 1963 bis 1972 Direktor des MPI für extraterrestrische Physik, 1972 bis 1984 Präsident der MPG)

Meine Begegnungen mit Wolfgang Gentner reichen in das Jahr 1953 zurück. Als Postdoc am Heisenbergschen MPI für Physik nahm ich an der Cosmic-Ray-Conference in Bagnère-de-Bigorre (Pyrenäen) teil. Gentner war da schon ein renommierter Physiker, dessen internationales Ansehen man auf der Konferenz spürte. Unsere Kontakte waren entsprechend formal, obwohl mich Gentner als jungen Spund ausgesprochen freundlich behandelt hat. Schon damals fiel mir sein Talent auf, mit ein paar knappen Sätzen oder auch einer beißenden Bemerkung eine Sache oder Situation auf den Punkt und damit allzu langwierig-ermüdende Diskussionen zu einem Abschluss zu bringen.

In näheren Kontakt kam ich mit Gentner dann in den sechziger Jahren, wo wir uns nach meiner Wahl zum wissenschaftlichen Mitglied des MPI für Physik und Astrophysik regelmäßig auf den Sektionssitzungen begegneten. Diese Sitzungen wurden von ihm als Sektionsvorsitzenden von 1967-1970 straff und in überlegender Manier geleitet, wobei er die Diskussionen häufig mit treffenden Bemerkungen zu würzen wusste; mitunter blickte er auch über jemanden hinweg, der sich gemeldet hatte, von dessen Wortmeldung er sich aber wenig versprach. Sein Wort hatte in diesem Kreis entscheidendes Gewicht und sein fehlender Respekt vor Königsthronen – sei es in der Wissenschaft oder der Politik – war durchaus auch Anlass für Bewunderung. Bewundernswert war ebenfalls seine umfassende Personalkenntnis, von der ich nicht zuletzt für meine spätere wissenschaftsleitende

**Abb. 70.** W. Gentner und Reimar Lüst beim Besuch der chinesischen Kernforschungsanlage, Peking 1974.

Tätigkeit viel lernen konnte. Gewundert habe ich mich damals ein wenig, dass Gentner zu mir Vertrauen fasste und mich in seinen persönlichen Kreis aufnahm, gab es doch damals zwischen München und Heidelberg erhebliche Spannungen, und ich kam schließlich aus dem „feindlichen Lager". Zum wechselseitigen Vertrauen hat sicherlich später entscheidend beigetragen, dass wir seit Ende der 1960er Jahre regelmäßige Arbeitsgruppentreffen unserer Institute – ich leitete damals das MPI für extraterrestrische Physik in München – in Garching und Heidelberg abhielten, was damals in der MPG ganz unüblich war.

Persönliche Nähe zu Gentner stellte sich ein, als ich 1972 Präsident der MPG wurde. Die Präsidenten-Findungskommission hatte zunächst sowohl Gentner als auch mich als Nachfolger von Butenandt vorgeschlagen. Gentner lehnte jedoch eine Kandidatur aus gesundheitlichen Gründen ab. Unmittelbar nach meiner Wahl zum MPG-Präsidenten am 19. November 1972 habe ich Gentner angerufen und um einen Besuch gebeten. Ich besuchte ihn dann am nächsten Tag im Krankenhaus und bat ihn, das Amt des Vizepräsidenten zu übernehmen. Sehr oft fuhr ich nun nach Heidelberg bzw. machte dort Station bei meinen Reisen durch die Republik, um für meine Amtstätigkeit kollegialen Rat zu holen. Da haben wir dann oft auch abends lange zusammen gesessen und „MPG-Politik" gemacht, aber auch „gelästert" und natürlich auch allgemein interessierende Fragen intensiv diskutiert. Häufig saß auch seine Frau dabei und ich konnte erfahren, wie stark Gentners Ansichten und Einschätzungen von ihr mitgeprägt waren. Ich durfte mich in dieser Zeit fast zur Familie gehörig fühlen, und das Zusammensein in seinem Haus am

Kamin gehören sicherlich nicht nur für mich zu den eindrücklichsten und intimsten Erinnerungen an Wolfgang Gentner.

Gentner hat mich stets offen und großzügig beraten – kritisierte aber auch, in seiner direkten, jedoch nie verletzenden Art, wo er es für notwendig befand. Maier-Leibnitz hat einmal zutreffend festgestellt, dass Gentners Haltung die einer kritischen Versöhnung war: „man darf alles sagen, was man denkt, dass man aber auch immer zuhören muss, was der andere sagt." Wolfgang Gentner wurde so für mich nicht nur zum unentbehrlichen und wichtigen Ratgeber, sondern zum väterlichen Freund.

## Theo Mayer-Kuckuk, Berlin

(geb. 1927; von 1953 bis 1955 Doktorand und Mitarbeiter von Walther Bothe, seit 1963 Wissenschaftliches Mitglied des MPI für Kernphysik, von 1965 bis 1992 Professor für Kernphysik an der Universität Bonn.)

Wolfgang Gentner war ein Europäer – kein Europafunktionär, beileibe nicht. Er war in der Kultur Europas zuhause. Seine Jahre in Paris haben ihn stark geprägt, ebenso seine Beziehungen zur Schweiz. Er hat das Zyklotron beim CERN aufgebaut und in der frühen Phase mitgewirkt, CERN sein Gesicht zu geben. Die Initiative zur deutsch-israelischen Kooperation in der Wissenschaft gehört zur deutschen Nachkriegsgeschichte. Die leichte Hand, mit der er sein eigenes Institut leitete, war bemerkenswert. Zu den jeweils letzten Moden in der Kernphysik hielt er sorgfältig Distanz, und er konnte die gläubigen Jünger dieser Moden mit mildem Sarkasmus bedienen. Zwei Dinge sind mir besonders in Erinnerung – Kleinigkeiten, und doch charakteristisch für Gentner. Das eine ist das Bild von Frédéric Joliot, von Picasso in seinen typischen klaren Linien gezeichnet, das zuletzt neben seinem Arbeitsplatz im Institut hing, eine Reminiszenz an Paris. Das andere sind die wundervollen Schokoladenkugeln, die er zu Hause gelegentlich seinen Gästen anbot. Sie kamen aus einer ganz bestimmten Konditorei in Genf, waren weich und kremig, und man musste, wenn man sie im Mund hatte, ein Glas Cognac dazu trinken. Europäische Raffinesse.

## Achim Richter, Darmstadt

(geb. 1940; 1962 bis 67 Diplomand und Doktorand bei Wolfgang Gentner, 1970/71 Mitarbeiter am MPI für Kernphysik, seit 1974 Professor für Experimentalphysik an der TU Darmstadt)

Gentner war für mich der akademische Lehrer, der nicht nur meine wissenschaftliche Entwicklung entscheidend beeinflusst hat, sondern auch als Gründer und Leiter des Heidelberger Instituts ein Vorbild war. Seit ich bereits vor dem Vordiplom als junger Werkstudent in seinen Umkreis eingeführt wurde, wollte ich unbedingt in seinem Institut arbeiten. Ich empfand schon damals den hohen Anspruch an seine Mitarbeiter als Herausforderung, der ich mich stellen wollte. Ihm waren die wissenschaftliche Reputation und die Außenwirkung seines Instituts außerordentlich wichtig. Das bedeutete neben allen Anforderungen auch, dass man bei herausragender Leistung ohne Rücksicht auf Alter oder Rang jede Förderung erwarten konnte. Anlässlich eines offiziellen Empfangs in Israel stellte er mich dem deutschen Botschafter mit den Worten vor: „Dies ist mein jüngster Schüler aus der Kernphysik, aber nicht mein schlechtester." Ich empfand dies als großes Lob. Als ich kurz nach meinem Diplom fassungslos mit der Ankündigung meiner bevorstehenden Einberufung zum Wehrdienst zu ihm kam, war er so aufgebracht, dass er sich spontan in sein Auto setzte und mit mir zum Dekan fuhr, um einen Protestbrief an das Kreiswehrersatzamt zu veranlassen: Man könne ihm doch nicht die besten Leute mitten in der Doktorarbeit wegnehmen. Ich konnte bleiben und bei ihm promovieren. Er war ein strenger Lehrer, schätzte es aber durchaus, wenn man den eigenen Standpunkt vertrat. Seine drei Grundsätze für seine Studenten waren: Man solle in seinem Leben vor allem versuchen, nur das zu tun, was einem Spaß mache, etwas wagen und immer zu den besten Lehrern gehen. Bei der wissenschaftlichen Arbeit hatte man jegliche Freiheit. Schmeichelei und Liebedienerei waren ihm zuwider. Sehr wichtig war ihm auch die Freiheit, jederzeit souverän, ohne Bedrängungen und Rücksichtnahmen, die aus seiner Sicht notwendigen Entscheidungen treffen zu können. Vielleicht hielt er aus diesem Grund im persönlichen Umgang immer einen gewissen Abstand. Nur ausnahmsweise konnte man sich ihm menschlich nahe fühlen. Einen der seltenen Augenblicke gegenseitiger Verbundenheit spürte ich, als ich das erste Mal in sein Haus eingeladen wurde. Dort versammelte er um sich ältere und auch einige jüngere Mitarbeiter und auswärtige Gäste des Instituts. Man traf dort aber auch bedeutende Gelehrte anderer Disziplinen und Künstler aus dem In- und Ausland. Auf diese Weise lernte ich zum Beispiel den Komponisten Wolfgang Fortner kennen, mit dem er befreundet war. Gentners besondere Liebe galt der Kammermusik, und ich habe häufiger mit anderen zusammen bei solchen Anlässen musiziert. Als ich nach der Promotion unbedingt nach Amerika gehen wollte, hat er dies nicht so gern gesehen. Er war ein überzeugter Europäer, und ein Forschungsaufenthalt in Frankreich oder auch in Israel wäre ihm lieber gewesen. Für ihn war es selbstverständlich, dass er sich um die weitere berufliche Entwicklung seiner ehemaligen Mitarbeiter kümmerte. So war er stolz darauf, dass er viele wichtige Lehrstühle mit ehemaligen Schülern besetzen konnte. Als ich später nach Deutschland zurückkehren wollte, unterstützte er dies und ermahnte mich bei dieser Gelegenheit, auf keinen Fall einen Ruf vorschnell abzulehnen. Denn als junger Wissenschaftler müsse man den ersten Ruf annehmen. Als ich dann vor der Entscheidung stand, an die neu gegründete Universität Bochum zu gehen, sagte er zu mir: „Und wenn Sie durch ein Meer von flüssigem Helium gehen müssten, Sie müssen diesen Ruf annehmen." In Bochum musste ich als noch sehr junger Professor die große Anfängervorlesung vor Hunderten von Studenten halten. Aus dieser Zeit erinnere ich mich an seine spontane Meinungsäußerung, dass er mich darum beneide, denn er habe diese Vorlesung in Freiburg immer besonders gern gelesen. Bei dieser Gelegenheit wurde mir klar, dass er in seiner Position als Max-Planck-Direktor wohl die

**Abb. 71.** W. Gentner während der Vorlesung, Freiburg um 1950.

Lehre und den Kontakt mit den ganz jungen Studenten vermisst hat. Nach meinem Wechsel nach Darmstadt habe ich ihn wieder häufiger besuchen können und erneut die Gastfreundschaft von ihm und seiner Frau erleben dürfen. Ob ich inzwischen reifer und selbstbewusster oder ob er mit dem Alter milder geworden war, ich kann es im Rückblick nicht entscheiden. Aber in dieser Zeit erschien er mir nicht mehr so unnahbar wie früher, und ich kann mich sogar an eine spontante Umarmung erinnern.

## Edith Siepmann, München

(geb. 1928, von 1967 bis 1976 Mitarbeiterin Wolfgang Gentners am MPI für Kernphysik)

Die Jahre im Vorzimmer von Wolfgang Gentner waren für mich die interessanteste und ereignisreichste Zeit meines Berufslebens. Unvergesslich für mich ist Wolfgang Gentners trockener Humor, mit dem er gern seine Gespräche mit Vertrauten würzte. Besonders hervorheben möchte ich noch sein großes Interesse und seine profunden Kenntnisse in kulturellen Dingen, wie z.B. die Geschichte unseres Landes, die er liebend gern an andere weitergab. Sein Verhältnis zu seiner Frau und seinen beiden Kindern war liebevoll und engagiert, was mich immer sehr berührt hat.

## Gerd Stiller, Pirna

(geb. 1930, 1955 bis 1959 Physikstudium mit Diplom und Promotion an der Universität Freiburg bei Wolfgang Gentner)

Meine Begegnungen mit Wolfgang Gentner blieben auf dienstliche Dinge beschränkt, so dass ich den Kontakt mit ihm auch aus heutiger Sicht als freundlich-distanziert bezeichnen würde. Ein Ausspruch von ihm ist mir aber fest in Erinnerung geblieben: „Kernphysiker darf sich nur nennen, wer sich schon vor Entdeckung der Kernspaltung mit Kernphysik befasst hat."

## Hans Weidenmüller, Heidelberg

(geb. 1933; seit 1968 wissenschaftliches Mitglied, von 1972 bis 2001 Direktor am MPI für Kernphysik)

Als Wolfgang Gentner zum Gründungsdirektor des Max-Planck-Instituts für Kernphysik berufen wurde, arbeitete ich in den USA. Deshalb lernte ich ihn erst nach meiner Rückkehr nach Heidelberg im Jahre 1962 kennen. Gentners wissenschaftliches Interesse hatte sich nach dem Kriege von der klassischen Kernphysik weg- und auf die Kosmophysik zubewegt. Außerdem war er mit dem Aufbau des 1959 gegründeten Instituts und mit wissenschaftlich-organisatorischen Problemen in der Fakultät, in der Max-Planck-Gesellschaft und in der Heidelberger Akademie der Wissenschaften stark beschäftigt. Umgekehrt habe ich mich damals als sehr junger Ordinarius an der Universität Heidelberg neben den Vorlesungen fast ausschließlich um die kernphysikalische Forschung gekümmert. Die akademische Selbstverwaltung dagegen habe ich gern den erfahrenen Kollegen Gentner, Haxel und Jensen überlassen. Außerdem war Gentner 27 Jahre älter als ich, und als Institutsdirektor hielt er auf Distanz und war sogar gefürchtet. Aus allen diesen Gründen hatte ich in meinen ersten Heidelberger Jahren wenig Kontakt zu ihm.

Das änderte sich erst, als ich 1968 an das MPI berufen wurde und nun neben der Fakultät auch dem Kollegium des Instituts angehörte. Damals war Gentner noch der Direktor des Instituts (die kollegiale Leitung und die Ernennung der anderen Wissenschaftlichen Mitglieder zu Institutsdirektoren erfolgte erst im Jahre 1972). Zugleich war Gentner auch Vorsitzender der Chemisch-Physikalisch-Technischen Sektion der Max-Planck-Gesellschaft. So hatte ich die Chance, ihn als Verantwortlichen für wissenschaftliche und wissenschaftspolitische Entscheidungen auf sehr verschiedenen Ebenen aus der Nähe zu erleben. Er konnte gut zuhören. Er besaß eine gute Menschenkenntnis (und hatte daher wohl wenige Illusionen über die Menschen). So konnte er sein Gegenüber oft durchschauen. Er war sehr geradlinig in den Verhandlungen, hatte den Mut, auch unangenehme Wahrheiten zu formulieren, und brauchte kaum Winkelzüge. Er hatte ein klares Urteil. Seine große moralische Autorität setzte ihn meist in die Lage, auch in schwierigen Situationen eine Lösung in seinem Sinne durchzusetzen.

**Abb. 72.** Valentine Telegdi und Victor Weisskopf beim Vortragen der Moritat über Gentner, Heidelberg 22. Juli 1966.

Ein davon unabhängiges Bild von Gentner hatte ich vorher im Jahre 1966 gewonnen. Anläßlich seines 60. Geburtstages fand ein Symposium mit anschließendem großem Institutsfest statt. Viele Wissenschaftler aus dem Ausland waren gekommen, darunter mehrere Israelis. Die wissenschaftlichen Vorträge zeigten Gentner als den vielseitig interessierten und erfolgreich in Neuland vorstoßenden Naturforscher. Am Abend sangen Victor Weißkopf und Valentine Telegdi das Lied von Gentners Mut in schweren Zeiten, am Klavier begleitet von meiner Frau. Ich erfuhr, wie sehr Gentner sowohl als Forscher als auch wegen seines Mutes und seiner Unerschrockenheit von vielen bewundert wurde.

Eine dritte Perspektive eröffnete sich mir, als ich 1972 in das „Gentner-Komitee" am Weizmann-Institut in Rehovot berufen wurde, dem Gentner bis zu seinem Tode vorsaß. Er hatte dieses Komitee 1962 gegründet. Es war für den deutsch-israelischen Wissenschaftleraustausch und für die Verteilung von Forschungsgeldern am Weizmann-Institut zuständig und war paritätisch mit deutschen Wissenschaftlern und Professoren am Weizmann-Institut besetzt. Gentner hatte sich auch bei den Kollegen vom Weizmann-Institut große Autorität verschafft. Das war ihm mit Ehrlichkeit, mit viel Takt und großem Geschick in den ungemein schwierigen Anfangszeiten gelungen. In den letzten Jahren vor seinem Tod erlebte ich, dass die Israelis mit Toleranz über die kleinen Schwächen hinwegsahen, die sein Alter mit sich brachte, und ich sah, wieviel Zuneigung und Verehrung sie ihm entgegenbrachten.

Gentner war ein leidenschaftlicher, visionärer Naturforscher. Das habe ich sehr unmittelbar auf einer gemeinsamen Reise nach Israel erlebt. Zusammen mit Frau Zarnitz von der Volkswagenstiftung hatten wir in Istanbul Station gemacht. Gentner hatte einen Gesprächstermin mit dem Direktor des dortigen Deutschen Archäologischen Instituts vereinbart. Er wollte ihn von den Möglichkeiten überzeugen, die die auch in Heidelberg unter Gentners Leitung entwickelten physikalischen Methoden der Altersbestimmung für die Archäologie boten, und er hoffte auf ein gemeinsames Projekt, um diese Methoden an archäologischen Objekten auszuprobieren. Die Volkswagenstiftung wäre wohl bereit gewesen, ein solches Projekt zu finanzieren. Der Verlauf des Gesprächs war sehr unbefriedigend. Hier der engagierte Naturwissenschaftler, der mit klaren Argumenten für eine Sache wirbt, von deren großen Möglichkeiten er überzeugt ist; jenseits des großen Direktorenschreibtischs ein kühl-abweisender Archäologe, dessen skeptische Haltung durch nichts zu erschüttern ist. Das Ganze war ein Lehrstück in Sachen Fortschritt der Wissenschaftt: Ein neuer Zugang muss immer mit erheblichem Widerstand rechnen. Schließlich sind wir unverrichteter Dinge wieder abgezogen. Die Entwicklung der Archäometrie in den letzten drei Jahrzehnten hat Gentners Vision glänzend bestätigt.

Schließlich habe ich Gentner viele Male reden hören, als Wissenschaftler im Institut und in der MPG, und als Wissenschaftsadministrator, insbesondere in seiner Rolle als Vizepräsident der Max-Planck-Gesellschaft. Er war kein mitreißender Redner, und in der Öffentlichkeit trat er nicht sehr wirkungsvoll auf. Seine Stärke lag in der Überzeugungskraft, die er in Gesprächen im kleinen Kreis entwickelte. Daraus gewannen seine Pläne ihre Durchschlagskraft.

So habe ich Gentner aus verschiedenen Perspektiven erlebt. Wir hatten ein gutes und kollegiales Verhältnis, und ich glaube, wir haben einander vertraut (jedenfalls gilt das für mich in Bezug auf ihn). Ich habe viel von ihm gelernt. Wenn ich später selbst schwierige Aufgaben als Vorsitzender verschiedener Gremien zu meistern hatte, waren seine Ehrlichkeit, sein Mut und sein großes Verhandlungsgeschick mir Vorbild. Und doch bin ich ihm als Mensch eigentlich nicht nahe gekommen. Er war distanziert, hat auch zumindest mir gegenüber kaum über sich selbst gesprochen, erst recht nicht über seine Zeit in Frankreich während des Krieges (davon habe ich erst aus seinen nachgelassenen Schriften erfahren), noch etwa über die Motive, die ihn zu seinem starken Engagement für die deutsch-israelische Aussöhnung bewegt haben. Freilich lagen nur wenige Jahre zwischen meiner Berufung an das MPI und Gentners Emeritierung im Jahre 1974, und letzten Endes war es wohl der große Altersunterschied, der uns eine größere Nähe nicht hat finden lassen.

# Teil III
# Aufsätze
# von Wolfgang Gentner

*The value of any working theory depends upon the number of experimental facts it serves to correlate, and upon its power of suggesting new lines of work.*

E. RUTHERFORD, 1905

W. GENTNER

# Einiges aus der frühen Geschichte der Gamma-Strahlen *

In den folgenden Seiten soll versucht werden, die geistige Situation der Physik in den verschiedenen Jahren entscheidender Experimente über $\gamma$-Strahlen durch Originalzitate zu charakterisieren. Diese Auswahl von Zitaten soll auch gleichzeitig einen Eindruck von der Sprache der Forscher vermitteln. Eigene Erinnerungen der späteren Jahre werde ich mit verweben.

Da ich selbst durch das Lesen der Arbeiten von Frau L. MEITNER zu meiner jahrelangen Beschäftigung mit $\gamma$-Strahlen gekommen bin, so möchte ich ihr mit diesen Erinnerungen eine Freude bereiten. Doch habe ich auch ihr gegenüber im Zitieren selbst der wichtigsten Arbeiten sicher Unterlassungssünden begangen.

## 1. Natur der $\gamma$-Strahlen

Als Entdecker der $\gamma$-Strahlen wird in der älteren Literatur mit Recht P. VILLARD genannt. Die diesbezügliche Notiz [1] trägt den Titel: „Sur la réflexion et la réfraction des rayons cathodiques et des rayons déviables du radium.“ Die Versuche behandeln also vergleichende Messungen an Kathodenstrahlen und $\beta$-Strahlen. Die ersten Sätze fassen die damaligen Voraussetzungen zusammen:

„Les expériences de HERTZ et celles de M. LENARD ont montré que les rayons cathodiques peuvent traverser des lames minces, métalliques ou non, cette transmission étant accompagnée d'une diffusion considérable. Le fait que la vitesse des rayons transmis est à peu près identique à celle des rayons incidents paraît difficilement conciliable avec l'hypothèse ballistique, généralement admise, et l'on est conduit à admettre avec M. J. J. THOMSON qu'il s'agit en réalité d'une émission secondaire. Les résultats suivants conduisent à la même conclusion ...“

Am Ende der Arbeit steht dann aber noch:

„Remarque sur le rayonnement du Radium. En répétant l'expérience précédente dans les conditions diverses, j'ai presque toujours observé qu'un faisceau réfracté se superpose un faisceau à propagation rectiligne, ce qui rendait parfois difficile, l'interpretation des clichés.“

Ferner am Schluß, nachdem er keinen Einfluß des Magnetfeldes feststellen konnte:

„Les faits précédents conduisent à admettre que la partie non déviable de l'émission du radium contient des radiations très pénétrantes, capables de traverser des lames métalliques, radiations que la méthode photographique permet de déceler.“

[1] C. R. 9. April 1900.

* Aus: Beiträge zur Physik und Chemie des 20. Jahrhunderts. Lise Meitner, Otto Hahn, Max von Laue zum 80. Geburtstag. Herausgegeben von O.R. Frisch, F.A. Paneth+, F. Laves, P. Rosbaud. Verlag Friedr. Vieweg & Sohn, Braunschweig 1959, S. 28–44.

RUTHERFORD erwähnt in seinem Buch, II. Auflage, daß diese Beobachtungen von BECQUEREL bestätigt wurden. Beim Lesen dieser Notiz, die drei Wochen später (30. April 1900) der Akademie vorgelegt wurde, konnte ich mich des Eindrucks nicht erwehren, daß BECQUEREL nur belehrende Worte an VILLARD über irreführende Schwärzungen und Schatten auf Photoplatten fand. In derselben Sitzung wurde aber eine neue Mitteilung von VILLARD hinterlegt und darin ist er nun seiner Entdeckung ganz sicher. Der letzte Abschnitt beginnt:

„Ainsi les rayons X émis par le radium ont une puissance de pénétration beaucoup plus considérable que les rayons déviables: c'est l'analogue de ce qui a lieu avec les tubes de Crookes. . ."

Inzwischen hatte RUTHERFORD die Frage nach der Natur dieser neuen Strahlen, denen er den Namen „$\gamma$-Strahlen" gegeben hat, mit der elektrischen Methode angegangen und schreibt zwei Jahre später unter dem Titel „Sehr durchdringende Strahlen von radioaktiven Substanzen" [2].

„Ich habe kürzlich alle radioaktiven Substanzen hieraufhin nach der elektrischen Methode untersucht und habe hierbei gefunden, daß Thor und ebenso die durch Thor und Radium erregte Radioaktivität Strahlen von demselben Durchdringungsvermögen wie Radium aussenden. .. Die Strahlen besitzen ein außerordentlich großes Durchdringungsvermögen und gehen ebenso leicht durch dicke Körper hindurch, wie die von einer „harten" Röntgenröhre ausgesandten X-Strahlen. Der Ionisationsgrad, welchen diese Strahlen hervorrufen, beträgt nur ein Bruchteil desjenigen, welchen die beiden anderen Strahlenarten erregen . . ." Weiter am Schluß: „. . . es muß jedoch daran erinnert werden, daß die Beobachtungen über die relative Leitfähigkeit der Gase und relative Absorption der Metalle nur für Strahlen angestellt worden sind, welche ein weit geringeres Durchdringungsvermögen besitzen, als die Radium- oder Thorstrahlen. BENOIST hat nachgewiesen, daß die relative Absorption der Röntgenstrahlen durch verschiedene Körper in sehr hohem Maße von der Art der Strahlung abhängt. „Harte" Strahlen geben ganz andere Resultate als „weiche" Strahlen. Die Absorptionsfähigkeit von Röntgenstrahlen von großem Durchdringungsvermögen ist bei gegebener Menge der verschiedenen Elemente eine kontinuierliche und zunehmende Funktion der Atomgewichte. Nach der in der erwähnten Abhandlung gegebenen Absorptionskurve ändern sich die Absorptionen mit der Dichte in viel stärkerem Maße für Röntgenstrahlen als für die von radioaktiven Substanzen ausgesandten durchdringenden Strahlen."

„Nach der von J. J. THOMSON und HEAVISIDE entwickelten elektro-magnetischen Theorie nimmt die scheinbare Masse eines Elektrons mit der Geschwindigkeit zu; ist seine Geschwindigkeit gleich der Lichtgeschwindigkeit, so ist seine scheinbare Masse unendlich. Ein mit Lichtgeschwindigkeit sich bewegendes Elektron würde durch ein Magnetfeld nicht beeinflußt werden."

„Es ist nun nicht unwahrscheinlich, daß einige der von Thor und Radium ausgesandten Elektronen sich mit Lichtgeschwindigkeit bewegen, denn nach den Versuchen von KAUFMANN ist die Geschwindigkeit der ablenkbaren Radiumstrahlen von großem Durchdringungsvermögen ungefähr 95% der Lichtgeschwindigkeit. Das Durchdringungsvermögen der Kathodenstrahlen oder der fortgeschleuderten Elektronen nimmt mit der Geschwindigkeit schnell zu, ein Ergebnis, das aus der Theorie unmittelbar folgt."

---

[2] E. RUTHERFORD, Phys. ZS, **3**, 5/7 (1902).

„Die große Ähnlichkeit der in dieser Abhandlung untersuchten Strahlen von großem Durchdringungsvermögen mit dem Verhalten von Elektronen von großer Geschwindigkeit läßt sich auf Grund der Annahme erklären, daß die ersteren aus Elektronen bestehen, deren Geschwindigkeit nahezu der des Lichtes gleich ist."

Rutherford drückt sich also durchaus noch abwägend aus.

Aus dem Jahre 1903 fand ich ein Referat über einen Funkenzähler für $\gamma$-Strahlen. Diese Notiz von T. B. Black [3]: „Eine einfache Methode, die große Durchdringungsfähigkeit gewisser Radiumstrahlen nachzuweisen" dürfte wohl vielen unbekannt geblieben sein. Es lautet:

„Zwei vollständig gleiche Funkenstrecken sind parallel geschaltet und mit den äußeren Belegungen zweier Leydener Flaschen verbunden; die inneren Belegungen führen zu einer Wimshurst-Maschine. Wird die eine der beiden Funkenstrecken den Radiumstrahlen ausgesetzt, so wird bekanntlich die Luft ionisiert, die Funken werden diese Funkenstrecke vor der anderen bevorzugen. Der Verf. zählt die an beiden auftretenden Funken und konnte so z. B. noch durch eine Bleiplatte von 8,5 cm Dicke die Wirkung der Strahlen eines Centigrammes Radiumbromid sicher nachweisen. Das Verhältnis der Funken an der belichteten Funkenstrecke zu der an der anderen betrug dabei 42 zu 8 und bei Vertauschung 41 zu 9."

Aber auch im Jahre 1904 war die Natur dieser Strahlen noch keineswegs gesichert. Man kann z. B. in der Physikalischen Zeitschrift eine Kontroverse von F. Paschen und H. Becquerel lesen, die die damalige Lage erhellt. Paschen hatte sich mit dem Bau hochempfindlicher Elektroskope beschäftigt und damit auch Messungen an den $\gamma$-Strahlen des Radiums durchgeführt. Becquerel und Villard hatten im Gegensatz dazu sich ausschließlich der photographischen Methode bedient. In einer Zuschrift an Paschen [4] betont Becquerel:

„... die am wenigsten ablenkbaren $\beta$-Strahlen, deren Verlauf in einem Magnetfeld von 1000 CQS-Einheiten einen Krümmungsradius von ungefähr 10 cm hat (fast das Doppelte von demjenigen, der am wenigsten ablenkbaren Strahlen, auf welche sich die Messungen von Herrn Kaufmann beziehen) besitzen außerordentliche Durchdringungsfähigkeit und diese Eigenschaft hat zu Verwechslungen mit den $\gamma$-Strahlen Anlaß gegeben ..." weiterhin: „... diese sehr durchdringenden Strahlen wirken nicht direkt auf eine photographische Platte ein, aber man kann sie auffangen durch eine absorbierende Schicht, welche sie teilweise anhält und an welcher sie sekundäre Erscheinungen hervorrufen, die ihre Gegenwart verraten."

Paschen [5] geht in seiner Erwiderung nicht auf die Hinweise Becquerels ein, sondern faßt seine bisherigen Versuche in einem Artikel zusammen, worin er auch mit kalorimetrischen Messungen argumentiert. Er beginnt mit folgenden Worten:

„Als $\gamma$-Strahlen sind von Herrn Rutherford diejenigen Strahlen des Radiums bezeichnet, welche von Herrn Villard entdeckt sind. Ihr Kennzeichen ist eine große Durchdringungsfähigkeit, und, wie es scheint, fehlende magnetische und elektrische Ablenkung. Während man bisher annahm, daß diese Strahlen von der Art der Röntgenstrahlen seien, konnte ich nachweisen, daß sie eine negative Ladung mit sich führen. Sie sind daher als Kathodenstrahlen anzusehen. Diesen Nachweis habe

[3] The Electrician **1**, 318 (1903).
[4] Henri Becquerel, Phys. ZS **5**, 561 (1904).
[5] F. Paschen, Phys. ZS **5**, 563 (1904).

ich entsprechend den Kennzeichen der $\gamma$-Strahlen so geführt: Erstens ließen die Strahlen, welche mit dickem Blei umgebenes Radium noch in den Raum sendet, den von ihnen verlassenen Leiter positiv zurück. Es mußte also negative Elektrizität mit den $\gamma$-Strahlen entwichen sein. Diese negative Elektrizität kann man auch direkt nachweisen mit einer Anordnung, welche von mir in dieser Zeitschrift 5, 160 (1904) beschrieben ist, wenn man das innere isolierte Radium in eine Blechbüchse steckt und den äußeren isolierten Bleimantel dicker wählt. Der Mantel lädt sich dann negativ auf ... durch ein allmählich verstärktes Magnetfeld lenkte ich nach und nach die ablenkbaren $\beta$-Strahlen des Radiums von einem solchen Bleimantel fort und behielt dann doch noch eine Menge Strahlen übrig, welche negative Elektrizität an den Bleimantel abgaben. Diese mußten also Kathodenstrahlen sein."

Er versucht seine Hypothese scharfsinnig mit kalorimetrischen Messungen zu unterbauen und kommt zu dem Schluß: 1 Coulomb $\beta$-Strahlen tragen also weniger Energie als $1{,}22 \cdot 10^{13}$ erg. 1 Coulomb $\gamma$-Strahlen hatte dagegen mindestens $3{,}85 \cdot 10^{16}$ erg.

Der erstaunliche Schluß dieser für die damaligen Verhältnisse sehr schwierigen und geschickten Experimente lautet:

„Die Energie eines $\gamma$-Elektrons ist demnach mehr als 3200 mal größer als die des schnellsten $\beta$-Elektrons der Messung Kaufmanns. Die unscheinbaren $\gamma$-Strahlen tragen bei weitem die größte Energie der Radiumstrahlen. Sie tritt in Wirkung wo der $\gamma$-Strahl absorbiert wird, z. B. in Metallen, die dann infolge des Röntgeneffektes die starke photographische Wirkung ausüben, welche ich auf Seite 502 dieser Zeitschrift beschrieben habe und welche weiter die hohe hier gemessene Erwärmung erfahren. Wo aber die $\gamma$-Strahlen nicht absorbiert werden, merken wir nichts von ihrer großen Energie. Dies ist ein treffliches Beispiel dafür, daß Energien existieren können, von denen wir keine Kunde erhalten, solange sie nicht absorbiert und in Energieformen verwandelt werden, welche unseren Sinnen zugänglich sind."

„Durch das Vorstehende dürfte meine Vermutung, daß die $\gamma$-Strahlen Kathodenstrahlen einer hohen Geschwindigkeit, also wohl Lichtgeschwindigkeit sind, an Wahrscheinlichkeit gewinnen."

Zu Beginn des Jahres 1905 hat Paschen [6] im übrigen die kalorimetrischen Messungen als fehlerhaft zurückgenommen mit dem Schlußsatz:

„Es bleibt danach nur die Notiz von Frau Curie, nach der die $\gamma$-Strahlen eine bedeutende Energie besitzen müßten."

Inzwischen hatten nämlich M. Curie und Sagnac nachgewiesen, daß auch Röntgenstrahlen in der Lage sind, Metallblechen, die sie durchsetzen, negative Elektrizität zu entziehen und sie positiv aufzuladen. Aus dem Rutherfordschen Laboratorium kam außerdem eine Arbeit von A. S. Eve [7] mit der Schlußfolgerung:

„It is clear, therefore, that Paschen was not justified in his conclusion that the $\gamma$-rays consist of negatively charged particles, but that he was really dealing with a secondary radiation caused by the $\gamma$-rays and proceeding from the outer layers of the lead envelope. There is at present no evidence that the $\gamma$-rays consist of negative charged particles."

---

[6] Phys. ZS. **6**, 97 (1905).
[7] Phil. Mag. 8, 669 (1904).

Zu einem vorläufigen Abschluß kommt die Diskussion über die Natur der $\gamma$-Strahlen mit den Argumenten, die RUTHERFORD [8] 1905 zusammenstellt:

„Considering the experimental evidence as a whole, there is undoubtedly a very marked similarity between the properties of $\gamma$ and X rays. The view that the $\gamma$-rays are a type of very penetrating X rays, also receives support from theoretical considerations. We have seen that the X rays are believed to be electromagnetic pulses, akin in some respects to short light waves, which are set up by the sudden stoppage of the cathode ray particles. Conversely, it is also to be expected that X rays will be produced at the sudden starting, as well as at the sudden stopping of electrons. Since most of the $\beta$ particles from radium are ejected from the radium atom with velocities much greater than the cathode particles in a vacuum tube, X rays of a very penetrating character will arise. But the strongest argument in support of this view is derived from an examination of the origin and connection of the $\beta$ and $\gamma$ rays from radioactive substances. It will be shown later that the $\alpha$ ray activity observed in radium arises from several disintegration products, stored up in the radium, while the $\beta$ and $\gamma$ rays arise only from one of these products named radium C. It is found too, that the activity measured by the $\gamma$ ray is always proportional to the activity measured by the $\beta$ rays, although by separation of the products the activity of the later may be made to undergo great variations in value."

„Thus the intensity of the $\gamma$ rays is always proportional to the rate of expulsion of $\beta$ particles, and this result indicates that there is a close connection between the $\beta$ and $\gamma$ rays. Such a result is to be expected if the $\beta$ particle is the parent of the $\gamma$ ray, for the expulsion of each electron from radium will give rise to a narrow spherical pulse travelling from the point of disturbance with the velocity of light. ..."

„The weight of evidence, both experimental and theoretical, at present supports the view that the $\gamma$ rays are of the same nature as the X rays but of a more penetrating type. The theory that the X rays consist of non periodic pulses in the ether, set up when the motion of electrons is arrested, has found most favour, although it is difficult to provide experimental tests to decide definitely the question. The strongest evidence in support of the wave nature of the X rays is derived from the experiments of BARKLA, who found that the amount of secondary radiation set up by the X rays on striking a metallic surface depended on the orientation of the X ray bulb. The rays thus showed evidence of a one sideness or polarization which is only to be expected if the rays consist of a wave motion in the ether."

Bis zur Entdeckung VON LAUES über die Interferenzerscheinungen der Röntgenstrahlen an Kristallen und der anschließenden ersten Wellenlängenmessung von RUTHERFORD and ANDRADE [9] an $\gamma$-Strahlen mit einem Steinsalzkristall sollten die verschiedensten Hypothesen über die Natur der $\gamma$-Strahlen nicht verstummen. Dies geht deutlich aus einer Besprechung von K. FAJANS in den „Naturwissenschaften" 1913 über das neue Buch von W. H. BRAGG „Studies in Radioactivity" London 1912, hervor. FAJANS schreibt am Ende seiner Besprechung:

„Im Falle der $\gamma$- und der von diesen sich wohl nur in quantitativer Hinsicht unterscheidenden Röntgenstrahlen waren noch vor kurzem über ihre Natur die Ansichten geteilt. Eine der verbreitetsten Theorien sieht in ihnen elektromagnetische Impulse

[8] Radioactivity 2. Edition 1905, S. 184.
[9] Nature **92**, 267 (1913).

im Äther, die durch rasche Geschwindigkeitsänderungen der $\beta$- oder Kathodenstrahlen erzeugt werden. Ihre Fortpflanzungsgeschwindigkeit müßte gleich der des Lichtes sein. Sie würden auf Grund dieser Auffassung außerordentlich kurzwelligem Licht (Wellenlänge $10^{-9}$ cm) zu vergleichen sein, von dem sie sich aber für gewöhnlich durch ihren nichtperiodischen Charakter unterscheiden würden. Der Verfasser verteidigt eine andere von ihm aufgestellte Theorie. Nach dieser sollen diese Strahlen so wie $\alpha$- und $\beta$-Strahlen auch korpuskular gebaut sein, und zwar aus Teilchen bestehen, die ein durch eine positive Ladung neutralisiertes Elektron darstellen. Der Verfasser hält seine Auffassung als besonders geeignet, um die große gegenseitige Umwandlungsfähigkeit der Kathoden- bzw. $\beta$-Strahlen in Röntgen- bzw. $\gamma$-Strahlen und umgekehrt, welche sie beim Auftreten auf Materie erleiden, zu erklären. Die neuesten Untersuchungen, durch die sowohl die Beugung wie die Reflexion der Röntgenstrahlen nachgewiesen wurde, scheinen aber endgültig die Impulstheorie bewiesen zu haben, während sie mit der Braggschen Auffassung unvereinbar sind. Dies muß beim Lesen der entsprechenden Kapitel des Buches, welche sonst sehr viel interessante und wichtige Tatsachen enthalten, berücksichtigt werden."

## 2. Ursprung der $\gamma$-Strahlen

War nun auch die Natur der $\gamma$-Strahlen damit sichergestellt, so ergab sich doch die zweite Frage, die schon RUTHERFORD erörtert hatte, nach dem Ursprung und den Beziehungen der $\gamma$-Strahlen zu den radioaktiven Vorgängen. Die Antwort darauf ist erst in der Mitte der 20er Jahre gefunden worden, nach langen Diskussionen, an denen LISE MEITNER einen hervorragenden Anteil genommen hat.

Inzwischen war das Rutherford-Bohrsche Atommodell entstanden und die Quantentheorie hatte ihren Siegeszug angetreten. Im Juli 1924 schreibt LISE MEITNER [10] einen Artikel über die obige Frage mit dem Titel „Über die Rolle der $\gamma$-Strahlen beim Atomzerfall". Die ursprünglich Rutherfordsche Idee, daß vielleicht bei der Emission von $\beta$-Strahlen ebenso wie bei der Abbremsung von Kathodenstrahlen in der Röntgenröhre, Ätherimpulswellen entstehen, hatte sich nicht bewahrheitet. Die Klärung der Frage wird am besten beleuchtet, wenn ich folgendes aus der Arbeit von L. MEITNER zitiere:

„In der voranstehenden Arbeit (O. HAHN und L. MEITNER) ist gezeigt worden, daß die $\alpha$-Strahlenumwandlung des Radiums in Emanation von einer typischen monochromatischen $\gamma$-Strahlung begleitet ist, die offenbar aus dem Kern des zerfallenden Atoms stammt. Ganz ähnlich liegen die Verhältnisse auch beim Radioaktinium und Aktinium X, wie aus einer eingehenden gemeinschaftlich mit O. HAHN durchgeführten Untersuchung hervorgeht, die demnächst erscheinen wird. Bei diesen beiden $\alpha$-strahlenden Substanzen ist nicht nur eine einzige, sondern eine größere Zahl monochromatischer Kern-$\gamma$-Strahlen vorhanden. Daraus geht also hervor, daß $\gamma$-Strahlen sowohl als Begleiterscheinung von $\beta$- als auch von $\alpha$-Strahlenumwandlung auftreten können, und dies stützt wieder die von mir im Gegensatz zu C. D. ELLIS betonte Analogie zwischen $\alpha$- und $\beta$-Strahlenumwandlungen. Zugleich ergibt sich damit ein etwas vertiefteres Verhältnis für die Bedeutung der $\gamma$-Strahlen überhaupt."

„Betrachten wir einmal die Vorgänge beim Atomzerfall. Wenn ein $\alpha$- oder $\beta$-Teilchen aus dem Kern herausfliegt, so wird in dem übrig bleibenden Kern eine Neuordnung

---

[10] ZS. f. Phys. **26**, 169 (1924).

der Kernbestandteile eintreten müssen. Bei dieser Neuordnung sind zweierlei Vorgänge denkbar. Erstens kann eine strahlungslose Änderung der Kernkonfiguration stattfinden, wie sie in der äußeren Elektronenhülle bei jedem Ionisationsprozeß erfolgt, bei dem sich die übriggebliebenen Elektronen in etwas veränderter Weise um den Kern einstellen. Außerdem aber können auch quantenmäßige Konfigurationsänderungen des Kerns vor sich gehen, die dann das Auftreten von monochromatischen $\gamma$-Strahlen bedingen werden."

„Stellt man sich auf diesen Standpunkt, so wird es sofort verständlich, daß auch $\alpha$-Strahlenumwandlungen von Kern-$\gamma$-Strahlen begleitet sein können. Das Auftreten der $\gamma$-Strahlen ist sozusagen ein Maß für die Größe der Störung der Kernfiguration, die durch das Austreten des $\alpha$- oder $\beta$-Teilchens hervorgerufen wird. Ist diese Störung gering, so wird ohne Änderung der Quantenzustände des Kerns nur eine strahlungslose Umordnung der Kernbestandteile vor sich gehen, die Atomwandlung ist nicht von einer $\gamma$-Strahlung begleitet. Solche Fälle liegen bei vielen $\alpha$-strahlenden Substanzen wie Ionium, Polonium, ThC' und bei den $\beta$-strahlenden Substanzen $UX_1$, RaE und ThC vor. Bei größeren Störungen durch die austretenden Kernbestandteile werden Quantenübergänge ausgelöst, die als $\gamma$-Strahlen emittiert werden. Je eingreifender die Störung des Kerns ist, umso zahlreicher werden die möglichen Energieübergänge, d. h. umso linienreicher und im allgemeinen auch umso mehr nach kurzen Wellenlängen reichend wird das ausgesandte $\gamma$-Strahlenspektrum sein. Wir kennen Substanzen, die nur eine einzige monochromatische $\gamma$-Strahllinie emittieren.

So sendet das $\beta$-strahlende RaD eine $\gamma$-Strahllinie von $2{,}7 \cdot 10^{-9}$ cm aus. Die $\beta$-Strahlung des ThB ist von der Emission zweier $\gamma$-Strahllinien von 5,2 und $4{,}16 \cdot 10^{-10}$ cm begleitet. RaB sendet eine große Zahl von $\gamma$-Linien aus, deren kurzwelligste bisher mit großer Sicherheit nachgewiesene Wellenlänge von $3{,}5 \cdot 10^{-10}$ cm besitzt; und noch viel komplizierter sind die $\gamma$-Strahlenspektren von ThC″ und RaC, deren kurzwellige Grenze sicher unter $1 \cdot 10^{-10}$ cm liegt."

„Die $\gamma$-Strahlung ist nach dieser Auffassung keineswegs in so einfacher Weise mit dem Aufbau des Kerns verknüpft wie etwa die charakteristische Röntgenstrahlung mit der Anordnung der äußeren Elektronen. Beispielsweise folgt aus der Tatsache, daß der Radiumkern eine einzige monochromatische $\gamma$-Strahllinie von der Energie von rund $3 \cdot 10^{-7}$ erg emittiert, nicht etwa, daß die zugehörigen stationären Zustände im stabilisierten Radiumkern wirklich vorhanden sein müssen; sondern es besagt nur, daß, wenn der Radiumkern ein $\alpha$-Teilchen verloren hat, also seiner Ladung nach ein Emanationskern geworden ist, noch ein Quantensprung von der angegebenen Energie erfolgt, der erst zu dem möglichen Zustand des Kerns der Radiumemanation führt. Diese Auffassung ist eine prinzipiell andere als die in meiner ersten Arbeit geäußerte Ansicht, wonach die Energie der $\gamma$-Strahlen in sehr engem Zusammenhang mit der Energie der primären Korpuskularstrahlen stehen sollte. Ein solcher Zusammenhang braucht hiernach gar nicht vorhanden zu sein und ist allem Anschein nach auch nicht direkt vorhanden. Darauf weist z. B. die Tatsache hin, daß die schnellsten $\alpha$-Strahlen, die wir kennen, die $\alpha$-Strahlen von ThC′ von keiner $\gamma$-Strahlung begleitet sind."

„Meine jetzige Auffassung unterscheidet sich aber auch nicht unwesentlich von der von C. D. Ellis und C. D. Ellis und H. W. B. Skinner vertretenen, nach der sich aus den von dem $\beta$-strahlenden RaB emittierten $\gamma$-Strahlen direkt die stationären Zustände des RaB-Kerns ergeben."

### 3. Wechselwirkung der Materie

Neben Natur und Ursprung der $\gamma$-Strahlen, war als drittes die Wechselwirkung mit der Materie zu klären. Auch hier ist von RUTHERFORD und seinem Laboratorium in Montreal die Pionierarbeit geleistet worden. In dem Artikel über „Sehr durchdringende Strahlen von radioaktiven Substanzen" [11] benutzt er als erster die Ionisationskammer zur Bestimmung der Absorption der $\gamma$-Strahlen von Radium und findet das Exponentialgesetz:

„Die folgende Tabelle zeigt den Zusammenhang zwischen Stromstärke und Dicke des Bleies. Die Bleiplatten waren viel größer als der Durchschnitt des Prüfungsapparates D, so daß die beobachteten Ströme nur von Strahlen herrühren konnten, welche durch das Blei hindurchgedrungen waren."

*Tabelle I*

| Dicke des Bleis | Strom |
|---|---|
| 0,72 cm | *1* |
| 0,72+0,62 cm | 0,60 |
| 0,72+1,24 cm | 0,37 |
| 0,72+1,86 cm | 0,25 |
| 0,72+2,50 cm | 0,16 |

„Der mit der 0,72 cm dicken Bleiplatte erhaltene Strom ist als Einheit genommen."

„Die Stromstärke fällt, wie aus der Tabelle hervorgeht, mit zunehmender Dicke der Platte ungefähr nach einer geometrischen Reihe."

Es hat dann fast 30 Jahre gedauert, bis wesentlich genauere Absorptionskoeffizienten für die harten $\gamma$-Strahlen gefunden wurden. Das hing einmal damit zusammen, daß der Einfluß der Streustrahlung zunächst geklärt werden mußte, und zum anderen war die $\gamma$-Strahlung des Radiums wegen ihrer Inhomogenität denkbar ungeeignet. Um die Ausschaltung der Streustrahlung hat sich K. W. F. KOHLRAUSCH [12] besonders bemüht, aber einwandfreie Messungen gelangen erst gegen 1930 durch Verwendung der Druckionisationskammer und besonders des Geiger-Müllerschen Zählrohrs, wodurch der Raumwinkel so stark verkleinert werden konnte, daß alle unübersichtlichen Korrekturen wegfielen. Diese empfindlichen Nachweisgeräte gestatteten auch erst die Verwendung der härteren und homogeneren Strahlung von ThC″, wofür man mit Vorteil das von O. HAHN entdeckte Radiothor benutzte. Ein erster deutlicher Hinweis auf diese Substanz, die später lange Zeit die wichtigste $\gamma$-Strahlenquelle war, findet sich in einem Artikel von A. S. EVE aus dem Rutherfordschen Laboratorium mit dem Titel: „Die Absorption der $\gamma$-Strahlen radioaktiver Substanzen" [13] Darin werden zunächst die damaligen Strahlenquellen aufgezählt:

[11] Phys. ZS. **3**, 1901—02.
[12] Wien. Ber. **126**, 887 (1917).
[13] Phys. ZS. 8, 183 (1907).

„1. Radiumbromid.
2. Uraninit aus Joachimsthal in Böhmen, 1 Kilogramm.
3. Uraniumnitrat, hergestellt von Eimer und Amend, 1 Kilogramm.
4. Thoriumnitrat, hergestellt von Eimer und Amend, 2 Kilogramm.
5. Radiothorium; dieses war mir von seinem Entdecker, Herrn Dr. Hahn, der gerade im hiesigen Laboratorium arbeitete, leihweise überlassen worden.
6. Aktinium, Gieselsches Präparat, Aktivität ungefähr 300.
7. Aktinium, Präparat von Debierne, Aktivität ungefähr 700. Diese Substanz, welche Eigentum von Sir William Ramsay ist, wurde mir von Herrn Dr. Hahn in liebenswürdiger Weise überlassen.“

Dann folgt eine Bemerkung über das Radiothor. „Es verdient bemerkt zu werden, daß Radiothorium Werte für $\lambda$ ergab, die mit den beim Radium und beim Thorium gefundenen nahezu identisch sind, daß aber die Strahlen von Radiothorium anfänglich ein wenig durchdringungsfähiger zu sein scheinen, möglicherweise deshalb, weil die Selbstabsorption eine geringere ist. Herr Dr. HAHN hat gezeigt, daß Radiothorium Thorium X und Thoriumemanation hervorbringt, und da nun Radiothorium ähnliche Strahlen aussendet wie Thorium, so haben wir einen weiteren Beweis — wenn anders noch ein Beweis erforderlich wäre — für die Ähnlichkeit zwischen Radiothorium und Thor. Radiothorium ist bisher in reinem Zustande noch nicht erhalten worden, aber elf Milligramm, die Herr Dr. HAHN mir zu leihen die Liebenswürdigkeit hatte, waren, an den $\gamma$-Strahlen gemessen, 1570 Gramm Thoriumnitrat äquivalent. Dieses Resultat ist von derselben Größenordnung wie das, welches Herr HAHN unter Benutzung der $\gamma$-Strahlen gefunden hat; Radiothorium ist demnach 143000 mal stärker aktiv als Thoriumnitrat.“

Die Energiebestimmung dieser ThC″-Strahlung, der härtesten $\gamma$-Strahlung der natürlich radioaktiven Substanzen, gelang aber erst BLACK 1925 [14].

Die wichtigste Anregung für die Experimentalphysiker, sich noch einmal mit der Absorption der $\gamma$-Strahlen zu beschäftigen, kam dann 1928 als KLEIN und NISHINA [15] ihre bekannte Formel fanden. Diese berühmte Arbeit beginnt mit folgenden Worten:

„Nach der kürzlich von DIRAC entwickelten neuen relativistischen Quantendynamik, bei der die mit der Eigenrotation des Elektrons zusammenhängenden Erscheinungen von selbst berücksichtigt werden, hat sich die Grundlage für eine Theorie der Streuung des Lichtes an freien Elektronen geändert, und man kann erwarten, daß auch die Endresultate der Dirac-Gordonschen Theorie des Comptoneffektes hiervon beeinflußt werden. In der vorliegenden Arbeit haben wir versucht, das Problem der Streustrahlung bei freien Elektronen auf Grundlage von DIRACS neuer Dynamik des Elektrons in Angriff zu nehmen ...“ und weiter unten „... In der vorliegenden Arbeit haben wir uns auf die Berechnung der Itensität der Streustrahlung in ihrer Abhängigkeit von Richtung und Wellenlänge beschränkt. Die Frage der Polarisation der Streustrahlung wird der eine von uns in einer nachfolgenden Arbeit behandeln. Es hat sich gezeigt, daß in dem Gebiet der harten $\gamma$-Strahlen die Abweichungen unserer Resultate von den Dirac-Gordonschen Formeln beträchtlich sind, so z. B. daß die Wellenlängenbestimmung der kosmischen durchdringenden Strahlung nach

[14] Proc. Roy. Soc. **109**, 166 (1925).
[15] ZS. f. Phys. **52**, 853 (1928).

der vorliegenden Theorie bedeutend kürzere Wellenlängen liefern würde als nach der älteren Theorie. Gerade in diesem Gebiet scheinen aber die experimentellen Ergebnisse über den Comptoneffekt zu unsicher zu sein, um zur Zeit eine Entscheidung für oder gegen die Theorie zu liefern. Hier wäre jedoch eine genaue experimentelle Prüfung sehr erwünscht, nicht am wenigsten im Hinblick auf die von DIRAC hervorgehobene Schwierigkeit seiner neuen Theorie, die mit der Möglichkeit von negativen Energien zusammenhängt."

Bald darauf hat D. SKOBELZYN [16], der in Leningrad und später im Pariser Radium Institut die Nebelspuren von Rückstoßelektronen der Ra-$\gamma$-Strahlung ausgemessen hatte, auf die Übereinstimmung der Winkelverteilung der Streuelektronen mit der Klein-Nishina-Formel hingewiesen. Dasselbe bemerkt L. H. GRAY [17], der sich auf eine frühere Arbeit von SKOBELZYN bezieht und dann schreibt er weiter:

„The nearest approach to a simple and direct comparison between theory and experiment would be obtained by a study of the absorption and scattering of thorium C'' $\gamma$-rays since it is estimated that about 80 % of the energy of this radiation is contained in the line $\lambda = 0{,}004$ Å. U. Unfortunately the experimental data concerning these rays are very meagre. The most recent determination of the total scattering coefficient in aluminium appears to be that made by RUTHERFORD and RICHARDSON in 1913 who obtained $T_{\text{Al}} = 0{,}096$ cm$^{-1}$. Assuming that all the energy resided in the one line, the theoretical formulare give $T = 0{,}097$ cm$^{-1}$ (KLEIN-NISHINA). The exact agreement between experiment and the Klein-Nishina-formula must be fortuitous ..."

Im nächsten Jahr kamen die ersten neuen Resultate der Experimentalphysiker (MEITNER und HUPFELD, TARRANT, CHAO) heraus, die sich mit der Klein-Nishina-Formel auseinandersetzten. MEITNER und HUPFELD hatten für ihre Absorptionsmessungen die ThC''-Strahlung und das Geiger-Müllersche Zählrohr benutzt, wodurch sie sehr günstige geometrische Bedingungen erzielten. Die Einführung dieser Meßmethode war damals noch etwas Umstürzlerisches, denn ich erinnere mich an ein Gespräch, das ich 1933, also drei Jahre später, bei meiner Ankunft im Pariser Radium Institut mit Madame CURIE hatte. Ich wollte die Messungen von Frau MEITNER nachmachen, aber Madame CURIE hatte große Bedenken gegen die Verwendung von Zählrohren für quantitative Messungen. Ich mußte versprechen, die Zählrohrmessungen mit der Druckionisationskammer zu kontrollieren. Erst nach vielen Monaten konnte ich Madame CURIE von der Zuverlässigkeit der Zählrohre überzeugen. Inzwischen hatte ich nämlich auch JOLIOT für diese Meßmethode gewonnen. Die erste Mitteilung von MEITNER und HUPFELD [18] schließt mit den folgenden Worten:

„Die erhaltenen Werte stimmen weitaus am besten mit der Formel von KLEIN und NISHINA überein. Es sind aber deutliche Abweichungen vorhanden, die mit wachsendem Atomgewicht größer werden und die sicher außerhalb der Fehlermöglichkeiten liegen. Unsere Meßfehler dürften $\pm 5$ % nicht übersteigen. Die naheliegenden Erklärungsmöglichkeiten, wie etwa noch vorhandener Photoeffekt, zusätzliche klassische Streuung (unter Berücksichtigung der Debyeschen Formel) innerhalb derjenigen kleinen Winkel, für die die Bindungsenergie des Elektrons nicht mehr

[16] ZS. f. Phys. **58**, 595 (1929).
[17] Proc. Roy. Soc. **122**, 666 (1929).
[18] Naturwiss. **18**, 534 (1930).

verschwindend klein gegenüber seiner Rückstoßenergie wird, könnten nur für die schweren Atome in Betracht kommen, und scheinen keineswegs ausreichend die Abweichungen zu erklären. Man muß daher, da die Richtigkeit der theoretischen Grundlagen der Formel von Klein und Nishina wohl nicht zu bezweifeln ist, an die Möglichkeit denken, daß ein bisher noch nicht berücksichtigter Faktor vorhanden ist, wie er z. B. durch eine Streuung der sehr kurzwelligen Strahlung an den Atomkernen selbst gegeben sein könnte.“

In der zweiten ausführlichen Arbeit von Meitner und Hupfeld [19] wurde dann ganz deutlich gesagt, daß der normale Photoeffekt für die Absorptionskoeffizienten der schweren Elemente nicht ausreichend ist. Der Beweis war der größere Betrag der Differenzen $(\mu_{at})_{Pb} - (\mu_{at})_{Al}$ für die härtere ThC″ Strahlung im Gegensatz zur weicheren Ra(B+C)-Strahlung. Alle damals bekannten Effekte gingen in umgekehrter Richtung.

Um die gleiche Zeit wurden in verschiedenen Laboratorien ähnliche Messungen vorgenommen und besonders auch die Streustrahlung untersucht. Einen ersten Hinweis für eine neue Komponente in der Streustrahlung der schweren Elemente von ∼ 0,5 MeV fand C. Y. Chao [20], der auch schon die isotrope Verteilung dieser Zusatzstrahlung feststellte. Seine Arbeit schließt mit den Worten:

„Although the final solution of this problem is not yet reached, nevertheless from the present experiment it is fairly evident that the additional absorption as well as the anomalous scattering of hard $\gamma$-rays by heavy elements, at least Pb, originates in the nucleus.“

Neben der Komponente von 0,5 MeV fanden L. H. Gray und G. P. T. Tarrant [21] noch eine härtere Komponente von ∼ 1,1 MeV. Außerdem fanden Meitner und Kösters nur eine Streustrahlungskomponente *ohne* Wellenlängenänderung. Die Lage wurde mehr und mehr verwirrt, wie aus dem folgenden Zitat zu ersehen ist (L. Meitner und H. Kösters [22]).:

„Was die eingangs erwähnten Befunde von Gray und Tarrant betrifft, so haben wir diese nicht bestätigen können. Nach Gray und Tarrant sollten für RaC und ThC″ die Streustrahlungskurven für Fe sehr ähnlich sein, bei uns sehen sie absolut verschieden aus. Außerdem dürfte die Primärwellenlänge nicht in der Streustrahlung enthalten sein. In unseren Kurven treten deutlich die jeweiligen Primärwellenlängen auf. Ob daneben noch etwaige schwache weichere Ramanlinien vorhanden sind, können wir nicht entscheiden, dazu müßten unsere Kurven mit viel mehr Punkten belegt sein und auch dann wären Linien, die etwa zwischen die Compton- und Kernstrahlung fallen, kaum mit Sicherheit festzustellen. Wenn die von Gray und Tarrant gefundenen zwei $\gamma$-Strahlgruppen durch Ramaneffekte entstehen, so ist es jedenfalls sehr auffallend, daß bei allen von ihnen untersuchten Substanzen die gleichen Linien auftreten. Gray und Tarrant haben deswegen die beiden $\gamma$-Linien als Eigenfrequenzen des $\alpha$-Teilchens gedeutet.

Wo der Grund für die Unterschiede der Ergebnisse der englischen Forscher und der unsrigen zu suchen ist, ist schwer zu entscheiden. Die Versuchsanordnungen sind in beiden Fällen sehr verschieden. Gray und Tarrant haben um größere Intensitäten

[19] ZS. f. Phys. **67**, 147 (1931).
[20] Phys. Rev. **36**, 1519 (1930).
[21] Proc. Roy. Soc. London (A) **136**, 662 (1932).
[22] ZS. f. Phys. **84**, 137 (1933).

und damit größere Meßgenauigkeit zu erzielen, auf Filterung und scharfe Ausblendung der Strahlen verzichtet und mußten infolgedessen eine Reihe rein rechnerisch ermittelter Korrekturen an ihren Messungen vornehmen. Wir haben den umgekehrten Weg eingeschlagen, stark gefiltert und ausgeblendet, wodurch die direkt gemessenen Werte auch die endgültigen Resultate darstellen. Und diese Resultate scheinen nur die von uns gegebene Deutung zuzulassen."

Zusatz bei der Korrektur von M. DELBRÜCK.

„Die kürzlich erfolgte Entdeckung, daß positive Elektronen durch $\gamma$-Strahlen von ThC″ und noch mehr durch die härtere Bestrahlung in verschiedenen Elementen mittlerer und hoher Ordnungszahl erzeugt werden, legt die Vermutung nahe, daß es sich dabei um einen Photoeffekt an einem der unendlich vielen Elektronen in Zuständen negativer Energie handelt, die nach DIRACS Theorie den ganzen Raum mit unendlicher Dichte erfüllen und die zu einem solchen Absorptionsprozeß vermöge ihrer Wechselwirkung mit dem Kern wohl befähigt wären.

Eine solche Auffassung zwingt dann aber auch zu der Folgerung, daß diese Elektronen negativer Energie $\gamma$-Strahlen zu streuen vermögen, und zwar kohärent, analog dem Phänomen der unverschobenen Comptonlinie. Diese Streuung verschwindet mit abnehmender Kernladung, genau wie im Falle der Streuung durch Elektronen positiver Energie. Bei gewöhnlichen Elektronen nimmt dann an Stelle der unverschobenen die verschobene Streustrahlung an Intensität zu. Diese ist bei Elektronen negativer Energie dadurch ausgeschlossen, daß alle Zustände, in die das freie Elektron gemäß dem Energie- und Impulssatz beim Comptonprozeß übergehen könnte, schon von anderen Elektronen besetzt sind.

Wir schlagen die Hypothese vor, daß die in der vorstehenden Arbeit beschriebene Streustrahlung mit dieser Streustrahlung der Elektronen negativer Energie identisch ist. Nach dieser Auffassung wäre die Kernstreuung also überhaupt nicht eine Funktion der Kernstruktur, sondern ausschließlich eine Funktion der Kernladung und der Frequenz der Primärstrahlung."

Die Entdeckung des positiven Elektrons mit seiner Vernichtungsstrahlung lag, wie man rückblickend sagen würde, in der Luft. Besonders auffallend war die rätselhafte Beobachtung mit der Nebelkammer von J. CURIE und F. JOLIOT [23].

„Trajectoires électroniques. — On observe aussi dans l'appareil des électrons rapides dont on peut estimer l'énergie en établissant un champ magnétique au moment de la détente. Le champ qui est produit par une bobine, est perpendiculaire à la chambre à détente; il est de 1.500 gauss environ.

Etant donné la très grande pénétration des rayons employés, il y a une très faible probabilité d'observer un électron issu de l'atmosphère de la chambre ou de l'écran de paraffine. La plupart des électrons observés proviennent surtout des pièces qui entourent la chambre: parois de verre, bobine pour le champ magnétique, plomb du filtre, et on les observe déjà ralentis par leur passage dans différentes matières. Cependant, les énergies de ces électrons ralentis sont encore très grandes, de l'ordre de $10^6$ eV à $4 \cdot 10^6$ eV. Le cliché 1 représente les trajectoires de ces électrons, le rayonnement étant filtré par 1 cm de plomb. On remarque une trajectoire, vraisemblablement due à un électron rapide, courbée en sens contraire des autres. Ceci indique que l'électron a été émis dans une région éloignée de la source et se dirige vers elle.

[23] L'existence du neutron par IRENE CURIE et FREDERIC JOLIOT, Hermann et Cie., Paris, 1932.

Ce fait a été observé assez fréquemment. Dans le cas particulier du cliché l'électron a une énergie voisine de $2 \cdot 10^6$ eV et ne peut être, d'après la direction de sa vitesse, un électron de choc Compton des photons primaires qu'émettrait la source ..... Il subsiste encore une difficulté, c'est la recherche de l'origine des électrons secondaires (2 à $3 \cdot 10^6$ eV) se dirigeant vers la source dans la chambre à détente. Cette difficulté serait écartée si l'on admet que les neutrons peuvent produire un rayonnement $\gamma$ secondaire dans la matière qu'ils traversent. On a vu que la forme du début dans la courbe d'absorption serait un indice de cette propriété des neutrons. Des expériences faites en plaçant un écran de plomb au-dessus de la source par rapport à la chambre d'ionisation, indiquent un très léger effet dans ce sens. Cette production de rayonnement secondaire pénétrant par les neutrons peut s'interpréter si l'on admet que les neutrons provoquent quelquesfois la désintégration des noyaux qu'ils rencontrent."

Um die gleiche Zeit erschien der Artikel von ANDERSON [24] mit der Entdeckung des positiven Elektrons in der kosmischen Strahlung. Ohne Kenntnis dieser Entdeckung hatte PAULI [25] gleichzeitig die Frage nach der Gültigkeit der Diracschen Theorie in seinem berühmten Handbuchartikel folgendermaßen beurteilt:

„Die Diracsche Theorie führt also zur Konsequenz, daß Teilchen mit positiver Ruhmasse mit endlicher Wahrscheinlichkeit durch das Zwischengebiet hindurchtreten und sich in Teilchen mit negativer Ruhmasse (unter Wahrung des Wertes der Summe aus kinetischer und potentieller Energie) verwandeln können. Offenbar widerspricht diese Konsequenz der Theorie der Erfahrung, und es fragt sich nun, wie hierzu Stellung zu nehmen ist ..."

„... Ein Versuch, die Theorie in ihrer bisherigen Form zu retten, scheint angesichts der Folgerungen von vornherein aussichtslos; andererseits ist es schwierig, vorauszusagen, mit welcher quantitativen Genauigkeit die Resultate der bisherigen Theorie in einer zukünftigen, korrekten Theorie näherungsweise bestehen bleiben werden. Die bisher vorgeschlagenen Versuche zu einer Modifikation der Theorie können nämlich kaum als befriedigend angesehen werden. Zunächst hat DIRAC selbst einen solchen Versuch unternommen. Er denkt sich den leeren Raum so beschrieben, daß alle Elektronenzustände negativer Energie durch je ein Elektron besetzt sind. Infolge des Ausschließungsprinzips ist dieser Zustand ein stabiler. Ferner wird die Zusatzannahme eingeführt, daß die unendliche Ladung dieser Elektronen kein Feld erzeugt, sondern nur dasjenige elektrostatische Feld existiert, das von Abweichungen der Besetzung der Zustände von dieser Normalbesetzung herrührt. In diesem Fall verhalten sich die unbesetzten Zustände negativer Energie sowohl hinsichtlich des von ihnen erzeugten Feldes als auch hinsichtlich ihres Verhaltens in einem äußeren Feld wie Teilchen mit der Ladung $+e$ und positiver Masse. Der Identifizierung dieser „Löcher" mit den Protonen steht jedoch entgegen, daß erstens die Masse der Teilchen der der Elektronen exakt gleich sein müßte, und daß zweitens eine Zerstrahlung von Elektron und Proton (z. B. des H-Atoms) nach dieser Theorie sehr häufig vorkommen müßte. Neuerdings versuchte DIRAC deshalb den bereits von OPPENHEIMER diskutierten Ausweg, die Löcher mit Antielektronen, Teilchen der Ladung $+e$ und der Elektronenmasse, zu identifizieren. Ebenso müßte es dann neben den Protonen noch Antiprotonen geben. Das tatsächliche Fehlen solcher Teilchen wird dann auf einen speziellen Anfangszustand zurückgeführt, bei dem eben nur die eine Teilchensorte

[24] Science **76**, 238 (1932).
[25] Handbuch der Physik, Kap. 2, W. PAULI: Die allgemeinen Prinzipien der Wellenmechanik.

vorhanden ist. Dies erscheint schon deshalb unbefriedigend, weil die Naturgesetze in dieser Theorie in bezug auf Elektronen und Antielektronen exakt symmetrisch sind. Sodann müßten jedoch (um die Erhaltungssätze von Energie und Impuls zu befriedigen, mindestens zwei) $\gamma$-Strahl-Photonen sich von selbst in ein Elektron und ein Antielektron umsetzen können. Wir glauben also nicht, daß dieser Ausweg ernstlich in Betracht gezogen werden kann."

Den inneren Zusammenhang zwischen der anomalen Absorption der $\gamma$-Strahlen und der Paarerzeugung einerseits und die Zuordnung der 0,5 MeV Komponente als Vernichtungsstrahlung andererseits und damit die Lösung des ganzen Rätsels haben im Februar 1933 Blackett und Occhialini zuerst erkannt in ihrem Artikel „Photographs of tracks of penetrating radiation" [26]. Sie schreiben darüber folgendes:

„It is not unlikely that positive electrons may be produced otherwise than in association with the penetrating radiation. Perhaps the anomalous absorption of gamma-radiation by heavy nuclei may be connected with the formation of positive electrons and the reemitted radiation with their disappearance. The reemitted radiation is, in fact, found experimentally to have an energy of the same order as that to be expected for the annihilation spectrum.

Again the hypotheses of the existence of positive electrons amongst the secondary particles produced by neutrons, would provide an explanation of the curious fact discovered by Curie and Joliot „Exposée de Physique Theorique" p. 21, 1933, that fast electron tracks are found with a curvature indicating a negative electron moving towards the neutron source."

Dieser vorsichtige Vorschlag zur Deutung wurde schon im Juni 1933 glänzend bestätigt durch die theoretischen Rechnungen von Oppenheimer und Plesset „On the production of positive electrons" [27].

Die Deutung der harten Komponenten in der Streustrahlung stellte sich dagegen als sehr komplex heraus. Es war nämlich in Wirklichkeit ein breites Spektrum. Nur konnte man das damals, mit der schwerfälligen Methode der Absorptionsanalyse, die so viele falsche Schlußfolgerungen auf dem Gewissen hat, nicht merken. Der wesentliche Anteil dieser „harten" Komponente war einfach die Bremsstrahlung der ausgelösten Elektronen und die quantitativen Überlegungen wurden durch den mehrfachen Comptoneffekt erschwert.

Als sich die Wellen der Aufregung über die Wechselwirkung der harten $\gamma$-Strahlen mit den schweren Kernen schon beruhigt hatten, gab es 1936 noch einmal einen kurzen, aber heftigen Zweifel am Comptoneffekt. Darüber berichtete Bothe in einem Vortrag in Zürich (Sommer 1936) und ich zitiere daraus folgende Stellen:

„Die bekannten Schwierigkeiten, die aus dem Dualismus in den Erscheinungsformen der Strahlung entspringen, veranlaßten im Jahre 1924 Bohr, Kramers und Slater, zum ersten Male ernsthaft die Möglichkeit zu diskutieren, daß im Elementarprozeß der Wechselwirkung zwischen Strahlung und Materie der Energie-Impulssatz nicht streng, sondern nur statistisch erfüllt sein könnte. Eine solche Annahme schließt die Möglichkeit aus, solche Prozesse durch Lichtquanten (Photonen) zu beschreiben. Daher lag es nahe, diese Frage an demjenigen Prozeß zu prüfen, der bis dahin geradezu als augenfällige Demonstration der Existenz des Photons gelten konnte, nämlich

[26] Proc. Roy. Soc. London (A) **139**, 699 (1933).
[27] Phys. Rev. **44**, 53 (1933).

am Compton-Effekt. Diese Prüfung wurde von BOTHE und GEIGER für Röntgenstrahlen von etwa 70 keV ausgeführt. Es gelang der Nachweis, daß beim elementaren Compton-Effekt ein Streuphoton und ein Rückstoßelektron gleichzeitig ausgesandt werden. Damit war die von BOHR, KRAMERS und SLATER erörterte Möglichkeit experimentell ausgeschlossen ... Kürzlich hat nun SHANKLAND in Comptons Laboratorium den Versuch unternommen, die Photonenvorstellung im Gebiete der härteren $\gamma$-Strahlen nachzuprüfen. Er benutzte hierzu wiederum den Compton-Effekt. Der Vorteil gegenüber dem Röntgengebiet liegt darin, daß hier die Rückstoßelektronen so energiereich sind, daß sie bei entsprechend geringer Dicke der Streuschicht nicht sehr stark aus ihrer ursprünglichen Richtung abgelenkt werden; daher kann man hier eher hoffen, die von der Photonenvorstellung geforderte Richtungskopplung zwischen Streuphotonen und Rückstoßelektronen zu finden. Trotzdem ist ein solcher Versuch nicht ganz leicht durchführbar, weil die im Röntgengebiet noch wirksamen Mittel, um die Ansprechwahrscheinlichkeit eines Geigerschen Zählers für Photonen zu erhöhen, bei den härteren $\gamma$-Strahlen versagen, so daß die Ansprechwahrscheinlichkeit nicht auf wesentlich mehr als $10^{-2}$ gebracht werden kann. Dies bringt mit sich, daß die zu erwartende Häufigkeit der Koinzidenzen recht gering ist und leicht im unvermeidlichen Nulleffekt untergeht. SHANKLAND hat sich so geholfen, daß er im Wege der Streuphotonen mehrere Zählrohre hintereinander aufstellte, die als ein einziger Zähler von erhöhter Ansprechwahrscheinlichkeit (aber noch mehr erhöhtem Nulleffekt) wirken sollten. Dennoch ist es SHANKLAND nicht gelungen, so viele Koinzidenzen zu finden, wie aus seiner Berechnung aus der Photontheorie zu erwarten gewesen wären. Der hieraus gezogene Schluß, daß die Photonenvorstellung versagt, ist dann von verschiedenen Seiten übernommen und diskutiert worden. Insbesondere hat DIRAC es für nötig erachtet, wieder auf die statistische Auffassung von BOHR, KRAMERS und SLATER zurückzugreifen. Diese Möglichkeit scheidet jedoch von vornherein aus, weil sie im Widerspruch steht zu klaren experimentellen Ergebnissen, welche mit Berücksichtigung aller erdenklichen Fehlerquellen nach allen Seiten hin gesichert sind.

Hiernach blieben nur zwei Möglichkeiten übrig; entweder unterscheiden sich Röntgen- und $\gamma$-Strahlen wirklich so grundsätzlich in ihrem Verhalten, oder das Ergebnis von SHANKLAND ist falsch. Durch neue Versuche glauben nun H. MAIER-LEIBNITZ und der Vortragende sichergestellt zu haben, daß das letztere der Fall ist."

Als ich im Jahr 1937 einen zusammenfassenden Artikel [28] über die Wechselwirkung der $\gamma$-Strahlen mit der Materie zu schreiben hatte, stellte ich auch einige Fragen an Frau MEITNER. Aus ihrem Antwortschreiben geht wohl am besten hervor, wie sie selbst ihren wissenschaftlichen Beitrag in diesen Jahren der Entdeckung der Paarbildung beurteilte:

„Herr HUPFELD und ich haben in unserer ersten ausführlichen Arbeit über die Absorption der harten $\gamma$-Strahlen darauf verwiesen, daß der große Überschuß der $\mu$-Werte über die Streukoeffizienten $\sigma$ (nach KLEIN-NISHINA) bei schweren Kernen nicht nur vom normalen Photoeffekt herrühren können, weil diese Differenz ($\mu$—$\sigma$) für 4,7 XE größer ist als für 6,7 XE. Damals war von Paarbildung nichts bekannt und heute ist es natürlich klar, daß die Paarbildung dafür verantwortlich ist, die tatsächlich für kleinere $\lambda$ größer ist als für größere $\lambda$. In der zweiten Arbeit von HUPFELD und mir [29] haben wir für die sogenannte „Kernstreuung" pro Atom für

[28] Phys. ZS. 38, 836 (1937).
[29] ZS. f. Phys. 1932, S. 714.

ein mittleres $\lambda$—6,7 XE angegeben zu $\sigma_K = 0,5 \cdot 10^{-24}$ bei einer Gesamtschwächung von $\mu = 16,4 \cdot 10^{-24}$ pro Atom, also weniger als 3%. Für die ThC″-Strahlung haben KÖSTERS und ich den Anteil der Kernstreuung zu ca. 7% angegeben. Unseren Angaben liegt in beiden Fällen der Vergleich der Intensität der Comptonstrahlung (ca. 29 XE) und der härtesten Streustrahlung zugrunde. Nun hat ja Herr v. DROSTE in seiner Bestimmung der Zählerempfindlichkeit für das von uns stets verwendete Messingzählrohr gezeigt, daß die $\gamma$-Strahlung von 4,7 und 6,7 XE etwa knapp 7, bzw. 5,6 mal besser gezählt wird, als eine $\gamma$-Strahlung von 29 XE. Danach würde also für $\lambda = 6,7$ XE die Kernstreuung nur weniger als 0,6% und für $\lambda = 4,7$ XE etwa 1% ausmachen (immer im härtesten Teil der Streustrahlung gemessen). Ich möchte diesen Punkt darum etwas betonen, weil sich gelegentlich in der Literatur Angaben finden, die so verstanden werden können, als hätten wir nicht gewußt, daß die von uns gefundene harte Streustrahlung nur in der Größenordnung von einigen Prozent liegt. Ob diese Streustrahlung nach unseren heutigen Kenntnissen ganz durch die Bremsstrahlung der Compton- und Photoelektronen zu erklären ist, ist nicht einfach zu entscheiden. Herr v. DROSTE und ich haben schon vor 2 Jahren Streumessungen unter 60° ausgeführt mit der $\gamma$-Strahlung von 4,7 XE, die bisher nicht veröffentlicht worden sind. Um den Einfluß des Bremsspektrums festzustellen, hat dann Herr v. DROSTE das Bremsspektrum der RaE-$\beta$-Strahlen genau untersucht. Wir müssen jetzt gelegentlich nochmals genau diskutieren, ob wir aus seinen Resultaten die Streumessungen in dem einen oder anderen Sinn abschließend deuten können. Wir haben beide im letzten Jahr in ganz anderer Richtung gearbeitet, aber wir wollen die Frage demnächst nochmals aufnehmen."

Seit dem Jahre 1937 ist die Frage der Wechselwirkung mit größeren Energien der $\gamma$-Strahlen und verbesserter Versuchstechnik in vielen Arbeiten weiter erforscht worden. Insbesondere hat die Verwendung der Szintillationskristalle in Verbindung mit Diskriminatoren endlich den Verzicht auf die trügerische Absorptionsanalyse gebracht. Damit konnte dann auch noch einmal die Frage der elastischen Kernstreuung untersucht werden wie sie in der Arbeit von MEITNER und KÖSTERS und in dem Zusatz von DELBRÜCK oben erwähnt wurde. Die Ergebnisse derartiger Messungen sind neuerdings von EBERHARD, GOLDZAHL und HARA [30] mitgeteilt worden unter dem Titel: „Expérience destinée à la mise en évidence de l'effet Delbrück dans la diffusion élastique des Photons de 2,62 MeV". Die theoretische Deutung der sehr schwierigen experimentellen Messungen ist allerdings noch nicht gelungen wie aus der anschließenden Arbeit von KESSLER [31] hervorgeht, aus der ich zum Schluß einen Abschnitt der Diskussion zitiere:

„Confrontés avec l'experience, ces résultats ne comblent malheureusement pas notre attente. En effet, ils n'expliquent que dans la proportion de 10 à 15% l'écart entre la course experimentale donnant les sections efficaces de diffusion élastique des $\gamma$, et la courbe théorique correspondant à l'addition des effets Rayleigh et Thomson. Il faudra donc chercher l'explication principale de cet écart dans une voie différente qui peut être l'une des suivantes:

1° Un calcul plus exact de l'effet Rayleigh à 2,62 MeV, les valeurs utilisées jusqu'à présent provenant d'une extrapolation sujette à caution. Un tel calcul est actuellement en cours d'exécution.

[30] Journ. de Physique **19**, 695 (1938).
[31] Journ. de Physique **19**, 739 (1958).

W. Gentner

2° Une contribution positive de la partie réelle de l'amplitude de l'effet Delbrück (contrairement à ce que nous pensions a priori). Notons à ce propos que le fait de connaître la partie imaginaire autorise l'espoir de pouvoir calculer la partie réelle grâce à l'emploi de formules de dispersion."

Den Anteil der Delbrück-Streuung mit $\gamma$-Energien zu messen, wie sie von radioaktiven Quellen ausgesandt werden, scheint danach sehr fraglich. Diese Streuung, die der virtuellen Paarbildung im Coulombfeld des Kerns entspricht, sollte bei höheren $\gamma$-Energien leichter nachzuweisen sein. Daher ist in den letzten Jahren die Streuung der $\gamma$-Strahlen aus Beschleunigern mit wesentlich höheren Energien genauer untersucht worden und dort ist auch die Delbrück-Streuung in der Vorwärtsrichtung gefunden worden [32].

Zum Schluß sei noch ein Wort über die Resonanzabsorption der $\gamma$-Strahlen gesagt, da diese Frage schon früh von W. Kuhn [33] 1929 geprüft wurde und auch von Meitner und Hupfeld erörtert worden ist. Aus dem regelmäßigen Gang der Absorptionskoeffizienten mit der Ordnungszahl konnte damals geschlossen werden, daß für die ThC''-Strahlung kein wesentlicher Anteil von Resonanzstreuung am Blei zu erwarten ist. Die ersten positiven Resultate einer Resonanzstreuung von $\gamma$-Strahlen wurden erst von Moon [34] 1950 mit der $\gamma$-Strahlung von $Hg^{198}$ (411 keV) erzielt. Er konnte durch schnelle mechanische Bewegung der Strahlenquelle die durch den Rückstoß hervorgerufene Linienverschiebung kompensieren und die Resonanzstreuung am Quecksilber einwandfrei beobachten.

Damit soll diese historische Zitatensammlung ihren Abschluß finden. Sie erfaßt nur Erscheinungen an $\gamma$-Strahlen, die von radioaktiven Quellen stammen und läßt die höheren Energien aus Beschleunigern ganz außer Betracht. Andernfalls wäre diese Betrachtung von den Massen der Arbeiten über Kernphotoeffekt unter- und oberhalb der Mesonenschwelle überschwemmt worden. Die Absicht war aber gerade die klassischen Zeiten in Erinnerung zu bringen, die unsere drei Jubilare mit begründet haben.

---

[32] J. Moffat und M. W. Strinfellow, Phil. Mag. **3**, 540 (1958).
[33] W. Kuhn, Phil. Mag. 8, 625 (1929).
[34] P. B. Moon, Proc. Roy. Soc. London (A) **64**, 76 (1951).

WOLFGANG GENTNER

# Individuelle und kollektive Erkenntnissuche in der modernen Naturwissenschaft*

Hand in Hand mit der atemberaubenden Expansion der naturwissenschaftlichen Forschung in unserer Generation hat auch das moderne Teamwork, die Gruppenarbeit, seinen Einzug in das Laboratorium gefeiert.

Dies gilt in besonderem Maße für die physikalische Forschung, die in den letzten fünfzig Jahren eine Sturzwelle neuer Erkenntnis von ungeahntem Ausmaß ausgelöst hat. Was wir als Studenten gelernt haben, gilt heute als längst veraltet, und niemand von uns könnte es sich erlauben, eine Vorlesung zu halten, wie sie unsere Lehrer gehalten haben. In den Seminaren und Kolloquien lassen wir Ältere uns von den jungen Mitarbeitern über den neuesten Stand unserer Wissenschaft berichten. Denn wer käme bei den wachsenden Gebirgen von neuen Zeitschriften dazu, auch nur die Titel ordentlich durchzulesen? Von einem Kongreß in Kalifornien fliegen die Physiker mit Düsenmaschinen zum nächsten in Moskau oder Tokio und zurück nach Europa oder Australien. Warum diese Hast und hektische Unruhe, die doch als der Feind jeder wissenschaftlichen Arbeit angeprangert wird? Nun, jeder Physiker möchte aus dem Munde des Kollegen hören, wie er diese oder jene neue Fragestellung ansieht. Die Entwicklung des Experimentiergerätes geht so schnell vor sich, daß man kaum dazu kommt, es ordentlich zu beschreiben, und noch weniger, es dann auch noch zu lesen. So fährt man eher hin, um es mit eigenen Augen zu sehen. Preprints sind die Nahrung der Forschenden geworden, denn bis die Arbeit gedruckt ist, interessiert sie schon fast nicht mehr. Gleichzeitig wächst der Umfang des Wissensstoffes wie eine Exponentialfunktion. Da aber das menschliche Gehirn nur eine beschränkte Kapazität besitzt, so spaltet sich das Fach der Physik jedes Jahr in neue Untergruppen auf, und schon in einem kleinen Teilgebiet der Naturwissenschaften werden dauernd neue Spezialisten geboren, die die ursprüngliche Richtung fächerartig auseinandertreiben.

Die Gelehrtenstube, wie wir sie noch aus unserer Studentenzeit kannten, das physikalische Kabinett unserer vorigen Generation, ist dem Mammutinstitut mit Hunderten oder Tausenden von Mitarbeitern gewichen. Sitzt man in einem Flugzeug auf der Polarroute, so kann man sicher sein, andere Physiker zu treffen, die ebenfalls aber zu einem anderen „Symposion" eilen, wie

* Aus: Freiburger Dies Universitatis Band 9, 1961/62, S. 1–16.

diese Art von Blitzkongressen euphemistisch benannt wird. Unterwegs liest man schnell das Resümee, die Abstracts, die Zusammenfassungen, denn jemand muß den Speaker, den Sprecher, spielen, da ja die Zeit gar nicht ausreicht, daß jeder zu Wort kommen könnte. So berichtet der Sprecher zusammenfassend über die eingesandten Arbeiten, und ein fleißig arbeitendes Laboratorium ist schon zufrieden, wenn die intensive Arbeit des letzten Jahres wenigstens in einem kleinen Nebensatz erwähnt wird. Das Ende dieses Symposions führt zu einem Gespräch, wie man das nächste Mal zu einer vernünftigeren Diskussion ohne Zeitdruck kommen könnte. Das bewährte Heilmittel ist eine Aufspaltung in zwei oder mehr Symposia, und so bucht man gleich zwei neue Flüge für das nächste Jahr in getrennte Erdteile, da man ja sonst nicht „auf dem Laufenden" bleibt. Der Abgesandte auf dem fernen Symposion steht telegraphisch und telephonisch mit den Mitgliedern seines Teams zu Hause in Verbindung, und oft genug bittet er, seinen Vortrag auf den Nachmittag zu verlegen, weil das Telegramm mit den Daten des neuesten Elementarteilchens noch nicht eingetroffen ist oder die Telephonverbindung über den Ozean gestört war. Die Pause wird ihrerseits von den anderen Teilnehmern ausgenützt, um ihr Heimatlaboratorium von der Sensation eines neuen Elementarteilchens oder einer neuen Resonanz der $\pi$-Mesonen telegraphisch zu orientieren.

Personennamen treten in der Hitze des Gefechts ganz in den Hintergrund. Die Forschungsgruppe hat ihren Namen nach dem Ort des Laboratoriums oder der Bezeichnung der Experimentieranlage. „Kennen Sie die kleine Notiz über das neue $\omega$-Teilchen der Bevatron-Gruppe in Berkeley mit den 21 Autoren? Glauben Sie an das neue D-Teilchen der Dubna-Leute? Sie meinen das Dubion? Wer hat denn da mitgearbeitet? Ach, die russischen und chinesischen Namen klingen alle gleich, ich verwechsle sie immer." Oder ein anderes Beispiel: Frage: „Wer hat eigentlich an dem höchst wichtigen G-2-Experiment von CERN mitgearbeitet?" Antwort: „Ja, das ist nach zweijähriger Arbeit gar nicht mehr genau festzustellen. Die Mitarbeiter waren oft Gäste aus den USA, die nur ein halbes Jahr geblieben sind, und die Zusammensetzung der Gruppe hat oft gewechselt. Soviel ich feststellen konnte, entstand die Idee für das Experiment gelegentlich einer Diskussion im Zimmer von B. Aber wer sie zuerst geäußert hat, war nachträglich nicht mehr sicher auszumachen. So haben wir eben alle Mitarbeiter der letzten zwei Jahre in alphabetischer Reihenfolge als Autoren angegeben." Der Zustand der vollkommenen Anonymität der Forschung scheint nahe dem Ziel zu sein.

Man sollte denken, daß das namenlose Arbeiten den Ehrgeiz vermindert und damit die Arbeitswut verringert. Das Gegenteil scheint der Fall zu sein. Denn die Erfolge der großen Laboratorien sind unbestreitbar. Eine ganze Reihe von Fragen drängt sich auf, die wir der Reihe nach vornehmen wollen.

Wie kam es zu dieser hektischen Entwicklung, die heute die Physik gepackt hat und morgen die Biologie erfassen kann? Denn diese explosionsartige Entwicklung ist sicher nicht typisch für ein einzelnes Fach. Die Chemie hat eine derartige Welle schon früher erlebt, die Physik ist heute mitten darin, und die Biologie zeigt Ansätze in der gleichen Art.

Ist die Gruppenarbeit die Folge oder die Ursache der rasenden Entwicklung? Ist das Individuum leistungsfähiger in der Gemeinschaft der Gruppe? Wie reagieren die jungen Menschen auf die Gruppenarbeit? Wird der individuelle Einfluß oder der geniale Einfall des einzelnen bei dieser modernen Arbeitsmethode unterdrückt? Wie sieht die zukünftige Entwicklung aus? Die Beantwortung der letzten Frage ist sicher besonders schwierig. Extrapolationen in die Zukunft der menschlichen Gesellschaft können nur mit großer Vorsicht unternommen werden.

Zur Beantwortung der übrigen Fragen ist es sicher gut, sich einmal in der Vergangenheit umzusehen und auch die Arbeitsmethoden anderer Fächer unter die Lupe zu nehmen. Denn ich spreche hier als Experimentalphysiker zu Ihnen, und jeder ist nur allzusehr geneigt, *sein* Fach und *seine* Arbeitsweise in ihrer Bedeutung zu überschätzen.

Die modernen Naturwissenschaften nehmen ihren Anfang mit der Überwindung des Dogmas, daß Aristoteles auf jedem Wissensgebiet alles Wichtige bereits festgelegt und auch richtig interpretiert habe. Hinzu kam der Sturz der kirchlichen Monopolstellung für die wissenschaftliche Forschung und der Aufstieg des Laien als Lehrer und Forscher. Den Beginn dieser Neuzeit setzen wir frühestens mit dem Erscheinen des Buches von Kopernikus, „De revolutionibus orbium coelestium“, im Jahre 1543. Ein besseres Datum ist vielleicht die Aufstellung der Fallgesetze von Galilei 1595. Denn hier beginnt die moderne Physik, das Experiment unter Benutzung von Maßstab und Uhr. Gleichzeitig damit erwacht die moderne Astronomie durch die erheblich verbesserten Beobachtungsdaten von Tycho Brahe und durch die Überwindung der Vorurteile, daß die Planeten auf Kreisbahnen laufen müssen. Diese ganz neue Konzeption von Ellipsenbahnen steht in Keplers „Harmonia mundi“ (1619). Noch vor dem Ende des 17. Jahrhunderts erscheinen Newtons „Principia philosophiae naturalis“, und damit ist die Grundlage der modernen Forschungsmethode fest verankert. Seither sind rund 300 Jahre verflossen, in denen die moderne Naturwissenschaft mit ihren empirischen Naturgesetzen eine weltweite Anerkennung gefunden hat. Ein physikalisches Lehrbuch weist heutzutage keinen Unterschied auf, ob es in England, Rußland, China oder Amerika geschrieben wurde. Von der rein beschreibenden Naturwissenschaft, die noch Hypothesen, verborgene Dogmen und Geschmacksrichtungen kennt, entwickelten sich die Astronomie, die Chemie und Physik zu nüchternen Tatsachenwissenschaften, deren Aussagen und Gesetze von jedermann durch Beobachtungen und Experimente nachgeprüft werden können. Man kann dies auch so ausdrücken: In diesen Fächern gibt es keine Schulen mehr, die eine mehr oder weniger verborgene Weltanschauung an irgendeiner Stelle in die Grundlagen einzubauen versuchen.

An dieser Stelle wollen wir uns noch eine kleine Abschweifung leisten und folgendes feststellen. Natürlich hat es auch schon früher ganz beachtliche Ansätze für eine Naturwissenschaft gegeben, wie wir sie heute betreiben. Ich brauche nur an die griechischen Gelehrten zu erinnern, deren großartige Forschungsergebnisse ganz in Vergessenheit gerieten und erst nach vielen Jahrhunderten in arabischen und byzantinischen Bibliotheken wieder entdeckt wurden. Damals gab es bereits ein kopernikanisches Weltbild, dessen kühne Hypothese Aristarchos von Samos um 320 v. Chr. aufstellte. Davon berichtet uns der große Archimedes. Aristarch hatte auch bereits eine geniale Methode ausgedacht, den Abstand Erde — Mond und Erde — Sonne zu messen! Eine unerhört selbständige und geistreiche Leistung! Archimedes selbst konnte, wie wir in der Schule gelernt haben, bereits das spezifische Gewicht der Goldkrone des Königs Hieron überprüfen. Ebenso hat er die Römer bei der Belagerung von Syrakus durch seine experimentelle Kenntnis der Naturgesetze fast zur Verzweiflung gebracht.

Auch Schulen im Sinne einer Deutung der Versuchsergebnisse mit Unterschiebung einer Weltanschauung, wie wir es in der Physik noch zu Beginn unseres Jahrhunderts kannten, gab es in der griechischen Welt. Ich erinnere an die berühmte Schule des Pythagoras von Samos, der um 400 v. Chr. in Kroton seine Schule gründete, nachdem er auf weiten Reisen auch die orientalischen Weisheiten studiert hatte. Sehr viel Genaues wissen wir über ihn nicht. Sicher ist nur sein Interesse für Zahlenmystik, seine Musiklehre und die Gründung der geheimen Ordensgesellschaft, die noch über viele Jahrhunderte seinen Ruhm erhielt. Den pythagoreischen Lehrsatz hat er jedoch nicht gefunden. Denn die Geschichte ist meist ungerecht in der Überlieferung der Verdienste. Kopernikus aber fühlte sich noch 2000 Jahre später an diese Ordensregeln der Pythagoreer gebunden. Seine Abhandlungen wurden erst nach seinem Tod veröffentlicht, nicht etwa aus Furcht vor der Kirche, sondern aus der Verbundenheit mit der pythagoreischen Lehre, wonach die wissenschaftlichen Erkenntnisse nur dem kleinen Kreis der Jünger dieses Ordens zugänglich sein sollten.

Kehren wir wieder zurück zu unserer anfänglichen Fragestellung! Die Ansätze für die modernen Forschungsmethoden sind sicherlich auch schon in der griechischen Welt vorhanden. Aber wir können uns bei der Analyse der Arbeitsweise in den modernen Laboratorien auf die Entwicklung der letzten dreihundert Jahre beschränken. Wir haben gesehen, wie von einzelnen Gelehrten, die auf die Ergebnisse ihrer Lehrer und Vorgänger aufbauten, die Naturgesetze zunächst ganz empirisch gefunden wurden. Die zeitlichen Abstände zwischen Schülern und Lehrern verkürzten sich allerdings laufend in der Entwicklung. Isaac Newton wurde ungefähr im Todesjahr von Galilei geboren, der sein großer Vorgänger war. Heute ist der Abstand auf wenige Jahre zusammengeschrumpft, oder es ist sogar Gleichzeitigkeit eingetreten, so daß sich der Forscher auf seine Zeitgenossen stützt, die sogar jünger als er selbst sein können. Die Sturzwelle ist so steil geworden, daß sie sich überschlägt! Allerdings muß man hierbei bedenken, daß heutzutage die Zahl der Zeitgenossen aus dem gleichen Fach häufig größer ist als die Zahl aller Vorgänger, die jemals gelebt haben.

Dies ist aber nur eine Seite des Problems. Wir haben gefragt: Wie steht es mit der individuellen Schöpfung? Bevor wir diese Frage beantworten, wollen wir noch einige Beispiele aus der Wissenschaftsgeschichte etwas eingehender betrachten. Wir haben schon Galileo Galilei und Isaac Newton erwähnt, die beide weit aus ihren Zeitgenossen herausragten und auch zu ihren Lebzeiten mit Recht als Götter der Wissenschaft verehrt wurden.

Wie sehen entsprechende Beispiele aus neuerer Zeit aus? Wir wählen zwei Fälle aus meinem Fach, die teils durch eigene Anschauung, teils durch zuverlässige Berichte genügend exakt bekannt sind. In beiden Fällen handelt es sich um Physiker, die ihren Ruhm um die Wende des Jahrhunderts bzw. vor dem ersten Weltkrieg erworben haben. Wir wollen uns etwas bei Wilhelm Conrad Röntgen und Ernest Rutherford aufhalten, beides Pioniere der modernen Physik, doch beide grundverschieden in ihrer Arbeitsweise und ihren Veranlagungen.

Röntgen war bereits ein bekannter Physiker und wohlbestallter Ordinarius in Würzburg, als er 1895 im Alter von 50 Jahren seine große Entdeckung machte. Er arbeitete meist ganz allein im Laboratorium, nur sein Institutsdiener hatte Zugang. Röntgen hatte sich um diese Zeit einem neuen Gebiet, nämlich den Gasentladungen, zugewandt. Dort waren bedeutende Entdeckungen gemacht worden. J. J. Thomson hatte gerade die Ablenkung der Kathodenstrahlen im elektrischen Feld und damit ihre negative Ladung nachgewiesen. Schon vorher hatte Heinrich Hertz mit seinem Assistenten Philip Lenard den Durchgang der Kathodenstrahlen durch dünne Al-Folien beobachtet. Diese Arbeiten interessierten Röntgen besonders, und so besorgte er sich das notwendige Versuchsgerät. Das Würzburger Institut besaß eine gute Kollektion der verschiedenen Entladungsröhren nach Geißler, Hittorf, Crookes, Hertz usw. Die Hochspannung erzeugte man mit einem Rühmkorffschen Funkeninduktor. Wie es für die Arbeitsweise von Röntgen typisch war, wiederholte er zunächst mit möglichst großer Exaktheit die Versuche seiner Vorgänger. In der Nacht des 8. November 1895 beobachtete er das Aufleuchten eines Leuchtschirms in größerer Entfernung von der Entladungsröhre, obwohl die Röhre selbst mit schwarzem Papier lichtdicht verschlossen war. Wie Röntgen zu dieser Versuchsanordnung kam, wurde von ihm selbst niemals erzählt. Er war berühmt für seine Schweigsamkeit. Offenbar hatte ihn die Schwärzung einer photographischen Platte in einer Schachtel und der Schatten eines Ringes darauf stutzig gemacht, wobei der Institutsdiener eine nie bekanntgewordene Rolle spielte. Wie reagiert er auf diese gänzlich unverhoffte und überwältigende Entdeckung, die ihm in ihrer Bedeutung sehr bald klar ist? Er läßt sich ein Bett im Labor aufschlagen, arbeitet Tag und Nacht und sagt niemandem, nicht einmal seiner Frau, etwas von der Entdeckung. Frau Röntgen erzählte später einmal im Kreise von Freunden, daß ihr Mann damals immer sehr spät und noch wortkarger zu Tisch gekommen und sofort nach dem Essen wieder ins Institut gerannt wäre. Auf die Frage, was denn los sei, habe er keine Antwort gegeben. Er selbst meinte später, die Entdeckung wäre ihm so unglaublich vorgekommen, daß er sich immer wieder durch Versuche selbst überzeugen mußte, keiner Täuschung zum Opfer gefallen zu sein. Am 28. Dezember, also rund eineinhalb Monate später, reicht er seine erste vorläufige Mitteilung „über eine neue Art von Strahlen“ ein, und im Januar hielt er seinen ersten Vortrag, wobei er dem vollkommen überraschten Publikum die Durchleuchtung der Hand des Anatomieprofessors vorführte. Die Mitteilung ist in ihrem nüchternen und klaren Stil von einer unerhörten Eindringlichkeit. Zwei bald darauf folgende Mitteilungen haben alle Eigenschaften der neuen Strahlen so vollkommen beschrieben, daß zehn Jahre lang nichts Neues über ihre physikalischen Eigenschaften berichtet werden konnte, obwohl natürlich alle Welt sich mit dieser auch medizinisch so bedeutsamen Entdeckung beschäftigte.

Dies ist mit kurzen Worten die Entdeckungsgeschichte eines typischen Einzelgängers. Eine solche Geschichte ist heute nach rund 65 Jahren kaum noch denkbar. Nicht deswegen, weil es keine Einzelgänger mehr gäbe, sondern weil es keine großen Entdeckungen mehr gibt, die einer allein experimentell aufbaut, ganz allein bedient, allein alle Messungen ausführt und allein richtig deutet. Wir werden später noch einmal auf diesen Fall zurückkommen.

Betrachten wir nun die wissenschaftlichen Taten von Rutherford, den die Kernphysiker wohl mit Recht als den bedeutendsten Begründer ihres Faches ansehen. Er war wesentlich jünger als Röntgen, als er seine großen Entdeckungen über die Zerfallsgesetze und die Strahlen der radioaktiven Substanzen bekannt gab. In Neuseeland 1871 geboren, also 26 Jahre jünger als Röntgen, kam er schon früh als Professor nach Montreal in Canada, wo Otto Hahn bereits zu Beginn des Jahrhunderts bei ihm arbeitete. Von dort wurde er nach Manchester und dann nach Cambridge in England berufen. In Manchester war Geiger um 1911 einige Jahre sein Assistent. Rutherford schlug damals ein neues Atommodell vor, das ein ungeheuer starkes punktförmiges elektrisches Feld im Zentrum des Atoms lieferte. Es ist das Atommodell, das heute allgemein unter dem Namen Rutherford-Bohrsches Atommodell bekannt ist. Geiger, der damals als junger Mann bei Rutherford arbeitete und später Professor in Tübingen und Berlin war, berichtet von dieser Entdeckungszeit das Folgende: „Eines Tages, im Jahre 1911, kam

Rutherford, offensichtlich in bester Laune, in mein Zimmer und erzählte mir, daß er nunmehr wisse, wie das Atom aussähe und wie man die starken Ablenkungen der α-Strahlen verstehen könne. Von demselben Tage an machte ich mich daran, die von Rutherford erwartete Beziehung zwischen Zahl der gestreuten Teilchen und Ablenkungswinkel zu prüfen." Damals mußte man nämlich noch jedes α-Teilchen mit gut ausgeruhten Augen als kleinen Lichtblitz auf einem Leuchtschirm mühsam beobachten. Dies hat Rutherford selbst nie lange ausgehalten.

Obwohl Rutherford selbst ausgezeichnet experimentierte, hatte er immer eine größere Zahl von Mitarbeitern, die seine oder ihre eigenen experimentellen Wege gingen. Die Folge war eine unvergleichliche wissenschaftliche Produktivität, die über drei Jahrzehnte andauerte. Das Cavendish-Laboratorium zog die besten Leute aus aller Welt an, und jeder war stolz, eine Zeitlang dort gearbeitet zu haben.

In dieser Hinsicht war das Cavendish schon zu Beginn des Jahrhunderts ein Laboratorium, wie wir es auch heute gewohnt sind. Es gab keine Geheimarbeit aus Furcht vor Dieben, die Ideen und Anregungen stehlen könnten. Zusammenarbeit von mehreren Mitarbeitern war durchaus üblich. Die Diskussionen innerhalb des eigenen Instituts führten zu einer Lebendigkeit des wissenschaftlichen Lebens, von der jeder wieder profitierte. So kam es, daß unter der Regie von Rutherford eine ganze Reihe der wichtigsten Grundlagen dieses Jahrhunderts geboren wurden: die Natur der radioaktiven Strahlen, die Zerfallsgesetze, der Aufbau der Atome und die Entdeckung des Atomkerns, die erste künstliche Atomzertrümmerung mit radioaktiven α-Strahlen. Die Benützung von elektrischen Beschleunigern führte im Cavendish zur ersten künstlichen Atomumwandlung mit Protonen im Jahr 1932.

Ich glaube, dieser Vergleich — Röntgen auf der einen und Rutherford auf der anderen Seite — ist für unser Problem sehr instruktiv. Hier das ausgesprochene Einmanninstitut, in dem die Assistenten überhaupt nicht an der Arbeit des Chefs beteiligt sind und gar nicht wissen, was im Cheflabor vor sich geht. Auf der anderen Seite das weltoffene Institut von Rutherford, in dem jeder junge Mitarbeiter das Gefühl hat, im Tornister ein Ordinariat zu haben. Für einen begabten jungen Menschen, wie es z. B. Geiger war, gab es keinen Zweifel, daß er alles daran setzte, bei Rutherford zu arbeiten, obwohl damals sicher Röntgen der berühmtere Physiker — wenigstens in Deutschland — war.

Obwohl Röntgen und Rutherford fast gleichzeitig lebten und beide zu den größten Entdeckern der Neuzeit gehören, war Röntgen noch der Typus des Gelehrten alten Stils und Rutherford in jeder Weise modern. Wahrscheinlich hätte auch Röntgen noch am liebsten seine Resultate in Form von Kryptogrammen an seine Kollegen verschickt, wie es der berühmte Isaac Newton nur 200 Jahre früher tat. Auf diese Weise hatte er die gesicherte

Priorität und konnte mit Behagen zuschauen, wie sich die neugierigen Kollegen die Zähne an dem Rätsel ausbissen.

Diese Form von Forschung und Veröffentlichung, die alle Tricks des möglichst langen Alleinbesitzes einer individuellen Entdeckung ausnützt, wäre heute schon aus zeitlichen Gründen nicht denkbar. Die Entdeckungen folgen sich zu schnell auf dem Fuß, und jeder hat Angst, daß der andere ihm zuvorkommt. Zwar gibt es immer noch die Möglichkeit, eine geniale Idee bei der Pariser Akademie in einem verschlossenen Umschlag mit Datum zu hinterlegen. Aber auch diese Einrichtung wird heute kaum noch ausgenützt. Wenn man schon nicht sicher ist, ob es eine geniale Idee ist, dann veröffentlicht man lieber in einer der vielen Akademieschriften, die niemand liest und wahrt so seine eventuelle Priorität.

Ich komme zurück zu dem Rutherfordschen Institut, das schon damals so viele Züge der Neuzeit aufweist. Wir wollen die Weiterentwicklung eines derartigen Labors betrachten, das heute tausend und mehr Menschen beschäftigt. Solche Institute findet man z. B. bei CERN in Genf oder in Brookhaven und Berkeley (USA) oder in Dubna bei Moskau. Alle vier Institute betreiben reine Grundlagenforschung über Elementarteilchen. Ihre Gründungsjahre liegen nicht lange zurück. CERN ist z. B. 1953 gegründet. Ein wirtschaftlicher oder gar militärischer Nutzen ist von diesen Laboratorien in keiner Weise zu erwarten. Es scheint mir wichtig, diese einschränkende Voraussetzung für unsere heutige Diskussion ausdrücklich zu betonen, damit keine Mißverständnisse auftauchen.

Die Beschreibung der Arbeitsweise eines derartigen riesigen Kollektivs von rund tausend Arbeitern, das eigentlich kein bestimmtes Ziel, sondern nur ganz allgemein die Aufgabe hat, anständige wissenschaftliche Arbeiten zu produzieren, ist gar nicht leicht.

An der Spitze eines derartigen Forschungszentrums steht nämlich nicht ein Rutherford, der eine gute Nase dafür hatte, wo noch interessantes Neuland liegen könnte und alle Arbeiten im Hause übersah. Die Zahl der Forschungsgruppen ist dafür viel zu groß, und der Chef hat viel zu viele Finanz- und Verwaltungssorgen, als daß er sich ausschließlich um das Forschungsprogramm kümmern könnte. Deshalb ist es in solchen Institutionen gar nicht nützlich, den Stars der Forschung die Leitung anzubieten. Viel wichtiger ist, daß die ideenreichen und anregenden Leute in dem Komitee sitzen, welches die Entscheidung über das Forschungsprogramm fällt. Damit stoßen wir aber senkrecht in das Wespennest der schwierigen Komiteearbeit, die es in dieser Gelehrtenrepublik in fast beliebiger Zahl und mit den verschiedensten Graden von Kompetenzen gibt. Wollen Sie irgendeinen Wissenschaftler in einem dieser Institute sprechen, so können Sie sicher sein, daß er in irgendeiner Komiteesitzung festgenagelt ist oder gerade Nachtschicht am Beschleuniger hatte und infolgedessen jetzt schläft und nicht gestört zu werden wünscht.

Um die innere Struktur eines derartigen Forschungszentrums für die Physik der Elementarteilchen mit seiner komplizierten Organisation zu verstehen, müssen wir wohl zunächst einmal die Frage beantworten, wo die Gründe für die Entstehung dieser Mammutinstitute mit ihrer Anonymität liegen und welches ihre Probleme sind.

Noch zu Ende der dreißiger Jahre, also kurz vor dem Ausbruch des zweiten Weltkrieges, hatten derartige Institute nur in Ausnahmefällen eine Größe von vielleicht 50 Mitarbeitern einschließlich dem technischen Personal. Heute sind es 1000 bis 2000. Lag damals die wissenschaftliche und organisatorische Leitung in der Hand eines einzigen Physikers, so ist es heute ein Gremium von Physikern verschiedenster Fachrichtungen, die ein langzeitiges Forschungsprogramm aufstellen.

Die gewaltige Ausweitung der Forschungslaboratorien ist einmal auf die Struktur der Materie selbst, also die Atome und deren Bestandteile, die Elementarteilchen, zurückzuführen und zum anderen Teil auf die steile technische Entwicklung im allgemeinen. Wie ist dies zu verstehen?

Eines der größten und aufregendsten Rätsel für den Physiker ist heutzutage der Aufbau der Atomkerne und seiner Elementarteilchen. Um dieses äußerst spannende Rätsel zu lösen, muß man die Atome und ihre Bestandteile aufbrechen, um sozusagen nachzusehen, wie ihre innerste Struktur aussieht. Wie so häufig in der Natur sind aber die innersten Bestandteile wesentlich fester miteinander verbunden als die äußere Hülle. Deshalb benötigt man immer größere Kräfte und Energien, um ins Innere vorzustoßen. Des öfteren hat man in der Vergangenheit schon gemeint, nun wirklich die Urbestandteile der Materie gefunden zu haben. Aber immer hat sich gezeigt, daß auch diese noch eine Struktur besitzen, die man nur analysieren kann, wenn man mit noch größeren Energien auf sie schießt und dadurch noch tiefer in den härtesten Kern der Urbestandteile eindringt. Es geht uns ähnlich wie mit dem indischen Spielzeug, einem aus Elfenbein geschnitzten Elefanten, der im Innern wieder einen Elefanten enthält. Jedesmal, wenn man denkt, einen kleineren Elefanten kann man nun sicher nicht mehr schnitzen, findet sich doch noch ein kleinerer im Innern, und schließlich braucht man eine starke Lupe, um den kleinsten Elefanten noch zu erkennen. Da aber die Natur alles noch wesentlich besser kann als wir, so muß das Mikroskop für den Menschen immer größer werden, um die Züge des nächsten Elefanten zu erkennen.

So benötigt man auch immer größere Instrumente, um das Innerste der Elementarteilchen zu „sehen", und damit wächst natürlich auch der technische Aufwand. Konnte in den Anfängen der Optik noch ein Handwerker alle Bestandteile eines primitiven Mikroskops selbst bauen, so benötigen wir heute für die modernen Mikroskope eine ganze Fabrik mit den verschiedensten Spezialisten, z. B. für die Glaszubereitung, das Linsenschleifen, die Feinmechanik und nicht zuletzt für die Theorie des Mikroskops. Der Benutzer des Mikroskops besitzt nur in den seltensten Fällen eine gründliche Kenntnis seines Instrumentes, da er ja dieses nur als Handwerkszeug benutzt. Braucht er ein stärkeres Mikroskop, so geht er zum Spezialisten.

Ebenso ist es mit den Instrumenten für die Physik der Elementarteilchen. Dort sind es die großen Beschleuniger, die jedes Jahr noch größer werden, also tiefer in die Materie eindringen, und damit ein immer größer werdendes Heer von Spezialisten und technischem Personal benötigen. Eines der größten Projekte dieser Art ist z. Z. ein Beschleuniger in Kalifornien, der eine Länge von 5 km besitzen wird. Bei der Größe dieser Instrumente können natürlich auch die Experimente nicht mehr von einem einzigen Forscher ausgeführt werden. Die Nachweisinstrumente, die das Resultat der Frage an die Natur registrieren, werden ebenso kompliziert wie der Beschleuniger, mit dessen Korpuskeln auf die Elementarteilchen geschossen wird. So braucht es ein Heer von Ingenieuren und Physikern zum Bau des großen Beschleunigers und zum Aufbau des eigentlichen Experiments. Das bedeutet aber wiederum eine große Vorbereitungszeit und eine Schwerfälligkeit, die viele Koordinierungssitzungen kostet.

Schließlich braucht man noch eine große theoretische Gruppe, die darüber nachdenkt, ob diese teuren Experimente mit eventuell jahrelanger Vorbereitung auch einen echten Fortschritt in unserer Erkenntnis bringen werden. Jedes dieser Laboratorien muß deswegen daran interessiert sein, nicht nur die besten Ingenieure und Experimentalphysiker an sich zu ziehen, sondern auch die besten theoretischen Denker einzuschalten, um eine optimale wissenschaftliche Ausbeute zu erzielen. So entsteht bei diesen schwierigen Forschungsproblemen automatisch ein großes Kollektiv von Forschern, die alle an dem gleichen Problem arbeiten und wissen, daß ein Erfolg *für sie alle* gilt und dieser aber vielleicht erst in ein paar Jahren zu erwarten sein wird. Um die Palme der Wissenschaft ficht also auf diesem Gebiet nicht *ein* Gelehrter gegen *einen* anderen, sondern ein großes Forschungsinstitut gegen ein anderes — meist auf einem anderen Kontinent.

Das ganze System erinnert sehr stark an Geschichten über große Expeditionen zu einem weißen Fleck auf der Landkarte, wie z. B. den Kampf von Amundsen und Scott um den Südpol, den wir in unserer Schulzeit mit Spannung gelesen haben. Aus der Güte der Vorbereitungen einer derartigen Expedition und der richtigen Auswahl der Mannschaften und ihrer Hilfsgeräte konnte man oft schon im voraus sagen, wer das Ziel als erster erreichen wird. Zum Gelingen der Expedition kommt es auf jeden Teilnehmer an, denn unnötige Esser werden sowieso nicht mitgenommen. Spezialisten verschiedenster Art sind zur Expedition notwendig, ebenso umsichtige und begeisterungsfähige Führer. Dies entspricht aber genau dem, wie man es in einem guten Forschungslaboratorium haben möchte. Der Unterschied zwischen der Expedition nach einem weißen Fleck auf der Landkarte und der Expedition in das Innere des Atoms besteht nur darin, daß die Landkarte der Atome noch gar nicht fertig gezeichnet ist, und man daher auch gar nicht sicher weiß, wo die weißen Flecken und besonders die interessanten weißen Flecken zu suchen sind. Aus diesem Grund gibt es in der Gelehrtenrepublik der großen Forschungszentren zunächst einmal immer langandauernde Streitgespräche über das Ziel der nächsten großen Vorhaben. Die Ziele sind nämlich in dichten Nebel gehüllt, und nur aus irgendwelchen schwachen Umrissen können diejenigen, die die schärfsten Augen haben, einen guten Vorschlag für den weiteren gangbaren Weg machen. Aber auch hier wird es selten einer allein sein, der die Verantwortung des einzuschlagenden Weges für die nächsten Jahre tragen möchte. Es wird immer ein Gremium, das sich durch Kritik gegenseitig befruchtet, nach reiflicher Überlegung die Entscheidung treffen, weil der Aufwand an Menschen, Material und Zeit doch ganz erheblich ist.

Die Zeit der Konquistadoren, als man mit einer Handvoll Menschen ein Königreich erobern konnte, ist eben auch in der Kernphysik vorüber. Gerade auf dem Gebiet der kleinsten Materieeinheiten, den Elementarteilchen, kommt man nur mit einem guten Generalstab voran. Husarenritte sind dort aussichtslos. Das beweisen die Erfolge der großen Forschungszentren in dem letzten Jahrzehnt. Auf solch einem komplizierten Neuland ist es notwendig, die ganze Breite der menschlichen Intelligenz einzusetzen, um vorwärtszukommen, und das ist nicht unbedingt allein ein überragendes Genie. Oft wird man mit einer Gemeinschaft von ausgezeichneten Forschern weiterkommen, weil man sich darin durchaus sowohl einige geniale Käuze als auch ausgezeichnete Techniker leisten kann und damit den Spielraum der menschlichen Intelligenz viel besser ausnützt.

Es bleibt die berechtigte Frage, ob sich in einer so großen Gemeinschaft, die notwendigerweise eine gewisse Schwerfälligkeit zeigen muß, ein genialer Kauz mit seinen Ideen wirklich durchsetzen kann. Aus meiner bisherigen Erfahrung möchte ich diese Frage durchaus bejahen. Dies kann natürlich einmal anders werden, wenn in dieser Forschungsrichtung eine gewisse Erstarrung eintreten sollte. Aber jetzt, in der Zeit der Revolution und Expansion, hat auch der Jüngste in den vielen Seminaren und Diskussionen die Möglichkeit, seine Ideen durchzusetzen. Natürlich gibt es auch Machtkämpfe und Gruppen, die sich gegenseitig bekämpfen. Dazu sind es Menschen und keine Roboter, die hier arbeiten. Es ist eben auch in dieser verhältnismäßig objektiven Wissenschaft keineswegs immer möglich, ein klares Urteil über ein vorgeschlagenes Experiment zu fällen. Ich wähle ein Beispiel, um dies zu erklären: Zu einem bestimmten Datum werden die Vorschläge für die Experimente des nächsten Jahres gesammelt. Darunter finden sich solche, die von Gruppen ausgehen, aber auch solche von Einzelpersonen. Meistens wird dann festgestellt, daß die Zahl der eingereichten Vorschläge bei weitem die Kapazität des Laboratoriums und der zur Verfügung stehenden Bestrahlungszeit am Beschleuniger übertrifft. Also muß ein Komitee aus

Weisen eingesetzt werden, das die besten Vorschläge auswählt. Da nun aber jedes gute Experiment eine echte Fragestellung beinhalten muß, die man auf andere Weise nicht beantworten kann, so ist ein Urteil über ein vorgeschlagenes Experiment objektiv nicht immer möglich. Es kommt dann sehr darauf an, wie gut das vorgeschlagene Experiment durchdacht ist und welches Resultat sich die Weisen im Auswahlausschuß erhoffen. Diesen hilft natürlich oft auch nur noch die erfahrene Nase eines phantasievollen Physikers.

Das System der großen Forschungsinstitutionen unterliegt auch der Kritik. So kann z. B. argumentiert werden, daß Röntgen seine Entdeckung in einem solchen Kollektiv nie hätte machen können, weil sein Experiment zur Entdeckung der Röntgenstrahlen niemals von dem Auswahlausschuß angenommen worden wäre. Weder hätte er es gut begründen können noch hätte einer der Weisen die Phantasie aufgebracht, an die Möglichkeit von alles durchdringenden Strahlen zu glauben. Solche Siebketten von Ausschüssen bringen immer die Gefahr mit sich, daß nur in einem schmalen Sektor geforscht und in ein ganz dunkles Gebiet nie vorgestoßen wird. Man wird dabei an die bekannte Geschichte von dem Mann erinnert, der nachts unter einer Laterne eifrig etwas auf dem Boden sucht. Mit einem Passanten gibt es dann folgendes Zwiegespräch: „Sind Sie denn sicher, daß Sie Ihre Nadel unter der Laterne verloren haben?“ — „Nein.“ — „Warum suchen Sie dann hier?“ — „Weil es hier hell ist.“

Ich glaube, daß diese Argumente kaum gegen die großen Institute sprechen, weil wir gesehen haben, daß es z. B. auf gewissen Gebieten der Physik gar nicht anders geht. Die Versuchsgeräte sind notwendigerweise so vielfältig, daß man eben einen riesigen Stab von Personal braucht. Andererseits gibt es ja für vollkommene Individualisten noch genügend viele kleinere Forschungsinstitute. Sie können sich ein Gebiet aussuchen, wo man noch allein arbeiten kann. Mit viel Glück sind auch in den letzten Jahren noch großartige Einzelleistungen gelungen, aber Voraussetzung war immer ein gut ausgerüstetes Laboratorium mit dem notwendigen Reichtum an Geräten, technischer Hilfe und theoretischer Diskussionsmöglichkeit.

Bevor wir aus unseren Betrachtungen und Einblicken in das moderne Laboratoriumsleben einige Schlüsse ziehen, wollen wir uns kurz in den Nachbarwissenschaften umschauen, wie ich es zu Anfang vorgeschlagen hatte.

Beginnen wir z. B. mit den Astronomen. Auch dort zeigt sich unzweideutig schon seit langer Zeit die Tendenz zum Zusammenschluß zu größeren Observatorien. Dies hängt — ähnlich wie in der Hochenergiephysik — einfach damit zusammen, daß man immer größere Beobachtungsinstrumente bauen muß, um dem Fortschritt nicht Einhalt zu gebieten. Diese neuen Instrumente sind teurer und komplizierter. Sie müssen deswegen besonders gut ausgenützt werden und beanspruchen dadurch aber auch mehr Personal. Außerdem hat sich die Astronomie mit der Astrophysik in so viele Spezialgebiete gespalten, daß man zur Lösung eines Problems häufig mehrere Kenner einer Frage zusammenspannen muß, um einen echten Fortschritt zu erzielen. Hinzu kommen hier, ebenso wie in der Physik, noch die neuen Möglichkeiten, komplizierte Rechnungen mit den elektronischen Rechenmaschinen zu lösen. Aber auch dafür bedarf es wieder Wissenschaftler, die darin geübt sind, eine Aufgabe in eine solche Form zu transponieren, daß die Rechenmaschine ihre Aufgabe „versteht".

Bei dem jüngsten Kind der Naturwissenschaften, nämlich der Weltraumforschung mit Raketen, brauchen wir uns nicht lange aufzuhalten. Dort ist es wohl jedermann klar, daß schon für die allerersten Anfänge ein Heer von Fachpersonal der verschiedensten Richtungen notwendig war.

Verweilen wir lieber noch einen Augenblick bei der ältesten Wissenschaft, der Mathematik, die nur durch einen schmalen Korridor mit den Naturwissenschaften in Verbindung steht, im übrigen aber ein ganz eigenes und autarkes Reich beherrscht. Ihre Anfänge lassen sich bis zu den Babyloniern und Sumerern zurückverfolgen, wie es z. B. in dem Buch des Mathematikers v. d. Waerden sehr eindrücklich dargestellt ist. Wir hatten schon davon gesprochen, daß sehr wahrscheinlich Pythagoras viele Kenntnisse aus dem Orient nach Großgriechenland brachte, als er in Kroton seine Schule gründete. Diese Gemeinschaft umfaßte lange Zeit eine geschlossene Gemeinde mit strengen Ordensregeln. Zahlen, theoretische Sätze mit ausführlichen Beweisen und geometrische Einkleidung der Algebra gehörten zu ihren Betätigungsfeldern. Im übrigen waren die Pythagoreer allerdings kein mathematischer Klub, sondern eine religiöse Sekte, die von ihren Mitgliedern eine Art klösterlichen Lebens mit Aufgabe des Privatbesitzes verlangte. Obwohl die Mathematik schon in frühester Zeit verschiedene Blütezeiten erlebt hat, ist auch heute ihre Entwicklung noch keineswegs zum Stillstand gekommen. Ganz im Gegenteil! Es wird von niemandem bezweifelt, daß man gerade unter den Mathematikern die beachtlichsten und ausgeprägtesten Individualisten findet. Trotzdem zeigt sich auch bei ihnen heutzutage eine klare Tendenz zur gemeinschaftlichen Arbeit. Einzelne Orte, an denen die Mathematiker zu dieser Art von Zusammenarbeit übergegangen sind, wie es im Altertum schon üblich war, haben nämlich sehr deutliche Erfolge erzielt. Folgendes Beispiel soll zur Erläuterung dienen: Als vor einigen Jahren ein französischer Mathematiker einen Vortrag hielt, begann er mit folgendem Satz: „Als Professor Bourbaki, auf den die folgenden Ausführungen zurückgehen, geboren wurde, hatte er bereits einen langen weißen Bart." In den dreißiger Jahren wurde nämlich in Frankreich ein mathematischer Klub gegründet, dessen Mitglieder eine Erneuerung der Mathematik nach bestimmten Gesichtspunkten betrieben. Alle Arbeiten, die von den Mitgliedern zu diesem Thema bis heute erschienen, tragen als einzigen Autor den Namen Nicolas Bourbaki, Professor an der Universität Nancago. Ein weitgespanntes Werk, „Eléments de mathématique", erscheint seit 1935 schrittweise unter diesem Titel, ähnlich den Elementen des Euklid, 300 v. Chr. Nach außen tritt also eine vollkommene Anonymität auf. Die wissenschaftliche Ehre fällt auf die Gemeinschaft.

Auch aus den Anfängen des schon erwähnten Laboratoriums CERN in Genf erinnere ich mich an lange Diskussionen, ob wir nicht bei allen Publikationen in Zukunft nur den Namen CERN angeben sollten. Der Vorteil liegt auf der Hand. Alle schwierigen Überlegungen, wer nun an dieser oder jener Arbeit einen so großen Anteil hatte, daß sein Name unter den Autoren aufgezählt werden sollte, fallen weg. Damit entfallen mögliche Ungerechtigkeiten. Unvermeidliche Eifersucht und falscher Ehrgeiz werden eingedämmt.

Innerhalb der Gemeinschaft weiß man schon durch die täglichen Diskussionen und die internen Seminare, wer die führenden Köpfe sind. Diejenigen, die äußere Ehren vor der Presse suchen, werden sich von einer solchen Gemeinschaft zurückziehen, und das kann nur von Vorteil sein. Es bleiben und kommen dann diejenigen, die an der Forschung um der Sache willen interessiert sind und sich für die Probleme begeistern, auch wenn sie wegen der Anonymität keine Aussicht haben, den Nobelpreis zu erringen. Diese aber sind für ein Gemeinschaftsunternehmen gerade die wertvollsten Mitglieder.

Aus mancherlei Gründen, die ich hier nicht alle aufzählen kann, ist es nur kürzlich in einem Fall, nämlich bei der Entdeckung des Anti-$\Xi$-Teilchens, bei CERN dazu gekommen, dieses Prinzip einer namenlosen Ordenstätigkeit durchzuführen. Ein Haupthindernis war die Notwendigkeit, für die jungen Mitglieder an der Universität ihrer Heimatländer einen Tätigkeitsbeweis vorzulegen.

Wir wollen zum Schluß noch einmal zusammenfassen. Die unerhörte Expansion der naturwissenschaftlichen Forschung, die wir in unserer Generation erleben, führt zu einer Revolution in der Struktur der Forschung selbst und ihrer Arbeitsstätten. Wohin diese rasende Entwicklung führt, können wir heute nur ahnen, weil wir zu tief in diese Revolution verwickelt sind. Sicherlich geht die Tendenz in Richtung auf größere Laboratorien und Gemeinschafts- und Gruppenarbeit, wobei auch Forscher verschiedener Fachrichtungen zusammen auf ein gemeinsam gewähltes Ziel zustreben. Es wird sich eine neue Form der Forschungstätigkeit für die Grundlagenwissenschaften herausbilden, wobei das, was wir früher individuelle Forschung genannt haben, durchaus erhalten und nur in eine neue Form gegossen wird.

Als ich selbst in den dreißiger Jahren begann, auf dem Gebiet der Kernphysik zu arbeiten, waren die Kollegen noch eine übersehbare Zahl in der ganzen Kulturwelt. Ein europäischer Kongreß hatte in einem mittelgroßen Hörsaal Platz. Heute reicht derselbe Hörsaal kaum für die Zusammenkunft eines einzigen Laboratoriums auf diesem Gebiet aus. Da aber der einzelne am besten und produktivsten in einer *übersehbaren* Gemeinde arbeitet, so sucht der Mensch sich diesen überschaubaren Kreis zu erhalten.

Auch dies wirkt in Richtung auf die Bildung von größeren, aber doch nach außen wieder abgeschlossenen Laboratorien. Die Zahl der Mitarbeiter und notwendigen Spezialisten in einem solchen Laboratorium muß so groß und die Variabilität so breit sein, daß sich ein selbständiges Eigenleben ergibt. Bei dieser Größe kann man sich dann auch einige gescheite Individualisten leisten, denen vollkommene Narrenfreiheit für ihre Kritik zusteht und die dadurch sehr fruchtbar wirken. Diese Größe des Eigenlebens scheint mir das Optimum einer solchen Institution zu sein. Es läßt sich nicht unbedingt in einer Zahl ausdrücken, da die optimale Zahl von dem jeweiligen Forschungsziel abhängig ist. Für die Probleme der Hochenergiephysik und der Elementarteilchen, wo man riesige Maschinen benötigt und die Zahl der Ingenieure und Techniker entsprechend hoch ist, dürfte das Optimum bei rund 1000 bis 2000 Menschen liegen. Auf anderen Gebieten kann die Zahl auf ein Zehntel zusammenschrumpfen; für Fragen der Weltraumforschung wird sie wesentlich höher liegen.

Aber überall wird sich die Teamarbeit stärker in den Vordergrund schieben. Dabei muß man sich klarmachen, daß das, was früher den Ehrgeiz des einzelnen ausmachte, nun auf die Gruppe oder das Laboratorium übergeht. Jede Gruppe möchte das beste Experiment des Jahres vorgeschlagen oder ausgeführt haben. Wie der Staffellauf bei der Olympiade zu größeren Leistungen anspornt, wenn mehrere gleichgute Mannschaften miteinander auftreten, so werden auch bei diesem Teamwork erhebliche Forschungsleistungen im Kampf der Laboratorien erzielt. Es ist eine erstaunliche Eigenschaft dieser großen Forschungsstätten, daß sie in gewissen Bereichen zu einem hektischen Forscherleben führen, wie wir es zu Anfang an Beispielen aufzählten. Offenbar hat das Arbeiten in der Öffentlichkeit — denn diese Grundlagenlaboratorien kennen keine Geheimnisse, alles wird in internationalen Kongressen erzählt — zur Folge, daß ein Geist entsteht, wie wir ihn von Mannschaftskämpfen beim Eishockey, Fußball usw. her kennen. Auch die Schwierigkeiten dieser Art von Arbeitsbedingungen sind deutlich.

Die Gefahr der Gruppenarbeit im Schnellzugtempo liegt auf der Hand. Die Theorie des augenblicklichen Experiments wird nicht allen Mitgliedern klar. Auch die wissenschaftliche Bedeutung und Konsequenz wird von manchen nur erahnt. Der Leiter der Gruppe wird andererseits bemüht sein, die oft recht schwierigen mathematisch-theoretischen Grundlagen möglichst gut sich selbst mit Hilfe der Kollegen von der Theorie klar zu machen. Dadurch kann er sich aber nicht mehr in vollem Maße um die beste experimentelle Lösung kümmern.

Wenn auch der Führer der Gruppe bis auf den jährlichen Kampf um das Budget von Verwaltungsarbeit befreit ist, so muß er doch sehr viele Ausschußsitzungen über sich ergehen lassen. Er muß in diesen Komitees um die begrenzte Bestrahlungszeit am Beschleuniger und Arbeitszeit in der Zentralwerkstatt kämpfen, um nur zwei Beispiele zu erwähnen.

Aber auch der Vorsitzende des obersten Komitees, das die Entscheidung über die zukünftigen Experimente zu fällen hat, wird hitzige Parlamentsdebatten zu überstehen haben, weil sich in dieser wissenschaftlichen Republik auch der Jüngste berechtigt fühlt, die Entscheidungen mit wissenschaftlichen Argumenten anzugreifen. Hinzu kommt die oft recht schwierige Auswahl der Gruppenleiter, die nicht nur nach wissenschaftlichen, sondern auch nach menschlichen Werten zu geschehen hat. So führt der nach außen mächtig erscheinende Direktor oft ein schwieriges Leben, besonders in einem internationalen Labor, in dem er dauernd über jeden Schritt Rechenschaft ablegen muß. Diese Experimente haben keinen materiellen Wert, und niemand darf einen direkten Nutzen erwarten. So ist schwer festzulegen, wieviel Geld von den Regierungen für ein solches Unternehmen gegeben werden muß. Die Verhandlungen über das Budget können nur bei gutem Willen für eine ideelle Aufgabe zu einem guten Ende geführt werden.

Bevor ich zum Schluß komme, möchte ich doch noch ein Wort zur Rolle der theoretischen Physik sagen, die ich vielleicht nicht genügend hervorgehoben habe. Dies hängt damit zusammen, daß mir ihre Bedeutung als Experimentalphysiker zu selbstverständlich erscheint. Die Theoretiker haben die Aufgabe, die experimentellen Ergebnisse gedanklich zu ordnen und mathematisch zu formulieren. Manche bewältigen diese Arbeit in ihrer Studierstube fern von jedem Laboratorium. Andere wiederum bevorzugen den Kontakt mit dem Experiment. Häufige Treffen mit einem eifrig diskutierenden Kreis benötigen sie beide. In einem großen Laboratorium, wie wir es oben beschrieben haben, können die Theoretiker die ungeheuer wichtige Rolle eines Ferments übernehmen. Im Idealfall sind sie die dauernden Wächter und Berater der Experimentatoren. Bei ihnen sind auch nach außen hin die größten individuellen Leistungen sichtbar, falls ihnen eine neuartige Theorie in ihrer einsamen Stube einfällt.

Wir haben gesehen, zu welcher Art von Wettkampf mit teilweiser Anonymität die großen Laboratorien geführt haben. Die Namenlosigkeit erscheint von außen gesehen krasser als bei der Betrachtung des inneren Lebens einer solchen Institution. Will man erfolgreich sein, so muß man nicht nur gute Wissenschaftler aufweisen, sondern auch Forscher mit einem guten Mannschaftsgeist, die an den Problemen selbst interessiert sind und denen die Mitarbeit an diesen Problemen der modernen Physik Spaß macht. Leute mit zu starkem persönlichen Ehrgeiz werden dort keine Liebhaber finden. Die Freude an der Mitarbeit an dem großartigen Gebäude der Naturgesetze und ihrer Enträtselung muß dem einzelnen genügen. Wer kennt schon die Mitglieder und Gründer der Bauhütte für das Straßburger oder Freiburger Münster? Ihre Namen sind kaum überliefert. Ihnen war es genug, an diesen Werken mitgearbeitet zu haben.

# FORSCHUNG EINST UND JETZT

FESTVORTRAG

anläßlich des 39. Fortbildungskurses für Ärzte

in Regensburg am 12. Oktober 1967

von

WOLFGANG GENTNER

Mein Thema von heute abend lautet „Forschung einst und jetzt", ich hätte auch sagen können „Wandlung des Forschungsstils und Wandlung der Forschungsziele".

Vor kurzem hatten wir in Heidelberg einen großen internationalen Kongreß über Elementarteilchen. Dieses Gebiet ist der modernste und wohl auch aufregendste Zweig der heutigen Kernphysik. Man bezeichnet dieses Spezialgebiet auch als Hochenergiephysik. Dieser Name kommt daher, daß man zur Erzeugung der ganzen Skala der neuen Elementarteilchen riesige Kreisbeschleuniger benötigt, da die Erschaffung einzelner Elementarteilchen wie Proton und Antiproton nur in hochenergetischen Einzelprozessen möglich ist.

Nur wenige Länder auf der Erde können sich solche Beschleuniger leisten; die Hauptarbeit wird in ganz wenigen Laboratorien der Welt geleistet. Zwei davon stehen in Amerika, Brookhaven und Berkeley, zwei in Rußland, das eine ist Dubna bei Moskau und das neue Serbokow südlich von Moskau, und das fünfte ist das europäische Laboratorium in Genf, das wir vor nunmehr über zehn Jahren mit 13 Mitgliedstaaten gegründet haben und das vielleicht der bedeutendste Treffpunkt der Welt auf diesem Gebiet geworden ist.

Die Entwicklung der besonderen Art von Leben in den wenigen Laboratorien soll uns heute abend etwas beschäftigen, weil ich glaube, daß die Art und Weise des Forschens in diesen modernsten Forschungsstätten der Physik am besten den heutigen Stil der Forschung charakterisiert und in die Zukunft weist. Jedes dieser Institute hat auf dem Gebiete der Hochenergiephysik eine Belegschaft von über 2000 Menschen und einen Jahresetat von einigen hundert Millionen Mark. Die Fragestellung dieser Forschungszentren hat zunächst keine Beziehung zu irgendeiner Art von Anwendung; das einzige Ziel ist die Erforschung der Struktur der Elementarteilchen, die ohne jede praktische Bedeutung für Fragen der Kernenergie, Reaktoren oder gar Atombomben ist. Ich möchte noch einmal deutlich darauf hinweisen, daß ich heute abend nur über Grundlagenforschung sprechen möchte und jede Art von angewandter Forschung auslasse; auch will ich als Physiker mich nur mit dem Gebiet der physikalischen Grundlagen beschäftigen. Diese Beschränkung soll keineswegs irgend ein Werturteil sein. Ich will mich einfach an das Sprichwort halten: „Schuster, bleib' bei deinem Leisten".

Zurückkommend auf den am Anfang erwähnten Heidelberger Kongreß möchte ich über Teile des Gesprächs berichten, das ich während des offiziellen Abendessens mit Herrn Professor Mescherjakow hatte, dem Direktor des russischen Institutes in der Nähe von Moskau, in Dubna. Er ist ungefähr in meinem Alter und so war es verständlich, daß wir zunächst einmal von den goldenen Zeiten geschwärmt haben, als die Zahl der Physiker noch so gering war, daß jeder den andern kannte. Aber auch dann, als wir etwas genauer auf das Thema unserer Unterhaltung, nämlich die Struktur der modernen Forschungslaboratorien eingingen, war die Unterhaltung eigentlich erstaunlich einfach und leicht. Das hängt damit zusammen, daß es auf dem Gebiet der Physik heutzutage keinerlei Forschung unter dem Druck einer Weltanschauung mehr gibt. Es gibt keine Schulen mehr; ein Lehrbuch der Physik sieht in Moskau genauso aus wie in London oder in Rom. So kann ich im Folgenden oft verallgemeinern und auch Vergleiche ziehen, die überall Gültigkeit haben, solange ich bei der Physik bleibe. Sicherlich wird dieser Zustand auch in der Biologie in kurzem erreicht sein. Noch vor wenigen Jahren gab es dort weltanschauliche Streite. Ich erinnere an die Theorie von Lysenko auf dem Gebiet der Vererbungslehre, die nicht ohne Weltanschauung war; aber schließlich ist es ja auch nicht so lange her, daß man in Deutschland die Relativitätstheorie nicht verteidigen durfte. Lassen Sie mich zunächst einige Charakteristika dieses neuen Forschungsstils aufzählen und durch Beispiele beschreiben. Wir wollen dann später versuchen, sie mit der Vergangenheit zu vergleichen und zum Schluß einen Blick in die Zukunft werfen.

Sicherlich ist die Zukunft in Dunkel gehüllt, aber gewisse klare Aufgaben zeichnen sich doch wohl ab. Was wir als Studenten in unserem Fach gelernt haben, gilt heute als längst veraltet, und niemand von uns könnte es sich erlauben eine Vorlesung des Inhalts zu halten, wie sie unsere Lehrer gehalten haben. In den Seminaren und Kolloquien lassen wir Älteren uns von den jungen Mitarbeitern über den neuesten Stand unserer Wissenschaft berichten; denn wer könnte bei dem wachsenden Gebirge von Zeitschriften auch nur die Titel ordentlich durchlesen. Von einem Kongreß in Kalifornien fliegen die Physiker mit Düsenmaschinen zum nächsten in Moskau oder Tokio und zurück nach Europa oder Australien. Warum diese Hast und diese hektische Unruhe, die doch als der Feind jeder wissenschaftlichen Arbeit angeprangert wird? Nun, es ist so: Jeder Physiker möchte aus dem Mund des Kollegen hören, wie er diese oder jene Fragestellung ansieht; die Entwicklung des Experimentiergerätes geht so schnell vor sich, daß man kaum dazu kommt es ordentlich zu beschreiben, noch weniger darüber zu lesen. So fährt man eben hin, um alles mit eigenen Augen sich anzusehen. Preprints — Vorausdrucke — sind die eigentliche Nahrung des Forschenden geworden. Bis die Arbeit gedruckt ist, interessiert sie schon fast nicht mehr. Gleichzeitig wächst der Umfang des Wissensstoffes wie eine Exponentialfunktion. Aber da das menschliche Gehirn nur eine beschränkte Kapazität besitzt, werden dauernd neue Spezialitäten geboren, die die ursprüngliche Richtung fächerartig auseinandertreiben. Die Gelehrtenstube, wie wir sie noch aus unserer Studentenzeit kannten — das physikalische Kabinett unserer vorigen Generation —, ist dem Mammutinstitut mit Hunderten oder Tausenden von Mitarbeitern gewichen.

Man kann es auch anders ausdrücken. Es sind wieder homerische Zeiten ausgebrochen. Die Flut des bedruckten Papiers ist so angestiegen, daß sich die Zeitschriften beinahe selbst vernichten und man das Lesen aufgeben könnte. Viel effektiver scheint es einen fahrenden Sänger einzuladen, und sich von ihm das Gewünschte erzählen zu lassen. Zudem kann man dann in der Diskussion wesentliche Dinge fragen und Sachen erfahren, die gar nicht in den Zeitschriften stehen.

Einen Kongreß kann man heutzutage folgendermaßen beschreiben: Der Abgesandte auf dem fernen Symposion steht telegraphisch und telephonisch mit den Mitgliedern seines Teams zu Hause in Verbindung, und oft genug bittet er, seinen Vortrag auf den Nachmittag zu verschieben, weil das Telegramm mit den Daten des neuesten Elementarteilchens noch nicht eingetroffen ist oder die Telephonverbindung über den Ozean gestört war. Die Pause wird ihrerseits von den anderen Teilnehmern benützt, um ihr Heimatlaboratorium von der Sensation eines neuen Elementarteilchens oder einer neuen Resonanz telegraphisch zu orientieren. Personennamen treten in der Hitze des Gefechts ganz in den Hintergrund; die Forschungsgruppe hat ihren Namen nach dem Ort des Laboratoriums oder der Experimentieranlage. Man stellt z. B. die Frage: Kennen Sie schon die kurze Notiz über das Omegateilchen mit den 33 Autoren? Neuerdings gab es sogar eine wichtige Arbeit mit 51 Autoren. Wichtige experimentelle Arbeiten, die nur noch zwei oder drei Autoren aufweisen, werden immer seltener, wenigstens in der experimentellen Physik der Elementarteilchen.

Fünf Jahre war ich in CERN beim Aufbau dieses großen Laboratoriums. Ich kann Ihnen als Beispiel von einem sehr wichtigen Experiment erzählen, das dort ausgeführt wurde. Als man nach zwei

Jahren die Resultate zusammen hatte, war die Frage, welche Autorennamen unter dem Titel angegeben werden sollten. Ich habe mich dazu erkundigt, wer denn eigentlich der Anreger war. Das war schon nicht mehr klar; man wußte nur, daß in einem bestimmten Zimmer die Diskussion begonnen hatte. Es waren aber immer so viele Gäste aus allen Teilen der Erde gekommen und gegangen, daß man bei der Veröffentlichung eben einfach alle Leute alphabetisch oben als Autoren angab. Das klingt vielleicht etwas anonym und fremd, aber ich glaube, wenn Sie das Leben in diesen Laboratorien kennenlernen, würden Sie dafür Verständnis haben.

Wie kann man diese hektische Entwicklung, die heute die Physik gepackt hat und die morgen die Biologie erfassen wird, verstehen? Die explosionsartige Entwicklung ist sicher nicht typisch für dieses Fach, die Chemie hat früher schon einmal eine Welle erlebt, und wie gesagt, die Biologie wird uns folgen. Es ist wohl vielen immer noch nicht klar geworden, daß diese Kollektivbewegung unserer naturwissenschaftlichen akademischen Jugend ein wesentlicher Ausdruck unserer derzeitigen Kultur geworden ist. Derselbe, der früher an den Abenteuern eines Kreuzzuges in das Heilige Land teilnahm, nimmt heute an den Abenteuern im Forschungslaboratorium teil.

Schauen wir einmal zurück in die Vergangenheit. Die modernen Naturwissenschaften nehmen ihren Anfang mit dem großen Galilei, dessen 400. Geburtstag wir vor kurzem gefeiert haben. Er hat das moderne Experiment mit Maßstab und Uhr geschaffen und der 2000-jährigen Autorität des Aristoteles den Todesstoß versetzt. Kurz nach dem Tod von Galilei wurde Newton geboren, der in seinen „principia philosophiae naturalis" die heute noch gültigen Gesetze der Mechanik niedergeschrieben hat. Seither sind nun rund 300 Jahre verflossen, in denen die moderne Naturwissenschaft mit ihrem empirischen Vorgehen eine weltweite Anerkennung gefunden hat. Fragt man nach dem Grund dieser plötzlichen Geburt der modernen Forschungsart, so kann man keine befriedigende Antwort geben, weil das Auf und Ab der menschlichen Geschichte Gesetzen unterliegt, die wir noch keineswegs durchschauen. Wir wollen vielmehr nüchtern und ganz empirisch heute abend vorgehen und einige Tatsachen festhalten, die für diesen Umbruch vor 300 Jahren typisch sind.

Das Suchen nach den Gesetzen der Natur ging um diese Zeit vom Priesterstand zum Laienstand über. Natürlich war dies ein langsamer Prozeß. Die forschenden Mönche waren eingeengt in die Denkungsart der frühen Scholastik durch die autoritäre Kirche. Schon im 15. Jahrhundert hatte Nikolaus von Kus — ein armer Fischersohn von der Mosel und später ein mächtiger Kardinal — versucht die Fesseln des Mittelalters zu sprengen und einer neuen Geisteshaltung zum Durchbruch zu verhelfen. Aber Giordano Bruno, unzweifelhaft einer der kühnsten Denker und Bahnbrecher der modernen Denkungsart wurde 1600 in Rom öffentlich auf dem Scheiterhaufen verbrannt. Die Mathematik wurde als ein Werk des Teufels von der Kanzel herunter gebrandmarkt und das neue Forschen über den Kosmos verurteilt. Um dieselbe Zeit siedelte Galileo Galilei von dem dürftigen Lehrstuhl in Pisa zu dem stattlicheren Lehrstuhl der Venezianischen Universität in Padua über. Er war um diese Zeit mit Kepler, der ein großer Bürger der hiesigen Stadt Regensburg war, in Briefwechsel getreten, und mit ihm zusammen hat er die neuen Naturwissenschaften im Abendland eingeführt. Um diese Zeit hatte Galilei zum ersten Mal im Fernrohr die Mondkrater gesehen und die Jupitermonde entdeckt. Neben diesen großen Entdeckungen bleibt aber die wichtigste Tat von Galilei und seiner Zeit die mathematische Analyse der Naturvorgänge. Bei der Analyse der Fallbewegung hat er zum ersten Mal die Zeit als Koordinate benutzt. Das ist ein ganz wichtiges Ereignis. Seit dieser neuartigen Konzeption wurde die essentielle Verschiedenheit von Raum und Zeit außer acht gelassen und beide als formale Größen gleichgestellt. Dies war eine Wandlung in der Betrachtung von Naturvorgängen, die gar nicht genügend hervorgehoben werden kann. Es folgte die Erfindung der Infinitisimalrechnung durch Newton und Leibniz, die eine völlige Mathematisierung der Physik mit sich brachte. Seit dieser Zeit werden alle physikalischen Größen wie Geschwindigkeit, Beschleunigung, Kraft mathematisch definiert. Erst diese Klarlegung der Begriffe zusammen mit dem systematischen Suchen nach den Naturgesetzen durch Anordnung sinnvoller Experimente haben der modernen Forschung den Boden der Existenz gegeben. Bei der Sezierung der Natur im wohlüberlegten und sinnvollen Experiment hat die Mathematik für die theoretische Formulierung der Naturvorgänge und ihrer gesetzlichen Zusammenhänge eine ausschlaggebende Rolle gespielt.

Überspringen wir rückblickend das dunkle Mittelalter und die für die Grundlagen der Naturwissenschaft unbedeutende Zeit des Imperium Romanum, so wollen wir uns noch fragen, wo ist die griechische Forschung stehengeblieben, die geschichtlich gesehen immer wieder als Anfang jeder Erforschung der Natur gepriesen wird. Aristoteles, der Schüler Platos und der Lehrer Alexander des Großen, ist für uns eine der Hauptquellen der frühen griechischen Naturphilosophie. Ein großer Teil seiner späteren Werke ist erhalten geblieben; von ihm erfahren wir, daß die ersten echten wissenschaftlichen Fragestellungen zu Beginn des 6. Jahrhunderts v. Chr. in Milet von Thales gestellt wurden; von Thales selbst und seinen Nachfolgern in der Schule von Milet sind nur Bruchstücke überliefert worden. Nach diesen Fragmenten und den späteren Berichten hat er als erster die Frage nach der Urmaterie, der Substanz, aus der alles Seiende besteht und entstanden ist, gestellt. Das Wasser sah er als den göttlichen Ursprung aller Dinge an; dabei haben sicher biologische Gründe eine Rolle gespielt. Hinzu kam die griechische Mythologie, die den Ozean als den Vater aller Dinge ansieht, und schließlich darf man nicht vergessen, daß das Wasser in der Natur in allen drei Aggregatzuständen: Dampf, Wasser und Eis vorkommt.

Später kommen noch einige Elemente hinzu: Feuer, Erde und Luft. Diese späteren Hypothesen brauchen wir nicht im einzelnen zu erörtern. Wichtig sind sie nur, weil die Anwendung des wissenschaftlichen Prinzips hier eine Rolle spielt. Eine Vielzahl von Erscheinungen wird auf ein Minimum von Hypothesen zurückgeführt. Alle Fragen, die die Philosophen von Milet bewegten, berührten Grundprobleme, die in physikalischen Lehren aller Nachfolger wieder auftauchten. Es waren Fragen nach der Struktur des Kosmos, der Gestalt der Erde, der Beschaffenheit der Himmelskörper und ihrer Bewegungen. Thales hat bereits, wohl gestützt auf Phönizierquellen, die Sonnenfinsternis von 585 v. Chr. vorausgesagt; dies berichtet Herodot in seinem ersten Buch bei der Beschreibung des Krieges zwischen den Lydern und Medern, als sich plötzlich während der Schlacht der Tag in Nacht verwandelte. Nach Thales hat Anaximander — auch aus der Schule von Milet — zum ersten Mal von einem wissenschaftlichen Modell Gebrauch gemacht. Es wird berichtet, daß er mechanische Modelle zur Erklärung physikalischer Vorgänge gebaut, auch Karten der Erde gezeichnet und einen Himmelsglobus konstruiert hat. Erwähnen möchte ich noch Anaxagoras aus Klazomenai, der um 500 v. Chr. geboren wurde und als Jüngling nach Athen kam. Er hat ein mechanisches Modell für die Bewegung der Sterne entworfen. Von ihm wird berichtet, Sonne, Mond und alle Sterne seien glühende Gesteinsmassen, die von dem Umschwung des Äthers mit herumgerissen würden, es gäbe aber unterhalb der Gestirne Weltkörper, die zusammen mit Sonne und Mond herumkreisten, uns aber unsichtbar seien. Weiterhin sagte er, der Mond habe kein eigenes Licht, sondern er habe sein Licht nur von der Sonne, auch die Erklärung der Mondphasen stammt von ihm. Die ganze Tragweite der Vorstellung von Anaxagoras kommt zum Ausdruck, wenn man den Bericht über die Herkunft des Meteoriten hört, der damals bei Aigos Potamoi, dem berühmten Ort, wo später die Entscheidungsschlacht des Peloponnesischen Krieges geschlagen wurde, niedergegangen ist. Diese Geschichte hat mich besonders beeindruckt, weil wir uns in unserem Heidelberger Laboratorium seit vielen Jahren mit dem Ursprung der Meteorite beschäftigen. Folgendes wird berichtet: „Es wird allgemein angenommen, daß ein riesiger Stein in Aigos Potamoi vom Himmel fiel. Die Einwohner der Chersones zeigen ihn bis zum heutigen Tage und beten zu ihm. Anaxagoras soll angenommen haben, daß dieser Stein von einem der Himmelskörper stammt, auf dem ein Erdrutsch oder Erdbeben stattfand, in dessen Folge dieser Stein abbrach und auf uns fiel. Es bleibt nämlich kein Stern an dem Ort stehen, an dem er erschaffen wurde; die Massen dieser schweren Steine leuchten wegen des Widerstandes des kreisenden Äthers, der sie zwingt, dem Wirbel und dem Druck der Kreisbewegung zu folgen."

Diese Deutung klingt ganz modern, wenn man bedenkt, daß wir heute tatsächlich eine Gruppe von Meteoriten als vom Mond kommend ansehen. Ein erstaunlicher Bericht ist es auch, wenn man die Geschichte der Meteoritenforschung im 19. Jahrhundert zurückverfolgt und feststellt, daß noch im Jahre 1806 die große und berühmte französische Akademie zu Paris beschlossen hat, daß die Berichte von den Meteoriten, die als Steine zur Erde fallen, als Märchen zu betrachten sind. Allerdings wurde diese Akademie sehr bald eines Besseren belehrt, als einige Jahre später ein Meteoritenschauer auf ein Dorf — nicht weit von Paris entfernt — niederging, und eine spezielle Kommission der Akademie dann die Akademiker überzeugen mußte, diesen Beschluß wieder zurückzunehmen.

Einen besonderen Platz in der griechischen Naturforschung nahm Pythagoras aus Samos ein, der um 550 v. Chr. nach Croton in Süditalien auswanderte und dort einen berühmten geheimen Orden gründete. Die Mitglieder lebten in klösterlicher Gemeinschaft und versuchten auf ihre Weise die Natur zu erforschen. Er war ein weitgereister Mann, der sich z. B. mit der Zahlentheorie und mit Musiktheorie beschäftigte, aber wohl auch als erster zahlenmäßige Beziehungen für eine Erklärung der physikalischen Welt heranzog. Dieser bedeutende Gelehrte mit seinen Gedanken, die in der Neuzeit dem modernen Bild von der Natur zum Durchbruch verhalfen, wurde weder von Plato noch von Aristoteles anerkannt. Beide hatten nur Spott für die Pythagoreer; und hier liegt wohl auch einer der Gründe für den 2000jährigen Stillstand der Naturforschung. Die Pythagoreer konnten ihre mathematischen Gesetze erst formulieren, nachdem sie die Experimente durchgeführt hatten, und darüber machte sich Plato außerordentlich lustig. Plato war der Auffassung, daß eine aufmerksame Hinwendung oder die Intention allein ausreichen muß, um die Natur, und damit die Wahrheit zu entdecken. Seine Ideenlehre sah im Experiment keine Möglichkeit zur wahren Erkenntnis zu kommen. Der große Erfolg von Platos philosophischen Werken und die autoritäre Stellung des Enzyklopädisten Aristoteles verzögerte so über das Mittelalter hinaus die Synthese von Experiment und Mathematik. Natürlich gab es daneben Ausnahmen wie den großen Archimedes und die Experimentatoren in der Akademie zu Alexandria in hellenistischer Zeit. Aber sie waren Einzelerscheinungen und blieben merkwürdigerweise ohne großen Einfluß auf die naturwissenschaftliche Forschung. Offenbar war die Autorität von Plato und Aristoteles zu gewaltig. Darüber wäre noch vieles zu sagen, denn Aristoteles kritisierte andererseits wieder Plato, als er ihn mit Demokrit, dem Schöpfer der Atomlehre vergleicht. Z. B. sagt Aristoteles als er die „dialektische" Methode Platons mit der physikalischen Demokrits vergleicht: „Alle, die durch vieles Diskutieren die Tatsachen außer acht lassen, neigen leicht dazu, auf Grund weniger Beobachtungen zu urteilen."

Wir haben leider keine Zeit uns noch mit Demokrit und seiner interessanten Atomlehre auseinanderzusetzen. Nur soviel sei noch gesagt, daß auch hier eine Theorie ohne experimentelle Kontrolle aufgestellt wurde, die zwar einiges erstaunlich Richtige darstellt, aber natürlich steckenbleiben mußte, weil die Phantasie des menschlichen Gehirns einfach nicht ausreicht, um eine gültige Theorie ohne experimentelle Kontrolle niederzuschreiben.

Im Gegensatz zu den geistreichen Überlegungen der griechischen Atomisten wie Leukip von Milet und Demokrit von Abdera und seine Nachfolger, den Epikureern, hat das moderne Experiment eine ganz neue Welt der Erscheinungen erzwungen. Die Zahl der Elementarteilchen, von denen die meisten äußerst kurzlebig sind, übersteigt heute die Zahl Hundert. Dies führt zu grundsätzlichen philosophischen

Folgerungen; wir beginnen zu glauben, daß die ursprüngliche Annahme des Aufbaus der Welt aus Elementarteilchen im griechischen Sinne eines Atoms, das nicht geteilt werden kann, ganz falsch ist. Alle Teilchen, auch das Proton, haben eine Struktur, an deren Aufklärung wir zur Zeit arbeiten. Alle Elementarteilchen können durch Zusammenstöße mit anderen Teilchen genügend großer Energie erzeugt werden. Sie können in andere Materie und andere Energieformen umgewandelt werden, wenn sie auf ihre eigenen Antiteilchen treffen. Es gibt keine Individualität dieser Urbestandteile der Materie; es gibt kein Teilchen, das man wie das griechische Atom als unveränderlich auffassen könnte, sondern manche verwandeln sich fortwährend für kurze Augenblicke in andere Formen, um dann wieder ihre Gestalt zurückzugewinnen. Die uns bekannte Welt besteht aus Nukleonen, Elektronen und Strahlungsquanten, aber nur deshalb, weil diese die stabilsten Glieder der großen Familie der Teilchen sind, und nicht, weil diese Teilchenarten besonders elementar wären. In dem uns vertrauten Temperaturbereich, den wir hier auf der Erde haben, der ja sehr verschieden ist von dem anderen Temperaturbereich in den Sternen, ist es höchst unwahrscheinlich, daß Teilchen sich jene flüchtige, unabhängige Existenz verschaffen können, die durch ihre äußerst kurze Lebensdauer bedingt ist. Die Bedeutung des Wortes Elementarteilchen in dem Sinne, in dem es von der Antike an benutzt wurde, ist nicht mehr fundiert. Darüber hinaus hat das Verhalten der Teilchen in ihren Wechselwirkungen miteinander uns gezwungen, die in der klassischen Physik gültigen Erhaltungssätze zu erweitern; wenn wir ihr kompliziertes Verhalten beschreiben wollen, müssen wir erkennen, daß sie Eigenschaften aufweisen, für die es in der klassischen Physik oder im täglichen Leben keine Beispiele gibt. Wir sind gezwungen, völlig neue Begriffe für die Beschreibung grundsätzlich neuer Erscheinungen und Erkenntnisse einzuführen. Ältere Beispiele sind schon die Heisenbergsche Unschärferelation, in der z. B. festgelegt wird, daß man nicht die Geschwindigkeit *und* den Ort eines kreisenden Elektrons um das Atom kennen kann. Es sind die Schwierigkeiten der Quantentheorie aus den 20er Jahren, — die Einführung der virtuellen Teilchen, — die Wechselwirkung zwischen Lichtquant und Elektron, — das Elektron kann zum Lichtquant, das Lichtquant zum Elektron werden, — die Welle ist ein Korpuskel, — das Korpuskel ist gleichzeitig eine Welle — alle diese schwierigen Begriffe haben wir in den 20er Jahren schon versucht zu verstehen. Heute, im Zeitalter der Elementarteilchen, sind wir noch viel weiter entfernt, Beispiele aus dem täglichen Leben dafür anführen zu können.

Es ist im letzten Jahre ein sehr bedeutender Schritt gemacht worden, der zur Erkenntnis eines bemerkenswerten Ordnungsschemas der Elementarteilchen geführt hat. Bis vor ganz kurzer Zeit schienen die genauen Massen, der Spin, die Lebensdauer und andere Parameter der Elementarteilchen eine Ansammlung empirischer Tatsachen zu sein; nur wenige wesentliche Ordnungsprinzipien waren aufgedeckt worden. Nun aber zeigt es sich, daß die Teilchen in wohldefinierten Gruppen angeordnet werden können, und die Gültigkeit der neuen Gruppierung ist durch die Voraussage der Existenz und Eigenschaften fehlender Teilchen erhärtet worden. Es liegt nahe, in diesem Fortschritt eine Analogie zur Aufstellung des periodischen Systems der Elemente zu sehen. Das Vorhandensein von Regeln zeigt die Existenz einer zugrunde liegenden Ordnung auf, deren Prinzip wir einmal zu entdecken hoffen. Dies ist noch nicht etwa der Entdeckung einer neuen Quantenmechanik oder eines Pauliverbotes gleichzustellen, mit denen man den Schlüssel zum Verständnis der Affinität zwischen den chemischen Elementen gefunden hatte; aber wir können immerhin zuversichtlich hoffen, vielleicht sogar bald grundlegende Entdeckungen von ähnlicher Bedeutung machen zu können.

Die Lösung dieser Probleme — es gibt noch weitere von gleicher Bedeutung — ist von umfassender Bedeutung für ein tieferes Verständnis unserer materiellen Welt. Alle unsere Erfahrungen, die wir in der Entwicklung der Naturwissenschaften gesammelt haben, zeigen uns, daß in der Natur ein Ordnungsprinzip herrscht, das wir aufdecken können. Vertrauen in die Ordnung der Natur, in die Existenz von Naturgesetzen, die der Mensch aufzudecken hoffen kann, war eine notwendige Voraussetzung für die Entwicklung der modernen Naturwissenschaften in Europa. Sie bestand nicht in anderen Kulturen, wie z. B. in der chinesischen, die die Natur als unergründlich betrachtete.

Als die Jesuitenmissionare zuerst nach China kamen und den Chinesen die westliche Auffassung erklärten, nach der die Verhaltensweise der Dinge Naturgesetzen unterliege, empfing man sie mit höflicher Skepsis. Wir wissen, sagten die Chinesen, daß ein menschlicher Gesetzgeber Gesetze machen und Strafe einführen kann, um ihre Befolgung durchzusetzen. Das aber setzt doch zweifellos das Verständnis der Regierten voraus. Wollt ihr uns sagen, das Luft und Wasser, Holz und Steine Verständnis haben?

Kehren wir noch einmal zurück zu unserer anfänglichen Fragestellung. Die Ansätze für die modernen Forschungsmethoden sind sicherlich auch schon in der griechischen Welt vorhanden, aber wir können uns bei der Analyse der Arbeitsweise in den modernen Laboratorien auf die Entwicklung der letzten 300 Jahre, vielleicht sogar nur der letzten 20 Jahre beschränken. Wir haben gesehen, wie von einzelnen Lehrern und Gelehrten, die auf den Erfahrungen ihrer Lehrer und Vorgänger aufbauten, die Naturgesetze allmählich empirisch gefunden wurden. Die zeitlichen Abstände zwischen Schülern und Lehrern verkürzten sich allerdings laufend in der Entwicklung. Isaac Newton wurde ungefähr im Todesjahre von Galilei geboren, der sein großer Vorgänger war; heute ist der Abstand auf wenige Jahre zusammengeschrumpft, oder es ist sogar Gleichzeitigkeit eingetreten, so daß sich der Forscher auf seine Zeitgenossen stützt, die sogar jünger als er selbst sein können. Allerdings muß man hierbei bedenken, daß heutzutage überhaupt die Zahl der Zeitgenossen aus dem gleichen Fach häufig größer ist als die Zahl aller Vorgänger, die es jemals gegeben hat.

In den 20er und 30er Jahren dieses Jahrhunderts, den großen Entdeckerzeiten der Quantentheorie und der Kernphysik, wurde eigentlich noch ähnlich gearbeitet wie in den letzten 300 Jahren. Zwar ist die Zahl der wissenschaftlich Arbeitenden dauernd gestiegen, aber die großen Entdeckungen wurden deutlich von einzelnen Forschern oder höchstens von 2 bis 3 Mann starken Gruppen gemacht. Ich erinnere an Röntgen, der in Würzburg ganz alleine hinter verschlossener Tür gearbeitet hat. Die Entdeckung des positiven Elektrons wurde von Anderson bei der richtigen Interpretation einer einzigen Nebelkammeraufnahme gemacht. Die künstliche Radioakivität wurde von dem Ehepaar Joliot-Curie im Alleingang entdeckt. Das letzte Beispiel soll auch an die folgenreichste Entdeckung kurz vor Beginn des Weltkrieges erinnern, nämlich an die Entdeckung der Uranspaltung durch Hahn und Strassmann. Auch hier handelt es sich deutlich um eine Arbeit im klassischen Stil des letzten Jahrhunderts. Dann, nach dem letzten Weltkrieg, als der kernphysikalischen Grundlagenforschung durch die Erfindung der Kernreaktoren zur Energiegewinnung — durch die drohende Atombombe natürlich auch — wesentlich mehr Geld zur Verfügung gestellt wurde, änderte sich der Forschungstil sprungartig. Es entstanden beinahe über Nacht die großen Forschungszentren mit Hunderten von Physikern und Ingenieuren verschiedenster Arbeitsrichtung, aber einem gemeinsamen Ziel.

Wenn man an Röntgen zurückdenkt, hätte er wahrscheinlich am liebsten auch noch seine Resultate in Form von Kryptogrammen an seine Kollegen verschickt, wie es der berühmte Isaac Newton nur 200 Jahre früher getan hat. Auf diese Weise hatte er die gesicherte Priorität und konnte mit Behagen zusehen, wie die neugierigen Kollegen sich die Zähne an seinen Kryptogrammen ausbissen. Diese Form von Forschung und Veröffentlichung, die alle Tricks des möglichst langen Alleinbesitzes einer Entdeckung ausnützt, entspricht noch ganz den Sitten und Gebräuchen der Schule der Pythagoreer, die auch aus ihrer Wissenschaft eine Geheimwissenschaft gemacht haben und die Ergebnisse nicht an die Umwelt herausgeben wollten. Heutzutage ist das vollkommen verändert. Schon aus zeitlichen Gründen wäre es gar nicht mehr denkbar, daß jemand auf seinen Erfahrungen sitzenbleibt, denn er hätte viel zu große Angst, daß morgen schon jemand seine Entdeckung veröffentlicht.

Wir kommen noch kurz zur Beschreibung der Arbeitsweise eines modernen riesigen Labors von 2000 forschenden Menschen. Das ist nicht ganz einfach, weil sie ja kein bestimmtes Ziel verfolgen, sondern ganz allgemein nur die Aufgabe haben gute wissenschaftliche Arbeit zu produzieren. An der Spitze eines derartigen Forschungslaboratoriums steht nicht ein einsamer großer Gelehrter, wie das früher war, sondern es steht ein Komitee. Es ist in solchen Institutionen gar nicht üblich und auch gar nicht nützlich, daß man den Stars der Wissenschaft bei der Forschung die alleinige Herrschaft überläßt. Die ideenreichen und anregenden Leute müssen vielmehr in diesen Komitees sitzen, in denen die Entscheidung über ihre Forschungsprogramme fällt. Damit sind wir bei der schwierigen Komiteearbeit, die eben auch bei CERN in Genf zu leisten ist, und dauernd große Schwierigkeiten hervorruft. Die Forscher beklagen sich nämlich dauernd, daß sie in Komiteesitzungen gehen müssen. Wenn Sie jemanden zu sprechen wünschen, können sie sicher sein, daß er in einem Komitee sitzt.

Als weiteres Charakteristikum der modernen Forschung ist der Zwang zu immer größeren Instrumenten zu nennen, um das Innere der Elementarteilchen zu sehen. Damit wächst natürlich auch der technische Aufwand. Konnte in den Anfängen der Optik noch ein Handwerker alle Bestandteile eines primitiven Mikroskops selber bauen, so benötigen wir heute für die modernen Mikroskope eine ganze Fabrik mit verschiedenen Spezialisten. Dasselbe gilt für die Instrumente der Physik der Elementarteilchen. Dort sind es die großen Beschleuniger, die jedes Jahr noch größer werden, also tiefer in die Materie eindringen, und damit ein immer größer werdendes Heer von Spezialisten und technischem Personal benötigen. Eines der größten Projekte dieser Art ist z. B. ein Beschleuniger in Kalifornien, das sogenannte Monstrum, das eine Länge von 5 km besitzt. Bei der Größe des Instrumentes können natürlich auch die Experimente nicht mehr von einem einzigen Forscher ausgeführt werden. Die Nachweisinstrumente, die die Antwort auf die Frage an die Natur registrieren, werden ebenso kompliziert wie der Beschleuniger, mit dessen Korpuskeln auf die Elementarteilchen geschossen wird. So braucht man ein Heer von Ingenieuren und Physikern zum Bau des großen Beschleunigers und zum Aufbau des eigentlichen Experiments. Das bedeutet aber wiederum eine große Vorbereitungszeit und eine Schwerfälligkeit, die viele Koordinierungssitzungen, also viele Komiteesitzungen erfordert. Dann braucht man auch noch eine theoretische Gruppe dazu, die darüber nachdenkt, ob das betreffende Experiment wirklich wichtig ist und verantwortet werden kann. So entsteht automatisch ein großes Kollektiv von Forschern, die alle am gleichen Problem arbeiten und wissen, daß ein Erfolg für sie alle gilt. Um die Palme der Wissenschaft kämpft eben nicht mehr ein einziger Forscher, sondern ein Forschungslaboratorium gegen ein anderes. Das ganze System erinnert sehr stark an Expeditionen z. B. an die berühmten Expeditionen zu den Polen der Erde, die wir in unserer Jugend gelesen haben, die Expeditionen von Amundsen und Scott. Bei diesen Expeditionen konnte man auch schon im voraus aus den Vorbereitungen sehen, wer das Ziel zuerst erreichen wird. Auch mußte man alle möglichen Spezialisten mitnehmen, um die Expedition durchstehen zu können und um ans Ziel zu kommen. Das gleiche gilt für die großen Weltumsegler wie Kolumbus oder die vielen, die die anderen Erdteile mit dem Schiff entdeckt haben.

Die Zeit, in der man mit einer kleinen Menge von Leuten große Entdeckungen machen konnte, ist eben in der Kernphysik und in diesem modernsten Gebiet der Elementarteilchenphysik vorüber. Man kommt nur noch mit einem guten Generalstab voran, Husarenritte sind ganz aussichtslos geworden. Auch wird man mit einer Gemeinschaft von ausgezeichneten Forschern deswegen weiterkommen, weil man sich darin durchaus auch eine ganze Reihe von genialen Käuzen leisten kann. Man muß eben den ganzen Spielraum der menschlichen Intelligenz ausnützen, um in diesem Kampf bestehen zu können. Natürlich gibt es auch Machtkämpfe zwischen den einzelnen Gruppen in einem

Laboratorium; jeder meint, daß sein Experiment wichtiger sei. Aber es sind eben Menschen und keine Roboter in einem Laboratorium, und der Leiter des Laboratoriums muß sich damit auseinandersetzen. Es liegt immer eine Gefahr bei dieser Teamarbeit, bei dieser Mannschaftsarbeit. Die Theorie des augenblicklichen Experiments kann nicht von allen überblickt werden, es kann auch nicht jeder verstehen, was eigentlich gemacht wird, jeder beschäftigt sich nur mit einem Teil, und das führt dazu, daß nicht alle, die daran teilnehmen, alles überschauen, was jetzt gerade geschieht. Aber man darf nicht vergessen, daß eine Korrektur immer vorhanden ist, und das sind die dauernd stattfindenden Seminare und Kolloquien. Diese wissenschaftlichen Streitgespräche sind — ebenso wie im Altertum — in den modernen Laboratorien das Lebenselexier jeder modernen Forschung.

Der lebendige Geist jedes Forschungsinstituts kann an der Zahl und der Qualität seiner wissenschaftlichen Diskussion gemessen werden. Besonders heute, wo die Flut der Literatur so groß ist, bedeutet dieser Kontakt der Forschungsgruppen untereinander unglaublich viel. Und das ist auch das, was man in CERN, in diesem Laboratorium, von dem ich schon so oft gesprochen habe, erleben kann. Diese dauernden Diskussionen und Seminare sind eben ausschlaggebend, um gerade die Gruppenarbeit, die Teamarbeit zu ermöglichen.

Vielleicht darf ich noch ein Wort hinzufügen über die Rolle des Theoretikers in den modernen Laboratorien. Erst am Ende des vorigen Jahrhunderts sind die ersten Lehrstühle für theoretische Physik eingerichtet worden. Z. B. hat Max Planck das erste Extraordinariat für theoretische Physik in Berlin bekommen; heute gibt es sehr viele Ordinarien für theoretische Physik. Ich glaube, bei uns in Heidelberg haben wir allein sechs oder sieben. Die Bedeutung des Theoretikers ist deswegen so interessant in den modernen Laboratorien, weil er beinahe die Führung übernommen hat. Das können Sie auch schon daran sehen, daß erstaunlicherweise Oppenheimer in Amerika als Theoretiker das Laboratorium zur Konstruktion der ersten Atombombe geleitet hat. In Frankreich ist der Chef der Atomenergie Francis Perrin, der Generaldirektor von CERN war lange Weißkopf, beides Theoretiker. So hat Enrico Fermi eine ähnliche Rolle bei den Reaktoren gespielt. Sie finden noch eine ganze Reihe von Beispielen. Man kann sich natürlich fragen woher das kommt, wieso eigentlich plötzlich aus dem Haustheoretiker, den früher die Experimentalphysiker benutzten, um etwas Theorie zu den Experimenten zu machen, plötzlich der leitende Geist geworden ist. Nun, das hängt in dem Fall der großen Laboratorien damit zusammen, daß die Experimente ungeheuer teuer geworden sind und man sehr lange überlegen muß, bis man ein Experiment aufbaut. Ich darf ein Beispiel anführen. Vor einigen Jahren wurden in CERN und ebenso in Amerika große Experimente über die Wechselwirkung der Neutrinos mit der Materie durchgeführt; Neutrinos — nicht zu verwechseln mit den bekannten Neutronen — sind eine merkwürdige Sorte von Elementarteilchen, von denen man noch gar nicht richtig weiß, für was sie eigentlich gut sind. Diese Neutrinos sind außerordentlich schwierig nachzuweisen, da sie praktisch ungehindert durch die dickste Materialschicht hindurchgehen. Dieses Neutrinoexperiment hat vielleicht 10 bis 20 Millionen Mark gekostet. Gleichzeitig hat es das ganze Laboratorium auf ein Jahr beansprucht.

Sie sehen daraus, wie wichtig es ist, daß man sich bei den großangelegten Experimenten, die für die Grundlagen unserer Vorstellungen von der Materie wichtig sind, alles im voraus sehr genau überlegt. Ein falsches Experiment kann der Konkurrenz in Amerika oder Rußland einen Vorsprung geben, der sehr schwer einzuholen ist. Auch dauern diese Experimente so lang, daß eine falsche Planung einen sehr schweren Rückschlag bedeutet. So wächst die Bedeutung der Theoretiker, die bei diesen Überlegungen eine wichtige Rolle zu spielen haben.

Es scheint mir unter diesen Umständen natürlich, daß auch einige falsche Entscheidungen getroffen wurden. Ich denke z. B. an den Rausch, den die Physiker in den 50er Jahren hatten, als sie glaubten, sie könnten in Kürze den Sternen Konkurrenz machen und Energie genauso produzieren, wie sie in den Sternen entsteht, nämlich durch Verschmelzung von Wasserstoff zu Helium bei Kernprozessen unter sehr hoher Temperatur. Man nennt dieses Arbeitsgebiet heute Plasmaphysik, damals hat man es noch Fusion genannt. Inzwischen hat man nämlich gemerkt, daß der Erzeugung bzw. dem Einschließen dieser hohen Temperatur in ein Gefäß, unerwartet große Schwierigkeiten experimenteller Natur entgegen stehen. Die Realisation wird noch einige Zeit auf sich warten lassen.

Ich will schließen mit der Erzählung des Endes meines Tischgespräches mit dem russischen Kollegen Mescherjakow bei der letzten Heidelberger Konferenz. Die explosionsartige Entwicklung in der Kernphysik mit den rasch wachsenden Laboratorien bedingt die Frage: Wie kann das denn weitergehen? Diese Frage wußten wir als Physiker sehr einfach zu beantworten. Wenn man extrapoliert, was in den letzten zwei Jahrzehnten geschehen ist, dann kommt man dazu, daß in wenigen Generationen alle Menschen Physiker sein müßten. Das ist aber unmöglich. Also wird die Entwicklung irgendwie anders gehen. Sie wird einer Sättigung zustreben, weil der Staat und die menschliche Gesellschaft sicher nicht bereit sind, alles Geld, was sie einnehmen, den Physikern in die Hand zu geben. Also können in Zukunft nur noch Forschungsziele bearbeitet werden, die im Bereich des technisch und finanziell Möglichen liegen. Man kommt nicht mehr weiter mit der Erforschung der Urbestandteile der Materie. Nicht, weil man nicht wüßte, wie man die Experimente anlegen soll, sondern weil die Experimente zu aufwendig werden!

Vielleicht wird man sich dann anderen Zielen zuwenden. Wenn Sie heute mit den Studenten sprechen, dann sehen Sie auch, daß viele von Ihnen zwar noch die Physik als außerordentlich interessant betrachten; aber eine steigende Zahl ist der Ansicht, daß die Zukunft in der Biologie liegt. Aber auch dort wird man bald dieselbe Erfahrung wie in der Physik machen.

Zum Schluß möchte ich vielleicht noch etwas hinzufügen, was ich zu uns hier in Europa sagen möchte. Wir, die europäischen Völker, haben die abendländische Kultur geprägt. Unsere Vorfahren haben großartige kulturelle Leistungen vollbracht, die auf anderen Gebieten lagen als die heutigen. Unsere Aufgabe ist es, wie ich glaube, die naturwissenschaftlichen Kulturleistungen vorwärtszutreiben. Sonst könnte Europa seine Stellung in der Welt verlieren und nur noch aus zweiter Hand die naturwissenschaftliche Bildung erhalten. So ist es wohl von größter Wichtigkeit, daß wir bei der naturwissenschaftlichen Forschung alle Mittel und Wege aufsuchen, die zu einer gemeinsamen europäischen Forschung führen. Denn auf manchen Gebieten kann sich ein einzelner europäischer Staat nicht mehr leisten, solche großen Forschungsaufgaben zu betreiben. Das ist nur noch möglich in der Gemeinschaft der europäischen Staaten. Ich glaube, daß nur durch eine derartige gemeinsame Anstrengung unsere Stellung in der Welt gewahrt werden kann.

WOLFGANG GENTNER

# Die Narben im Antlitz der Himmelskörper *

Am 19. April 1610 hat der kaiserliche Mathematiker Johannes Kepler aus Prag ein Glückwunschschreiben an Galileo Galilei, Professor der Mathematik in Padua, gerichtet, in dem er ihm zu seiner berühmten Entdeckung der Mondgebirge und der vier Jupitermonde in begeisterten Worten gratulierte. Dieses ausführliche Schreiben Keplers auf die Druckschrift Galileis mit dem Titel „Sidereus Nuntius", „der Sternenbote", läßt verstehen, warum Kepler, der sicherlich von Optik mehr verstand als Galilei, nicht selbst diese großen Entdeckungen gemacht hat. Es lag nicht an der Erfindung des Fernrohrs, denn das Prinzip ist offenbar in den Niederlanden erfunden worden. Von dort ließ sich Galilei über Umwege wohl Näheres über die Konstruktion berichten. Danach besorgte er sich ein Bleirohr, schliff Linsen und überreichte der Regierung von Venedig das „cannocchiale", das „Augenrohr", als Beobachtungsinstrument im Seekrieg. Dafür wurde er Ende 1609 öffentlich belobigt, und im Januar 1610 machte er damit seine ersten Sternbeobachtungen.

Kepler preist Galilei daher nicht als Erfinder, sondern als den experimentell geschickten und kühnen Gelehrten, der als erster dieses „telescopio" zu den Sternen gerichtet und damit „den Himmel durchdrungen" hat. Er, Kepler, kam nämlich nicht auf diesen Gedanken, weil er glaubte, *„die Luft sei dicht und von bläulicher Farbe, wodurch winzige Teile der sichtbaren Dinge in der Ferne verdeckt und undeutlich gemacht werden ... Auch von der eigentlichen Himmelssubstanz vermutete ich etwas Derartiges ... also ließ ich die Finger von diesem Versuch"*...

So ist mit Galilei ein zweiter Abschnitt der Menschheitsgeschichte angebrochen, in der man mit Hilfe des Fernrohrs den Sternenhimmel in neuen Dimensionen betrachten konnte und durch dauernde Verbesserung der Beobachtungsmethoden ungeahnte Entdeckungen machte, die zu einem dramatischen Umsturz des Weltbildes geführt haben. Den dritten Abschnitt der Erforschung der Himmelskörper hat unsere eigene Generation erlebt, als die Entwicklung der Raketentechnik die Möglichkeit eröffnete, die Fernrohre durch die trübe Atmosphäre in den klaren und fast leeren interplanetarischen Raum hinauszutragen. Wenn wir so auch durch die Nahaufnahmen der Planeten und die Mondlandungen der Astronauten ganz neue Erkenntnisse über den Aufbau der Planeten erworben haben, so hat doch wohl dieser dritte Abschnitt der Erforschung der uns sichtbaren Welt bisher nicht einen solch großartigen Umsturz im Weltbild der Menschheit gebracht, wie es uns die Erfindung des astronomischen Fernrohrs geschenkt hat. Aber wir sind ja auch gerade eben erst in diesen neuen Abschnitt der astronomischen Beobachtungen eingestiegen und können die zukünftigen Erfolge kaum vorausahnen.

Am Planeten Mars kann man diese drei Abschnitte der Wissenschaftsgeschichte deutlich rekapitulieren. Im Altertum wurde dieser rote Planet als solcher erkannt und getauft. Mit dem Fernrohr wurden seine weißen Polkappen gesichtet und die Struktur der Oberfläche lange Zeit als Kanäle – die von einem Geschlecht von Übermenschen gebaut sein sollen – diskutiert. Erst in neuester Zeit konnten die herrlichen Bilder aus nächster Nähe zur Erde gefunkt werden, aus denen wir die mit Kratern übersäte Oberfläche, aber auch gewaltige Vulkane und lange währende Sandstürme in der dünnen Atmosphäre des Mars entdekken konnten.

Kehren wir zurück zum ersten Zeitabschnitt der Beobachtung mit dem unbewaffneten Auge, so finden wir alles über unseren nächsten Nachbarn, den Mond, zusammengefaßt bei Plutarch, dem letzten bedeutenden griechischen Schriftsteller. Er hat uns eine Schrift über den Mond hinterlassen, die noch zu Galileis und Keplers Zeit viel gelesen und kommentiert wurde. Der volle griechische Titel lautet: „Über das Antlitz, das in der Mondscheibe sichtbar ist." Meist wird der Titel lateinisch zitiert: „De facie in orbe lunae."

Seine Schlußfolgerung in der langen Auseinandersetzung mit Sagen und wissenschaftlichen Argumenten lautet:

*„Wir brauchen es also nicht für anstößig zu halten, wenn wir den Mond als eine Erde betrachten. Und was jenes Antlitz betrifft, das auf ihm sichtbar ist, so dürfen wir behaupten, daß, wie bei uns die Erde große Höhlungen hat, so auch der Mond von großen Vertiefungen und Klüften zerrissen ist, die Wasser oder finstere Luft enthalten, Schluchten, die das Sonnenlicht nicht durchdringt und nicht einmal berührt; es setzt an diesen Stellen aus und läßt die Reflexion nur lückenhaft zu uns gelangen".*

Ebenso wie Plutarch – und sich auf ihn beziehend – erörtert Kepler in seinem Brief an Galilei die Frage nach der Bewohnbarkeit des Mondes. Ich zitiere nur einige der markantesten Sätze: *„Und nicht genug kann ich darüber staunen, was das riesige kreisrunde Loch im linken Mondwinkel zu bedeuten hat* (gemeint war der Krater Ptolomäus). *Denn in der Tat wäre es doch einleuchtend, wenn auf dem Mond Lebewesen sind ... Da sie einen Tag haben, der fünfzehn Erdentage lang ist, und unerträgliche Hitze zu verspüren bekommen, ... daß sie riesige Ebenen tiefer legen, vielleicht auch in der Absicht, Wasser zu finden. So können sie auf dem vertieften Grund hinter den aufgeworfenen Erdwällen im Schatten liegen und in ihrem Innern mit der Bewegung der Sonne dem Schatten folgend herumwandeln. Und es kann für sie eine Art unterirdische Stadt entstehen: die Häuser als eine Menge Höhlen in jenen kreisförmigen Sockel hineingegraben, Acker und Weideland in der Mitte, damit sie auf der Flucht vor der Sonne sich dennoch nicht allzuweit von ihrem Besitz zu entfernen brauchen."*

So hört sich die erste phantasievolle Erklärung für die Krater auf dem Mond an und damit bin ich auch bei der Erklärung des Titels meines Vortrages: „Die Narben im Antlitz der Himmelskörper."

Diese kreisrunden Krater auf dem Mond sind offenbar Verletzungen der Oberfläche, wie wir sie heute auch vom Planeten Mars und neuerdings vom Merkur ebenso wie von unserer eigenen Erde kennen. Über die Ursache dieser „Narben", die auf Verletzungen aus innerer und äußerer Veranlassung zurückgeführt werden können, hat man sich bis in die jüngste

* Festvortrag anläßlich der Hauptversammlung der Max-Planck-Gesellschaft 1974 in Münster. Etwas gekürzte Wiedergabe. Der gesamte Vortrag ist veröffentlicht im Jahrbuch 1974 der Max-Planck-Gesellschaft.



* Aus: Sterne und Weltraum Heft 4/1975, S. 114–119.

Vergangenheit heftig gestritten. Nur die märchenhafte Hypothese von den Bauarbeiten eines Riesengeschlechts auf dem Mond ist nicht weiterverfolgt worden, da es bald klar war, daß der Mond gar keine Atmosphäre besitzt. Dafür sollte dann der Mars mit seinen kunstvollen Kanälen einige Zeit die menschliche Phantasie beschäftigen. Über 300 Jahre hat man die Ursache für die Krater auf dem Mond bald auf einen starken Vulkanismus des Mondes, bald auf den Einschlag von kleinen Himmelskörpern (Asteroiden) zurückgeführt. Schon Robert Hooke hat 1665 die Mondkrater mit der Oberfläche von kochendem Alabaster und mit Kratern verglichen, die beim Einschlag von Kugeln in nassem Ton entstehen. Er hat sich für den Vulkanismus entschieden, weil es *„schwierig ist, sich vorzustellen, woher solche Körper herkommen sollten"*. Auch Immanuel Kant (1785) und der Astronom Herschel (1787) haben sich für Vulkankrater ausgesprochen. Um diese Zeit war nämlich unter den Gelehrten die Vorstellung verbreitet, daß alle irdischen Meteoriteneinschläge auf Vorgänge in unserer Atmosphäre oder auf phantasievolle Einbildung zurückzuführen seien. Diese Modemeinung wurde besonders laut von der berühmten Pariser Akademie vertreten und erst zurückgezogen, als 1803 in dem Dorf L'Aigle nördlich von Paris ein großer Meteoritenschauer niederging und Steine Hausdächer durchschlugen. Nun bekamen die Anhänger der Einschlaghypothese – Impaktisten genannt – langsam etwas Oberwasser gegenüber den Vulkanisten.

In diesem Zusammenhang möchte ich noch einen kurzen Rückblick auf eine wenig bekannte Hypothese von Julius Robert Mayer, dem berühmten Stadtarzt in Heilbronn, werfen. Er hat im Jahre 1848 ein Büchlein mit dem Titel „Beiträge zur Dynamik des Himmels" veröffentlicht. Nach der Aufstellung des Satzes von der Erhaltung der Energie setzte er sich damals folgerichtig mit der Frage auseinander, woher die Sonne ihre Energie bezieht. Nachdem er alle damals denkbaren Energiequellen als unzureichend verworfen hat, kommt er zu der Hypothese, daß die Kometen und die Asteroiden zusammen mit dem aus Zodiakallicht und Sternschnuppen bekannten kosmischen Staub beim Aufsturz in die Sonne genügend Energie liefern. Dazu zitiert er Keplers berühmten Ausspruch *„Es gibt mehr Kometen im Himmelsraum als Fische im Ozean"* und vermerkt die Beobachtung des Encke-Kometen, der sich bei jedem Umlauf der Sonne nähert. Auch bemerkt er, daß schon Newton, der ja das Licht für eine *„ausströmende materielle Substanz"* hielt, den Massenverlust der Sonne durch *„den Sturz kometarischer Materie auf den Zentralkörper"* zu kompensieren suchte. Als direkten Beweis für die Richtigkeit seiner Hypothese sieht Robert Mayer die Existenz der Sonnenflecken und Fackeln an, die *„durch höchst gewaltsame meteorische Prozesse und unmittelbare Einwirkung ganzer Asteroiden- und Kometenschwärme den lichtgebenden Ozean einerseits in seinen Tiefen aufwühlt und andererseits zu Bergen auftürmt"*. Aber diese These hat nie eine große Anhängerschaft gefunden, besonders nachdem Helmholtz in einem Vortrag 1871 in Heidelberg wegen der damit verbundenen erheblichen Massenzunahme der Sonne mehr für eine gleichmäßige Kontraktion der Sonne als Quelle ihrer Energie eingetreten ist.

So konnte sich LeVerrier, der berühmte Pariser Astronom, über diejenigen lustig machen, die zur Erhaltung der Energie der Sonne annehmen wollten, *„que le soleil déjeune et dîne des asteroides"*.

Aber dann kam Grove Karl Gilbert, Chief Geologist of the United States Geological Survey, der 1893 in einer langen Abhandlung die Einschlagshypothese für die Entstehung der Mondkrater entwickelte. Aber auch er stolperte ebenso wie manche Vor- und Nachfahren über die Schwierigkeit, daß fast alle Mondkrater rund sind. Wenn die Krater aus Einschlägen stammen, dann sollte der größte Teil elliptisch oder oval sein, denn es erschien ganz unwahrscheinlich, daß alle Einschläge senkrecht erfolgen. Dies war das Hauptargument der Vulkanisten gegen die Aufsturzhypothese, und zu diesen Vulkanisten gehörten so berühmte Geologen, wie z. B. Eduard Süss (1909), der Autor des bekannten Buches „Das Antlitz der Erde".

Noch vor 15 Jahren tobte der Streit zwischen Vulkanisten und Impaktisten auf das heftigste. Erst die gründliche Untersuchung des berühmten Meteorkraters in Arizona und die einwandfreie Bestätigung der Einschlagshypothese für die Entstehung des Ries-Kessels in Süddeutschland haben in den sechziger Jahren die Anhängerschaft der Impaktisten erheblich anwachsen lassen. Heute findet man wohl ziemlich allgemeine Zustimmung, wenn man über 90% der Mondkrater durch Einschläge erklärt.

Weitere Gründe für die Wandlung der Gemüter waren natürlich die Apollo-Missionen und die theoretische Behandlung des Einschlagsvorgangs sehr schneller Körper. Die plötzliche Abbremsung von Kugeln mit rund 20 km/sec – Geschwindigkeiten, wie sie im Planetensystem üblich sind, kann nämlich experimentell kaum untersucht werden, da alle ballistischen Methoden hier versagen. Sogenannte Leichtgaskanonen können kleine Geschosse allerhöchstens auf eine Geschwindigkeit von 5 bis 7 km/sec beschleunigen, aber der entscheidende

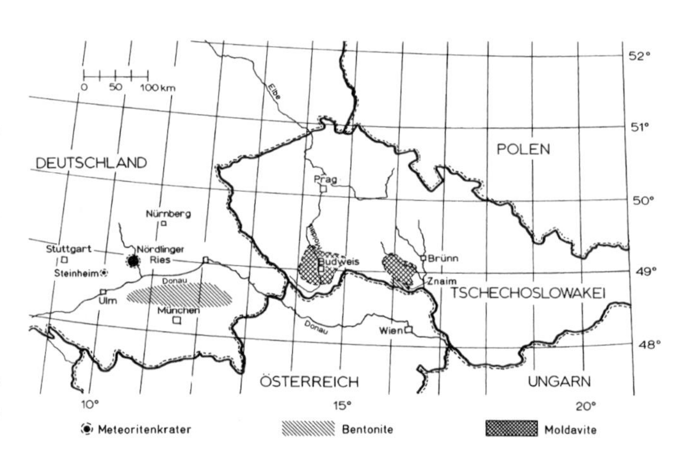


Abb. 1: Landkarte mit dem Ries-Krater, dem Steinheimer Becken, den Lagerstätten der Moldavite und Bentonite. Gemeinsames Alter 14,6 Millionen Jahre.

*Mittlere K/Ar- und Spaltspuren-Alter von Tektiten und verwandten Gläsern*

| | K/Ar-Alter | Spaltspuren-alter |
|---|---|---|
| | (in Millionen Jahren) | |
| Südostasiatische Tektite (einschließlich Muong-Nong-Typ-Tektite) | 0,72 ±0,04 | 0,70 ±0,04 |
| Australite | 0,72 ±0,04 | 0,70 ±0,04 |
| Darwinglas | 0,70 ±0,08 | 0,73 ±0,04 |
| Elfenbeinküsten-Tektite | 1,15 ±0,15 | 1,01 ±0,10 |
| Glas vom Bosumtwi-Krater | 1,3 ±0,3 | 1,03 ±0,20 |
| Böhmisch-Mährische Tektite | 14,6 ±0,7 | 14,7 ±0,6 |
| Riesglas | 14,8 ±0,6 | 14,6 ±0,6 |
| Bentonitglas | — | 14,5 ±0,8 |
| Nordamerikanische Tektite | 34,2 ±2,1 | 34,9 ±2,5 |
| Libysches Wüstenglas | — | 28,5 ±2,3 |

Schritt hin zu den planetarischen Geschwindigkeiten ist bisher und erst neuerdings nur für Staubkörner durch elektrostatische Beschleunigung gelungen. Diese experimentellen Ergebnisse und theoretischen Überlegungen zeigen aber, daß bei Geschwindigkeiten zwischen 10 und 20 km/sec im Abbremsvorgang insofern etwas Neuartiges geschieht, als nunmehr die irreversible Wärmeenergie ausreicht, das gesamte Geschoß, z. B. eine größere Eisenkugel, so stark zu erhitzen, daß eine explosionsartige Verdampfung der gesamten Eisenkugel stattfindet. Die Richtung des Primärimpaktes ist dann aber für die Kraterform nicht mehr maßgebend, der Krater wird vielmehr durch die Explosion der Meteoriten erzeugt und hat deswegen immer die gleiche runde Gestalt. Nur der Durchmesser wird mit der kinetischen Energie ansteigen; die Primärrichtung wird dagegen weder aus der Gestalt des Kraters noch aus der Zertrümmerungsrichtung des Gesteins leicht abzuleiten sein.

Hier auf der Erde erleben wir es nur außerordentlich selten, daß ein Meteorit mit planetarischer Geschwindigkeit auf dem Erdboden landet. Die kleinen kosmischen Staubkörner verbrennen nämlich als Sternschnuppen sichtbar am Nachthimmel. Die größeren erzeugen beim Bremsvorgang durch die Atmosphäre einen leuchtenden Schweif und fallen manchmal noch als stark reduzierter Restkörper nur mit Fallgeschwindigkeit auf die Erde. Diese Stein- oder Eisenbrocken sind dann die Meteorite, von denen rund 7 Stück pro Jahr beobachtet werden. Nur Meteorite mit einer Masse $\gg$100 to werden in der Atmosphäre so wenig abgebremst, daß sie mit voller Primärgeschwindigkeit auf der Erde auftreffen und dann explodieren. Aus geschichtlicher Zeit ist ein derartiger Fall nicht bekannt. Die jüngsten Krater mit explosionsartigem Aufschlag dürften der Arizona-Krater in Nordamerika (Alter $\approx$ 10000 Jahre) und der Köfels-Krater in den Ötztaler Alpen mit einem Alter von rund 9000 Jahren sein.

Der Krater „Canon Diabolo" in Arizona mit einem Durchmesser von rund 1300 m wurde mit seiner einzigartigen Lage in der Wüste das erste Objekt genauerer Untersuchungen. Dort ist es klar geworden, daß bei solchen kosmischen Einschlägen der größte Teil der Primärmasse verdampft. Der Arizona-Krater wirkt wie ein einziger Explosionskrater. Dort hat man auch das für den Einschlagsvorgang typische Coesit, eine Hochdruckform des $SiO_2$, zuerst gefunden.

Gerade die Auffindung größerer Mengen von Coesit im Suevit des Nördlinger Ries durch eine Gruppe von amerikanischen Geologen hat die deutschen Geologen langsam zur Überzeugung gebracht, daß es sich hier im Ries mit seinem Durchmesser von rund 20 km um einen der interessantesten Einschlagskrater auf unserer Erde handelt (Abb. 1). Unsere Heidelberger Altersbestimmungen haben als Mittelwert verschiedenster Meßmethoden einen Wert von 14,6 Millionen Jahren für dieses ungeheure Naturereignis ergeben. Die freigewordene Energie kann, ausgedrückt in einem modernen Maßstab, auf die Explosionskraft von 1000 Wasserstoffatombomben geschätzt werden. Gleichzeitig mit dem Riesereignis ist auch das Steinheimer Becken entstanden. Die große Entfernung des Ries vom Steinheimer Becken (40 km) deutet darauf hin, daß sich der Einschlagskörper in diesem Fall wohl schon außerhalb der Atmosphäre im inhomogenen Gravitationsfeld der Erde vom Mutterkörper abgespalten hat. Eigene Rechnungen erhärten diesen Erklärungsversuch. Wegen der kleinen Masse ist der Steinheimer Einschlag im Kalk „stecken"-geblieben. Die dort sehr schön ausgebildeten Strahlenkalke (shatter cones) werden heute als ein weiteres sicheres Argument für Einschlagskrater in aller Welt benutzt. Weiterhin haben wir schon vor vielen Jahren herausgefunden, daß die Lagerstätten der flaschengrünen Moldavite in Böhmen und Mähren das gleiche Entstehungsalter besitzen wie das Ries. Die Moldavite gehören in die Gruppe der Tektite.

Diese sind sehr gut entgaste, natürliche Gläser mit aerodynamischer Formgebung. Diese Altersübereinstimmung zwischen Ries einerseits und Moldaviten andererseits ist heute durch soviel Kontrollen erhärtet, daß eine gemeinsame Ursache als gegeben angesehen werden muß.

Ein ganz ähnlicher Fall liegt außerdem beim Ashanti-Krater in Ghana vor. Dieser Krater – auch Bosumtwi-See genannt – hat nur einen Durchmesser von rund 7 km, aber auch in diesem Fall finden sich in einer Entfernung von 200 bis 300 km bei dem Ort Ouéllé (Elfenbeinküste) Tektite, die mit ihrem gemessenen Alter von 1,1 Millionen Jahre ganz genau mit dem Entstehungsalter des Bosumtwi-Sees übereinstimmen. Auch diese Alter sind durch Kontrollen mit der K-Ar-Methode und der Spaltspurenmethode gegeneinander abgesichert.

Auf diese gemessene Übereinstimmung zwischen Kratergläsern und Tektiten bzw. Moldaviten (Tabelle) muß besonderer Wert gelegt werden, weil in dem letzten Jahrzehnt eine heftige Meinungsverschiedenheit über die Herkunft der Tektite entstanden ist, nachdem eine starke amerikanische Gruppe die Herkunft dieser Tektite unbedingt auf den Mond verlegen wollte und dafür eine Vielzahl von Bahnberechnungen vorgelegt hat.

Wie der genaue Entstehungsmechanismus der Tektite aussieht, kann heute noch nicht gesagt werden. Es handelt sich hier um ein Phänomen, das nur auf ein Detail des riesigen Explosionsvorgangs bei der Entstehung eines Einschlagskraters hinweist. Das erhellt sich schon daraus, daß die Gesamtmasse der Tektite nur ein winziger Bruchteil der gesamten Auswurfmasse darstellt. Es zwingt sich hier der Vergleich auf zwischen der gesamten Wassermasse bei einem heftigen Gewitter und den an begrenzten Lokalitäten auftretenden Hagelkörnern, die manchmal erhebliche Größe aufweisen können. Auch in diesem Fall ist die Eismasse verschwindend klein gegen den gleichzeitigen Regenschauer. Dabei ist die Entstehung großer Hagelkörner offenbar an örtlich begrenzte Bedingungen gebunden.

Auf dieses Problem der Tektitenentstehung muß deutlich hingewiesen werden, weil es sowohl irdische Einschlagskrater ohne Tektitenlager gibt (Abb. 2) als auch riesige Tektitenlagerstätten, z. B. zwischen China und Australien (Abb. 3), die altersmäßig in eine einheitliche Gruppe einzuordnen sind, ohne entsprechend große Krater.

Daneben hat man in begrenzten Schichten von Tiefseesedimenten sogenannte Mikrotektite von Millimeter-Größe gefunden, die in Form und Zusammensetzung den normalen Tektiten gleich sind. Da sie auf der Erde und auch an Stellen auftreten, an denen man die großen Tektite findet (asiatisch–australischer Raum, Elfenbeinküste [vgl. Abb. 4]), und da sie nach Schicht und radiometrischem Alter zu dem kosmischen Ereignis zu zählen sind, so dürften sie eine allgemeine Begleiterscheinung sein. Diese Art von Mikrotektiten findet man auch in riesigen Mengen im Mondstaub. Hier sei nur erwähnt, daß die auf Abb. 1 eingezeichneten Bentonitlagerstätten südlich und östlich vom Ries von uns als metamorphisierte Mikrotektite angesehen werden, da wir an einigen Glasstücken eine Übereinstimmende Altersbestimmung durchführen konnten.

Das größte Rätsel aller kosmischen Ereignisse auf der Erde bleibt für uns immer noch die riesige Tektitenlagerstätte zwischen Südchina und Südaustralien (Abb. 3). Diese riesigen Mengen von großen und kleinen Tektiten haben alle das verhältnismäßig junge Alter von 700000 Jahren (Tabelle). Bisher haben wir nur in Tasmanien einen kleinen Krater von ~1 km Durchmesser gefunden, der das schon lange rätselhafte Darwinglas erklärt. Sein Alter koinzidiert mit dem riesigen Tektitenlager im südostasiatisch–australischen Raum, aber er kann nur als Sekundärkrater angesehen werden. Ob wir mit sehr vielen, aber noch unbekannten Sekundärkratern rechnen müssen oder ob noch irgendwo im seichten Meer ein großer Krater versteckt geblieben ist, ist heute noch nicht herauszufinden. Wir können nur sagen, daß diese riesige Naturkatastrophe auf lange Zeit das Klima auf der Erde durch seine bis in die äußerste Atmosphäre getriebenen Staubschichten beeinflußt haben muß und daß wahrscheinlich auch in der Gegend der großen Tektitenfälle alles Makroleben stark dezimiert wurde.

Bei der Suche nach der Gegend des oder der primären Hauptkrater sprechen viele Indizien für die Gegend Indochina–Südchinesisches Meer. Dort gibt es Hunderte oder Tausende

Abb. 2: Meteoritenkrater von Wolf Creek in Australien.

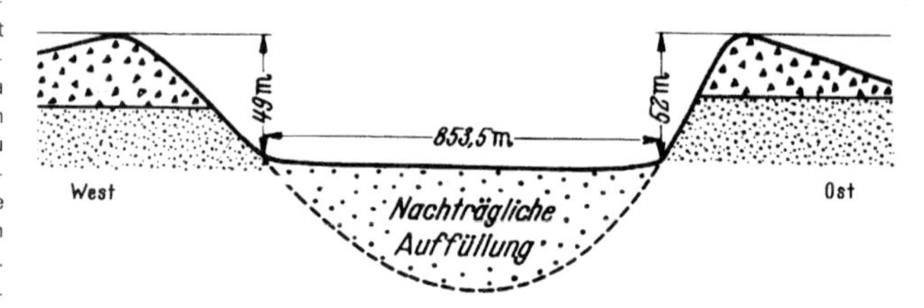


Abb. 3: Weltkarte mit Tektitenlagerstätten und dazugehörigen Kratern.

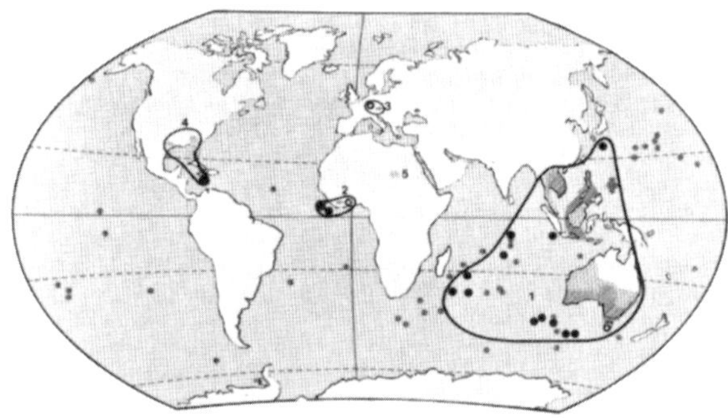

Fundgebiete der Tektite: 1 Austral-Asiatische (0.7 Ma), 2 Elfenbeinküste (1.1 Ma), 3 Moldavite (14.5 Ma), 4 Nordamerikanische (34.5 Ma), 5 Libysches Wüstenglas (27 Ma)
Tiefseebohrkerne: ● mit Mikrotektiten, ● ohne Mikrotektiten, O Krater

von Tonnen von sogenanntem Muong-Nong-Glas gleichen Alters sowie Tektite. Dieses Muong-Nong-Glas unterscheidet sich von den Tektiten durch sein Gewicht und seine Schichtstruktur. Es entspricht den „Flädle" des Nördlinger Ries, besitzt keine aerodynamische Form und ist daher sicher nicht weit geflogen. Die Auffindung des primären Einschlags ist wahrscheinlich auch dadurch erschwert, daß der Meeresspiegel vor 700000 Jahren um mindestens 50 m niedriger lag und küstennahe Krater von den dortigen großen Flußdeltas zugeschwemmt sind.

Wir haben uns so lange bei den irdischen Kratern aufgehalten, weil man durch diese Erkenntnisse manche Eigenschaften der Oberfläche unserer benachbarten Himmelskörper besser verstehen kann. Gerade bei den Planeten und Monden ohne wesentliche Gashülle sind die Einschlagskrater sehr viel ausgeprägter und langlebiger. Ein besonders schönes Beispiel bringt das Titelbild dieses Heftes, wo wir das Glück hatten, auf einem Fe-Ni-Stück des Mondes herrlich ausgebildete Mikrokrater zu entdecken. Auf der gleichen Abbildung werden auch künstliche Einschlagskrater gezeigt, die wir im Laboratorium hergestellt haben. Wie schon früher erwähnt wurde, kann man selbst mit den besten ballistischen Methoden, z. B. der Leichtgaskanone, kaum über 5–6 km/sec kommen. Daher haben wir in Heidelberg einen elektrostatischen Beschleuniger aufgebaut, der in der Lage ist, kleine geladene Teilchen bis auf 20–30 km/sec zu bringen. Dieser Beschleuniger liefert sehr wichtige Resultate über die Entstehung von Mikrokratern. Er dient auch zur Eichung und Prüfung unserer Geräte, die auf Satelliten den Fluß des kosmischen Staubes messen. Dieser kosmische Staub war früher nur durch die astronomischen Beobachtungen des Zodiakallichts bekannt. Heute hat man durch direkte Zählung der Einschläge auf länger exponierten Satellitenexperimenten auch die Hoffnung, bald etwas mehr über Geschwindigkeitsverteilung und Chemismus dieses Staubes zu erfahren (siehe Kurzbericht S. 130).

Mit exponentiell sinkender Häufigkeit kreisen im planetarischen Raum neben den Staubkörnern auch größere Teilchen bis zu sehr seltenen großen Brokken, die wir von der Erde als Meteorite kennen. Der Mond mit seinen verschiedenen Maria und Gebirgen, deren Alter wir besonders durch das von den Apollomissionen mitgebrachte Material kennen, gibt uns noch die Möglichkeit, auch etwas über den Fluß dieser Meteorite oder Planetoiden in der Vergangenheit auszusagen. Dazu muß man eine Kraterstatistik an Mondflächen treiben, deren Expositionszeit gut bekannt ist. Ein schönes Beispiel hierfür liefert Abb. 5. Es handelt sich um den auf der Rückseite gelegenen Ziolkovsky-Krater. Man sieht deutlich, daß die Kraterhäufigkeit auf dem Zentralkegel wesentlich größer ist als auf der Mare-Füllung. Aus guten Gründen kann man annehmen, daß der Zentralkegel rund 4 Milliarden Jahre alt ist, während die Mare-Füllung vor 3,3 Milliarden Jahren abgeschlossen war. Die verschiedene Kraterhäufigkeit pro Flächeneinheit im Gebirge und der jüngeren Ebene gibt somit ein Maß für die zeitliche Abnahme der Einschläge auf dem Mond. Insgesamt kann man über die Geburt des Planetensystems folgende rohe und qualitative Vorstellung entwikkeln. Vor 4,5 Milliarden Jahren kam es in unserer Weltengegend zur Kondensation einer Gaswolke, wobei anfangs einige größere Körper entstanden, die zuerst schnell und dann langsamer auf Kosten der kleineren wuchsen.

Aus der erwähnten Kraterstatistik ergibt sich dann ein quantitatives Bild über den Reinigungsprozeß von großen und kleinen Partikeln, den unser Planetensystem seit seiner Geburt vor 4,5 Milliarden Jahren erfahren hat. Das Zodiakallicht war vor 4 Milliarden Jahren sicher noch eine großartige Lichterscheinung am Abendhimmel. Sein heller Lichtkegel zeigte über der Himmelskugel deutlich die Lage der Ekliptik an. Es hagelte Sternschnuppen und Meteorite. Seitdem hat die Einschlagshäufung auch auf unserer Erde sehr stark abgenommen. Lebensgefährliche kosmische Einschläge waren damals an der Tagesordnung. Heute sind sie äußerst selten.

Wie schon erwähnt, kennt man vom Mond keinen Vulkanismus, wie wir ihn von der Erde her kennen. Offenbar ist nur eine obere Schicht des Mondes in den jüngsten Jahren seiner Entstehung leicht geschmolzen gewesen, so daß Mare-Füllungen auftreten konnten. Im Gegensatz dazu haben die erstaunlichen Bilder des Mars ein Bild der Oberfläche gegeben, das in manchen Zügen zwischen dem des Mondes und der Erde liegt. (Man schlage dazu die Beiträge und Abbildungen nach, die in den letzten Jahrgängen von SuW erschienen sind; u. a. SuW **14**, 9; **12**, 69 und 329; **11**, 43, 152.) Die neueste Mariner-Sonde von 1973/74 nach dem Merkur hat uns dann auch die ersten Nahaufnahmen von Venus und Merkur gebracht. Das erstaunlichste Ergebnis der Mariner-Serie waren die ersten scharfen Bilder der Merkur-Oberfläche, die man aus Fernrohrbeobachtungen im Gegensatz zum Mars gar nicht kannte. Die erstaunliche Mondähnlichkeit ist verblüffend. (Siehe SuW **13**, 181, 187, 393.) Abschließend sollen noch einmal einige Punkte hervorgehoben werden, die uns das enorme Forschungsmaterial der letzten Jahre in die Hand gegeben hat. Das Gesicht

Abb. 4: Tektite aus Indochina.

des Mondes ist ebenso wie das unserer nächsten Planeten schon in der Frühgeschichte unseres Planetensystems entstanden und hat sich seitdem nur unwesentlich verändert. Die Wärmemenge, die bei der Agglomeration großer Himmelskörper frei wurde, hat beim Mond zur Bildung einer dünnen Schicht zähflüssiger Lava gereicht, beim Mars gerade noch zu einem abgestorbenen Vulkanismus. Im übrigen ist die Innentemperatur bei allen diesen Planeten wegen des Absterbens der radioaktiven Elemente zurückgegangen.

So ist die Erde der einzige Planet, der sein Antlitz im Laufe der Geschichte stark verändert hat. Geologisch gesehen sind noch in jüngster Zeit große Gebirge entstanden, und auch die Kontinentalverschiebung ist in diesen Zeiträumen gesehen als jung zu betrachten. Vielleicht sind nur Strukturen wie der Golf von Mexiko oder die Hudson-Bai noch blasse Andeutungen der ursprünglichen Kraterränder, wie wir sie von den Maria auf unseren Nachbarn her kennen. Auch heute ist die Erde noch nicht zur Ruhe gekommen, wie wir es aus den Naturkatastrophen durch Erdbeben und Vulkanismus alle selbst erlebt haben. Irdische Naturkatastrophen durch Einschlag von Planetoiden, die noch zu Tausenden im Planetensystem auf dauernd sich ändernden Bahnen herumkreisen, sind zwar sehr unwahrscheinlich geworden, aber keineswegs ausgeschlossen. Der Einschlag eines Kometen würde zu einer unvorstellbaren Naturkatastrophe führen. Ich brauche in diesem Zusammenhang nur an das Tunguska-Ereignis aus dem Jahre 1908 zu erinnern. Würde so etwas über der Stadt Washington niedergehen, so würden die Menschen durch Druck auf die roten Knöpfe mit Atombombenraketen antworten und zur Vervollständigung der Katastrophe beitragen.

Ich will zum Schluß meiner Ausführungen keine Weltuntergangsstimmung an die Wand malen. Aber es ist für jeden Naturwissenschaftler klar, daß die Erde so, wie wir heute auf ihr leben, nicht ewig weiterexistieren kann. Die Astronomen lehren uns, daß die Strahlung der Sonne im Zunehmen begriffen ist – natürlich sehr, sehr langsam. Wenn wir noch einmal die Zeit vergehen lassen, die seit der Entstehung der Erde verflossen ist – nämlich 4,5 Milliarden Jahre –, dann wird die Sonne so stark strahlen, daß alle Ozeane zum Kochen kommen.

Falls durch den Einschlag eines Asteroiden oder Kometen das Makroleben auf der Erde vorher ausgelöscht wird, dann wird in der langen Zeitspanne bis zur Hitzewelle immer noch genug Zeit vorhanden sein, einen neuen Lebensversuch der Natur durchzuführen. Heute rechnen wir, daß der Homo sapiens einige hunderttausend Jahre alt ist und seine Vorfahren, die schon Handwerkszeuge und das Feuer kannten, rund 1 bis 2 Millionen Jahre. Diese Zeitspanne ist winzig im Verhältnis zum Alter unserer Erde und auch zu seinen geologischen Vorgängen. Die erwähnte Naturkatastrophe vor 700000 Jahren mit einem Tektitenstreufeld von Australien bis Südasien, verbunden mit einer weltweiten Staubwolke und Klimaänderung, fand zu Lebzeiten des Pithecanthropus statt. In den Zeiträumen der Planetenentwicklung gesehen war dies ein gestriges Ereignis.

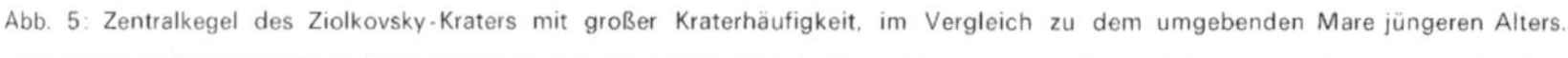
Abb. 5: Zentralkegel des Ziolkovsky-Kraters mit großer Kraterhäufigkeit, im Vergleich zu dem umgebenden Mare jüngeren Alters.

# Naturwissenschaftliche Untersuchungen an einem archaischen Silberschatz*

Professor Wolfgang Gentner
Max-Planck-Institut für Kernphysik, Heidelberg

Meine sehr verehrten Damen und Herren,

wie Ihnen Herr Präsident Lüst schon gesagt hat, muß ich an die Stelle meines Freundes Konrad Zweigert treten, der im letzten Moment erkrankt ist. Da mir nur kurze Zeit zur Vorbereitung blieb, dachte ich, daß es am besten ist, wenn ich etwas aus einer Liebhaberei erzähle, die mich schon seit einigen Jahren beschäftigt und deren experimentelle Durchführung mir durch die großzügige Hilfe der Stiftung Volkswagenwerk ermöglicht worden ist.
Es handelt sich teilweise um die Untersuchung eines Silberschatzes, der vor einigen Jahren aufgefunden wurde und der uns Hinweise gibt, zu welcher Zeit und an welchen Orten das Silbergeld in der westlichen Welt eingeführt wurde. Dies war ein recht bedeutender Vorgang. Wie ich später weiter ausführen werde, mußten zu Beginn des griechischen Altertums z.B. die Söldnerheere bezahlt werden. Söldner und Handwerker kann man nur haben, wenn man ihnen etwas bietet, und das Beste, das man ihnen in die Hand drücken kann, ist amtlich gestempeltes Metallgeld. So ist die westliche Geldwirtschaft etwa in der gleichen Zeit entstanden, in der die griechische Kulturwelt erwachte.
Ich komme zunächst auf die Erzbergwerke und die Verhüttung der Silbererze zu sprechen.
Liest man z.B. in den alten Reiseberichten des vorigen Jahrhunderts über Griechenland und den Orient, so fällt dort die Universalität der Beobachtungen auf. Altertumsforscher sind auch gleichzeitig Geologen, Mineralogen und Geographen. Sie entdecken antike Siedlungen und haben sich auch schon im vorigen Jahrhundert sehr ausführlich mit Schlackenfeldern, Erzgruben und Quellen der Naturprodukte, wie Obsidian, Karborund etc., beschäftigt.
Damals haben auch schon Chemiker die Edelmetallstücke und die Keramik analysiert und eng mit den Altertumsforschern zusammengearbeitet. Dann aber kam das enorme Wachstum der Naturwissenschaft, und die Forscher haben sich voneinander getrennt. Jeder hat sich spezialisiert; das ging so weit, daß keiner mehr mit dem anderen reden konnte. Jetzt, nachdem die einzelnen Spezial-

*Aus: Jahrbuch der Max-Planck-Gesellschaft zur Förderung der Wissenschaften 1977, S. 19–35; Festvortrag am 24. Juni 1977 anläßlich der Hauptversammlung der Max-Planck-Gesellschaft in Kassel.

wissenschaften ein gewisses Niveau erreicht haben, scheint die Zeit wieder gekommen zu sein, ein gemeinsames Gespräch zu führen.
So will ich berichten, wie man durch Zusammenarbeit von Archäologen, Chemikern, Geologen und allen möglichen anderen Naturwissenschaftlern zu Ergebnissen kommen kann, die man früher nicht erreichen konnte, weil in den letzten zwei Jahrzehnten die Präzision der Messungen erheblich gestiegen ist.
Vielleicht werde ich ein bißchen oberflächlich sein – das müssen Sie entschuldigen –, weil ich in der kurzen Zeit nur einige Resultate hervorheben kann und natürlich als Naturwissenschaftler die naturwissenschaftliche Seite betone.
Ich habe schon davon gesprochen, daß ich von einem Silberschatz erzählen wollte. Dieser Silberschatz ist im Jahre 1969 in Asyut, einer alten ägyptischen Gauhauptstadt, ungefähr 300 km südlich von Kairo gelegen, von Arbeitern zufällig entdeckt worden. Zufällig heißt natürlich, daß es vielleicht Grabräuber waren, die heimlich gesucht haben, denn dieses Geschäft ist immer noch ganz ertragreich. Der Fund blieb zunächst geheim, mußte geheim bleiben, weil er sonst hätte abgeliefert werden müssen. Allmählich sickerten nach dem Westen Gerüchte durch von antiken und archaischen Silbermünzen, die man überhaupt noch nicht gesehen hatte. In mühsamer Kleinarbeit haben Martin Price und Nancy Waggoner sich daran gemacht, diese Münzen zu sammeln bzw. sie wenigstens kurz in die Hand zu bekommen, um einen Abdruck davon zu machen.
Sie haben 1975 ein Buch vorgelegt, in dem so ziemlich alle Silbermünzen aus diesem Fund dargestellt und zusammengestellt sind. Auch die dunkle Geschichte der Entdeckung haben sie vage beschrieben, denn so ganz klar ist sie immer noch nicht. Man hatte zuerst gemeint, der Fundort sei im Delta des Nils gelegen. Dann hat sich später herausgestellt, daß alles weit im Süden von Ägypten geschah. Offenbar bestand die Arbeitsgemeinschaft aus drei Männern. Diese haben den Fund aus 900 griechischen, archaischen Silbermünzen unter sich geteilt, so daß jeder 300 hatte. Dann hat sich jeder auf seine Weise auf den Weg gemacht, um diese Silbermünzen in das westliche Ausland zu schmuggeln und möglichst viel Geld zu verdienen. Ein Teil, rund 300 sind offenbar nach Libanon gekommen, 300 wahrscheinlich nach England und 300 nach USA. Die Autoren haben sich auch damit beschäftigt festzustellen, wann dieser Schatz überhaupt vergraben worden ist. Das kann man durch numismatische Datierung erfahren. Man muß dazu herausfinden, welches die jüngste Münze in diesem Fund ist. Sie kamen zu dem Ergebnis, daß dieser Fund 475 v. Chr. vergraben worden ist. Um Ihnen dieses Datum etwas anschaulicher zu machen, erinnere ich daran, daß 5 Jahre vorher, also 480 v. Chr., die Schlacht von Salamis stattgefunden hat und 479 v. Chr. die berühmte Schlacht von Plataä, wodurch die Perser zum endgültigen Rückzug aus Griechenland gezwungen wurden. Dieses Datum 475 v. Chr. für die Asyut-Münzen wird von einigen Numismatikern etwas früher angesetzt, aber diese Diskussion soll hier zunächst einmal nicht interessieren.
Aus diesem für die Numismatik frühen Datum erklärt sich der große Wert des Fundes. Man muß bedenken, daß die Silberprägung in Athen, Korinth und Ägina kaum vor 560 v. Chr. begonnen hat. Also erst um diese Zeit, um 560 v. Chr., hat das Silbergeld angefangen, eine Rolle zu spielen.

*Abb. 1: Die Orte unserer Silbermünzen aus dem Asyut-Fund und die von uns begangenen Erzminen und Schlackenhalden*

Vorher gab es in wesentlich kleinerem Umfang nur Münzen aus Gold und Elektron, ein Gemisch von Gold und Silber, das aus Flußsand gewaschen wurde und z.B. aus dem Paktolos bei Sardes in Lydien stammte. König Krösos und seine Vorgänger bedienten sich dieser ersten Münzen aus Elektron.
Um das Jahr 542 hat Peisistratos seine Herrschaft als Tyrann von Athen gefestigt und die Goldgruben des Pangaion in Trakien gewonnen. Um diese Zeit entstand die Intensivierung der Geldwirtschaft und der Export der schwarzfigurischen Vasen. Auch die Silberbergwerke in Laurion, an der Ostspitze von Attika, vergrößerten in diesen Jahrzehnten ihre Ausbeute.
Die Münzen aus dem Asyut-Fund sind mehr oder weniger stark beschädigt. Sie weisen alle eine mehr oder weniger tiefe Kerbe auf, die wohl mit einem Meißel angebracht wurde und manchmal auch zur vollständigen Teilung der Münze geführt hat. Daraus ist zu schließen, daß den ursprünglichen Besitzer mehr das gediegene Silber interessierte und sein Beruf wohl Silberhändler oder Silberschmied war. Die Kerben wären dann die Prüfhiebe zur Feststellung der Reinheit des Silbers. Aus der Antike sind nämlich schon sehr frühzeitig auch Fäl-

schungen bekannt. Kaum waren die Münzen da, hat man schon Fälschungen gemacht. Denn man konnte mit Gold sehr schön plattieren, also Goldschlägerhaut herstellen und damit auch eine Bronzemünze umgeben, so daß der einfache Mann sie vielleicht für eine Goldmünze gehalten hat.
Man kann über diese Prüfhiebe noch andere Hypothesen aufstellen, aber das wollen wir nicht weiter erörtern. Ich will nur das eine hervorheben, daß Ägypten selbst kein Silber besaß und deswegen dort der Silberwert außerordentlich hoch war. Er war zeitweise mehrfach höher als der Goldwert. Denn Ägypten hat im Altertum hauptsächlich Gold- und Kupfergruben gehabt, die teilweise in Sinai lagen, teilweise östlich dem Roten Meer zu. Silber mußte immer auf dem Handelsweg bezogen werden, und so ist anzunehmen, daß dieser Silberhändler die griechischen, archaischen Münzen aufgekauft hat, um Silber zu bekommen. Denn er wußte, daß diese Silbermünzen von großer Reinheit sind.
Die Beschädigung der Asyut-Münzen hat den großen Vorteil gehabt, daß die Numismatiker keine Phantasiepreise für diese Münzen erfunden haben und auch die Händler nicht solche Phantasiepreise fordern konnten, wie sie heute für die archaischen Münzen verlangt werden. So war es uns im Max-Planck-Institut in Heidelberg möglich, mit Hilfe der Stiftung Volkswagenwerk rund 120 dieser Münzen zu einem verhältnismäßig billigen Preis aufzukaufen, weil wir nur die stark beschädigten erwarben. Hinzu kam noch der weitere Glücksumstand, daß Mrs. Beer, eine Amerikanerin, großes Interesse an den Münzen von Ägina hatte. Sie hat alle Ägineten für eine wissenschaftliche Arbeit aufgekauft. Aus Interesse an unseren Untersuchungen hat sie uns 30 Münzen ausgeliehen und uns erlaubt, einige mg Metall zu entnehmen.
Im Institut für Kernphysik in Heidelberg haben wir ein sehr gut ausgerüstetes Laboratorium, weil wir Meteorite und Mondgestein schon seit vielen Jahren analysieren. Diese Analysen waren für Spurenelemente ausgearbeitet, und gerade diese Spurenelemente schienen uns ausgezeichnet geeignet, um vielleicht herauszubekommen, wo die ersten großen Silberminen gewesen sind. Die Prägungsorte der Asyut-Münzen konnte man aus dem Münzbild erkennen. Das haben die Numismatiker schon seit Jahrhunderten betrieben. Es gibt nur wenige alte griechische Münzen, von denen man nicht weiß, wo der Prägungsort gelegen hat.

Unsere Aufgabe kann man folgendermaßen formulieren:

Läßt sich durch eine moderne Analyse des Münzsilbers mit seinen Haupt- und Nebenbestandteilen, also auch seinen Spurenelementen, ein sicherer Vergleich mit der Analyse des Erzes aus den antiken Bergwerken ziehen und beantworten, woher die einzelnen Prägungsstätten ihr Silber bezogen haben? Sind die Münzen aus Silber des örtlichen Bergbaues geprägt oder gab es einige wenige Bergwerke mit den nötigen Aufarbeitungsstätten, die den gesamten Handel im Mittelmeerraum beherrscht haben? – Wo lagen diese? Weitere Fragen betreffen die Verhüttung der Silbererze. Wie weit kann man aus den antiken Schlacken auf das Hüttenwesen bei der Gewinnung des Silbers schließen? Hier ist besondere Vorsicht am Platz, denn es ist bekannt, daß die Römer mit ihrem besseren

*Abb. 2: Ein Teil einer antiken Flotationsanlage zur Trennung der Erzbestandteile verschiedener Schwere in Laurion*

hüttentechnischen Verfahren ältere griechische Schlackenhalden wieder aufgearbeitet haben, wie das auch im Mittelalter bis zur Neuzeit ständig der Fall war. Eine weitere Frage betrifft die Konstanz der Bezugsquellen. Es erscheint von vornherein nicht sicher, daß die Prägungsstellen immer ihr Silber aus der gleichen Quelle bezogen haben. Auch der Wechsel in der Güte des Silbers spielt hier hinein, denn öfter wurde vielleicht auch noch nicht gemünztes Silber verschiedener Herkunft zusammengeschmolzen. Zum Glück sind von vielen Orten so zahlreiche Exemplare im Asyut-Fund enthalten, daß man die Ergebnisse statistisch bearbeiten kann. So konnten wir z.B. 30 äginetische Münzen und mindestens ebensoviele aus Athen und Korinth bearbeiten und schon eine gewisse Statistik aufstellen, woher das Silber z.B. für die Ägineten kam.
Außerdem fand die Prägung dieser Münzen im Laufe des ersten Jahrhunderts des griechischen Silbergeldes statt, und man kann daher einigermaßen sicher sein, daß nicht sehr viele alte Münzen in der Zwischenzeit in neue Münzen umgewandelt wurden. Man kann auch vielen Münzen ansehen, daß sie wesentlich älter sind als das Datum für den Asyut-Fund. So ist eine Vermischung des Silbers verschiedener Herkunftsorte wohl nur in geringem Maß zu erwarten.
Man glaubt heute, daß die ersten griechischen Silbermünzen, wie ich schon sagte, von Ägina, von Korinth und Athen stammen. Das sind die drei Hauptorte

*Abb. 3: Schlammabraum der Erze mit Holzkohlenresten zur Datierung in Laurion*

Griechenlands, in denen Silbermünzen entstanden, gleichzeitig waren sie die großen Orte des Geldhandels, die den Geldmarkt im Altertum weitgehend beherrschten.

Allerdings ist zu erwähnen, daß noch heute eine Meinungsverschiedenheit über das Datum der Erstlingswerke existiert. Vor nicht allzulanger Zeit hatte man noch 650 v. Chr. für dieses Datum angenommen, während jetzt eher für 560 v. Chr. plädiert wird.

Leider sind an den Münzen, weil sie aus Metall bestehen, physikalische Altersbestimmungen nicht möglich und auch nicht denkbar. Von Altersbestimmungen mußten wir uns also vollkommen freihalten. Eine Ausnahme bildet der seltene Fall, daß man an den Verhüttungsorten gleichalte Holzkohlenreste fand, die durch die C-14-Methode datierbar sind (s. Abb. 3).

Bevor ich auf Untersuchungsmethoden und Resultate eingehe, möchte ich Ihnen die Arbeitsgemeinschaft in ihren Hauptpersonen vorstellen. Das Heidelberger Archäologische Institut hat uns vielseitig unterstützt, auch mit numismatischer Beratung, durch Herbert Cahn und Frau Gropengiesser, die besonders auf der Insel Siphnos hilfreich mit auf die Suche ging.

Die chemischen Analysen wurden bei uns im Max-Planck-Institut für Kernphysik unter der Leitung von Otto Müller durchgeführt, die geologische Bearbeitung durch Günther Wagner.
Das Silber kommt in der Natur oft als Nebenbestandteil von Bleierzen, z.B. Bleiglanz, vor. Auch die besten Silbermünzen enthalten immer etwas Blei. Da Blei aus verschiedenen Isotopen, d.h. aus Bleiatomen verschiedenen Gewichts zusammengesetzt ist, kann man auch das Mischungsverhältnis der Bleiisotope 204, 205, 207 und 208 als zusätzlichen Leitfaden bei der Suche nach dem Bergwerk benutzen. Die Variabilität des isotopischen Mischungsverhältnisses kommt bei Blei daher, daß die verschiedenen Bleiisotope Endglieder der natürlichen radioaktiven Reihen sind und daß das Uran-, Aktinium- und Thoriumverhältnis von Ort zu Ort mehr oder weniger großen Schwankungen unterworfen ist, wobei auch das geologische Alter der Lagerstätten eine Rolle spielt. Die Messung der Bleiisotope mit der nötigen Genauigkeit auf mindestens 5 Stellen ist eine alte Tradition in Oxford. Daher haben wir mit dem Laboratorium von Professor Gale in Oxford ein Isotopen-Meß-Abkommen getroffen und damit neben der chemischen Analyse einen zweiten unabhängigen Weg zur Auffindung der Silberquellen zur Verfügung gehabt. Gerade dieser zweite Weg der Isotopenanalyse in Oxford hat uns, wie ich später noch zeigen werde, einen erheblichen Nutzen bei der Aufspürung der verantwortlichen Bergwerke gebracht.
Noch ein kurzes Wort über die chemischen Analysen bei uns in Heidelberg.
Wie gesagt, wurden die Haupt- und Nebenbestandteile einschließlich einiger Spurenelemente gemessen. Im allgemeinen waren es 12 Elemente. Gerade die Analyse der Spurenelemente ist heute durch die Aktivierungsanalyse mit Hilfe eines Reaktors und von Prozeßrechenanlagen quantitativ möglich geworden. Dazu kommt das moderne Atomabsorptionsverfahren, das der früher üblichen Emissionsspektralanalyse an Genauigkeit und Empfindlichkeit erheblich überlegen ist.
Um den Vergleich des Münzsilbers mit den primären Quellen der Silbererze durchführen zu können, waren einige Exkursionen in die Gebiete des antiken Bergbaues in Kleinasien, im griechischen Mutterland und den Inseln der Ägäis notwendig. Die Beschaffung der Erzproben haben wir immer am Ort selbst vorgenommen. Das war in Kleinasien nur durch das große Entgegenkommen türkischer Geologen möglich, die oft keine Mühe gescheut haben, in die entlegensten wilden Gegenden mitzukommen. In Griechenland hatten wir die Unterstützung des Demokritos-Instituts in Athen, mit dem wir schon auf dem Gebiet der Kernphysik seit langer Zeit gute Kontakte pflegen. Bei unserer jetzigen Arbeit hat uns besonders Dr. Stavropodis, der Leiter der geologischen Abteilung, unermüdlich geholfen, die antiken Bergwerke zu finden, und schickte uns seine Mitarbeiter mit auf den Weg.
Augenblicklich stecken wir noch mitten in der Arbeit, die Proben zu analysieren und Vorbereitungen für weitere Exkursionen zu treffen. Ich kann Ihnen daher nur einen ersten Einblick geben. Dieser Zwischenbericht soll sich im wesentlichen auf folgende Fragen beschränken.
Wie einheitlich ist das Erz aus Laurion in Attika und wie einheitlich sind archai-

*Abb. 4: Frühe Münze von Ägina mit dem typischen Prüfhieb des Asyut-Fundes. Auf der Rückseite ein geometrisches Muster („Union Jack")*

sche Tetradrachmen von Athen? Die Beantwortung dieser ersten Frage ist für alle weiteren Analysen von großer Wichtigkeit, um ein sicheres Urteil zu bekommen über die möglichen Fehlergrenzen aller späteren Aussagen von anderen Orten. Weiterhin werde ich besonders auf die Analysen an den Stateren von Ägina eingehen, da es sich hier um eine recht interessante Fragestellung handelt. Soweit bekannt ist, hat das mächtige Ägina keine Bergwerke auf seiner Insel betrieben, also alles Silber für die großen Geldmengen auf dem Handelsweg bezogen. Nach Perikles war Ägina die Eiterbeule des Piraeus und stand somit in feindlicher Haltung zu Athen. In der Zeit, die uns interessiert, waren sicher keine freundschaftlichen Beziehungen zwischen Athen und Ägina vorhanden. Haben sie aber trotzdem ihr Silber aus Laurion bezogen, oder woher kam das Silber für diese erste Münzstätte von Silbermünzen in Griechenland? Hier wird meist die Stelle im Herodot (4, 152) angeführt, wo von dem spanischen Handelsplatz Tartessos die Rede ist, der bisher unbekannt geblieben ist, aber offenbar reich an Silbererz war. Ohne Zusammenhang sagt Herodot: „Ausgenommen ist allerdings Sostratos, der Sohn der Laodamas aus Ägina, mit dem kein anderer wetteifern kann." Da man auch noch eine Stele des Sostratos in Unteritalien gefunden hat, wird aus diesem einen Satz geschlossen, daß Ägina sein ganzes Silber aus Spanien bezogen hat. Aus unseren Messungen glauben wir vorläufig nicht so sehr an diesen Handelsweg für das alte äginetische Silber. Man darf nicht vergessen, daß es auch noch viele andere Metalle, wie Blei, Kupfer und Zinn in Spanien gab, mit denen man Geld verdienen konnte. Aufgrund unserer Messungen glauben wir, daß das Silber der Ägineten, um diese Zeit wenigstens, zu einem großen Teil von der Insel Siphnos stammte.
Wir werden aber auf diese Fragen noch einmal zurückkommen, wenn ich von unseren Endergebnissen spreche und zeigen kann, woraus wir geschlossen haben, daß Metall aus bestimmten Gruben stammte (s. Abb. 6 und 10).

*Abb. 5 (rechts): Die beiden Seiten einer archaischen Tetradrachme von Athen aus dem Asyut-Fund (Durchmesser 2 cm)*

Zur Zeit sind wir hauptsächlich damit beschäftigt, die bei Herodot erwähnten Gold- und Silberquellen, also Bergwerke auf der Kykladeninsel Siphnos, zu untersuchen. Vor einigen Tagen sind einige Mitarbeiter dorthin abgefahren, und ich werde ihnen Ende der Woche folgen, denn diese Insel Siphnos ist außerordentlich interessant. Herodot schreibt, daß Siphnos eine der reichsten Inseln war, die es in Griechenland gab. Das ist sicher wahr, denn man hat in Delphi das berühmte Schatzhaus von Siphnos gefunden; es wird von den Archäologen auf das Jahr 525 v.Chr. datiert. Wahrscheinlich hat das reiche Bergwerk in Siphnos nur kurze Zeit eine große Ausbeute gehabt. Auf jeden Fall ist es zum Teil ersoffen; Pausanias berichtet davon.

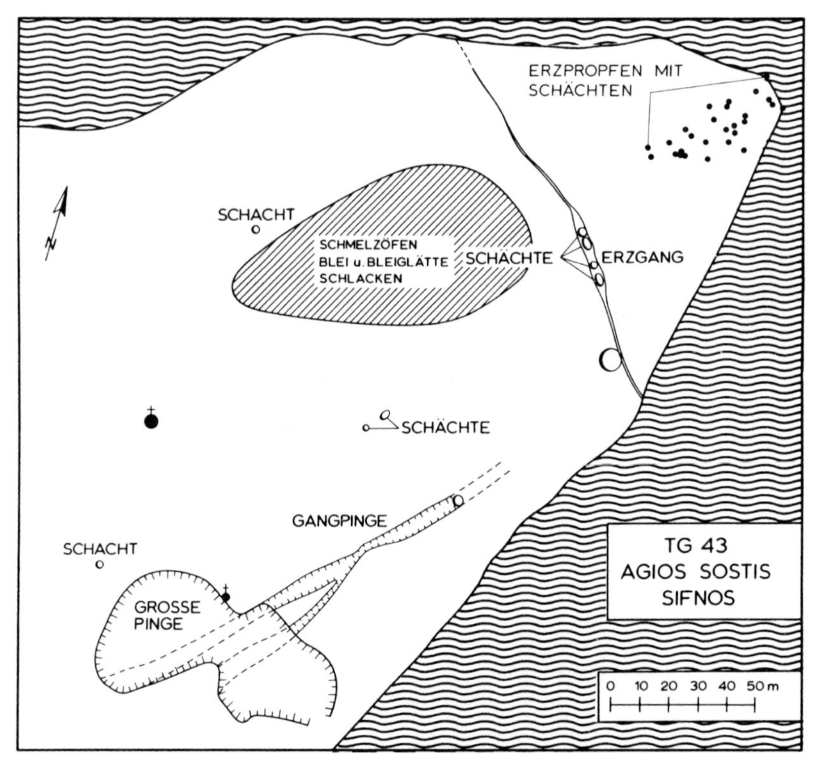


*Abb. 6: Skizze der Landspitze „Agios Sostis" auf der Insel Siphnos mit gut erhaltenem antiken Bergwerk, erwähnt bei Herodot und Pausanias*

Zu Lebzeiten von Herodot (484 v.Chr. bis 424 v.Chr.) scheint diese Katastrophe noch nicht eingetreten zu sein, sonst hätte er darüber berichtet.
Die Geschichte dazu wird – wenigstens in Reiseberichten des vorigen Jahrhunderts – so erzählt, daß die Siphnier jedes Jahr als Abgabe ein goldenes Ei nach Delphi geschickt haben, um ihren Zehnten zu bezahlen. Eines Tages haben

*Abb. 7: Auf dem Weg zur Landspitze „Agios Sostis"*

sie ein Ei aus Blei geschickt, das nur mit einer Goldfolie überzogen war. Das hat den Gott Apoll so geärgert, daß er das Bergwerk im Meer ersaufen ließ. So steht es dort – aber wahrscheinlich war es zeitlich umgekehrt.
Weiterhin ist zu berichten, daß wir eine Arbeitsgemeinschaft mit dem Bergbau-Museum in Bochum gebildet haben. Da das Bergwerk in Siphnos sehr kompliziert angelegt ist und wir nicht in der Lage sind, unter der Erde so komplizierte Maulwurfgänge auszumessen, haben wir die Bochumer gebeten, mitzukommen. Sie sind jetzt dabei, das Bergwerk aufzunehmen, bevor es ganz zerstört wird. In seiner Nähe greift jetzt auch die Technik um sich. Wahrscheinlich wird dieses Bergwerk in kürzester Zeit nicht mehr zu besuchen sein (s. Abb. 6, 7, 8 und 9).
Bevor ich über die hochinteressanten Bergwerke der Insel Siphnos berichte, möchte ich noch einige Bemerkungen über die Technik der Metallgewinnung und der Münzprägung vorausschicken.
In dem großen Gebiet der antiken Bergwerke in Laurion, an der Ostspitze von Attika, kann man heute noch die alten Stollen, Gänge und Schächte besichtigen. Dort wurde silberhaltiger Bleiglanz abgebaut. Das Erz wurde zerkleinert, und in einer Art von Flotationsverfahren wurden die leichten und schweren Bestandteile voneinander getrennt. Teile dieser Anlage sind noch deutlich zu erkennen (s. Abb. 2). Ebenso gibt es noch Hügel mit Schlammabraum der Erze. In einem besonders schönen Hügel fanden wir auch Holzkohlenreste (s. Abb. 3), die uns

*Abb. 8: Die durch modernen Eisenerzabbau entstandene Pinge in „Agios Sostis" mit Zugang zu antiken Stollen*

Professor Münnich mit der C-14-Methode datierte. Es ergab sich ein Alter von rund 300 n. Chr., was darauf hindeutet, daß dieser Schlammhügel aus römischer Zeit stammt.

Nun einige Worte zur Technik der Münzherstellung. Alle antiken Münzen wurden durch Schlagen eines vorher abgewogenen Schrötlings zwischen zwei Stempeln aus gehärtetem Eisen oder Bronze geprägt. Die Schrötlinge waren kugelförmige Gußstücke und die Prägung wurde meist mit einem heftigen Hammerschlag in kaltem oder etwas angewärmtem Zustand ausgeführt. Die archaischen Münzen zeigen meist auf dem Unterstempel eine künstlerische Darstellung (z. B. Ägina: eine Wasser- oder Landschildkröte, Athen: Athena mit attischem Helm). Auf dem Oberstempel wird oft ein geometrisches Muster gewählt, genannt „Quadratum incusum", das ganz verschiedene Zeichnungen aufweisen kann (z. B. bei Ägina „Union Jack" oder „Windmill" etc., s. Abb. 4).

Die Athener haben schon früh eine Eule gewählt und sind auch über Jahrhunderte dabei geblieben (s. Abb. 5).

Die Griechen haben – ihrem Schönheitssinn entsprechend – als erste die Münzen zu Kunstobjekten gestaltet, die dann in der klassischen Zeit in den berühmten Münzen, z. B. von Sizilien, einen Höhepunkt erreichten.

Bevor ich zu den Meßresultaten komme, noch ein weiteres kurzes Wort zu der

*Abb. 9: Antiker Zugang zu einem Erzgang in „Agios Sostis"; nahe dem Meer mit Grundwasser in der Tiefe*

„gold- und silberreichen" Insel Siphnos. Nach unseren bisherigen Erkenntnissen lagen die von Herodot erwähnten Bergwerke auf einem flachen Vorsprung am Meer, der heute nach der dortigen Kapelle den Namen „Agios Sostis" führt (s. Abb. 7). Dort sind Keramikreste von Schmelzöfen und Schlacken zu finden, die nach unseren eigenen Datierungen mit einer Thermolumineszenzanlage auf ein Alter von rund 500 v. Chr. schließen lassen (s. Abb. 6). Von der großen Pinge aus, die vom Eisenabbau aus dem Anfang dieses Jahrhunderts stammt, gelangt man in ein wild verzweigtes antikes Gangsystem, das weit zur Landspitze reicht (s. Abb. 8).

Weiter sieht man deutlich einen Erzgang mit einem antiken Einstieg (Abb. 9), der als schwarze Ader quer über die Landspitze führt. Auch runde Erzpropfen von rund 2 m Durchmesser sind dort teilweise ausgehöhlt. Im Gegensatz zu Laurion wurde hier offenbar im wesentlichen nicht Bleiglanz abgebaut, sondern ein Silberfahlerz. Eine genauere Beschreibung ist erst möglich, wenn die jetzt laufenden Untersuchungen abgeschlossen sind.

Nun zu den Ergebnissen, die in Abbildung 10 und 11 zusammengestellt sind. An den Bleiisotopenverhältnissen in Abbildung 10 ist deutlich erkennbar, daß die Laurion-Erze und die Athener Münzen innerhalb der Meßfehler ein geschlossenes Gebiet umfassen. Weit außerhalb dieses Gebietes liegt die Bleiglätte (Blei-

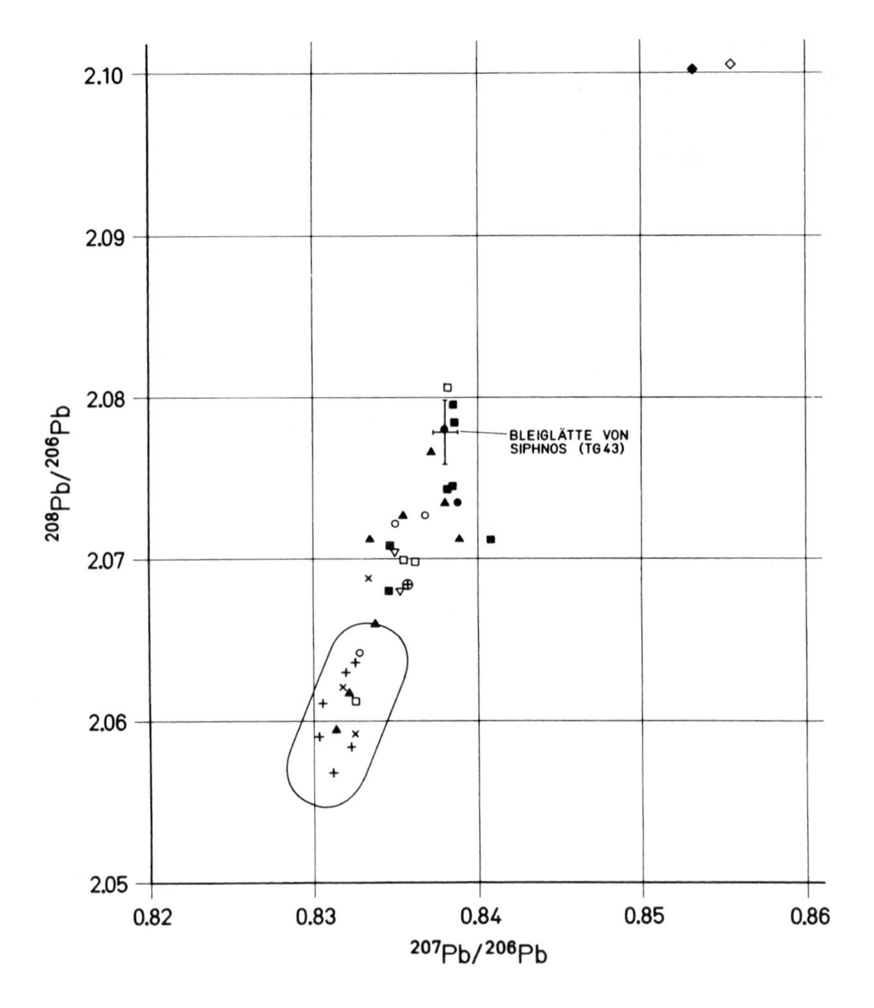


+ Bleiglätte (Bleioxyd) von Siphnos TG43 zeigt die Fehlergrenzen für alle Punkte
+ Erze von Laurion
◆ Erze von Rio-Tinto
◇ Erze von Sardinien

| Rückseite | Vorderseite |
|---|---|
| ■ Union Jack | Wasser- |
| × Windmill | schild- |
| ▲ Sunken 5 | kröte |
| ○ Protoskew | |
| ● Skew | |
| □ Small skew | |
| ▽ Uncertain | |

⊕ Siglos (Sardes)

Zeitliche Folge
der Münzprägung
(Ashmolean-Museum Oxford)

*Abb. 10: Bleiisotopendiagramm der Erze von Laurion (eingekreister Bezirk) mit Meßpunkt für Blei von Siphnos (Tg 43, das Kreuz gibt die Fehlergrenzen für alle Meßpunkte) und Meßpunkte an Münzen von Ägina mit verschiedenen geometrischen Rückstempeln*

oxyd), die wir auf dem Schlackenfeld von Agios Sostis gefunden haben (Tg43 in Abb. 10). Daraus ergibt sich der wichtige Schluß, daß das Blei und damit auch das dazugehörige Silber aus Laurion deutlich von dem aus Siphnos zu unterscheiden ist. Beobachtet man nun die einzelnen Meßpunkte für die Ägineten in diesem Diagramm, so ersieht man daraus, daß nur ungefähr 20% der Münzen von Ägina aus Laurion-Erzen stammen. Die anderen 80% sind anscheinend aus reinem Erz von Siphnos oder aus einem Gemisch beider hergestellt. Weitere Spekulationen möchte ich hier nicht erörtern. Nur soviel sei gesagt, daß damit ein weiterer Beweis für die längere Beherrschung dieser Kykladeninsel durch die Ägineten erbracht würde, was – wie man aus geschichtlichen Bemerkungen erfährt – schon von den Historikern vermutet wurde. Weit außerhalb liegen die

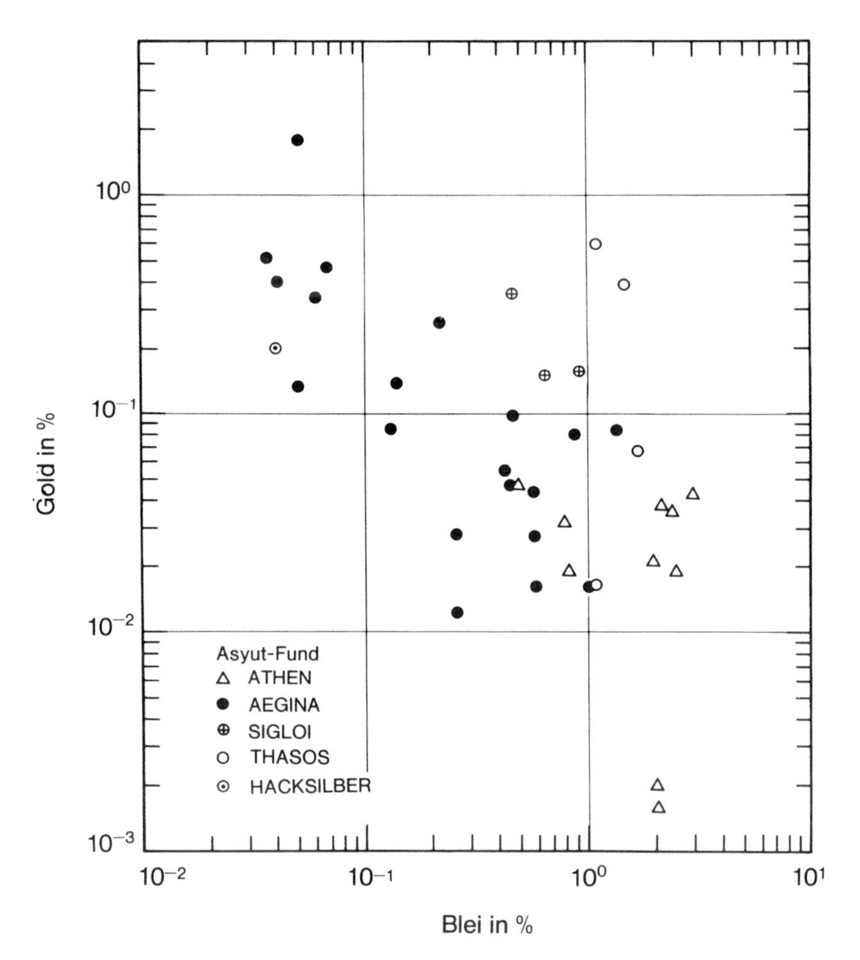


*Abb. 11: Gold-Bleidiagramm für verschiedene Münzen aus dem Asyut-Fund. Der Meßpunkt ⊙ entspricht dem Hacksilberstück der Abbildung 12*

*Abb. 12: Hacksilberstück mit Spratzerscheinungen, die zur Prüfung der Reinheit dienten, „Argentum pustulatum“, 87,4 g*

Werte von Spanien (Rio-Tinto) und Sardinien, so daß diese Silberquellen ganz auszuschließen sind.

Das Blei-Gold-Diagramm der Abbildung 11 bestätigt auf seine Weise die Ergebnisse der Isotopenmessung. Auch hier bildet die Gruppe der Athener ein geschlossenes Gebiet, während die Ägineten zu einem größeren Teil einen höheren Goldgehalt besitzen, als er bei den Athenern vorkommt. Da hier die entsprechenden Werte der Erze von Siphnos noch nicht vorliegen, muß die Schlußfolgerung noch aufgeschoben werden.

Auch die persischen Sigloi, die wahrscheinlich aus dem Elektron des Paktalos über einen Zementationsprozeß gewonnen wurden, zeigen einen ähnlich hohen Goldgehalt wie die Ägineten. Das Gleiche gilt für die Münzen von der Insel Thasos, die selbst sehr reiche Erzvorkommen aufweist.

Zum Schluß möchte ich noch eine Kuriosität erwähnen. Es handelt sich um ein rund 90g schweres Silberstück, das auch zum Asyut-Fund gehört (Abb. 12 und 13). Auf der einen Seite zeigt es eine glatte Oberfläche, die die gewölbte Tiegelschale wiedergibt, während die andere Seite (vermutlich die Oberfläche) eine blasige Struktur aufweist, die im Aufschäumen erstarrt erscheint. Es handelt sich hier um die sogenannte Spratzerscheinung – der plötzliche Austritt von Sauerstoff im Augenblick der Erstarrung –, der nur bei sehr reinem Silber zu beobachten ist. Soviel ich weiß, handelt es sich hier um das älteste Stück Silber mit dieser Art von Prüfverfahren. In der Literatur des Altertums wird dieses „argentum pustulatum“ nur an einer Stelle bei Sueton erwähnt, als Nero diese Art von Silber für seine Abgaben fordert, im Gegensatz zu den schlechten Silbermünzen, die er selbst ausgegeben hat.

| Element | 14o - A | 14o - B<br>Gewichtsprozente | 14o - C |
|---|---|---|---|
| Ag | 99.5 | 99.5 | 99.3 |
| Cu | o.41 | o.3o | o.4o |
| Au | o.17 | o.19 | o.18 |
| Pb | o.o37 | o.o39 | o.15 |

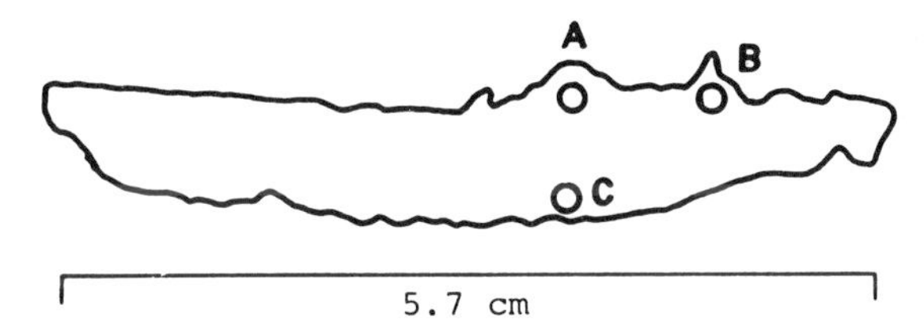


*Abb. 13: Chemische Analyse des gegossenen Silberstücks von Abbildung 12 in Gewichtsprozenten an drei verschiedenen Stellen (A, B, C)*

Wie die Analyse des Spratzsilberstücks zeigt (Abb. 13), handelt es sich tatsächlich um sehr reines Silber, das wohl nicht aus silberhaltigem Bleiglanz gewonnen wurde, weil es dafür zu wenig Blei enthält (s. Abb. 11). Es stammt also offenbar nicht aus Laurion. Ob es aus Siphnos oder dem Pangaion kommt, müssen weitere Analysen zeigen.

Dieser Zwischenbericht von Analysen an archaischen Silbermünzen sollte zeigen, daß es heute mit modernen Methoden möglich geworden ist, die Handelswege für Silber noch im Anfang der Geldwirtschaft innerhalb des griechischen Kulturraumes zu verfolgen. Als Beispiel dafür dienten die frühen Münzen der Insel Ägina, deren Silber nur zu einem erstaunlich geringen Teil aus den nächstgelegenen und sehr ergiebigen Bergwerken von Laurion stammt. So können derartige Analysen auch wichtige Beiträge zur Wirtschaftsgeschichte und Bündnispolitik in der archaischen Zeit Griechenlands liefern.

# Teil IV
# Bibliographie der Schriften von Wolfgang Gentner*

* Die überwiegende Mehrzahl der aufgeführten Arbeiten sind in der dreibändigen, vom Max-Planck-Institut für Kernphysik herausgegebenen Publikation „Wolfgang Gentner – Schriften und Vorträge" zusammengefasst.
*Die in diesem Band nachgedruckten Aufsätze von Wolfgang Gentner sind kursiv und durch eine graue Randmarkierung hervorgehoben.*

# I. Wissenschaftliche Publikationen

**1928**

1) B. Rajewsky, W. Gentner, K. Schwerin: Die Strahlungsreaktion des Eiweißes und die Erythemwirkung. Strahlentherapie 29 (1928) 759–772

**1930**

2) W. Gentner: Konzentration der Kathodenstrahlen in der Luft. Fortschritte auf dem Gebiet der Röntgenstrahlung 41 (1930) 489–490
3) W. Gentner, K. Schwerin: Über den Zeitfaktor der Strahlenreaktion des Eiweißes. Strahlentherapie 37 (1930) 788–794
4) W. Gentner, K. Schwerin: Die Wirkungen der kurzwelligen Strahlen auf Eiweißkörper, II. Mitteilung: Über die Abhängigkeit der Strahlungsreaktion des Eiweißes von der Strahlungsintensität im Ultraviolett. Biochemische Zeitschrift 227 (1930), 286–303

**1931**

5) W. Gentner: Untersuchungen an einer Lenard-Coolidge-Röhre. (Dissertation) Annalen der Physik 10 (1931), 223–243
6) W. Gentner: Untersuchungen an einer Lenard-Coolidge-Röhre (Auszug aus der Dissertation). In: Friedrich Dessauer (Hrsg.): Zehn Jahre Forschung auf dem physikalisch-medizinischen Grenzgebiet. Leipzig 1931, 284–298
7) W. Gentner: Untersuchungen über biologische Wirkungen von Kathodenstrahlen, II. Mitteilung: Die physikalischen Eigenschaften der Strahlung einer Lenard-Coolidge-Röhre. Strahlentherapie 42 (1931), 6–55

**1932**

8) W. Gentner: Vergleichende Messungen an verschiedenen Ultraviolett-Strahlern. Strahlentherapie 45 (1932) 255–268

**1933**

9) W. Gentner: Sur l'absorption des Rayons Gamma très pénétrants. Comptes Rendus, 197 (1933) 403–405
10) W. Gentner: Sur l'absorption des rayons Gamma pénétrants. Comptes Rendus 197 (1933) 1111

**1934**

11) W. Gentner, F. Schmidt-LaBaume: Untersuchungen über biologische Wirkungen von Kathodenstrahlen, III. Mitteilung: Die Reaktion der Kaninchenhaut. Strahlentherapie 51 (1934) 139–153
12) W. Gentner: Sur l'absorption des rayons Gamma pénétrants. Journal de Physique et le Radium V (1934) 49–53

13) W. Gentner: Zur Wellenlänge und Intensität der Sekundärstrahlung harter γ-Strahlen. Die Naturwissenschaften 22 (1934) 435
14) W. Gentner: Sur la désintégration du Beryllium par les rayons Gamma. Comptes Rendus 199 (1934) 1211–1213

**1935**
15) W. Gentner: La désintégration du Beryllium par les rayons Gamma. Absorption des neutrons émis. Section efficace des rayons Gamma. Comptes Rendus 200 (1935) 310–312
16) W. Gentner: L'absorption des rayons gamma dans les éléments lourds en relation avec la longueur d'onde. Journal de Physique et le Radium VI (1935) 274–280
17) W. Gentner, J. Starkiewicz: La variation du coéfficient d'absorption des rayons Gamma durs en fonction du numéro atomique. Journal de Physique et le Radium VI (1935) 340–346
18) W. Gentner: Zur Größe und Zusammensetzung des Absorptionskoeffizienten harter γ-Strahlen. Zeitschrift für technische Physik 16 (1935) 416–418

**1936**
19) W. Bothe, W. Gentner; Die Streu- und Sekundärstrahlung harter γ-Strahlen. Die Naturwissenschaften 24 (1936) 171–172
20) R. Fleischmann, W. Gentner: Zur Wellenlängenabhängigkeit des Kernphotoeffekts an Beryllium. Zeitschrift für Physik 100 (1936) 440–444
21) W. Gentner: Die Größe der Streu- und Sekundärstrahlung harter γ-Strahlen. Zeitschrift für Physik 100 (1936) 445–455

**1937**
22) W. Gentner: Ueber eine γ-Strahlung bei der Beschießung von Bor mit schnellen Protonen. Die Naturwissenschaften 25 (1937) 12
23) W. Bothe, W. Gentner: Eine Anlage für schnelle Korpuskularstrahlen und einige damit ausgeführte Umwandlungsversuche. Zeitschrift für Physik 104 (1937) 685–693
24) W. Bothe, W. Gentner: Künstliche Radioaktivität durch γ-Strahlen. Die Naturwissenschaften 25 (1937) 90
25) W. Bothe, W. Gentner: Herstellung neuer Isotope durch Kernphotoeffekt. Die Naturwissenschaften 25 (1937) 126
26) W. Bothe, W. Gentner: Weitere Atomumwandlungen durch γ-Strahlen. Die Naturwissenschaften 25 (1937) 191
27) W. Bothe, W. Gentner: Kernisomerie beim Brom. Die Naturwissenschaften 25 (1937) 284
28) W. Bothe, W. Gentner, H. Maier-Leibnitz, W. Maurer, E. Wilhelmy, K. Schmeiser: Untersuchungen über Kernumwandlungen und Ultrastrahlung. Zeitschrift für technische Physik 18 (1937) 538–541
29) W. Bothe, W. Gentner: Atomumwandlungen durch γ-Strahlen. Zeitschrift für Physik 106 (1937) 236–248

30) W. Gentner: Anlagerungsprozesse durch schnelle Protonen. Zeitschrift für Physik 107 (1937) 354–361

31) W. Gentner: Die Absorption, Streuung und Sekundärstrahlung harter γ-Strahlen (Habilitationsschrift). Physikalische Zeitschrift 38 (1937) 836–853

32) W. Gentner: Neuerungen am magnetischen Resonanzbeschleuniger (Cyclotron). Versuche zum Nachweis des magnetischen Moments des Neutrons (Referat). Die Naturwissenschaften 25 (1937) 479–480

**1938**

33) W. Gentner: Kernphotoeffekt unter gleichzeitiger Aussendung von zwei Neutronen. Die Naturwissenschaften 26 (1938) 109

34) W. Gentner, W. Bothe: Kernphotoeffekt mit den γ-Strahlen aus $B^{11}$ (p,γ). Die Naturwissenschaften 26 (1938) 497–498

35) W. Bothe, W. Gentner: Die Wellenlängenabhängigkeit des Kernphotoeffekts nach Messungen an Brom und Kupfer. Die Naturwissenschaften 26 (1938) 517

36) O. Meyerhof, P. Ohlmeyer, W. Gentner, H. Maier-Leibnitz: Studium der Zwischenreaktionen der Glykolyse mit Hilfe von radioaktivem Phosphor. Biochemische Zeitschrift 298 (1938) 396–411

37) W. Gentner: Erzeugung künstlich radioaktiver Atomkerne mit Neutronen großer Energie. Umwandlung mit künstlichen α-Strahlen und schnellen Protonen. Das Einfangen von Schalenelektronen durch den Atomkern (Referat). Die Naturwissenschaften 26 (1938) 191–192

**1939**

38) W. Bothe, W. Gentner: Die Wellenlängenabhängigkeit der Kernphotoeffekte mit Anhang: Die radioaktiven Isotope des Selens. Zeitschrift für Physik 112 (1939) 45–64

39) W. Gentner, E. Segrè: Appendix on the Calibration of the Ionization Chamber. Physical Review 55 (1939) 814

40) W. Gentner: Neueres zur Isomerie der Kerne (Referat). Die Naturwissenschaften 27 (1939) 598–600

**1940**

41) W. Gentner, H. Maier-Leibnitz, W. Bothe: Atlas typischer Nebelkammerbilder mit Einführung in die Wilsonsche Methode. Berlin 1940

42) W. Gentner: Die Erzeugung schneller Ionenstrahlen für Kernreaktionen. Ergebnisse der exakten Naturwissenschaften 19 (1940) 107–169

43) Das neue 1,5 Meter-Zyklotron in Berkeley (Calif.); Die Isotope ${}_2H^3$ und ${}_1H^3$ (Referat). Die Naturwissenschaften 28 (1940) 394–396

**1942**

44) W. Bothe, W. Gentner: Die Energiegrenze der Spaltungsneutronen am Uran. Zeitschrift für Physik 119 (1942) 568–574

**1943**

45) A. Flammersfeld, P. Jensen, W. Gentner: Die Aufteilungsverhältnisse und Energietönungen. Zeitschrift für Physik 120 (1943) 450–467

**1948**

46) W. Gentner: Das Heidelberger Zyklotron. FIAT Review of German Science 1939–1946: Nuclear Physics and Cosmic Rays, Part II (1948)

**1949**

47) W. Gentner: Die Radioaktivität in ihrer Bedeutung für naturwissenschaftliche Probleme. Reden gehalten bei der Universitätsfeier am 16.04.1948. Freiburg 1949, S. 24–38

**1950**

48) M. Pahl, J. Riby, F. Smits, W. Gentner: Massenspektrometrische Bestimmungen an Argon aus Kalisalzen. Zeitschrift für Naturforschung 5a (1950) 404–405
49) W. Gentner: Hochvolt-Apparaturen. Strahlentheraphie 82 (1950) 503–514
50) F. Smits, W. Gentner: Argon-Bestimmungen an Kalium-Mineralien I. Bestimmungen an tertiären Kalisalzen. Geochimica et Cosmochimica Acta 1 (1950) 22–27

**1952**

51) W. Gentner, O. Husmann: Ein Zählrohrgerät zur Untersuchung von Thorium und Uranmineralien. Neues Jahrbuch Mineralien 7 (1952) 202

**1953**

52) W. Gentner, R. Präg, F. Smits: Altersbestimmung nach der Kalium-Argonmethode unter Berücksichtigung der Diffusion des Argons. Zeitschrift für Naturforschung 8a (1953) 216–217
53) W. Gentner, R. Präg, F. Smits: Argonbestimmungen an Kalium-Mineralien. II. Das Alter eines Kalilagers im unteren Oligozän. Geochimica et Cosmochimica Acta 4 (1953) 11–20

**1954**

54) W. Gentner, F. Jensen, K. R. Mehnert: Zur geologischen Altersbestimmung von Kalifeldspat nach der Kalium-Argon-Methode. Zeitschrift für Naturforschung 9a (1954) 176
55) A. Citron, W. Gentner, A Sittkus: Ueberlegungen zum Strahlenschutz für ein 25 Milliarden Volt Protonen-Synchrotron. Strahlentheraphie 94 (1954) 23–28
56) W. Gentner, K. Goebel, R. Präg: Argonbestimmungen an Kalium-Mineralien III – Vergleichende Messungen nach der Kalium-Argon-Methode und der Uran-Helium-Methode. Geochimica et Cosmochimica Acta 5 (1954) 124–133

57) W. Gentner, E. A. Trendelenburg: Eine massenspektrometrische Methode zur Bestimmung der Diffusionskonstanten von Gasen in Festkörpern. Zeitschrift für Naturforschung 9a (1954) 802–804

58) G. Backenstoß, W. Gentner: Absorptionsmessungen an Sekundärelektronen zur Energiebestimmung von γ-Strahlen. Zeitschrift für Naturforschung 9a (1954) 882–886

59) W. Gentner, E. A. Trendelenburg: Experimentelle Untersuchungen über die Diffusion von Helium in Steinsalzen und Sylvinen. Geochimica et Cosmochimica Acta 6 (1954) 261–267

60) W. Gentner, H. Maier-Leibnitz, W. Bothe: An Atlas of Typical Expansion Chamber Photographs. Pergamon Press, London 1954

**1955**

61) W. Gentner, J. Zähringer: Argon- und Heliumsbestimmungen in Eisenmeteoriten. Zeitschrift für Naturforschung 10a (1955) 498–499

62) W. Gentner, W. Kley: Zur geologischen Altersbestimmung nach der Kalium-Argon-Methode. Zeitschrift für Naturforschung 10a (1955) 832–833

**1957**

63) W. Gentner, J. Zähringer: Argon und Helium als Kernreaktionsprodukte in Meteoriten. Geochimica et Cosmochimica Acta 11 (1957) 60–71

64) W. Gentner, W. Kley: Argonbestimmungen an Kaliummineralien. IV. Die Frage der Argonverluste in Kalifeldspäten und Glimmermineralien. Geochimica et Cosmochimica Acta 12 (1957) 323–329

**1958**

65) W. Gentner, H. Fechtig, G. Kistner: Edelgase und ihre Isotopenverschiebung im Eisenmeteoriten Treysa. Zeitschrift für Naturforschung 13a (1958) 569–570

66) W. Gentner, W. Kley: Argon-Bestimmungen an Kaliummineralien. V. Altersbestimmungen nach der Kalium-Argon-Methode Mineralien und Gesteinen des Schwarzwaldes. Geochimica et Cosmochimica Acta 14 (1958) 98–104

**1959**

67) W. Gentner: Die Eigenschaften der leichten und schweren Mesonen. Die Naturwissenschaften 46 (1959) 283–289

68) W. Gentner, J. Zähringer: Kalium-Argon-Alter einiger Tektite. Zeitschrift für Naturforschung 15a (1959) 686–687

69) W. Gentner: Die Radioaktivität im Dienste der Zeitmessung. Nova acta Leopoldina N.F. 143 = Bd. 21 (Das Zeitproblem) (1959) 57–72

**1960**

70) W. Gentner, H. Fechtig, G. Kistner: Räumliche Verteilung der Edelgasisotope im Eisenmeteoriten Treysa. Geochimica et Cosmochimica Acta 18 -80 (1960) 72–80

71) W. Gentner, J. Zähringer: Das Kalium-Argon-Alter von Tektiten. Zeitschrift für Naturforschung 15a (1960) 93–99

72) W. Gentner, H. Fechtig, J. Zähringer: Argonbestimmungen an Kaliummineralien VII. Diffusionsverluste von Argon in Mineralien und ihre Auswirkung auf die Kalium-Argon-Altersbestimmung. Geochimica et Cosmochimica Acta 19 (1960) 70–79

73) J. Zähringer, W. Gentner: Uredelgase in einigen Steinmeteoriten. Zeitschrift für Naturforschung 15a (1960) 600–602

74) W. Gentner: Das 600 MeV-Synchrozyklotron des CERN in Genf. Philips' Technische Rundschau 3 (1960/61) 81–89

**1961**

75) J. Zähringer, W. Gentner: Zum Xe-129 in dem Meteoriten Abee. Zeitschrift für Naturforschung 16a (1961) 239–242

76) G.H.R.v. Koenigswald, W. Gentner, H. J. Lippolt: Age of the Basalt Flow at Olduvai, East Africa. Nature 192 (1961) 720–721

77) H. Fechtig, W. Gentner, S. Kalbitzer: Argon-Bestimmungen an Kaliummineralien. IX. Messungen zu den verschiedenen Arten der Argondiffusion. Geochimica et Cosmochimica Acta 25 (1961) 297–311

78) W. Gentner: Isotopenverschiebung in Meteoriten als Auskunftsquelle der Vergangenheit der kosmischen Strahlung und der Frühgeschichte unseres Planetensystems. Physikertagung Wien 1961, 21–39

79) W. Gentner, H. Lippolt, O.A. Schaeffer: Das Kalium-Argon-Alter einer Glasprobe vom Nördlinger Ries. Zeitschrift für Naturforschung 16a (1961) 1240

*80) W. Gentner: Individuelle und kollektive Erkenntnissuche in der modernen Naturwissenschaft. „Freiburger DIES Universitatis“ Band 9 (Individuum und Kollektiv) 1961/62, 1*

**1962**

81) W. Gentner: Die Erforschung des Atoms. Universitas 17 (1962) 163–170

82) W. Gentner: Das heutige Bild der Physik vom Atom. Universitas 17 (1962) 403–409

83) H. Lippolt, W. Gentner: Argon-Bestimmungen an Kaliummineralien. X. Versuche der Kalium-Argon-Datierung von Fossilien. Geochimica et Cosmochimica Acta 26 (1962) 1247–1253

84) M.M. Biswas, C. Mayer-Böricke, W. Gentner: Cosmic Ray Produced Na-22 and Al-26 Activities in Chondrites. In: Geiss / Goldberg (Hrsg.): Earth Science and Meteoritics. Amsterdam 1962

85) C. Mayer-Böricke, M.M. Biswas, W. Gentner: $\gamma$-spektroskopische Untersuchungen an Steinmeteoriten. Zeitschrift für Naturforschung 17a (1962) 921–924

**1963**

86) H. Lippolt, W. Gentner, W. Wimmenauer: Altersbestimmung nach der Kalium-Argon-Methode an tertiären Eruptivgesteinen Südwestdeutschlands. Jahreshefte des Geologischen Landesamtes Baden-Württemberg 6 (1963) 507–538

87) W. Gentner, H. Lippolt, O.A. Schaeffer: Argonbestimmungen an Kaliummineralien. XI. Die Kalium-Argon-Alter der Gläser des Nördlinger Rieses und der böhmisch-mährischen Tektite. Geochimica et Cosmochimica Acta 27 (1963) 191–200

88) W. Gentner: Irdische und meteoritsche Materie. Die Naturwissenschaften 50 (1963) 191–199

89) H. Lippolt, W. Gentner: K-Ar Dating of Some Limestones and Fluorites. In: International Atomic Energy Agency (Hrsg.): Radioactive Dating. Wien 1963, 239–244

90) J. Zähringer, W. Gentner: Radiogenic and atmospheric argon content of tektites. Nature 199 (1963) 583

91) W. Gentner, G. Hortig: Eine Methode zur Erzeugung von Strahlen negativer Ionen. Z. f. Physik 172 (1963) 353–357

92) H. Fechtig, W. Gentner, P. Lämmerzahl: Argonbestimmungen an Kaliummineralien. XII. Edelgasdiffusionsmessungen an Stein- und Eisenmeteoriten. Geochimica et Cosmochimica Acta 27 (1963) 1149–1169

93) W. Gentner, H. Lippolt: The potassium-argon dating of upper tertiary and pleistocene deposits. In: Don Brothwell, Eric Higgs (Hrsg.): Science in Archaeology. London 1963, 72–84

94) H. Daniel, W. Gentner: Long life-time. In: L. Marton (Hrsg.): Methods of Experimental Physics 5B, New York 1963, 275–302

**1964**

95) W. Gentner: La exploración del átomo. Universitas 1 (1964) 377–390 (spanisch)

96) W. Gentner, H. Lippolt, O, Müller: Das Kalium-Argon-Alter des Bosumtwi-Kraters in Ghana und die chemische Beschaffenheit seiner Gläser. Zeitschrift für Naturforschung 19a (1964) 150–153

97) W. Gentner: Individuum und Kollektiv im modernen Forschungslaboratorium. Der Krankenhausarzt 37 (1964) 1–8

98) W. Gentner: Individuum und Kollektiv in der Forschung. Bild der Wissenschaft 1 (1964) 42

99) W. Gentner: Das Rätseln um die Herkunft der Tektite. Jahrbuch der Max-Planck-Gesellschaft 1964, 90–106

**1965**

100) W. Gentner: Individuelle und kollektive Erkenntnissuche in der modernen Naturwissenschaft. Mitteilungen aus der MPG 1–2 (1965) 74–85

101) W. Gentner: Individuelle und kollektive Erkenntnissuche in der modernen Naturwissenschaft. Physikalische Blätter 21 (1965) 541–548

102) H. Fechtig, W. Gentner: Tritiumdiffusionsmessungen an vier Steinmeteoriten. Zeitschrift für Naturforschung 20a (1965) 1686–1691

**1966**

103) T. Kirsten, W. Gentner: K-Ar-Altersbestimmungen an Ultrabasiten des Baltischen Schildes. Prof. J. Mattauch zum 70. Geburtstag gewidmet. Zeitschrift für Naturforschung 21a (1966) 119–126

104) W. Gentner: Auf der Suche nach Kratergläsern, Tektiten und Meteoriten in Afrika. Die Naturwissenschaften 53 (1966) 285–289

105) W. Gentner: Die geologische Uhr. Naturwissenschaft und Medizin 3 (1966) 41–51

106) W Gentner: Zum Problem des Bestrahlungsalters von Meteoriten. Nova Acta Leopoldina, N.F. 31 (1966) 75–83

107) J. Zähringer, W. Gentner: Vergleichende K-Ar-Altersbestimmungen an Tektiten, Gläsern des Nördlinger Rieses (BRD), des Bosumtwi-Kraters (Ghana) und an anderen natürlichen Gläsern. Meteoritika XXVII (1966) 151–152
(russisch)

**1967**

108) W. Gentner, B. Kleinmann, G.A. Wagner: New K-Ar and fission track ages of impact glasses and tektites. Earth and Planetary Science Letters 2 (1967) 83–86

109) T. Kirsten, W. Gentner, O.A. Schaeffer: Massenspektrometischer Nachweis von ßß-Zerfallsprodukten. Zeitschrift für Physik 202 (1967) 273–292

110) T. Kirsten, W. Gentner, O. Müller: Isotopenanalyse der Edelgase in einem Tellurerz von Boliden (Schweden). Zeitschrift für Naturforschung 22a (1967) 1783–1792

**1968**

111) O. Müller, W. Gentner: Gas Content in Bubbles of Tektites and Other Natural Glasses. Earth and Planetary Science Letters 4 (1968) 406–410

**1969**

112) W. Gentner: Struktur und Alter der Meteorite. Die Naturwissenschaften 56 (1969) 174–180

113) W. Gentner, D. Storzer und G.A. Wagner: Das Alter von Tektiten und verwandten Gläsern. Die Naturwissenschaften 56 (1969) 255–260

114) W. Gentner, D. Storzer und G.A. Wagner: New fission track ages of tektites and related glasses. Geochimica et Cosmochimica Acta 33 (1969) 1075–1081

115) W Gentner: Irdische Meteoritenkrater und Tektite. Mitteilungen der Astronomischen Gesellschaft, Nr. 27 (1969) 109–123
116) W Gentner, G.A. Wagner: Altersbestimmung an Riesgläsern und Moldaviten. Geologica Bavarica 61 (1969) 296–303

**1970**
117) W. Gentner, B.A. Glass, D. Storzer, G.A. Wagner: Fission Track Ages and Ages of Deposition of Deep-Sea Microtektites. Science 168 (1970) 359–361
118) D. Storzer, W. Gentner: Spaltspuren-Alter von Riesgläsern, Moldaviten und Bentoniten. Jahresber. und Mitteilungen des oberrheinischen geologischen Vereins N.F. 52 (1970) 97–111

**1971**
119) D. Storzer, W. Gentner, F.Steinbrunn: Stopfenheim Kuppel, Ries Kessel and Steinheim Basin: A Triplet Cratering Event. Earth and Planet. Sci Lett. 13 (1971) 76–78
120) M.R. Bloch, H. Fechtig, W.Gentner, G. Neukum, E. Schneider: Meteorite impact craters, crater simulations, and the meteoroid flux in the early solar system. Proc. of the Second Lunar Sci Conf. 3 (1971) 2639–2652

**1972**
121) E. Jessberger, W. Gentner: Mass spectrometric analysis of gas inclusions in Muong Nong Glass and Libyan Desert Glass. Earth and Planetary Science Letters 14 (1972) 221–225
122) T. Kirsten, J. Deubner, H. Ducati, W. Gentner, P. Horn, E. Jessberger, S. Kalbitzer, I. Kaneoka, J. Kiko, W. Krätschmer, H.W. Müller, T. Plieninger, S.K. Thio: Rare Gases and Ion Tracks in Individual Components and Bulk Samples of Apollo 14 and 15 Fines and Fragmental Rocks. In: C. Watkins (Hrsg.) Lunar Science III (1972) 452–454

**1973**
123) W. Gentner, T. Kirsten, D. Storzer, G.A.Wagner: K-Ar and Fission Track Dating of "Darwin Crater" Glass. Earth and Planetary Science Letters 20 (1973) 204–210
124) A. El Goresy, P. Ramdohr, M.Pavicevic, O. Medenbach, O. Müller, W. Gentner: Zinc, Lead, Chlorine and FeOOH-Bearing Assemblages in the Apollo 16 Sample 66095: Origin by Impact of a Comet or a Carbonaceous Chondrite? Earth and Planetary Science Letters 18 (1973) 411–419

**1974**
125) E. Schneider, D. Storzer, J.B. Hartung, H. Fechtig, W. Gentner: Microcraters on Apollo 15 and 16 Samples and Corresponding Cosmic Dust Fluxes. Proceedings of the Fourth Lunar Science Conference, Houston 1973. New York 1974, 3277–3290

126) H. Fechtig, W. Gentner, J.B. Hartung, K. Nagel, G. Neukum, E. Schneider, D. Storzer: Mikrokrater auf Mondproben. Kosmochemie des Mondes und der Planeten. Nauka 1974, 453–472 (russisch)

127) W Gentner: Die Narben im Antlitz der Himmelskörper – Strukturierung der Monde und Planeten durch kosmische Einschläge. Jahrbuch der MPG 1974, 24

128) W Gentner: Radioaktivität und Geowissenschaften. Jahresschrift 1974 der Gesellschaft zur Förderung der Westfälischen Wilhelms-Universität zu Münster, 67

129) W. Gentner: Kollisionen im Laufe der Geschichte unseres Planetensystems. Reden anläßlich der Öffentlichen Sitzung der Mitglieder des Orden Pour Le Mérite für Wissenschaften und Künste. Reden und Gedenkworte 12 (1974–1975) 137–161

**1975**

*130) W. Gentner: Die Narben im Antlitz der Himmelskörper. Sterne und Weltraum 41 (1975) 114–119*

131) W. Gentner, O. Müller: Offene Fragen zur Tektitenforschung. Die Naturwissenschaften 62 (1975) 245–254

**1976**

132) W. Krätschmer, W. Gentner: The long-term average of the galacitc cosmic-ray iron group composition studied by the track method. Geomchim. et Cosmochim. Acta Suppl. 7 (1976) 501–511

133) K. Nagel, G.Neukum, J.S. Dohnanyi, H. Fechtig, W. Gentner: Densitiy and Chemistry of Interplanetary Dust Particles derived from measurements of lunar micro. Geomchim. et Cosmochim. Acta Suppl. 7 (1976) 1021–1029

134) K. Nagel, G.Neukum, J.S. Dohnanyi, H. Fechtig, W. Gentner: Densitiy and Chemistry of Interplanetary Dust Particles derived from measurements of lunar micro. gekürzt in: Lunar Science VII (1976) 596

135) W. Krätschmer, W. Gentner: A comparison of galactic cosmic ray compositional data deduced from track studies in lunar and meteoritic feldspars. Lunar Science VII (1976) 460–461

136) J.G.Festag, W. Gentner, O. Müller: Search for uranium and chemical constituents in ancient roman glass mosaics. In: Accademia Nazionale dei Lincei (Hrsg.): Proceedings Congresso Internationale „Applicazione die metodi nucleairi nel campo delle opere d'arte“, Rom 1976, 493–503

137) J.G. Festag, W. Gentner, O. Müller: Search for Uranium and Chemical Constituents in Ancient Roman Glass Mosaics. Proc. Congresso Internazionale "Appliccazione dei metodi nucleari nel campo delle opere d'arte" 1973. Accademia Nazionale dei Lincei, Rom 1976, 493

138) K. Nagel, G. Neukum, H. Fechtig, W. Gentner: Densitiy and Composition of Interplanetary Dust Particles. Earth and Planetary Science Letters 30 (1976) 234–240

**1977**

139) W. Gentner: Oberflächenstruktur der erdnahen Planeten. Nova Acta Leopoldina NF 47/226 (1977) 91–106

140) W. Krätschmer, W. Gentner: A long-term change in the cosmic ray composition? Studies on fossil cosmic ray tracks in lunar samples. Philosophical Transactions of the Royal Society London A285 (1977) 593–599

*141) W. Gentner: Naturwissenschaftliche Untersuchung an einem archaischen Silberschatz. Jahrbuch der Max-Planck-Gesellschaft 1977, 19–35*

142) W. Gentner Naturwissenschaftliche Forschungsmethoden in Archäologie, Früh- und Urgeschichte. Physikalische Blätter 33 (1977) 635–644

143) P.A. Schubiger, O. Müller, W. Gentner: Neutron activation analysis on ancient Greek silver coins and relatted materials. Journal of Radioanalytical Chemistry 39 (1977) 99–112

**1978**

144) W. Gentner: Collisions of meteorites with planets. Interdisciplinary Science Review 3 (1978) 121–133

145) W. Gentner, O. Müller, G.A. Wagner, N.H.Gale: Silver sources of archaic Greek coinage. Die Naturwissenschaften 65 (1978) 273–284

146) O. Müller, W. Gentner: Untersuchungen an archaischen griechischen Silbermünzen des Asyut-Schatzes, insbesondere an den Schildkröten-Münzen der Insel Ägina. In: H.W. Hennicke (Hrsg.) Mineralische Rohstoffe als kulturhistorische Informationsquelle. Hagen 1978, 109–113

147) W. Gentner: Naturwissenschaftliche Untersuchung an einem archaischen Silberschatz. Jahrbuch der Heidelberger Akademie der Wissenschaften für das Jahr 1977 (1978) 91–92

**1979**

148) O. Müller, W. Gentner: On the composition and silver source of Aeginetan coins from the Asyut hoard. Archaeo-Physika 10 (1979) 176–193

149) W. Gentner, H. Gropengiesser, G.A. Wagner: Blei- und Silber im ägäischen Raum: Eine archäometrische Untersuchung und ihr archäologisch-historischer Rahmen. Mannheimer Forum 79/80 (1979) 143–215

150) G.A. Wagner, W. Gentner, H. Gropengiesser: Evidence for third millenium lead-silver mining on Siphnos island (Cyclades). Die Naturwissenschaften 66 (1979) 157

151) G.A. Wagner, E. Pernicka, W. Gentner, H. Gropengiesser: Nachweis antiken Goldbergbaus auf Thasos: Bestätigung Herodots. Die Naturwissenschaften 66 (1979) 613

152) W. Gentner: Briefe an die Redaktion: Das Rätsel der Tektite. Spektrum der Wissenschaft 3 (1979) 4

**1980**

153) G.A. Wagner, W. Gentner, H. Gropengiesser, N.H. Gale: Early Bronze Age lead silver-mining and metallurgy in the Aegean: the ancient working on Siphnos. In: P.T. Craddock (Hrsg.) Scientific studies in early mining and extractive metallurgy. British Museum Occasional Papers 20 (1980) 63–80

154) H.H. Gale, W. Gentner, G.A. Wagner: Mineralogical and geographical silver sources of archaic Greek coinage. Metallurgy in Numismatics 1 (1980) 1–49

155) P.A. Schubiger, O. Müller, W. Gentner: Chemical studies of Greek silver coins from the Asyut hoard. Proceedings of the 16th International Symposion on Archaeometry and Archaelogical Prospection, Edinburgh 1980, 164–176

156) G.A. Wagner, E. Pernicka, W. Gentner, M. Vavelidis: The discovery of ancient gold mining on Thasos, Greece. Proceedings of the 22nd Internat. Symposion on Archaeometry. Revue d'Archaeometrie Suppl. 1981 (1980) 313–320

157) E. Pernicka, W. Gentner, G.A. Wagner, M. Vavelidis, N. H. Gale: Ancient lead and silver production on Thasos, Greece. 22nd Internat. Symposion on Archaeometry. Revue d'Archaeometrie Suppl. 1981 (1980) 227–238

## II. Nachrufe, Würdigungen und Berichte

158) W. Gentner: Gedenkrede für Peter Jensen (28.11.1913 – 17.8.1955) am 13.1.1956 im Max-Planck-Institut für Chemie, Mainz. (Privatdruck)

159) W. Gentner: Nachruf für Walther Bothe. Zeitschrift für Naturforschung 12a (1957) 175–176

*160) W. Gentner: Einiges aus der frühen Geschichte der Gamma-Strahlen. In: O.R. Frisch et al (Hrsg.): Beiträge zur Physik und Chemie des 20. Jahrhunderts. Lise Meitner, Otto Hahn, Max von Laue zum 80. Geburtstag. Festschrift, Braunschweig 1959, 28–44*

161) W. Gentner: Geschichte des Max-Planck-Instituts für Kernphysik. Jahrbuch der Max-Planck-Gesellschaft 1961, Teil II, 486–491

162) W. Gentner: Einige Rückblicke auf die Anfänge der 50-jährigen Forschung über die kosmische Strahlung. Die Naturwissenschaften 50 (1963) 317–318

163) W. Gentner: James Franck. Mitteilungen aus der MPG 3 (1964) 98–100

164) W. Gentner: Die Erforschung des Atoms. In: H. Walter Bähr (Hrsg.): Die Naturwissenschaften heute. Gütersloh 1965, 63–79

165) W. Gentner: Ansprache und Bericht des Präsidenten, W. Gentner, anläßl. der Jahresfeier der Heidelberger Akademie der Wissenschaften am 22.5. 1965. Jahrbuch der Heidelberger Akademie der Wissenschaften für das Jahr 1965, 31

166) W. Gentner: Wolfgang Gentner. In: W. Ernst Böhm (Hrsg.): Forscher und Gelehrte. Stuttgart 1966, 141–142

167) W Gentner: Bericht über die Jahresversammlung der Deutschen Akademie der Naturforscher Leopoldina, 21. bis 24. Oktober 1965, Naturwissenschaftliche Rundschau 19 (1966) 23

168) W. Gentner: Ansprache des Präsidenten, W. Gentner, anläßl. der Festsitzung der Heidelberger Akademie der Wissenschaften am 21.5. 1966. "Ruperto Carola"-Mitteilungen der Freunde der Studentenschaft der Universität Heidelberg e.V. 39 (1966)

169) W. Gentner: Ansprache und Bericht des Präsidenten, W. Gentner, anläßl. der Jahresfeier der Heidelberger Akademie der Wissenschaften am 27.5. 1967. Jahrbuch der Heidelberger Akademie der Wissenschaften 1966/67

*170) W. Gentner: Forschung einst und jetzt. Festvortrag anlässlich des 39. Fortbildungskurses für Ärzte in Regensburg, am 12.10.1967. Universität Regensburg 1967*

171) W. Gentner: Bericht des Präsidenten, W. Gentner, anläßl. der Jahresfeier 1968 der Heidelberger Akademie der Wissenschaften. Jahrbuch der Heidelberger Akademie der Wissenschaften 1968, 43

172) W. Gentner: Nachruf für Josef Zähringer. Mitteilungen aus der MPG, Heft 6 (1970) 346

173) W. Gentner: Gedenkworte für James Chadwick. Reden anläßlich der Öffentlichen Sitzung der Mitglieder des Ordens Pour Le Mérite für Wissenschaften und Künste. Reden und Gedenkworte 13 (1976–1977) 27–32

174) W. Gentner: Gedenkworte für Albert Defant. – Reden anläßlich der Öffentlichen Sitzung der Mitglieder des Ordens Pour Le Mérite für Wissenschaften und Künste. Reden und Gedenkworte 13 (1976–1977) 37–40

175) W. Gentner: Laudatio auf Herrn Maier-Leibnitz. – Reden anläßlich der Öffentlichen Sitzung der Mitglieder des Ordens Pour Le Mérite für Wissenschaften und Künste. Reden und Gedenkworte 13 (1976–1977) 189–192

176) W. Gentner: Laudatio für Vicki Weisskopf- Reden anläßlich der Öffentlichen Sitzung der Mitglieder des Orden Pour Le Mérite für Wissenschaften und Künste. Reden und Gedenkworte 15 (1979) 71–73

177) W. Gentner: Laudatio für Felix Bloch. Reden anläßlich der Öffentlichen Sitzung der Mitglieder des Ordens Pour Le Mérite für Wissenschaften und Künste. Reden und Gedenkworte 15 (1979) 110–113

178) W. Gentner: Vorwort. In: MPI für Kernphysik (Hrsg.): Otto Müller: Sammlung seiner Schriften zur Kosmochemie und Archäometrie. Heidelberg 1979

179) W. Gentner: Der Stadt Frankfurt verbunden. Rede anlässlich der Verleihung des Otto-Hahn-Preises an Prof. Dr. Wolfgang Gentner, Frankfurt 1979. Stadt Frankfurt, Kulturdezernat (Hrsg.), 9–13

180) W. Gentner: Walther Gerlach, 1.8.1889–10.8.1979. Max-Planck-Gesellschaft, Berichte und Mitteilungen 3/1980

181) W. Gentner: Laudatio für Otto Haxel. Anlässlich der Verleihung des Otto-Hahn-Preises an Prof. Dr. Otto Haxel, Frankfurt a.M. 1980. „Otto-Hahn-Preis 1980“, Hrsg.: Stadt Frankfurt, Kulturdezernat, 6–10

182) W. Gentner: Gedenkworte für Walther Gerlach. Reden und Gedenkworte 16 – Reden anläßlich der Öffentlichen Sitzung der Mitglieder des Orden Pour Le Mérite für Wissenschaften und Künste (1980)
183) W. Gentner: Otto Hahn – Ein Forscherleben. Acta Historica Leopoldina 14 (1980) 31–52
184) W. Gentner: Über zwanzig Jahre Zusammenarbeit zwischen MPG und Weizmann Institut. MPG-Spiegel 3/1980, 16–17
185) W. Gentner: Gespräche mit Frédéric Joliot-Curie im besetzten Paris 1940–1942. MPI für Kernphysik, Heidelberg 1980

## III. Vorträge (unpubliziert)

186) W. Gentner: Das Problem der Zeit in der Physik. DIES-Vortrag Universität Freiburg/Br. 15.11. 1949
187) F. Smits, O. Husmann, L. Harloss, W. Gentner: Messungen zur Radioaktivität des Kaliums. Vortrag bei der Physikertagung Freiburg, Dezember 1949.
188) W. Gentner: Ansprache anlässlich der Einweihung des Tandem-Gebäudes des Max-Planck-Instituts für Kernphysik am 8.11.1962
189) W. Gentner: Individual and Group in the Modern Research Laboratory. Vortrag im Weizman-Institute of Science, Rehovoth/Israel, Winter 1965/66
190) W. Gentner: Großforschung als Problem moderner europäischer Zusammenarbeit. RIAS-Rundfunkuniversität, Berlin 12.10.1970

# Autorenverzeichnis

**Adams, Sir John**
1920–1984, Physiker
1976–1980 Generaldirektor des CERN, Genf

**Fechtig, Hugo**
Geb. 1929, Physiker
emeritierter Direktor am MPI für Kernphysik
h.fechtig@t-online.de

**Grün, Eberhard**
Geb. 1942 , Physiker
Mitarbeiter des MPI für Kernphysik und apl.Professor an der Universität Heidelberg
Eberhard.gruen@mpi-hd.mpg.de

**Hoffmann, Dieter**
Geb. 1948, Wissenschaftshistoriker
Mitarbeiter des MPI für Wissenschaftsgeschichte und apl. Professor an der Humboldt-Universität zu Berlin
dh@mpiwg-berlin.mpg.de

**Kirsten, Till A.**
Geb. 1937, Physiker
1968 bis 2002 Mitarbeiter des MPI für Kernphysik und apl. Professor an der Universität Heidelberg
Taskirsten@aol.com

**Nickel, Dietmar K.**
Geb. 1929, Jurist und Historiker
1976 bis 1999 Repräsentant der MPG in den Minerva Komitees
Benjinick@aol.com

**Rechenberg, Helmut**
Geb. 1937, Physikhistoriker
Mitarbeiter des MPI für Physik München
her@mppmu.mpg.de

**Rusinek, Bernd A.**
Geb. 1954, Historiker
Mitarbeiter am Historischen Seminar der Universität Freiburg und apl. Professor an der Universität Düsseldorf
Bernd-A.Rusinek@uni-duesseldorf.de

**Schmidt-Rohr, Ulrich**
1926–2006, Physiker
emeritierter Direktor am MPI für Kernphysik Heidelberg

**Smilansky, Uzy**
Geb. 1941, Physiker
Wolfgang Gentner Chair of Physics, Weizman Institute of Science
Rehovot, Israel
Fnsmila1@wisemail.weizman.ac.il

**Trischler, Helmuth**
Geb. 1958, Historiker
Forschungsdirektor des Deutschen Museums und apl. Professor an der Ludwig-Maximilians-Universität München
h.trischler@deutsches-museum.de

**Wagner, Günther A.**
Geb. 1941, Geologe
Leiter der Forschungsstelle Archäometrie der Heidelberger Akademie der Wissenschaften am MPI für Kernphysik und apl. Professor an der Universität Heidelberg
guenther.wagner@mpi-hd.mpg.de

**Weidenmüller, Hans A.**
Geb. 1933, Physiker
emeritierter Direktor am MPI für Kernphysik Heidelberg
hans.weidenmueller@mpi-hd.mpg.de

# Abbildungsnachweis

Archiv der Max-Planck-Gesellschaft:
Abbildungen 26 und 29.

Archiv D. Nickel:
Abbildungen 38, 40, 41, 42.

CERN, Genf:
Abbildungen 36 und 37.

DESY, Hamburg:
Abbildung 32.

Familienarchiv Gentner:
Abbildungen 1, 2, 3, 4, 67, 68.

Niels-Bohr-Library, AIP, College Park:
Abbildung 7.

Schmidt-Rohr, U.:
Abbildung 39.

Weidenmüller, H.:
Abbildung 19.

Weizman Institute, Rehovot:
Abbildung 43.

Alle anderen Bilder stammen aus der Fotosammlung des MPI für Kernphysik, Heidelberg.

# Namensregister


**A**

Abs, Hermann J. 153
Adenauer, Konrad 79, 81, 82, 99, 100, 105, 152, 153, 155, 156, 157, 160, 162
Adorno, Theodor W. 4
Aldrich, L.T. 182, 183
Amaldi, Eduardo 31, 83
Anderson, Carl D. 7
Aristoteles 130
Arnold, Frank 205
Attlee, Clement 75
Auer, Siegfried 211
Auger, Pierre 31, 83, 85

**B**

Bagge, Erich 21, 63, 64, 65
Bainbridge, Kenneth 15
Bakker, Charles J. 32
Balke, Siegfried 43, 47, 90, 153, 159
Bartels, Julius 72
Bauer, Carl A. 185
Becker, August 7
Begemann, Friedrich 234
Begin, Menachem 156
Ben Gurion, David 150, 154, 155, 156, 157, 160
Benecke, Hans 36
Benecke, Otto 159
Benz 22
Bernardini, Gilberto 52, 248
Bethe, Hans A. 11
Bethge, Heinz 52, 57
Bewilogua, Ludwig 65
Biermann, Ludwig 36, 89
Blackett, Patrick M.S. 7, 74, 75, 76
Bloch, Felix 87, 106
Bloch, M.R. 251
Blumenfeld 151
Bohr, Niels 17, 72
Bonhoeffer, Karl F. 69
Bopp, Fritz 38, 66, 67, 80
Born, Max 4, 73
Bothe, Walther 7–11, 13, 14, 18, 21–23, 26, 30, 31, 33, 35, 36, 39, 56, 63–65, 70, 72, 73, 82, 85, 89, 100, 104, 106, 107, 243, 253
Bötzkes 81
Boveri, William W. 20
Brandt, Leo 100, 130, 131
Brandt, Willy 168
Braun, Wernher von 96
Brenner, Eduard 134
Brentano. Peter von 250
Brezin, Edouard 249
Brix, Peter 50, 235
Broglie, Louis de 83
Brüche, Ernst 26, 129, 133
Büchner, Franz 134
Bucka, Hans 250
Buechner, William W. 34
Busch, Günter 34
Butenandt, Adolf 28, 43, 47, 50, 68, 69, 70, 90, 108, 110, 114, 159, 164, 252

**C**

Canaris, Wilhelm 20
Carson, Cathryn 90, 111
Cartellieri, Wolfgang 99, 103, 109
Chadwick, James 8, 10
Chao, C.Y. 41
Chladni, Ernst F.F. 193
Citron, Anselm 29, 32, 33, 44, 47, 75, 106, 107, 109
Clay, Jacob 72
Clusius, Klaus 128, 133
Cohen, A.J. 194
Cohn, Josef 147, 151–154, 157, 159, 162, 164
Cooksey, Donald 16
Coolidge, William D. 6

Courant, Ernest D. 87
Curie, Marie 7, 8, 149

## D

Dänzer, Hermann 19, 21
Dautry, Raul 83
Davis, Raymond 204
Debye, Peter J.W. 65
Déguisne, Carl 5
de-Shalit, Amos 41, 129, 147, 149, 150, 153, 155, 161–163, 165, 166, 168
Dessauer, Friedrich 4, 5, 104, 178
Dessoir, Max 125
Diebner, Kurt 19
Dohrn, Klaus 53, 158
Dönitz, Karl 63
Droste, Gottfried von 41, 64
Du Bois-Reymond, Emil 123
Dulles, John F. 157

## E

Eban, Abba 155, 159, 160
Ebbinghaus, Julius 134
Ehard, Hans 133
Ehmann, W.D. 194, 197
Eichmann, Adolf 160
Eiermann, Egon 42
Eigen, Manfred 165
Eisenhower, Dwight D. 99
El Goresy, Ahmed 188, 204
Elsässer, Hans 50, 235
Erhard, Ludwig 100, 168, 216
Exner, Adolf 124
Eyrich, Werner 34

## F

Faessler, Alfred 26
Fechter, Paul 126
Fechtig, Hugo 41, 183, 184, 189
Feldmann, Michael 150, 162, 164
Ferretti, Benedetto 83
Fischer, Herbert 162
Fisk, James 15, 17
Flammersfeld, Arnold 18, 31, 33
Fleischmann, Rudolf 10
Fortner, Wolfgang 254
Fraenkel, Walter 4
Fraser, Ronald 68
Friedrich-Freksa, Hans 164
Fucks, Wilhelm 131

## G

Gadamer, Hans G. 134
Gale, Noel 234
Galilei, Galileo 112
Gambke, Gotthard 162
Gaulle, Charles de 74
Gehlen, Arnold 23
Geiss 218
Gelb, Adhémar 5
Gentner, Alice 5, 6, 10, 15, 21
Gentner, Carl 1
Gentner, Carlheinz 4
Gentner, Dora 7, 21, 241, 242
Gentner, Helmut 4
Gentner, Ralph 7, 21
Gerlach, Walther 4, 13, 38, 65, 123, 130, 132, 133
Gerling 191
Gierke, Gerhart von 32
Goebel, Klaus 34, 183
Goeppert-Meyer, Maria 72
Goldhaber, Maurice 8, 10
Goldring, Gaby 150
Goudsmit, Samuel A. 24, 25, 64, 65, 127
Graaff, Robert J. van de 15, 104
Gray, L.H. 41
Greenberg 220, 221

## H

Haberland, Ulrich 153
Habermas, Jürgen 123
Häfele, Wolf 99, 101
Hahn, Hanno 147
Hahn, Otto 21, 28, 36, 38, 41, 43, 47, 48, 64, 65, 67–72, 77, 82, 83, 89, 90, 109, 128, 147, 153, 155, 159, 227
Hallstein, Walter 84, 134
Harteck, Paul 65
Haunschild, Hans H. 129
Haxel, Otto 36, 38, 57, 64, 80, 82, 83, 89, 235, 247, 256
Heineman, Dannie N. 152, 162
Heisenberg, Werner K. 31, 32, 36–38, 43, 44, 50, 56, 63–90, 95, 99, 105, 106, 108–111, 114, 162
Helmholtz, Hermann von 123, 133
Herrmann, Armin 56
Herodot 231, 232
Hesiod 130
Hess, Gerhard 153

Hevesy, Georg von 29, 75
Hitler, Adolf 8, 63
Hocker, Alexander 31, 38, 48, 80, 84, 86, 106
Hoffmann, Gerhard 13
Hogrebe, Kurt 64
Horn, Wilhelm 10
Houtermans, Fritz G. 72, 83
Hüfner, Jörg 167, 248
Hund, Friedrich 72
Hundhammer, Alois 133

J

Jacob, Maurice 249
Jander, Gerhart 12
Jaspers, Karl 130, 151
Jensen, J. Hans D. 36, 64, 73, 89, 164, 246, 247, 256
Jensen, Peter 18, 26, 30–33, 56, 65
Jentschke, Willibald 87
Jessberger, Elmar 197
Johnson, Lyndon B. 216
Joliot-Curie, Frédéric 8, 9, 14, 19, 20, 24–26, 63, 67, 74, 104, 106, 114, 127, 128, 149, 248, 253
Joliot-Curie, Irène 8, 248
Joos, Georg 25
Jordan, Pascual 26
Junge, Christian 50

K

Kalbitzer, Siegfried 184
Kant, Immanuel 178
Katzir-Katschalsky, Ephraim 161
Kendrew, John C. 57
Kennedy, John F. 162
Kepler, Johannes 125, 130, 132
Kirsten, Till 197, 200, 226
Kissel 218
Kistner, Gustav 183
Kley, Walter 34, 183
Klomp, Louise 1
Kohman, T.P. 194, 197
Kopfermann, Hans 25, 36, 38, 72, 80, 89
Korsching, Horst 64, 65
Köster, Lothar 56
Kösters, Heinrich 41
Kowarski, Lew 98, 245
Kramers, Hendrik A. 83
Krankowsky, Dieter 205, 218
Krätschmer, Wolfgang 202, 205
Krüger, Lorenz 160, 161
Kuhn 71
Kühn, Alfred 68
Kuhn, Richard 36, 40, 42, 43, 89

L

Lamla, Ernst 125
Lämmerzahl, Peter 189
Lanczos, Cornelius 4
Langevin, Paul 20, 129, 149
Laue, Max von 4, 36, 64, 65, 69, 84
Lauritsen, Thomas 72
Lawrence, Ernest O. 14, 17, 104
Lehr 38
Lenard, Philipp 11, 64
Lenz, Hans 164
Leussink, Hans 103, 123
Levskij 191
Lifson, Shneior 150, 164
Lipkin, Harry 41, 150, 167
Lippolt, Hans-Joachim 41, 45, 183, 184, 197
Livingston, M. Stanley 87
Lockspeiser, Sir Ben 87
Lorenz, Thomas 211
Lüst, Reimar 50, 53, 54, 55, 57, 114, 234
Lutz, Major 69, 70
Lynen, Feodor 41, 147, 161

M

Madelung, Erwin 4, 11
Maier-Leibnitz, Heinz 5, 21, 23, 30, 33, 38, 57, 64, 100, 253
Mao Tse Tung 79
Marcel, Gabriel 130
Mark, Herman 41
Mattauch, Josef 36, 38, 50, 67, 68, 80, 81
Maurer, Werner 21
Mayer-Kuckuk, Theo 130
Meier, Wilhelm 26
Meissner, Karl 11
Meitner, Lise 8, 14, 41, 67
Menzer 69
Meusel, Ernst-Joachim 103
Milojcic, Vladimir 230
Monod, Th. 45
Mößbauer, Rudolf 36
Mothes, Kurt 52

Müller, Gebhard 100
Müller, Otto 197, 230, 233
Münnich, Otto 230

**N**

Neukum, Gerhard 205
Newton, Isaac 112
Nickel, Dietmar 171, 173
Nier, Alfred O. 34, 180, 182, 183
Noack, Cornelius 161

**O**

Occhialini, Giuseppe 7
Oertzen, Wolfram von 39
Oliphant, Mark 30
Oppenheimer, J. Robert 17
Oswalt, Henry 5

**P**

Pahl, Max 183
Paneth, Friedrich A. 181, 185
Papkow, Alexander 23
Paul, Wolfgang 38, 48, 88
Pausanias 231
Pecht, Israel 167
Peres, Shimon 157
Pernicka, Ernst 230
Picasso, Pablo 248, 253
Pistinner, Shlomo 173
Placzek, Georg 11
Planck, Max 14, 125
Plieninger, Thomas 251
Pohl, Robert W. 47
Powell, Cecil F. 83
Präg, Rudolf 183
Prandtl, Ludwig 65
Preiswerk, Peter 83
Pretsch 38
Ptolemäus 130

**R**

Rabi, Isidor I. 83
Rajewsky, Boris 4, 6, 11, 36
Ramdohr, Paul 46, 188
Rayleigh, Lord 181
Regener, Erich 69–72, 76, 80
Reichardt, S. 173
Rein, Hermann 76, 128
Reynolds, John H. 192
Riezler, Wolfgang 21, 38, 80, 81
Ritter, Otto 64, 65
Ritzel, Heinrich G. 162
Rokach, E.Y. 162
Röntgen, Wilhelm Conrad 112
Rudolph, Volker 211
Rutherford, Ernest 112, 178

**S**

Sauerwein 66
Schaeffer, Oliver 187, 198, 204, 212
Schenck, Günther O. 162
Scherrer, Paul 14, 21
Schiaparelli, Giovanni 125
Schießler, Otto 47
Schmelzer, Christoph 64, 88, 106, 109, 110
Schmidt, Erich 148
Schmidt, Gerhard 147, 149, 150, 154, 158, 161, 165, 166
Schmidt, Theodor 33, 34
Schmidt-Rohr, Ulrich 49
Schmidts, Gerhard 160
Schmitter, Karl Heinz 32
Schneller, Adrian 33
Schoenflies, Arthur 4
Schopper, Erwin 21, 72
Schopper, Herwig 57
Schubiger, August 230
Schüler, Hermann 66, 67, 69
Schulten, Rudolf 101
Schumann, Erich 19
Schwerin, Kurt 6
Segrè, Emilio G. 16
Seibold, Eugen 57
Sela, Michael 57, 150, 162, 166
Shinnar, Felix E. 155
Sitte, Kurt 211
Sittkus, Albert 26, 29, 32, 33, 75
Smilansky, Uzi 166
Smit, A.F.J. 45
Smits, Friedolf M. 30, 34, 183
Solla Price, Derek J. de 98
Spehl, Helmut 34
Spencer, L.J. 194
Staab, Heinz A. 165
Steinke, Eduard 24, 26, 75, 244
Stern, Otto 4
Stock, Reinhard 248
Stoltenberg, Gerhard 102
Storzer, Dieter 197

Straub, Thomas 173
Strauß, Franz Josef 88, 157
Strauß, Richard 160

T

Talmi, Igal 41
Tarrant, G.P.T. 41
Telegdi, Valentin 47, 257
Telschow, Ernst 36, 40, 89, 153, 159
Tesla, Nikola 125
Trabandt 38
Trendelenburg, Ernst A. 183
Treusch, Joachim 249
Turlay, Réne 249

V

Van de Graaff, Robert J. 104
Verne, Jules 133
Virchow, Rudolf 123
Vits, Ernst H. 153

W

Wagner, Carl 44, 109
Wagner, Günther A. 55, 57, 197, 233
Wagner, Richard 160
Walcher, Wilhelm 38, 88
Wänke 218
Weber 250
Weber, Alfred 151
Weber, Hans H. 40, 50, 228
Weidenmüller, Hans A. 235
Weimer, K. 71
Weinberg, Alvin M. 98
Weisgal, Meyer 147, 151, 154, 155, 161
Weisskopf, Viktor 41, 47, 114, 149, 257
Weizmann, Chaim 151, 152
Weizsäcker, Carl F. von 36, 38, 64, 65, 83, 180, 181, 202
Weller, Albert 165
Westphal, Otto 162
Wien, Wilhelm 133
Wilhelmy, Ernst 18
Wimmenauer, W. 182
Wirtz, Karl 64, 65, 71, 79, 81, 83

Z

Zähringer, Josef 34, 40, 45, 46, 50, 183, 186, 187, 191, 192, 197, 198, 200, 209, 212, 218, 221, 222, 226, 241, 250
Zarnitz 258
Zenneck, Jonathan 76
Ziegler, Karl 36, 89
Zweigert, Konrad 54

Druck: Krips bv, Meppel
Verarbeitung: Stürtz, Würzburg